AF242284

HISTOIRE NATURELL
DE LA PEAU,
ET
DE SES RAPPORTS AVEC LA SANTÉ ET LA BEAUTÉ DU CORPS,

Ouvrage renfermant les vrais moyens de guérir les affections dartreuses et les maladies chroniques, avec des observations importantes sur la naissance et le caractere moral des enfans, et sur la durée de la vie.

Natura corroborata omnium morborum medicatrix.

PROSPECTUS.

Dès 1773 je fis paroître une dissertation sur la nature de l'épiderme et de la peau, qui fut insérée dans *le Journal de physique et d'histoire naturelle.* En 1775 les différens journaux de médecine annoncèrent les succès de ma methode pour rappeller à la vie les personnes frappées d'asphyxie, et peu de temps après, je fus envoyé par ordre du gouvernement dans les hôpitaux militaires, pour une opération particulière, concernant le traitement des maladies vénériennes. La même année, le contrôleur général *Turgot* chargea les médecins *de Lassone* et *Vicq-d'Azir* de faire l'examen de mon ouvrage sur les moyens propres à combattre les fièvres putrides et malignes, et à préserver de leur contagion : ils en firent un rapport favorable.

Les états de Languedoc en ordonnèrent deux distributions dans leur province, plus fréquemment exposée aux maladies épidémiques. Les auteurs du *Journal Encyclopédique* en firent l'analyse ; ils assurèrent que cet écrit feroit époque dans la médecine, et qu'il opéreroit une révolution qui conduiroit à un traitement plus heureux que celui par lequel le plus grand nombre de Médecins avoit combattu jusqu'alors les fièvres putrides et malignes. . . . .

La société de médecine fit mention, en décembre 1778, d'une cure de la gravelle, que j'avois opérée par le moyen le plus simple, dans la personne du célebre *Court de Gebelin,* mon ancien ami ; et les journaux de Montpellier rapportèrent une observation fort intéressante sur l'ossification de la faulx. . . . .

Au commencement de 1782, les syndics des états de Languedoc me remirent une consultation des médecins de cette province sur le traitement de la maladie épidémique qui ravageoit ce département, et m'invitèrent à donner mon avis sur la conduite à tenir dans ces tristes circonstances.

Je m'occupai de ce travail, et après avoir démontré que cette maladie à laquelle on avoit donné le nom de *Suette miliaire* n'étoit autre chose qu'une fièvre maligne, je concluds par la méthode que j'avois déjà donnée; et j'en garantis le succès : en effet, la maladie cessa presque aussitôt, et tous les malades soumis à ce traitement furent guéris. *

S'il est avantageux de guérir, il seroit encore plus

---

* Ils étoient au nombre de plus de 1400 personnes, dans trois communes seulement. Il me fut accordé une gratification par les Etats. *V. les Journaux et les Gazettes du tems.*

utile de mettre les hommes à portée de n'avoir pas besoin de guérison, et de trouver les moyens de prévenir les épidémies. Ce fut dans ces vues que je donnai un *Mémoire sur les moyens propres à prévenir les épidémies* Le *Journal Encyclopédique* du mois d'août 1787 en fit un rapport très-avantageux. « L'ob-» servation que l'on y trouve, y est-il dit, des agens » que la nature emploie pour purifier l'air est exacte, » et les préceptes que l'auteur déduit de cette obser-» vation sont en général fondés sur l'économie natu-» relle..... Il doit être bien doux pour notre auteur » d'avoir si heureusement suivi la marche de la na-» ture, et développé, aux yeux de la raison, les » agens dont elle se sert, et que l'art peut employer » avec facilité pour écarter d'une si grande province » un fléau périodique qui l'a jusqu'à présent dé-» peuplée ».

Les départemens de la guerre et de la marine * ordonnèrent la distribution de ma méthode dans les hôpitaux militaires, sur les ports et dans les colonies, et elle fixa bientôt après l'attention des états de Bretagne, de Bourgogne, d'Artois, de Cambresis, de Provence, etc. elle fut également accueillie par les savans et les intendans de France et de l'île de Corse, ainsi qu'en Italie, au sujet des travaux des marais pontins.

En 1783 j'annonçai, dans un supplément au *Journal de Paris*, du 12 septembre même année, les vastes et sûres propriétés de l'eau d'écorce d'orme pyramidal pour les maladies de la peau....

Les succès répondirent à mes espérances. Il se fit une si grande distribution de ce remède, qu'on s'en apperçut dans la balance du commerce de la droguerie.....

Le bureau des finances de la généralité de Paris fut obligé de rendre une ordonnance, portant défense de peler et écorcer les ormes plantés le long des routes et grands chemins : on y lit « que, depuis que les » papiers publics avoient annoncé les propriétés mé-» dicinales de la décoction de l'écorce intérieure de » l'orme appellé par les botanistes, *Ulmus foliis* » *oblongo-ovatis glabris acuminatis duplicato-serratis*, » plusieurs particuliers se permettoient d'écorcer, » nuitamment et sans distinction, les ormes plantés » sur les chemins, pour en tirer cette pellicule, dont » l'usage paroissoit devenir général et le débit prodi-» gieux. (18 novembre 1783) ».

Quoique nous ayons eu depuis une multitude d'occasions de prescrire ce remède dans les maladies de la lymphe, nous rappellerons une observation déja connue, qui prouve son efficacité dans les cas les plus désespérés. Elle est consignée dans le supplément au *Journal de Paris*, du 12 septembre 1783.

L'abbé Burgurieu, supérieur du séminaire des Missions étrangères, étoit attaqué depuis plusieurs années d'une cruelle maladie de la peau. Il avoit aux pieds et aux mains de profondes crevasses et des ulcères qui lui en interdisoient l'usage ; des écailles, des croûtes qui suintoient, et qui étoient sanieuses, plus ou moins épaisses, se détachoient continuellement de toute la surface du corps, et les chairs, laissées sur le vif, se recouvroient bientôt de nouvelles croûtes de même nature: il n'y avoit pas de jour qu'on n'en ramassât plusieurs jointées dans son lit; sa vue étoit presque éteinte, et enfin il avoit entièrement perdu l'ouïe. Il étoit alors âgé de près de 85 ans. J'ordonnai l'usage de l'eau d'écorce d'orme pyramidal, tant à l'intérieur qu'à l'extérieur : la peau s'adoucit de plus en plus, les croûtes sanieuses disparurent......... la surdité se dissipa totalement, les cheveux repoussèrent et devinrent touffus, et là vue se fortifia au point que le malade lisoit sans lunettes à l'âge de 87 ans, etc.

Ce court exposé doit suffire pour convaincre que l'ouvrage que nous annonçons aujourd'hui est le résultat et le fruit de plus de 20 années d'observations et de travaux sur les maladies de la peau ; et on doit le dire en passant, les personnes du sexe y sont les plus exposées. Nous avons fait une étude particulière des causes qui y donnent lieu. Aussi nous est-il im-

---

* Le département de la marine avoit accueilli un mémoire que je lui adressai pour la conservation des gens de mer : un traitement spécifique pour le scorbut, les plaies, les ulcères, la gonorrhée, les maladies de peau, etc. un moyen infiniment simple d'empêcher la corruption de l'eau dans les voyages de long cours, étoient les principaux objets de ce travail.

possible de faire connoître ici tout ce que cet ouvrage renferme d'utile et d'important sur l'art précieux de conserver la santé et la beauté du corps. On y donne les moyens de procurer aux membres une belle conformation et de fortifier l'organe de la peau , en lui conservant sa fraîcheur , son coloris, son élasticité: La plus grande durée de la vie dépend de la convenance dans les formes et les proportions du corps , ainsi que du bon état de la peau ; cet organe par excellence , qui trop peu connu , fixera enfin toute notre attention.

Nous commençons par exposer les dispositions naturelles de l'enfance pour les maladies de la peau , et la nécessité de mettre en pratique des moyens propres à favoriser le développement de toute la constitution physique du corps.

Nous passons ensuite à l'anatomie de la peau et de ses enveloppes membraneuses dans toutes les cavités, dans les plus petits vaisseaux capillaires, les glandes ou glandules, dans le centre même des organes. Ce détail historique ne se borne point à l'espèce humaine; il offre des observations riches et curieuses sur les productions cornées et écailleuses du règne animal et sur les métamorphoses des insectes et les mues dans les différentes espèces d'animaux.

C'est ici le tableau le plus frappant de la majesté de la nature dans le plan général de la membrane épidermique ou écailleuse du règne animal et du règne végétal. Ce rapprochement nous conduit, par une multitude de faits et d'observations , à des conséquences infiniment précieuses et utiles à l'espèce humaine. En effet, la chûte et le renouvellement de la peau annoncent constamment la guérison des plaies, la cicatrisation des ulcères et la convalescence dans les maladies aiguës, etc. etc. Ce signe caractéristique de la santé n'est point équivoque ; le principe vital le fomente et le fait naître . . . .

Les métamorphoses , les mues , les changemens de peau , de poil, de plume, etc. paroissent avoir une très-grande analogie : c'est une sorte de crise à laquelle toutes les puissances de la vie semblent concourir. Les crustacées qui habitent dans l'eau sont eux-mêmes également assujettis à ces desquamations. On rapporte des observations sur le danger de couper les cheveux dans les convalescences.

L'organe de la peau joue sans doute dans l'économie animale le plus beau rôle : cette enveloppe , commune à toutes les parties , conserve la beauté des formes , l'aisance des proportions et leur convenance respective ; elle entretient , dans toute l'habitude du corps, avec les graces de la jeunesse , cette rondeur et ces contours gracieux qu'on remarque dans les femmes. La peau a par conséquent des rapports immédiats avec la santé , la perfection du corps et la durée de la vie. . . . .

Oui, certes , les roses de la santé embélissent le sexe charmant que la nature enrichit des formes les plus harmonieuses. Tout se tient ici par une marche nécessaire. La peau , chez la femme , plus douce , plus moëlleuse, laisse un libre cours à une évaporation utile du *flatus* de la transpiration qui baigne tous les organes.. . . . . Car tout ce qui est beau naît d'un certain ordre ; la beauté , cette reine du monde , en devient l'ornement , et les grâces qui l'accompagnent sont immortelles. . . . . . En effet , il est constant que les formes régulières , les belles proportions et leur convenance mettent dans ces heureuses dispositions qui promettent la santé et de longs jours. . . . .

On démontrera que les *mains sont en rapport ou en harmonie avec toutes les formes intérieures* ; nous disons que la *main conserve le dessin rapproché des formes intérieures* : semblable au cadran d'une horloge , la main de l'homme indique la disposition du mouvement de son intérieur.

D'après d'autres résultats sur l'économie animale , *le visage renferme l'ensemble du dessin des proportions extérieures du reste du corps.* Ces rapports de notre organisation appartiennent aux productions magnifiques du tissu cellulaire *. Dans les maladies chroniques dégénérées, dans les affections cutanées, qui tendent à une dépuration utile , dans tous les cas où

* Voyez les recherches de *Boerhaave* , du docteur *James* , des *Cheselden*, des *Bordeu*, des *Lorry* , des *Charles Bonnet*, des *Roussel*, des *Fontana*. etc. J'aurai plus d'une occasion de parler de mon respectable ami *Brillouet*, qui réunit dans toutes les parties de l'art de guérir , les connoissances les plus étendues à l'expérience la plus consommée.

il y a lieu à quelque dépôt critique ou à quelque métastase favorable à la santé, les humeurs transportées suivent l'ordre des proportions, même avec une sorte de *parallélisme* dans les parties doubles.

Nous rappelons les méthodes les plus propres à préserver l'enfance et les jeunes personnes des accidens trop fréquens qui dégradent la peau, et qui, par une suite funeste, occasionnent les difformités. Notre ouvrage contient des recherches curieuses sur la naissance des enfans, leur caractère moral, et les dispositions naturelles qui influent sur le bonheur et la durée de la vie. On y parcourt tous les âges et leurs révolutions climatériques. On s'arrête sur les différentes périodes de la vie. . . . L'homme parvenu à la vieillesse, peut espérer la santé, il peut en jouir. Les bornes imposées par la nature à notre existence dans le cercle étroit de la vie nous sont-elles donc révélées ? D'après les rapprochemens de ce qui se passe dans les différentes familles d'animaux, il est démontré que l'action vitale a une tendance qui mène aux dispositions les plus favorables à la longue vie ; ainsi toutes les fois que par des onctions balsamiques et émollientes, ou par d'autres procédés, un art salutaire saura maintenir toutes les propriétés elastiques du tissu cellulaire de la peau, on pourra se conserver au-delà du terme ordinaire . . . . A un grand âge, le dépérissement même de l'épiderme, sa dessiccation et sa chûte précèdent le renouvellement intérieur. . . . . . Une révolution critique de cette nature arrive ou par les efforts seuls de la constitution physique, ou bien par un effet de remèdes imbus d'un principe vivifiant. . . . . Dans les deux cas, on voit bientôt renaître les forces et la vie ; la peau reprend également toutes ses dispositions ordinaires de flexibilité, etc. La nature bienfaisante nous montre donc quelque fois sa marche mystérieuse dans le renouvellement du corps, indépendamment des secours de la médecine. Heureux celui dont la constitution physique garde cette modération et cet équilibre dans les principes et dans les mouvemens !

Les différentes manières de faire usage du bain chez les différens peuples du monde, forment une partie essentielle de nos recherches. Les bains muqueux, si efficaces pour la dépuration et l'embélissement de la peau, fortifient, assouplissent toutes les membranes, les fibres, les nerfs, les articulations, etc. C'est par de tels procédés que la petite vérole peut parcourir tous ses périodes sans aucun inconvénient pour la beauté du corps ; nous rapporterons à cette occasion quelques faits de l'histoire de l'ancienne *Hélène* par rapport aux moyens qu'on mit en usage pour en faire la première beauté du monde.

Les personnes du sexe verront avec plaisir que nous avons destiné un chapitre sur l'art de la toilette ou l'emploi des cosmétiques. On a proposé pour guérir *l'éthisie*, l'usage des bains émolliens, suivis d'une onction par tout le corps avec une pommade cosmétique : tant il est vrai que la santé dépend du bon état de la peau !

Nous traiterons de la petite vérole, des taches de lait, des épanchemens laiteux, des affections dartreuses, scorbutiques, etc. L'art salutaire de s'oindre la peau, dans les climats chauds, donnera lieu à des observations curieuses sur les onctions sacrées, * où l'on employoit les huiles les plus suaves et les aromates les plus précieux. Nous décrirons enfin les divers usages, les diverses méthodes, que la nature, le besoin ou l'instinct ont indiqué aux hommes de toutes les nations, comme propres à la pureté extérieure et favorables à la santé, à l'embélissement et à la perfection du corps.

J. B A N A U, *Médecin consultant, Maison de Santé, à Nanterre, près Paris.*
Ou à Paris ; s'adresser au Portier du N°. 9, rue Savoie, près le quai de la Vallée.

---

* Les religions anciennes avoient associé la conservation de la santé avec la morale ; on peut voir, à cet égard, tout ce que contient le rit oriental, qui fait un devoir rural des lotions, des ablutions, des lavages de toute espece, des purifications, etc.

De l'Imprimerie des Petites Affiches, rue neuve S. Augustin, maison de la Correspondance, n°. 582.

HISTOIRE NATURELLE

DE LA PEAU,

ET DE SES RAPPORTS AVEC LA SANTÉ

ET LA BEAUTÉ DU CORPS.

Ità mirâ ratione naturæ lumen per exteriorem formam interiorem vim nos cognoscere docet.
PARACELSE, de Scienciâ signatâ.

EXPLICATION DU FRONTISPICE.

Le Frontispice est une allusion aux préceptes constamment recommandés par les Médecins de l'antiquité, et par ceux des modernes qui suivent avec attention la marche de la nature, et employent les moyens qu'elle indique.

Ce sujet, composé et gravé par M. CHOFFARD, représente un sîte champêtre, enrichi de plantes et de fruits salutaires ; ce sîte, arrosé d'une eau vive, renferme le temple du Dieu d'Epidaure et un Monument plus moderne, élevé à sa fille Hygie. Cette Déesse de la santé semble recevoir l'hommage reconnaissant d'un serpent qui a renouvelé sa peau. Ce reptile, célèbre dans l'antiquité, et révéré de l'ancienne Egypte, est l'emblême du renouvellement intérieur et extérieur de nos organes affaiblis. C'est sur la conviction de ce principe de longue vie que l'on a tâché d'établir la doctrine de cet Ouvrage.

Les exemplaires exigés par la loi ont été déposés à la Bibliothèque Nationale.

Le premier objet de la Médecine chez les anciens,
étoit de prévenir les maladies.

HISTOIRE NATURELLE

DE LA PEAU,

ET DE SES RAPPORTS AVEC LA SANTÉ

ET LA BEAUTÉ DU CORPS.

Ouvrage renfermant les vrais moyens de guérir les affections dartreuses et les maladies chroniques, avec des observations importantes sur la naissance et le caractère moral des enfans, et sur la durée de la vie.

Natura corroborata omnium morborum medicatrix.

Par J. B. BANAU, Médecin-Consultant.

SE TROUVE A PARIS,

Rue de Savoie, quártier St. André-des-Arcs, Nº. 9;

Et à l'Imprimerie des Anciennes Petites Affiches, rue Neuve-St.-Augustin, Maison de la Correspondance, Nº. 582;

Et a Nanterre, route de Saint-Germain, chez l'Auteur.

AN X. — 1802.

DISCOURS PRÉLIMINAIRE.

L'HISTOIRE NATURELLE de la peau , considérée dans son ensemble , dans ses productions riches et variées, et dans ses rapports sympathiques avec les formes et les proportions du corps, est celle du *tissu cellulaire*. *Haller* a pensé que cette enveloppe commune était la base de toutes les parties molles ; le dernier ordre des vaisseaux tire son origine des membranes celluleuses qui leur servent d'appui ; tous les vaisseaux du corps vont y aboutir : les derniers filamens, ou étamines des nerfs, y déposent aussi, suivant l'expression de *Lorry* (a), toutes leurs propriétés. La première ébauche de la forme organique de l'économie vivante n'est qu'une gelée animale , une matière pulpeuse et vésiculaire. Ce sont les rudimens de la membrane cellulaire , dans laquelle tous les organes

----

(a) *De morbis cutaneis* 1777.

se développent et prennent leur accroissement successif. « Une masse muqueuse,
modifiée par l'expansion et l'attraction,
est conformée en fœtus ; au cinquième
mois , toutes les parties sont développées (*a*). »

D'après cette connaissance avouée par
l'anatomie, et l'observation la plus constante sur les phénomènes et la nature du
mécanisme animal, on essayera de démontrer dans le cours de cet ouvrage :

1°. Qu'il existe des sympathies et des
rapports connus entre les parties les plus
éloignées , soit des extrêmités entr'elles,
soit du centre à la circonférence du corps :
ainsi, dans les affections chroniques, dont
le mouvement critique paraît se faire à la
peau , l'éruption miliaire se manifeste
constamment dans les points correspondans , en suivant un parallélisme régulier (*b*) ;

(*a*) Principes de physiologie, par *Ch. Louis Dumas.*

(*b*) Rien ne peut être plus utile à la médecine que
la connaissance des sympathies , que *Rega, Whytt,*

2°. Que ces convenances, cette symmétrie des parties et des organes les plus opposés par leurs fonctions respectives et par leurs distances, sont une suite nécessaire de l'activité, des propriétés et de la magnificence des productions du tissu cellulaire dans les formes et les proportions du corps, de même que tout effet dépend de sa cause;

3°. Que le principe matériel des maladies est renfermé dans les interstices vésiculaires de cette membrane, et qu'il y reste adhérent jusqu'à ce que l'action vitale imprime le mouvement nécessaire à son excrétion; d'où l'on est en droit d'inférer, que l'acreté et l'épaississement de la lymphe, qui sont les causes les plus ordinaires de nos infirmités, résident hors des voies de la circulation.

Les recherches sur la nature de la peau,

____

Hunter, *Barthez* et *Darwin* ont cherché à perfectionner. Il y a souvent, dit *Dumas*, un rapport sympathique entre des parties, dont les nerfs n'ont aucune connexion. (Voy. la Bibliothèque française, n°. 12, art. *Principes de Physiologie* déjà cités.)

nous conduiront nécessairement à la question proposée par le médecin *Lynch*, dans le recueil périodique de la Société de médecine (a) : « Déterminer, par de nouvelles expériences et observations, quelles sont les influences sympathiques, qu'exercent réciproquement les uns sur les autres, les divers systêmes et organes de l'économie vivante ? » Cette question sera développée à la suite de cet ouvrage, lorsque nous parlerons des formes et des proportions du corps, et du rapport qu'elles conservent dans tout le système organique, en faveur de la santé et de la durée de la vie.

Les parties étant doubles dans les muscles, les vaisseaux, les nerfs ; dans la charpente osseuse, où l'on reconnaît deux mains, deux bras, deux côtés, deux extrémités inférieures, l'activité du principe vital, ainsi que l'harmonie des formes extérieures, qui sied si bien à notre constitution physique, dérivent précisément de cette conformité d'organisation dans les

____

(a) T. 6, page 143.

parties correspondantes. Le mot seul de conformation exprime ce rapport intime des parties doubles; tous les mouvemens fermentatifs , que la nature excite pour expulser (*a*) le levain atténué des maladies, sont l'effet de cet ensemble, de cette sympathie, de cet accord harmonique de tous les organes. Cette convenance des parties les plus opposées par leurs distances et leurs positions respectives devient trés-sensible dans les affections dartreuses, qui sont critiques. Il est constant que la santé et la durée de la vie dépendent de ce mouvement général : les belles formes de la nature ne constituent pas seulement la beauté, mais même la santé (*b*). « Qu'avec les anciens, dit M. *de Buffon*, on

---

(*a*) Feu le docteur *Coquereau* a démontré dans une thèse de pathalogie qu'il soutint à la Faculté de Paris , que les maladies chroniques ont leurs mouvemens d'effervescence et leurs crises particulières.

(*b*) Les enfans rachitiques, ceux attaqués d'écrouelles, sont la preuve que le défaut de conformation dans quelque partie que ce soit, influe grandement sur la santé : une chûte négligée, le plus léger accident dans l'enfance, donne naissance aux maux les plus rébelles.

appelle sympathie cette correspondance singulière des différentes parties du corps, ou qu'avec les modernes, on la considère comme un rapport inconnu dans l'action des nerfs ; cette sympathie ou ce rapport existe dans toute l'économie animale, et l'on ne saurait trop s'appliquer à en observer les effets, si on veut perfectionner la théorie de la médecine. » Le tissu-cellulaire est l'agent de ces rapports mystérieux dans le jeu des formes et des cavités intérieures avec l'habitude du corps, puisque les humeurs hétérogènes, évoquées du dedans au dehors, suivent l'ordre des proportions. Cet organe-matrice répandu dans tous les points possibles du corps, comme l'espace dans la matière, est une source féconde d'influences sympathiques ; car on remarque dans toutes les surfaces, dans toutes les parties, une réciprocité d'action et de réaction vers leur propre centre ; belle harmonie de la nature, qui maintient l'ordre et l'économie des fonctions dans la sécretion des fluides et dans la dépuration des humeurs.

La médecine est un vaste océan, dit le docteur *James* (*a*), où il est bien difficile de voguer à pleines voiles, sans des connaissances déjà acquises par ses propres réflexions. Il est mille cas où l'on peut tomber dans l'erreur, en suivant aveuglément les traces de ceux qui nous ont précédés. Ce médecin célèbre a observé le premier que le virus hydrophobique déposé d'abord dans le tissu-cellulaire par l'accident de la plus mince égratignure, y fermentait, s'y développait lentement, produisait enfin, en plus ou moins de tems, tous les symptômes de cette cruelle maladie, en s'infiltrant dans l'intérieur du foie, et en se mêlant avec la bile. Le principe de l'acre-scrophuleux, du rachitis, des difformités, de la pulmonie, est placé également dans le tissu-cellulaire. C'est dans ce réservoir commun, où l'on apperçoit, à l'aide de l'expérience, le siége de l'obstruction, de la paralysie, du rhumatisme et des maladies chroni-

---

(*a*) *A treatise* of madness by doctor *James.*

ques - nerveuses , qui sont occasionnées par la congestion des sucs lymphatiques. L'action vitale divise et atténue ces humeurs fixées dans les cavités profondes , et l'affection dartreuse en est le produit. La gale rentrée, le virus siphilitique et les autres causes connues de l'épaississement des fluides, dégénèrent aussi dans une période septenaire et paraissent sous la forme d'éruptions cutanées, qui correspondent au foyer intérieur de la maladie principale. Pendant les équinoxes, la marche de cette dépuration est excitée, à la faveur du mouvement général du tissu-cellulaire (*a*) , dont l'influence est très-

---

(*a*) Toute la substance cellulaire est formée des cylindres ou canaux tortueux. Voy. *le Traité sur le venin de la vipère*, 1781, par M. *Félix Fontana*. Cette membrane est formée, suivant M. *de Bordeu* , de plusieurs couches adossées les unes sur les autres, en manière de rayons concentriques et en ballons circulaires ou gaines cylindriques, dans lesquelles glissent les fibres musculaires. De toutes les membranes la plus universelle, la plus utile et la plus intéressante, dit *Hauchecorne* , est celle qui est répandue dans toute l'habitude du corps, enveloppe nos muscles et soutient notre peau dans sa fraî-

grande pour-lors. Si les ressorts de la vie sont affaiblis par un défaut de conformation, ou par quelque cause que ce soit, il ne se fait aucune dépuration par la peau, et on est exposé aux maladies aiguës, qui, dans les passages climatériques, surprennent tout-à-coup. A ces époques du cercle de la vie, la nature produit une effervescence intestine dans les liqueurs les plus tenues, dans les vaisseaux du dernier ordre et les parties les plus intimes : cet état de plénitude ou d'orgasme s'étend jusques aux confins du corps. Dans ces périodes des tems, par rapport à l'ordre des saisons et des âges, le tissu de la peau se trouve sans doute plus vivement sollicité par quelque influence supérieure. Tout est mû au renouvellement des saisons : à l'équinoxe du printems, les liqueurs animales se gonflent en quelque sorte ; les sucs des végétaux se

---

cheur... On pourroit même, en observant son étendue, ses rapports, ses connexions et ses usages, avancer qu'elle est l'unique membrane du corps. (Voy. son *Anatomie raisonnée.*)

raréfient; le serpent quitte sa vieille peau... Aussi arrive-t-il que les maladies les plus graves se métamorphosent en éruptions dartreuses (*a*). La gale qui arrive périodiquement aux équinoxes, dit M. *Deidier*, n'est pas dangereuse (*b*); celle qui survient à la fin des grandes et longues maladies, comme la fièvre maligne, la fièvre quarte, est salutaire : il est suffisamment prouvé que, si la force vitale provoque un mouvement caractérisé par une éruption cutanée, par la dessication, l'exfoliation de l'épiderme, les roses de la santé reparaissent bientôt; car le renouvellement de la peau est l'image du renouvellement

---

(*a*) *Ità vidi fœminas utero dirè dolentes et pessima sibi ex horrendo uteri cancro præsagientes sanatas illicò, si herpetum virus in aliquam corporis partem faceret impetum.* Lorry, *de morbis cutaneis.*

(*b*) Traité des Tumeurs contre nature, 5ᵉ. édit. 1752. M. *Deidier*, médecin célèbre, se servait, contre la gale, du mâchefer réduit en poudre, incorporé avec la salive, et appliqué sur les croûtes : ce topique divise et déterge. Il employait aussi une pommade composée d'un demi-gros d'esprit de nitre, et d'une once de graisse, connue aujourd'hui sous le nom de pommade oxigénée.

intérieur. « En 1691, je fis frotter avec la fleur de soufre une fille galeuse ; la malade devint hydropique (*a*) : je la fis coucher avec une galeuse, l'hydropisie disparut ; mais ayant employé une seconde fois la fleur de souffre, la gale fut bientôt guérie, et l'hydropisie se montra de nouveau : je fis, dit M. *Deidier*, reprendre la gale pour emporter l'hydropisie.... Nous avons depuis peu employé ce procédé pour une fille âgée de dix ans, et une autre de quatorze : paralysées à la suite de divers accidens, tous les remèdes connus avaient échoué. Chez la plus jeune, la moitié du corps était seulement affectée ; le bras, la jambe, le pied, l'œil du même côté, la moitié de la langue, etc. La gale fut communiquée ; il parut quelques boutons à la peau, et au bout de trois ou quatre jours, elles furent radicalement guéries : la plus âgée éprouva, pour la première fois, la révolution lunaire. D'après

____

(*a*) Traité des Tumeurs, déjà cité.

M. *Toggenburger* (*a*), un jeune homme étant devenu mélancolique à la suite de chagrins domestiques, rien ne pouvait l'émouvoir; il était insensible aux mauvais traitemens, à la faim, à la soif; on avait employé en vain toutes sortes de remèdes. Il fut guéri par l'insertion du virus de la gale, qu'ordonna le docteur *Mutzell.* Un hydropique désespéré recouvra également la santé, comme par miracle, en couchant avec lui un jeune enfant qui avait la petite vérole, et dont les boutons étaient en suppuration (*b*).

Tout le monde sait que la gale rentrée occasionne les fièvres lentes, la toux sèche, le crachement de sang, l'épilepsie (*c*), la paralysie : on a vu, au contraire,

____

(*a*) Ce fait est rapporté dans une dissertation imprimée à Berlin, en 1761.

(*b*) Les Œuvres de *M. Ant. Ribeirò-Sanchès*, d'après *M. Torrès*, médecin espagnol.

(*c*) Une fille de 28 ans, attaquée depuis plusieurs années d'épilepsie, à la suite d'une gale repercutée, fut guérie par une éruption miliaire, que provoqua l'usage de l'eau d'écorce d'orme pyramidal... Si on communique la gale pour produire une révolution dans les cas

l'atrabile, la mélancolie, la folie se dissiper par un accès de goutte, par des dépôts
glanduleux, par des éruptions dartreuses,
des croûtes lépreuses, tant il est vrai que
les rapports de la peau avec les sources
de la vie sont intimes ; c'est ainsi qu'à la
faveur des onctions toniques et détersives,
on rappelle l'action vitale du centre à la
circonférence.

La peau jouit donc d'un mouvement général de la circonférence au centre, et
du centre à la circonférence ; tous les
points imaginables du corps peuvent
être considérés comme un foyer d'action ;
car l'action se trouve par-tout où il a un
principe de vie, et le principe de vie a
des irraditions en tous sens, comme l'a
observé *Hippocrate*. Par exemple, l'estomac conserve un rapport immédiat

---

désespérés, l'art est ici d'accord avec la puissance et la
marche de la nature. Le plus souvent, on prend pour la
gale propremet dite, les éruptions bénignes et salutaires,
qui précèdent la terminaison des maladies longues....
Malheur à celui qui se livre inconsidérément à la routine
aveugle des saignées et des pommades astringentes !

de sympathie avec la peau ; les forces digestives s'affaiblissant, la fraîcheur du teint et l'éclat de la peau se ternissent dans les mêmes proportions ; et si on avale un poison ou un corps irritant, peu de tems après, le corps se couvre de pustules (*a*). Outre les secrétions innombrables, dit M. *Lorry*, qui se font par le mécanisme de la peau, sa forme, originairement celluleuse, doit la rendre propre à une grande dilatation, de manière qu'elle peut recevoir promptement et s'approprier, pour ainsi dire, du centre du corps, les humeurs difficiles à résoudre, comme il le paraît par les abcès critiques et les différentes espèces d'éruptions, qui enlèvent les matières hétérogènes par suppuration ou par l'exfoliation de l'épiderme (*b*). C'est avec raison que

---

(*a*) Dans tous les cas, le principe vital travaille à expulser les causes morbifiques, ainsi que les molécules vénéneuses dans les empoisonnemens ; c'est à la faveur de cet effort critique que toutes les particules du poison s'exhalent au profit de la masse des humeurs.

(*b*) *De morbis cutaneis*, déjà cité.

Descartes, après s'être occupé pendant plusieurs années des recherches anatomiques, a pensé le premier que les opérations les plus secrètes et les plus essentielles de l'économie animale, s'opèrent dans les plus petits vaisseaux ; que c'est-là que résident les causes de la santé, comme celles des maladies les plus obscures ; enfin, qu'à l'aide de l'expérience et des yeux de l'esprit, le médecin pourrait parvenir à dérober le secret de la nature (*a*).

La santé dépend du bon état de la peau (*b*) et de son mouvement général dans toutes les parties organiques. Nous l'avons dit dans le *Prospectus* qui annonçait notre ouvrage sur l'*Histoire naturelle de la Peau*, etc., qui se trouve joint ici en forme d'Introduction. La peau, semblable à une toile d'araignée, est susceptible des plus légères impressions ; l'imbiber, la nourrir, l'humecter, la polir avec des

---

(*a*) Observations sur le *tetanos*, par le médecin *Dazile*, 1788.

(*b*) *Alphonse Le Roy*, célèbre médecin.

pommades cosmétiques, les mucilages, les onctions détersives et amères ; voilà ce qui convient à sa nature (*a*). Ces moyens sont simples ; ils sont les vrais conserva-teurs de la santé ; ce qui dessèche, flétrit les parties et évapore l'humide gracieux de l'épiderme, et cette fraîcheur aimable du teint, qui font le caractère de sa beauté. Nous rapporterons les divers procédés re-connus utiles en pareil cas, dans nos *Ob-servations sur les onctions huileuses chez les anciens, sur le bain, la lotion, etc., considérés sous le rapport de salubrité pu-blique.* Cet ouvrage devient une suite né-cessaire du plan que nous nous sommes proposé. Il sera publié incessamment.

(*a*) Notre corps, dans sa formation, dit *Hauchecorne*, dans son *anatomie raisonnée*, n'était, à proprement parler, que *membranes*; et les parties dures n'ont de différence avec les parties molles, que la texture et les proportions, qui sont une suite nécessaire des lois du mou-vement et de la chaleur. Le développement, l'accroisse-ment et l'âge affermissent, consolident, ossifient même les tissus les plus délicats.

INTRODUCTION.

Dès 1773, je fis paraître une dissertation sur la nature de l'épiderme et de la peau, qui fut insérée dans *le Journal de physique et d'histoire naturelle*. En 1775, les différens journaux de médecine annoncèrent ma méthode pour rappeler à la vie les personnes frappées d'asphyxie, et peu de tems après, je fus envoyé par ordre du Gouvernement dans les hôpitaux militaires, pour une opération particulière, concernant le traitement des maladies vénériennes. La même année, le contrôleur-général *Turgot* chargea les médecins *de Lassone* et *Vicq - d'Azir* de faire l'examen de mon Ouvrage, sur les moyens propres à combattre les fièvres putrides et malignes, et à préserver de leur contagion : ils en firent un rapport favorable.

Les Etats de Languedoc en ordonnèrent deux distributions dans leur Province, plus fréquemment exposée aux maladies épidémiques. Les auteurs du *Journal Encyclopédique* en firent l'analyse ; ils assurèrent que cet écrit ferait époque dans la médecine, et qu'il opérerait une révolution qui conduirait à un traitement plus heureux que celui par lequel le plus grand nombre de Médecins avait combattu jusqu'alors les fièvres putrides et malignes. . . . La société de médecine fit mention, en décembre 1778, d'une cure de la gravelle, que j'avais opérée par le moyen le plus simple, dans la personne du célèbre *Court de Gébelin*, mon ancien ami ; et les journaux de Montpellier rapportèrent une observation fort intéressante sur l'ossification de la faulx. . . . . .

Au commencement de 1782, les syndics des Etats de Languedoc me remirent une consultation des médecins de cette Province, sur le traitement de la maladie épidémique qui ravageait ce département, et m'invitèrent à donner mon avis sur la conduite à tenir dans ces tristes circonstances.

Je m'occupai de ce travail, et après avoir démontré que cette maladie, à laquelle on avait donné le nom de *Suette miliaire*, n'était autre chose qu'une fièvre maligne, je concluds par la méthode que j'avais déjà donnée, et j'en garantis le succès : en effet, la maladie cessa presque aussitôt, et tous les malades soumis à ce traitement furent guéris (*a*).

____

(*a*) Ils étaient au nombre de plus de 1,400 personnes, dans trois communes seulement. Il me fut accordé une gratification par leurs Etats. *Voyez les Journaux et les Gazettes du tems.*

S'il est avantageux de guérir, il serait encore plus utile de mettre les hommes à portée de n'avoir pas besoin de guérison, et de trouver les moyens de prévenir les épidémies. Ce fut dans ces vues que je donnai un *Mémoire sur les moyens propres à prévenir les épidémies.* Le *Journal Encyclopédique* du mois d'août 1787 en fit un rapport très - avantageux. « L'obser- » vation que l'on y trouve, y est - il dit, des » agens que la nature emploie pour purifier l'air » est exacte, et les préceptes que l'auteur déduit » de cette observation sont en général fondés sur » l'économie naturelle. . . . Il doit être bien doux » pour notre auteur d'avoir si heureusement » suivi la marche de la nature, et développé, » aux yeux de la raison, les agens dont elle se » sert, et que l'art peut employer avec facilité » pour écarter d'une si grande Province un fléau » périodique qui l'a jusqu'à présent dépeuplée. »

Les départemens de la guerre et de la marine (*a*) ordonnèrent la distribution de ma mé-

____

(*a*) Le département de la marine avait accueilli un mémoire que je lui adressai pour la conservation des gens de mer. Un traitement spécifique pour le scorbut, les plaies, les ulcères, la gonorrhée, les maladies de peau, etc.; un moyen infiniment simple d'empêcher la corruption de l'eau, dans les voyages de long cours, étaient les principaux objets de ce travail.

thode dans les hôpitaux militaires, sur les ports et dans les colonies, et elle fixa bientôt après l'attention des Etats de Bretagne, de Bourgogne, d'Artois, de Cambresis, de Provence, etc., elle fut également accueillie par les savans et les intendans de France et de l'île de Corse, ainsi qu'en Italie, au sujet des travaux des marais pontins.

En 1783, j'annonçai, dans un supplément au *Journal de Paris*, du 12 septembre même année, les vastes et sûres propriétés de l'eau d'écorce d'orme pyramidal pour les maladies de la peau....

Les succès répondirent à mes espérances. Il se fit une si grande distribution de ce remède, qu'on s'en apperçut dans la balance du commerce de la droguerie. ...

Le bureau des finances de la généralité de Paris fut obligé de rendre une ordonnance, portant défense de peler et écorcer les ormes plantés le long des routes et grands chemins. On y lit: « que, depuis que les papiers publics avaient » annoncé les propriétés médicinales de la dé- » coction de l'écorce intérieure de l'orme appelé » par les botanistes, *Ulmus foliis oblongo-ovatis* » *glabris acuminatis duplicato - serratis*, plu- » sieurs particuliers se permettaient d'écorcer, » nuitamment et sans distinction, les ormes » plantés sur les chemins, pour en tirer cette » pellicule, dont l'usage paraissait devenir gé-

» néral et le débit prodigieux. (18 novembre
» 1783.) »

Quoique nous ayons eu depuis une multitude
d'occasions de prescrire ce remède dans les maladies de la lymphe, nous rappellerons une observation déjà connue, qui prouve son efficacité
dans les cas les plus désespérés. Elle est consignée dans le supplément au *Journal de Paris*,
du 12 septembre 1783.

L'abbé Burgurieu, supérieur du séminaire des
Missions étrangères, était attaqué depuis plusieurs années, d'une cruelle maladie de la peau.
Il avait aux pieds et aux mains de profondes
crevasses et des ulcères qui lui en interdisaient
l'usage ; des écailles, des croûtes qui suintaient
et qui étaient sanieuses, plus ou moins épaisses,
se détachaient continuellement de toute la surface du corps, et les chairs, laissées sur le vif,
se recouvraient bientôt de nouvelles croûtes de
même nature : il n'y avait pas de jour qu'on n'en
ramassât plusieurs jointées dans son lit ; sa vue
était presque éteinte, et enfin, il avait entièrement perdu l'ouïe. Il était alors âgé de 85 ans.
J'ordonnai l'usage de l'eau d'écorce d'orme pyramidal, tant à l'intérieur qu'à l'extérieur : la
peau s'adoucit de plus en plus, les croûtes sanieuses disparurent. . . . la surdité se dissipa totalement, les cheveux repoussèrent et devinrent

touffus, et la vue se fortifia au point que le malade lisait sans lunettes à l'âge de 87 ans, etc.

Ce court exposé doit suffire pour convaincre que l'ouvrage que nous annonçons aujourd'hui est le résultat et le fruit de plus de 20 années d'observations et de travaux sur les maladies de la peau; et on doit le dire en passant, les personnes du sexe y sont le plus exposées. Nous avons fait une étude particulière des causes qui y donnent lieu. Aussi nous est-il impossible de faire connaître ici tout ce que cet ouvrage renferme d'utile et d'important sur l'art précieux de conserver la santé et la beauté du corps. On y donne les moyens de procurer aux membres une belle conformation et de fortifier l'organe de la peau, en lui conservant sa fraîcheur, son coloris, son élasticité. La plus grande durée de la vie dépend de la convenance dans les formes et les proportions du corps, ainsi que du bon état de la peau, cet organe par excellence, qui, trop peu connu, fixera enfin toute notre attention.

Nous terminons par exposer les dispositions naturelles de l'enfance pour les maladies de la peau, et la nécessité de mettre en pratique des moyens propres à favoriser le développement de toute la constitution physique du corps.

Nous passons d'abord à l'anatomie de la peau et de ses enveloppes membraneuses dans toutes les cavités, dans les plus petits vaisseaux capillaires , les glandes ou glandules , dans le centre même des organes. Ce détail historique ne se borne point à l'espèce humaine ; il offre des observations riches et curieuses sur les productions cornées et écailleuses du règne animal , et sur les métamorphoses des insectes et les mues dans les différentes espèces d'animaux.

C'est ici le tableau le plus frappant de la majesté de la nature dans le plan général de la membrane épidermique ou écailleuse du règne animal, et du règne végétal. Ce rapprochement nous conduit, par une multitude de faits et d'observations , à des conséquences infiniment précieuses et utiles à l'espèce humaine. En effet , la chûte et le renouvellement de la peau annoncent constamment la guérison des plaies, la cicatrisation des ulcères et la convalescence dans les maladies aiguës , etc. Ce signe caractéristique de la santé n'est point équivoque; le principe vital le fomente et le fait naître...

Les métamorphoses, les mues , les changemens de peau , de poil , de plume , etc. paraissent avoir une très-grande analogie : c'est une sorte de crise à laquelle toutes les puissances de la vie semblent concourir. Les crustacées qui habitent dans l'eau sont eux-mêmes également assujettis à ces desquammations. On rapporte des observations sur

le danger de couper les cheveux dans les convalescences.

L'organe de la peau joue sans doute dans l'économie animale le plus beau rôle : cette enveloppe,
commune à toutes les parties, conserve la beauté
des formes, l'aisance des proportions et leur convenance respective ; elle entretient , dans toute
l'habitude du corps, avec les grâces de la jeunesse, cette rondeur et ces contours gracieux
qu'on remarque dans les femmes. La peau a
par conséquent des rapports immédiats avec la
santé, la perfection du corps et la durée de la
vie...,.

Oui, certes, les roses de la santé embélissent
le sexe charmant que la nature enrichit des formes
les plus harmonieuses. Tout se tient ici par une
marche nécessaire. La peau, chez la femme,
plus douce, plus mœlleuse, laisse un libre cours
à une évaporation utile du *flatus* de la transpiration qui baigne tous les organes. . . . Car tout ce
qui est beau naît d'un certain ordre ; la beauté,
cette reine du monde, en devient l'ornement, et
les grâces qui l'accompagnent sont immortelles....
En effet, il est constant que les formes régulières,
les belles proportions et leur convenance mettent
dans ces heureuses dispositions qui promettent la
santé et de longs jours. . . .

On démontrera que les *mains sont en rapport ou*

en harmonie avec toutes les formes intérieures ; nous disons que la *main conserve le dessin rapproché des formes intérieures :* semblable au cadran d'une horloge, la main de l'homme indique la disposition du mouvement de son intérieur.

D'après d'autres résultats sur l'économie animale, *le visage renferme l'ensemble du dessin des proportions extérieures du reste du corps.* Ces rapports de notre organisation appartiennent aux productions magnifiques du tissu-cellulaire (*a*). Dans les maladies chroniques dégénérées, dans les affections cutanées, qui tendent à une dépuration utile, dans tous les cas où il y a lieu à quelque dépôt critique ou à quelque métastase favorable à la santé, les humeurs transportées suivent l'ordre des proportions, même avec une sorte de *parallélisme* dans les parties doubles.

Nous rappelons les méthodes les plus propres à préserver l'enfance et les jeunes personnes des accidens trop fréquens qui dégradent la peau, et qui,

---

(*a*) Voyez les recherches de *Boerrhaave*, du docteur *James*, des *Cheselden*, des *Bordeu*, des *Lorry*, des *Charles Bonnet*, des *Roussel*, des *Fontana*, etc. J'aurai plus d'une occasion de parler de mon respectable ami *Brillouet*, qui réunit, dans toutes les parties de l'art de guérir, les connaissances les plus étendues à l'expérience la plus consommée.

par une suite funeste, occasionnent les difformités. Notre ouvrage contient des recherches curieuses sur la naissance des enfans, leur caractère moral, et les dispositions naturelles qui influent sur le bonheur et la durée de la vie. On y parcourt tous les âges et leurs révolutions climatériques. On s'arrête sur les différentes périodes de la vie... L'homme parvenu à la vieillesse, peut espérer la santé, il peut en jouir. Les bornes imposées par la nature à notre existence dans le cercle étroit de la vie nous sont-elles donc révélées? D'après les rapprochemens de ce qui se passe dans les différentes familles d'animaux, il est démontré que l'action vitale a une tendance qui mène aux dispositions les plus favorables à la longue vie; ainsi toutes les fois que par des onctions balsamiques et émollientes, ou par d'autres procédés, un art salutaire saura maintenir toutes les propriétés élastiques du tissu-cellulaire de la peau, on pourra se conserver au-dela du terme ordinaire..... A un grand âge, le dépérissement même de l'épiderme, sa dessiccation et sa chûte précèdent le renouvellement intérieur... Une révolution critique de cette nature arrive ou par les efforts seuls de la constitution physique, ou bien par un effet de remèdes imbus d'un principe vivifiant... Dans les deux cas, on voit bientôt renaître les forces et la vie; la peau reprend également toutes ses dispositions ordinaires de flexibilité , etc. La nature bienfaisante nous montre donc quelquefois sa marche mystérieuse dans le renouvellement du corps , indépendamment des secours de la médecine. Heureux celui dont la constitution physique garde cette modération et cet équilibre dans les mouvemens !

Les différentes manières de faire usage du bain chez les différens peuples du monde , forment une partie essentielle de nos recherches. Les bains muqueux, si efficaces pour la dépuration et l'embélissement de la peau , fortifient , assouplissent toutes les membranes , les fibres , les nerfs , les articulations, etc. C'est par de tels procédés que la petite vérole peut parcourir tous ses périodes sans aucun inconvénient pour la beauté du corps; nous rapporterons à cette occasion quelques faits de l'histoire ancienne d'*Hélène* , par rapport aux moyens qu'on mit en usage pour en faire la première beauté du monde.

Les personnes du sexe verront avec plaisir que nous avons destiné un chapitre sur l'art de la toilette ou l'emploi des cosmétiques. On a proposé pour guérir l'*étisie* , l'usage des bains émolliens, suivis d'une onction par tout le corps avec une pommade cosmétique : tant il est vrai que la santé dépend du bon état de la peau !

Nous traiterons de la petite vérole , des taches

de lait, des épanchemens laiteux, des affections dartreuses, scorbutiques, etc. L'art salutaire de s'oindre la peau, dans les climats chauds, donnera lieu à des observations curieuses sur les onctions sacrées (*a*), où l'on employait les huiles les plus suaves et les aromates les plus précieux. Nous décrirons enfin les divers usages, les diverses méthodes que la nature, le besoin ou l'instinct ont indiqué aux hommes de toutes les nations, comme propres à la pureté extérieure et favorables à la santé, à l'embélissement et à la perfection du corps.

(*a*) Les religions anciennes avaient associé la conservation de la santé avec la morale; on peut voir, à cet égard, tout ce que contient le rit oriental, qui fait un devoir moral des lotions, des ablutions, des lavages de toute espèce, des purifications, etc.

HISTOIRE NATURELLE

DE LA PEAU,

ET DE SON RENOUVELLEMENT

SUCCESSIF,

DANS TOUT LE REGNE ANIMAL,

EN FAVEUR

DE LA DURÉE DE LA VIE.

Du Tissu-cellulaire, de la Peau, du Corps muqueux ou réticulaire, et de l'Epiderme avec l'identité de ces quatre membranes.

Identité de la peau et du tissu-cellulaire.

LA peau est un véritable tissu-cellulaire ; elle ne diffère de celui qui constitue essentiellement la membrane adipeuse, que dans le rapprochement des mailles, qui étant plus serrées les unes contre les autres dans le cuir, contiennent dans leurs interstices une plus grande quantité de matière glutineuse. Dans le tissu-cellulaire, c'est le contraire ; la graisse s'y épanche entre les mailles, en plus ou en moins grande quantité. Les observations suivantes le démontreront.

1°. Si on examine la dépouille fraîchement enlevée d'un animal quelconque dans son état de maigreur, on aperçoit que la plus grande partie de la couche cellulaire, qui unissait le cuir au corps musculeux ou aux autres parties subjacentes, a suivi la peau, et lui est restée adhérente. Si on essaie de la tirailler, on ne peut l'en détacher que brin à brin, et on observe encore qu'il reste, au-dessous des mailles emportées, de nouvelles mailles. Si on a la patience de répéter plusieurs fois la même opération, on se voit conduit insensiblement dans le cuir lui-même, dont on parvient à décomposer également, maille par maille, toute l'organisation ; à mesure qu'on approche de la peau et qu'on pénètre de plus en plus dans sa substance, en avançant vers sa surface externe, les mailles qu'on soulève sont graduellement plus denses, plus fermes et plus serrées les unes contre les autres : c'est dans les parties du corps où le cuir est plus poreux et plus mince, sur-tout vers les plis des différentes jointures, sous les aisselles et dans les aînes, que les gradations dont nous parlons sont le plus remarquables ; elles conduisent, en quelque sorte, l'anatomiste jusques à la superficie externe de la peau. La macération de la dépouille fraîche dans l'eau ou dans le vinaigre, facilite beaucoup cette opération et en rend les résultats plus sensibles.

L'action des liqueurs alkalines produit le même effet. Ces substances absorbent le parenchyme ou l'humeur gluante (a) contenue en abondance dans les mailles du

---

(a) Cette colle forme la majeure partie du cuir. On la trouve encore dans toutes les membranes celluleuses, qui fournissent aussi une grande quantité de colle ; par la même raison, les intestins en

cuir ; alors ces mailles laissent entr'elles des intervalles plus marquées et entièrement conformes à ceux qui résultent de l'entrelacement des filets qui composent le tissu-cellulaire ; ainsi, les différens cuirs dont on fait nos chaussures , les pelleteries , les peaux corroyées de toutes les espèces , présentent , du côté par lequel elles adhéraient à l'animal, un lacis de fibres dirigées dans tous les sens, comme celles du tissu-cellulaire ; elles deviennent même d'autant plus serrées et plus difficiles à détacher, qu'on approche davantage de la surface externe du cuir. Cette simple extraction de l'humeur gélatineuse renfermée en plus grande abondance dans les mailles du cuir que dans celles du tissu-cellulaire, rapproche la ressemblance du premier de ces organes avec ce dernier : en effet, les apprêts alkalins et absorbans du corroyeur , en développent l'uniformité du tissu et en augmentent la souplesse.

C'est par la même raison que les peaux corroyées absorbent très-facilement les fluides du côté de leur surface intérieure ; ils s'y insinuent comme dans une éponge : il n'en est pas de même de la surface extérieure , où les mailles sont très-rapprochées ; elle offre la plus grande difficulté à leur passage.

2°. Dans les fœtus de tous les animaux en général , le cuir diffère bien moins du tissu-cellulaire, qui lui est subjacent, que dans l'adulte. Cette enveloppe, ainsi que tous les prolongemens innombrables qu'elle envoie dans

---

donnent beaucoup, lorsqu'on les soumet aux mêmes procédés , principalement dans les animaux dont le conduit alimentaire est membraneux , comme dans les poissons qui fournissent l'ycthyocolle ou la colle de poisson , etc.

le corps, sont imbibés d'une quantité prodigieuse de gluten analogue à celui qu'on retire du cuir dans la fabrication de la colle : il y tient la place que la graisse doit occuper dans un âge plus avancé, lorsqu'elle se forme après le plus grand développement du corps ; elle n'existe point encore dans le fœtus, même dans les espèces d'animaux qui en produisent la plus grande quantité, comme les cochons, les cétacées, l'homme, etc. On ne trouve absolument dans les interstices des mailles du tissu - cellulaire où elle se loge, que cette matière gluante, et ce n'est qu'avec une lenteur incroyable qu'elle cède peu-à-peu sa place à la graisse. Tout le monde peut s'en convaincre, d'après ce qui se passe dans les veaux.

3°. La nature des poils et des glandes cutanées de différens ordres dans les quadrupèdes, et des plumes dans les oiseaux, contribue aussi à prouver l'identité du cuir avec le tégument cellulaire. En effet, les glandes, les racines des poils et des plumes s'implantent à-la-fois dans le cuir et dans le tissu-cellulaire subjacent, de sorte que leur base est comme enchassée, soit dans la couche du tégument commun, qui, par sa plus grande densité, forme la peau, soit dans la couche, dont le tissu plus rare et plus lâche constitue d'une manière particulière l'organe cellulaire. On voit enfin que c'est mal-à-propos qu'on en a fait une seconde enveloppe commune.

Preuves de l'identité de la peau avec le tissu-cellulaire, tirées de certaines maladies, telles que l'hydropisie, etc.

La peau n'est qu'une couche du tissu-cellulaire ; l'anatomie le démontre, et de nouveaux faits viennent ici à l'appui de ces preuves. Les mailles qui composent la peau sont infiniment plus rapprochées que dans le reste de la membrane celluleuse ; voilà la seule différence. Dans l'hydropisie universelle, les incisions les plus légères, qui effleurent la superficie de cet organe, suffisent quelquefois pour faire transsuder jusqu'à épuisement toutes les sérosités abondantes dont le corps est abreuvé ; mais lorsque les eaux épanchées sont trop glaireuses ou visqueuses, pour enfiler les routes étroites que leur présentent les interstices des mailles de la peau, les mouchetures ou les petites incisions dont nous parlons, en obtiennent difficilement l'épuisement total.

Dans ces épanchemens, qui inondent tout le corps, il n'est aucune partie, si on en excepte peut-être les tendons et les aponevroses, qui ne participe à cet abreuvement ; toutes, depuis les plus molles jusqu'aux plus dures, y prennent plus ou moins de part. Les viscères, le cerveau lui-même, les différentes membranes, les tuniques qui tapissent chaque cavité, les cartilages, les os mêmes, participent dans tous les épanchemens aqueux, à l'état d'imbibition qui se remarque alors dans le tissu-cellulaire ; c'est par ses nombreux prolongemens, ou par les racines, qu'il envoie dans tous les points possibles des différens organes du corps, que ces épanchemens se transmettent par-tout de la manière la plus générale.

Les différentes maladies fluxionnaires, les fluxions de toute espèce, le rhumatisme œdemateux, la goutte, les épanchemens laiteux, etc. offrent des preuves très-remarquables des relations intimes des parties intérieures avec les parties extérieures, par le moyen des prolongemens du tissu-cellulaire. Dans les métastases, les humeurs critiques se portent brusquement, par cette voie, de l'intérieur à l'extérieur : *et vice versâ* ; ces mêmes effets ont lieu des parties les plus éloignées les unes des autres. En général, les affections cutanées, les dartres, la gale, les dépôts critiques, les éruptions, par suite d'un principe vénérien dégénéré et autres accidens de cette espèce, et leur transport brusque d'une partie sur une autre, démontrent aussi l'existence du tissu - cellulaire dans tous les points possibles du corps animal.

Les observations suivantes sur l'influence des lieux marécageux, viennent à l'appui de ce sentiment ; elles m'ont été communiquées par le docteur *Faure*, médecin des armées. « J'ai traité, dit-il, l'automne dernière, un grand nombre d'hommes, en Zélande, attaqués de fièvres intermittentes, si rébelles dans ces plages marécageuses, que les malades étoient pâles, défaits et submergés, pour ainsi dire, dans cette cachexie aqueuse, dont *Horace* dit avec tant de vérité :

Aquosus albo corpore languor.

L'accident le plus fort, qui résulte de ces fièvres si long-tems prolongées, est l'hydropisie de poitrine, qui quelquefois est seule, mais le plus souvent compliquée avec celle de l'abdomen, l'anasarque, etc. etc. Dans ces fièvres de poitrine, toujours accompagnées de catarre, raucité, extinction de voix, etc. etc. (la fièvre étant même souvent guérie) il survient tout-à-coup une oppression violente, avec la toux quinteuse, crachement de sang. Les malades succombent alors en très-peu de jours. L'ouverture que j'ai faite de plusieurs cadavres, m'a toujours montré les poumons plus ou moins enflammés, ainsi que les viscères du bas-ventre. Ces organes étaient incrustés d'une membrane gélatineuse, jaune, presque semblable à la coënne du sang des pleurétiques ; d'ailleurs il y a constamment beaucoup de sérosité épanchée dans la poitrine, dans le péricarde et l'abdomen. Quelle indication de traitement semblent présenter ces désordres profonds ? Saigner pour résoudre l'engorgement inflammatoire ? Mais l'atonie générale des solides et la cachexie aqueuse ne s'y opposent-elles pas ? Cet engorgement inflammatoire consécutif n'est-il pas le triste et incurable produit de l'oppression des organes de la respiration et du cœur lui - même par les sérosités extravasées ? Éclairez - moi, si vous pouvez, de vos sages avis, au nom de l'humanité, etc. »

Identité de la peau et du corps réticulaire.

La couche superficielle et extérieure du cuir, que *Malpighy* et ses disciples ont cru devoir distinguer de la peau, proprement dite, sous le nom de tunique ou corps réticulaire, n'est vraiment que sa lame externe, ou, pour mieux dire, l'espèce de croûte graînue formée sur le cuir par la matière glutineuse qui remplit les interstices de ses mailles. Peut-il exister un nouvel organe par la présence seule d'une matière glutineuse ? *Malpighy* assure l'avoir particulièrement remarqué sur la langue, aux extrêmités des doigts, à la paume des mains, etc. Cependant, ces mêmes parties soumises à l'action de l'eau bouillante, en laissent séparer l'épiderme avec la plus grande facilité. Quant au corps réticulaire, aucun moyen connu ne le démontre, puisqu'il n'existe pas. Le cuir se présente exactement à nud, sans aucune interposition, dès qu'on a enlevé l'épiderme.

Il est vrai que le même anatomiste prétend que dans l'agneau mort (*a*) depuis plusieurs jours, la séparation spontanée qui se fait alors de l'épiderme, entraîne le

---

(*a*) In agni pede per plures dies enecati avulsâ cuticulâ cum reticulari involucro subsequi continuatâm ungulam vidi. *Marcelli Malpighy*. Diss. Epist. DE EXTERNO TACTUS ORGANO.

corps réticulaire avec la surpeau. Mais ce fait n'est qu'une pure illusion ; car la forme alvéolaire de la couche interne de la cuticule détachée du pied de l'agneau , et qu'il a pris sans doute pour une nouvelle membrane , n'est que le résultat de l'impression des différentes papilles du cuir sur la face interne de l'épiderme; elles s'y trouvent engaînées comme nos doigts le sont dans un gant. Cela est de même par rapport au corps humain : lorsque les premiers dégrés de putréfaction ont déterminé la chûte de l'épiderme de la plante des pieds et de la paume des mains , on apperçoit à la face interne de la dépouille , la forme réticulaire et alvéolaire ; rien d'ailleurs n'annonce une tunique ou une peau particulière, que *Malpighy* appelle corps réticulaire ; de sorte que la surpeau tombée , le cuir , ou pour mieux dire , sa surface papillaire et grainue se trouve immédiatement à nud. Il est donc prouvé que le prétendu corps réticulaire n'est que la couche externe du cuir , enrichie d'une infinité de papilles , plus ou moins grandes , plus ou moins coniques , plus ou moins régulières.

Cependant , comme tous les anatomistes qui ont marché sur les traces de *Malpiphy* ont parlé du corps réticulaire , comme d'une membrane distincte , nous avons pensé qu'il ne serait pas hors de propos d'exposer nos observations à ce sujet.

Le siége de la couleur des différentes races d'hommes ou même des individus d'une même espèce , placé par *Malpighy* dans ce qu'il appelle improprement le corps muqueux ou réticulaire , ne change rien à ce que nous venons d'établir sur l'identité qu'il a avec l'organe cutanée , qui se trouve seulement être alors lui-même , dans sa superficie , le véritable siége de cette couleur.

Identité de l'épiderme et de la croûte glutineuse du cuir.

La surface grainue ou externe du cuir est recouverte immédiatement par un enduit glutineux, destiné à entretenir sa souplesse ou à le défendre des impressions trop vives des corps étrangers : c'est sur cet enduit que se trouve étendu l'épiderme, qui n'est à proprement parler que la lame externe de la peau desséchée par l'action de l'air ; de-là vient la promptitude avec laquelle la surpeau se régénère par le desséchement successif des différentes couches de cet enduit.

On ne connaît pas de moyen plus propre à rendre bien sensible l'enduit dont nous parlons, que l'action des vésicatoires. Il devient sur-tout apparent le deuxième ou le troisième jour après le premier enlèvement de l'épiderme. Il n'est pourtant pas rare de le distinguer dès la première levée de l'appareil et de le voir se reproduire successivement un grand nombre de fois ; cet enduit est probablement formé par une humeur glutineuse, qui transsude de la surface du cuir ; il a les apparences de cette membrane, mais on n'y voit, non plus que dans l'épiderme, aucune organisation ; il émousse la sensibilité des plaies, tant qu'on a l'attention de le conserver ; s'il disparaît, ou qu'il soit enlevé par l'impulsion des humeurs qui sourdent entre lui et le cuir, la surface grainue paraît à nud ; les pansemens deviennent alors très-douloureux. Cet enduit glutineux de la peau se présente dans ce dernier cas sous une forme qu'il n'a probablement jamais, dans l'état naturel, où il doit se réduire en une couche d'un feuillet imperceptible.

Nature et structure de la peau.

La peau ou le cuir est une vaste tunique, qui tapisse toute la surface du corps, toutes les grandes cavités qui aboutissent au-dehors par de larges ouvertures : ce sont la bouche, les fosses nazales, le conduit alimentaire, l'intérieur des paupières et des oreilles, les voies des parties naturelles des deux sexes, etc. (*a*) Cette enveloppe s'avance jusques dans le système vasculaire (*b*) ; elle se propage même par le moyen des vaisseaux inhalans et exhalans avec la membrane, qui revêt l'intérieur des grande cavités borgnes, telles sont la plèvre, le péritoine, etc. Dans tous ces trajets, le tissu-cellulaire forme la trame principale de cette membrane universelle ; si elle offre des différences dans les parties diverses du corps humain, on doit les attribuer à l'épaisseur et à la densité plus ou moins grande de la couche qu'elle forme sur chaque organe ; à la quantité et aux diametres plus ou moins considérables des vaisseaux qui l'arrosent ; au caractère de l'humeur séparée par les glandes de diverses espèces qui entrent dans son tissu ; au nombre des nerfs qu'elle reçoit, et par conséquent à la sensibilité plus ou moins exquise, dont elle est douée ; enfin, à la quantité, sous des rapports différens, de l'humeur glutineuse épanchée entre les mailles qni composent son tissu.

Ainsi, d'après nos vues sur la nature de l'enveloppe universelle, nous définirons la peau *une couche celluleuse, dense et ferme, qui revêt la surface du corps,*

(*a*) *Voyez* propagation de la peau dans l'intérieur du corps.
(*b*) *Voyez ibid.*

l'intérieur des différentes cavités., où il se fait quelque
secrétion ou absorption, et tous les canaux qui servent
à la circulation, au passage ou au séjour de quelque
fluide ; elle est parsemée des glandes et des vaisseaux
de divers genres ; les nerfs s'y distribuent aussi.

La distribution des nerfs est très-remarquable dans les
premiers refoulemens de la peau et dans les grandes cavités qui aboutissent au dehors par de larges ouvertures ;
ce sont le conduit alimentaire, le vagin, l'intérieur de
l'urethre, des paupières, des fausses nazales, etc. Ces
productions jouissent d'une sensibilité exquise : les anatomistes ne reconnaissent pas cette distribution nerveuse
dans les méninges, dans la plèvre, dans le péritoine,
dans le péricarde, dans la tunique qui revêt l'intérieur
des différens vaisseaux, des conduits et des membranes,
que nous regardons comme des portions d'une même
enveloppe généralement répandue : il est vrai qu'il n'est
pas possible d'y suivre la trace des filets nerveux ; cependant ces membranes acquièrent un très-haut degré de sensibilité dans la maladie ; d'ailleurs la terminaison des
nerfs dans les différentes parties du corps sera peut-être
long-tems un problême anatomique ; car si les filets ner-
vins qui paraissent à nos yeux les dernières ramifications
des branches, d'où ils sortent, se terminaient réellement
là où nous les voyons finir, l'organe le plus sensible le
serait à peine.

Dans la portion de cette enveloppe générale qui forme
la peau proprement dite, ou le cuir, nous disions que la
substance cellulaire s'y trouve plus ferme que par-tout
ailleurs ; une matière glutineuse répandue en abondance
entre les mailles de son tissu, lui donne plus de solidité,
et elle acquiert par le desséchement une demi-transparence manifeste, analogue à celle de la colle animale.

On sait que la colle animale n'est qu'un extrait de la peau des animaux ; ce caractère distinctif qui lui vient de la surabondance de cette humeur glutineuse, met, pour ainsi dire, une borne de séparation entre la peau et ses productions membraneuses, qui tapissent l'intérieur des différentes cavités et des vaisseaux de divers genres.

Le second caractère propre à la nature du cuir est la division naturelle de la surface externe en une infinité d'alvéoles ou petits compartiments, produits par autant de papilles qui s'élèvent au-dessus et la font paraître comme chagrinée (a).

Les papilles sont très-remarquables, par exemple, sur la surface de la langue, du palais, au vagin, etc. ; et elles y sont beaucoup plus considérables que par-tout ailleurs. Les valvules ou les replis intérieurs des intestins, quoique formés d'une substance pulpeuse et destinés à des usages particuliers, paraissent moulés sur le même type ; peut-être qu'un examen plus attentif des productions membraneuses dans les cavités plus reculées et dans l'intérieur des vaisseaux y ferait découvrir les traces des mêmes grains.

Quoi qu'il en soit, ces grains ou ces papilles, qui dans le cuir passent pour l'organe du tact par excellence, et qu'on a cru sans doute, pour cette raison, devoir nommer

---

(a) Il est peu d'animaux dont la surface de la peau ne soit ainsi chagrinée ; elle l'est dans l'homme, dans tous les quadrupèdes, dans tous les oiseaux, dans les reptiles, comme, par exemple, dans la famille des lézards, dans la tortue, dans les salamandres, dans les grenouilles, et principalement dans les crapauds, etc. Les tubercules ou les papilles élevés au-dessus de la peau, y sont plus durs que les interstices ; dans l'homme, c'est ordinairement ce point que les insectes qui lui font la guerre choisissent pour ficher leur aiguillon.

les houppes nerveuses de la peau, ne diffèrent de sa substance même, que par un plus haut degré de dureté; les sommets des dernières ramifications nerveuses qui viennent s'y rendre, nous ont toujours paru se terminer sans ordre dans sa croûte grainue, en s'identifiant en quelque sorte avec elle.

Ces houppes ou papilles seraient-elles destinées à affaiblir le sens du toucher bien loin de le rendre plus prompt, comme on le croit? On observera qu'elles doivent diminuer considérablement le nombre des points, par lesquels la surface de la peau se trouverait en contact avec les corps solides, si elle étoit plus unie. Les surfaces polies ne rendent-elles pas les sensations plus promptes et plus exactes? Un morceau de marbre, de pierre, de bois brut, etc., nous paraîtra chaud ou tempéré, et une pièce de la même matière, rendue polie, imprimera sur la main ou sur toute autre partie de l'observateur une vive sensation de froid...

Dans tous les animaux, les poils sont implantés dans les lignes ou raies qui séparent les papilles de la peau; c'est là aussi où s'enfoncent les racines des plumes dans les oiseaux; c'est par-là que passent les orifices excréteurs des glandes cutanées et les sommets ou radicules des pores inhalans et exhalans. Les poils et les plumes s'implantent dans le cuir, de manière que leur racine les perce d'outre en outre, plus ou moins obliquement, et elle se fixe avec son bulbe jusques dans la membrane adipeuse, ou le tissu cellulaire. Les différentes glandes cutanées sont aussi enchassées une à une dans le cuir, de manière qu'elles le percent de part en part; leur base porte sur le tissu-cellulaire, et leur goulcau ou leur orifice excréteur sur la surface du cuir.

Les couches intérieures et les plus profondes du cuir

deviennent successivement plus lâches en approchant de la membrane celluleuse, de sorte qu'en suivant la substance de la peau du dehors au dedans, on voit ses différentes couches dégénérer insensiblement en vrai tissu-cellulaire ; et réciproquement en avançant du dedans au dehors, on apperçoit le tissu-cellulaire se convertir par dégrés en véritable peau, comme on l'a dit ailleurs, en parlant de l'identité de ces deux substances.

Par conséquent, le cuir communique de sa surface intérieure avec toutes les parties solides les plus centrales du corps, par le moyen de la membrane celluleuse, qui les pénètre de toutes parts. Ce tissu sert, en quelque sorte, de première charpente aux élémens sensibles des divers organes, comme plusieurs anatomistes célèbres l'ont observé.

L'analogie de la peau avec la tunique extérieure ou cutanée des grands conduits et des organes intérieurs est prouvée par l'efflorescence des boutons varioliques sur la superficie des viscères, qui a lieu quelquefois, comme sur la peau. Voici l'observation de *Horstius*, rapportée dans l'*historia anatomica medica* de **M.** *Lieutaud*

Un jeune homme étant mort le septième jour, d'une petite vérole compliquée de dyssenterie, on trouva le poumon, le foie, la rate et les intestins couverts, ainsi que la peau, de boutons en suppuration.

Ce qui est rapporté par le docteur *Menuret*, donne un second développement à cette dernière observation ; en général, dit-il, soit irritation interne qui appele au-dedans, soit resserrement ou foiblesse dans le tissu de la peau, qui se prête mal à l'effet qui est dirigé vers elle, soit atonie dans l'organe cellulaire, qui ne pousse pas assez en-dehors, l'humeur variolique reflue dans son tissu, et par les communications qu'offrent ses cellules et ses prolongemens, se porte dans l'intérieur et se dépose sur quelque partie noble ; de-là les dépôts, les métastases, etc.

Nature et sructure du tissu-cellulaire avec ses prolongemens.

Le tissu-cellulaire est cette couche vaste et spongieuse de la peau, qui la fait adhérer à toutes les parties subjacentes, et qui envoie dans les organes de profondes racines, divisées en un nombre infini de ramifications. Dans les premiers tems de la formation, cette membrane universelle n'est qu'une espèce de rezeau-mollet, entre les mailles duquel on trouve épanchée une quantité immense de matière gluante ; cela se passe ainsi à l'égard de toutes ses racines et de ses prolongemens innombrables. On peut voir ce développement membraneux d'une manière très-sensible dans les veaux et dans les jeunes agneaux, immédiatement, ou peu de tems après leur naissance.

La couche celluleuse dont nous parlons, qui doit former désormais, lorsque la matière de la graisse s'y sera épanchée, ce qu'on nomme la *membrane adipeuse*, est entièrement gorgée d'un gluten mucilagineux, qui rend les chairs des animaux nouvellement nés *nauséabondes* et très-*dégoûtantes* ; ce n'est que par degrés, que cette glue abandonne, dans le cours du développement du corps, les cellules de la membrane cellulaire, et elle est remplacée à mesure par une plus ou moins grande quantité de graisse, selon les différentes parties, selon le tempérament et l'état de santé des individus, ainsi que les différentes espèces d'animaux (*a*). Au surplus,

____

(*a*) Il y a des animaux qui n'ont jamais de graisse ou qui en

il reste toujours après l'accroissement une portion assez considérable de matière glutineuse, dans le tissu-cellulaire. On s'apperçoit de cette saveur nauséabonde dans les sujets maigres et dans les prolongemens de cette membrane, qui restent toujours dépourvus de graisse. C'est encore à cette portion de gluten, que paraît due l'espèce de demi-solution laiteuse, qui se fait de la graisse, lorsqu'on broye dans l'eau bouillante un morceau de membrane adipeuse.

Le gluten forme la matière de la colle animale et des différentes gelées qu'on retire des chairs des animaux; l'interposition de cette substance entre les fibres constituantes des diverses parties molles, qui est en plus ou en moins grande quantité et au degré plus ou moins fort d'épaisissement, acquis par l'accroissement et par les forces de la vie, forme les différens degrés de fermeté et de solidité dans les chairs ; elle abonde dans la peau et dans les différens refoulemens, qu'elle envoie dans le corps; dans les tendons, qui en paraissent presque com-

---

ont peu ; ce sont les lièvres, les chiens, les chats, les loups, les renards, et en général tous les quadrupèdes et les oiseaux carnassiers, ou ceux qui ne vivent que de la chasse. Il y en a au contraire qui en sont surchargés : les cochons, l'homme, les cétacées, la plupart des oiseaux granivores et ceux qui se nourrissent d'insectes, sont de cette dernière classe. Il y a d'autres espèces animales, comme les grosses bêtes ou les bêtes à laine, où la graisse se présente sous deux états différens et dans des portions séparées du tissu-cellulaire ; dans l'un, la graisse n'a qu'une consistance moyenne ordinaire, elle est douce au goût; dans l'autre, au contraire, elle est ferme ; elle a une saveur particulière, sauvage et désagréable; c'est ce qu'on appelle le suif, qui n'existe pas dans les jeunes individus; la graisse est la même par-tout.

posés entièrement ; dans la substance charnue des muscles, et enfin dans les os, qui ne sont qu'un noyau de gluten mêlé à une très-petite portion de terre. Il est vrai, et il est même important de le remarquer, sa ténacité paraît varier suivant les différens organes, dans lesquels on la rencontre ; dans le cuir, par exemple, cette ténacité est portée au degré le plus éminent, et elle l'est aussi dans les intestins. Cela arrive principalement pour les espèces de poissons, dont le tube alimentaire n'est, pour ainsi dire, qu'une peau gluante. Ce sont ces dernières parties, qu'on choisit pour la confection de la colle. La nature de cette glue est moins visqueuse dans les muscles, dans les tendons et dans les os.

De plus, la matière glutineuse est la source des différens prolongemens cornés, qui croissent naturellement à la surface du corps des animaux, tels que les ongles et la croute qui revêt la substance osseuse des cornes. Elle donne naissance à toutes les callosités et aux autres végétations cornées, qui paraissent contre nature, sur les différentes parties extérieures du corps. L'espèce de demi-transparence, l'élasticité, etc., de ces végétations animales les caractérisent d'une manière particulière (*a*). On a trouvé le même gluten de la peau dans la tunique épidermique ou cutanée des intestins des poissons. Les écailles de l'*Able* (petit poisson de rivière) sont argentées et brillantes. On tire de l'Able la matière avec laquelle on colore les fausses perles. La membrane qui enveloppe l'estomac et les intestins en est toute brillante ; cette matière est molle et souple dans les intestins ; elle a toute sa consistance et sa perfection sur les écailles....

La couche celluleuse, par le moyen de laquelle, la peau

____

(*a*) *Voyez* Nature de l'épiderme.

adhère à toutes les parties subjacentes, a (comme nous l'avons déjà dit) entre chacune d'elles, ainsi que dans l'intérieur de leur subtance, une quantité infinie de prolongemens ; leur nombre et leur volume paraissent être en raison composée du nombre et de la grandeur des interstices, qui séparent les parties les unes des autres, et des intervalles imperceptibles, qui se trouvent entre leurs particules solides premières et secondaires. Car tous les vaisseaux, depuis leurs troncs jusques dans leurs dernières ramifications, dans le centre des organes, tous les nerfs, tous les viscères, tous les muscles, toutes les glandes, tous les os sont entourés d'une lame plus ou moins dense et plus ou moins épaisse de tissu-cellulaire, qui plonge des racines dans tous les points de leur surface, de manière que ces racines, dans leur passage à travers la substance des organes, communiquent les unes avec les autres, par une infinité de points, soit latéralement, soit bout à bout.

Il résulte de cette disposition, que le tissu-cellulaire considéré dans l'ensemble de toutes les parties du corps ressemble en quelque sorte à une éponge, dans laquelle tous les organes et tout ce qui les constitue, se trouvent implantés et logés chacun à leur place respective ; il en résulte encore que le tissu-cellulaire est comme l'organe-matrice des autres organes, et qu'il établit par-tout de nombreuses communications, non-seulement entre tous les viscères, mais encore entre leurs diverses parties solides-constituantes.

Le périoste n'est qu'une véritable couche celluleuse, étendue autour des os ; quoique leur compacité et leur grande dureté ne permettent point de suivre dans les filières osseuses les prolongemens ou les racines, par lesquelles cette membrane adhère à leur surface, il n'en est pas moins vrai, d'après l'analogie tirée des autres organes, que les racines du périoste doivent pénétrer également en tous sens dans la substance des os, et communiquer entr'elles par une multitude semblable de points. Le tissu-cellulaire s'insinuant dans les parties constituantes de tout ce qui est organisé, doit avoir cette même influence sur les os, qui sont de vrais organes, quoiqu'ils soient les pièces solides de la charpente animale. D'ailleurs, dans les premiers tems de leur formation, elles n'étaient que des parties celluleuses entre-mêlées de vaisseaux ; ce n'est que par le dépôt d'une matière terreuse et d'une substance glutineuse, qui a eu lieu successivement entre les mailles du tissu, qu'elles parviennent insensiblement à acquérir leur dureté naturelle.

L'existence des prolongemens du tissu-cellulaire dans le cerveau serait très-embarassante à démontrer, sans l'appui solide, fourni par l'analogie tirée du type général, que la nature suit à cet égard dans tous les autres viscères ; en effet, outre les interstices des lobules ou des grains du parenchyme, par lesquels les prolongemens celluleux s'insinuent, la voie des vaisseaux, qui viennent arroser leur tissu, en rend l'existence certaine, jusques même dans le point le plus central de la masse du cerveau ; car, s'il n'existe ni lobules, ni grains parenchymateux dans cet organe, ce que les anatomistes n'ont pu éclaircir ; il est certain du moins qu'il se répand dans sa substance une multitude de vaisseaux, dont les tuniques sont de la même nature que celle des vaisseaux qui arrosent d'autres parties.

Le tissu-cellulaire, dit M. *Theophile de Bordeu* (a) est

(a) *V.* recherches sur le tissu muqueux ou l'organe cellulaire.

le siège de plusieurs maladies ; cette membrane donne
lieu à beaucoup de phénomènes dans l'économie animale.
Son origine est une sorte de bave ou de glue, une véritable colle, qui ressemble à une gelée de viande, ou au
corps muqueux des végétaux... Elle a tiré son nom des
cellules qu'on apperçoit dans son intérieur ; faites glacer
un morceau de muscle bien macéré, vous verrez les gla-
çons des cellules, qui ont des figures fort inégales et très-
irrégulières, se toucher les unes aux autres, ce qui démontre la communication qu'il y a d'une partie à l'autre,
dans la substance cellulaire.

L'air poussé avec force, boursoufle toutes les parties.
M. *Petit*, médecin, a fait voir que le crystallin est composé de plusieurs couches de substance cellulaire. M.
Duhamel a prouvé que la nutrition des os se fait par
l'application des lames, qu'il nomme les productions du
périoste ; ces productions sont un vrai tissu muqueux,
qui vient à se durcir peu-à-peu, et qui est appliqué en
couches concentriques, comme la matière de la nutrition des arbres (*a*).

Le corps muqueux n'est autre chose qu'une sorte de
vernis glaireux, étendu sur l'épiderme ; il est plus ou
moins épais et concret : on peut fort bien le comparer
à cette écorce moyenne des arbres, dont une portion
tombe chaque année, changée en une espèce de surpeau, et l'autre devient partie ligneuse. Les ligamens

---

(*a*) L'aubier est organisé comme le bois ; l'endurcissement des
couches se fait par degrés et de la couche la plus tendre à la
plus dure ; on remarque une nuance qui passe par des gradations
insensibles. Voilà ce que c'est que l'aubier, qui est formé de vaisseaux lymphatiques, de tissu-cellulaire, de vaisseaux propres et
de trachées, disposés par couches, comme dans le bois.

cartilagineux sont composés de plusieurs couches concentriques, qui sont unies à une substance gluante, pulpeuse, molasse dans leurs couches intérieures, etc.

La substance cellulaire prend toutes les formes des organes, comme les couches pierreuses, qui formant les mandrépores, s'étendent suivant que les tiges d'une plante le permettent.

Les cicatrices des plaies, des ulcères, ou des amputations des membres, sont établies sur un endurcissement, une carnosité ou carnification des parties voisines par la cohésion des couches du tissu-cellulaire.

La substance cellulaire paraît avoir un penchant singulier à s'étendre. Beaucoup de maladies aigües et chroniques dépendent de la disposition de la substance cellulaire ; elle prend toutes sortes de modifications ; elle se concret, elle s'exfolie, elle se mêle avec les humeurs.

On a vu que le péritoine, la plèvre, etc., sont évidemment des lambeaux de ce tissu ; les duplicatures du péritoine composent le mésentère et les ligamens du foie, de la vessie, de la matrice ... La membrane interne du péritoine n'est qu'une espèce de vessie, dont la surface externe tient à mille lambeaux, qui vont se plonger dans les parties voisines.

La lame externe recouvre les parties du bas-ventre ; elle se plonge dans le tissu des viscères : on la trouve à l'entour des vaisseaux du foie ; elle les environne et les engaîne ; on peut la poursuivre jusqu'aux derniers petits vaisseaux capillaires ; et ce qu'il y a de remarquable, elle suit ces vaisseaux jusqu'à ce qu'ils dégénèrent eux-mêmes en substance muqueuse ou pulpeuse.

La plèvre est formée par deux sortes de poches, qui viennent s'adosser pour produire le médiastin. Ces poches sont des portions du tissu-cellulaire, du poumon, des muscles intercostaux et du diaphragme. La portion qui pénètre le tissu spongieux du poumon , le suit jusqu'à la trachée-artère et ses rameaux.

La pie-mère a le plus parfait rapport avec les poches du tissu-cellulaire de la plèvre et du péritoine . . . Elle a ses prolongemens particuliers , ses duplicatures et ses productions.

Les anciens appelaient la chair des viscères *paren-chyme*, ce qui est pulpeux . . . La substance cellulaire qui les pénètre est moins organisée ; elle y ressemble à une éponge . . . La chair des viscères est moins mobile , moins animalisée . . . Dans le bas-ventre, le tissu-cellulaire suit des voies tortueuses , fait plusieurs détours pour aller du dehors au dedans ; il entoure chaque muscle , en manière de poche , avant de passer outre.

Ces poches particulières qui recouvrent les muscles tiennent par leurs cavités à une prodigieuse quantité d'autres , qui vont servir de gaîne aux différens faisceaux de fibres , auxquels ils servent d'enveloppe. Toutes ces couches du tissu-cellulaire sont des balons circulaires , contenus les uns dans les autres , qui vont en diminuant à proportion que les faisceaux des fibres diminuent. Ils deviennent plus tendres , plus délicats , pulpeux , baveux et muqueux ; la route que l'on pourrait se frayer du dehors au dedans serait fort courte : telle est à-peu-près la voie que suivent ceux qui enfoncent des épingles dans leurs bras ou aux jambes . . . Ils séparent ces fibres sans les diviser ; ils suivent la direction des productions lâches du tissu-cellulaire.

Le département d'un organe n'est autre chose que son atmosphère cellulaire , ou la portion de ce tissu qui a rapport avec son action.

Une des propriétés du tissu-cellulaire externe est sa

pénétrabilité et sa disposition spongieuse, au moyen de quoi il donne passage à toute la fumée aqueuse qui l'arrose continuellement. On peut donc comparer l'organe cellulaire à une sorte d'atmosphère, dans laquelle les humeurs circulent librement. Ce cours, venant à se déranger, occasionne des courans, des dépôts, des infiltrations, des engorgemens, etc., etc.

Cette membrane forme un plan de séparation entre les deux côtés du corps ; elle est par-tout étranglée dans sa partie moyenne, et divisée en deux portions latérales ; ses balons ou ses poches sont affermis sur l'axe du corps, d'où elles s'étendent de côté et d'autre, ce qui leur donne d'autant plus de force, qu'elles sont appuyées sur une base plus solide. Les matières contenues dans un côté du corps, et qui pénètrent la substance cellulaire, ont beaucoup plus d'aisance à s'étendre en haut et en bas, qu'elles n'en ont à passer d'un côté à l'autre. Ce tissu est dans une agitation et dans un mouvement perpétuel de resserrement et de dilatation. C'est pourquoi dans les attaques de vermine, chez les enfans, la face est bouffie, et dans les approches des règles, le visage est gonflé vers les paupières.

Ce qui arrive à l'épiderme et au corps muqueux, arrive de même aux membranes internes des intestins, de la vessie, de la trachée, au péritoine, à la plèvre, à la pie-mère. Ce sont des espèces d'exfoliations dans l'organe cellulaire ; ce qui sera développé dans les notes et les observations, pour servir à l'histoire de l'épiderme.

C'est par la voie de la membrane cellulaire, que les levains virulens ou délétaires s'introduisent dans le corps. *Boerrhaave*, *Cheselden* et le docteur *James* ont fait beaucoup de recherches sur la nature et l'organisation du tissu cellulaire. Ce dernier, dans son traité de la rage (a), prouve que cette membrane paraît avoir toutes les qualités requises pour l'intromission et la communication de toutes les maladies contagieuses; elle est le receptacle du virus vénérien; elle est le siége commun de l'inflammation, de la suppuration, de la mortification et de la gangrène, ainsi que de toutes les maladies cutanées, depuis la pustule la plus mince jusqu'au bubon vénérien.

Cheselden assure que les cellules de ce tissu communiquent entr'elles d'une manière si intime dans toutes les parties du corps, qu'on peut les remplir d'air, en soufflant par quelque ouverture. J'en ai vu, dit-il, deux exemples remarquables. Un homme ayant eu la trachée-artère coupée, et la plaie cousue par des chirurgiens mal-adroits, l'air qui s'échappa força d'abord les cellules du tissu cutanée, et la partie supérieure du corps fut enflée comme une vessie; le second cas était une côte rompue, et on soupçonna que le bout avait piqué les poumons; *Boerhaave* était également convaincu que la connaissance de cet organe était indispensablement nécessaire pour entendre les phénomènes de l'inflammation, de la suppuration, du squirre, du cancer, etc. etc. Ces cellules se correspondent dans les parties les plus éloignées, depuis la superficie du corps, jusques dans la moëlle des os. La matière qui sert à sa formation, est transportée à l'os des autres parties du corps, et est rapportée dans l'intérieur par la voie du tissu cellulaire, dont les productions constituent le périoste. Le docteur *James* observe que cette membrane a une communica-

____

(a) *Voy*. Le docteur *James*. A treatise of madness. *London*.

tion particulière avec le foie : le virus hydrophobique, dit-il, n'entre dans la masse du sang, qu'après avoir bouleversé toute l'économie animale, en s'introduisant dans le foie, où il se mêle avec la bile, qui contracte par cette infection le plus haut dégré possible d'acrimonie. *Cheselden* avait remarqué que l'humeur qui s'écoulait des ulcères, qui occupent la membrane cellulaire, avait une odeur semblable à celle des ulcères du foie. Il y a même plus, *Boerrhaave* et *Cheselden* ont reconnu une communication générale entre les vaisseaux sanguins et le tissu-cellulaire. La graisse et le sang circulent ensemble, la graisse entre dans la composition de la bile ; car une grande quantité de cette humeur est portée de l'omentum, son grand réservoir, à la veine-porte qui la transporte immédiatement dans le foie ; il arrive de là que lorsqu'on fait galoper trop fortement les chevaux et le bétail gras, dans un tems chaud, ils meurent subitement ; car la graisse se liquéfie par la chaleur, et elle est repoussée dans le foie en trop grande abondance.

Nature et origine du corps muqueux ou réticulaire de Malpighy.

Nous nous sommes assez étendus ailleurs (*a*) sur la nature et l'origine de cette couche du tégument commun, que *Malpighy* a nommé corps réticulaire (*b*). Il

---

(*a*) *Voyez* l'identité de la peau avec le corps réticulaire.

(*b*) En observant au microscope, dit *Charles Bonnet*, des feuilles de pied de veau qui avaient commencé à s'altérer, M. *Calendrini* y a découvert une membrane réticulaire analogue à celle du corps humain ; les mailles de ce réseau lui ont paru assez

seroit superflu de s'y arrêter. Nous répéterons seulement, qu'elle n'est autre chose que la matière gluante qui enduit la surface papilaire de la peau.

Nature et prolongemens de l'Epiderme (a).

L'épiderme est le feuillet extérieur de cette matière gluante qui enduit constamment la superficie grainue ou papilaire de la peau ; elle est le fond inépuisable des reproductions constantes par lesquelles l'épiderme répare ses chutes fréquentes dans tous les animaux, depuis l'insecte jusqu'à l'homme. L'épiderme constamment exposé à l'action dessiccative de l'air, par rapport à tous les animaux qui vivent dans notre atmosphère, se renouvelle sans cesse, en tombant par écailles, ou par parcelles, semblables à ces couches de vernis (b) qui se déssèchent sur le corps où on les applique, et qui s'en détachent également par écailles. Dans le fœtus encore renfermé dans le sein de sa mère, la cuticule, baignée continuellement par les eaux de l'amnios, qui l'entourent de toutes parts, se présente sans écailles, comme on l'observe dans les poissons, qui en sont dépourvus ; elle est aussi dans un état mollet, humide et semblable à cette matière gluante, dont la surpeau tire elle-même son origine. Ce n'est qu'après la naissance, que ces premières desquammations de l'épiderme commencent ; elles sont d'autant plus remarquables alors, que les impressions du nouvel élé-

---

grandes, et de forme à peu près hexagone : ce réseau est apparamment plus grossier dans les plantes qui transpirent beaucoup, et plus fin dans celles qui transpirent peu.

(a) Les notes ci-après appartiennent à cet article.

(b) *Voyez* les notes et observ. p. 55, note 1.

ment , dans lequel l'enfant commence de vivre , lui sont moins familières (*a*).

L'épiderme adhère à la peau par la force *plastique* de l'enduit gluant , qui recouvre ce dernier organe , par les sommets des conduits exhalans et inhalans , qui viennent se déboucher à sa surface , et par les orifices excréteurs des différentes glandes cutanées ; il suit non seulement la peau dans ses divers prolongemens (*b*), ou dans les refoulemens qu'elle éprouve dans l'intérieur du corps ; il forme encore lui-même , à l'intérieur , certains prolongemens utiles , soit aux fonctions , soit à la conservation de l'individu , comme par exemple , les ongles , etc. (*c*).

Les différentes végétations cornées , les calus ou durillons , qui se forment à la surface du corps , sont encore de nature épidermique (*d*) ; dans les bêtes à corne , dans la famille des bêtes féroces du genre des tigres , et dans les oiseaux , les longues papilles cutanées , dont le palais et la face supérieure de la langue sont hérissés , doivent leur dureté et leur rudesse (*e*) à une gaîne épidermique , dense , forte , épaisse et presque cornée , ou approchant de la nature des ongles. Dans les oiseaux , la langue même toute entière est entourée d'une semblable gaine.

Continuation de l'épiderme dans toutes les cavités du corps , et dans l'intérieur de tout le système vasculaire.

L'épiderme se continue visiblement dans toutes les

(*a*) *Voyez* les notes et observations ci-après. p. 35 , note 2.
(*b*) *V. ib.* p. 37 , note 3.
(*c*) *V. ib.* p. 37 , note 4.
(*d*) *V. ib.* p. 38 , note 5.
(*e*) *V. ib.* p. 38 , note 6.

cavités du corps ; la lame intérieure de la tunique propre des vaisseaux de toutes les espèces, en est une véritable production.

Tous les vaisseaux secrétoires, tous les vaisseaux excrétoires, en sont également tapissés dans l'intérieur. L'inspection du corps humain dans son état de santé, les phénomènes qu'on observe dans l'accroissement de quelques espèces d'animaux, et dans certaines maladies, en démontrent l'existence dans toutes les parties extérieures et intérieures du corps.

Preuves tirées de l'accroissement de certaines espèces d'animaux.

La continuité de l'épiderme est sensible dans toutes les mues des insectes, qui accompagnent leur accroissement, et lorsqu'ils subissent leurs métamorphoses ; la dépouille générale, qui se fait alors de leur peau extérieure, entraîne avec elle, non-seulement celle de la tunique interne du conduit des alimens, mais encore la membrane du seul système vasculeux, dont ils paraissent pourvus, qui forme ce qu'on appele les *trachées* ou poumons.

Le changement de peau, chez les serpens, s'étend jusques au globe de l'œil, dont la dépouille suit également le vieux fourreau, que ces reptiles abandonnent alors (*a*).

Preuves tirées des effets que produisent certaines maladies dans l'homme.

Dans un grand nombre de cas d'inflammations internes, il arrive souvent des crises qui entraînent la

____

(*a*) *Voyez Swamerdam.* Hist. natur. des insectes.

chûte de la tunique interne de l'œsophage, et des autres grandes cavités qui communiquent au dehors par de larges ouvertures ; dans les inflammations d'entrailles, dans la dyssenterie, par exemple, on voit quelquefois sortir, par différens lambeaux, la membrane qui tapisse intérieurement le tube intestinal ; dans quelques inflammations des organes générateurs du sèxe, on voit également la tunique interne du vagin, se détacher complètement, et sortir en entier sous la forme naturelle (*a*).

Les membranes évacuées par les maladies, sont évidemment des portions de l'épiderme, dont il se fait une desquammation, comme dans les érésipèles externes, et autres maladies inflammatoires du même genre (*b*).

Preuves tirées de la propagation de la couleur de la peau, dans la tunique propre des différentes cavités, et dans celle de quelques organes.

La propagation de la couleur de la peau, qui a lieu quelquefois dans la tunique même des organes et des différentes cavités, se réunit aux preuves déjà rapportées, pour constater la continuation de l'épiderme avec la lame interne de leurs propres enveloppes. En effet, c'est dans le corps muqueux, interposé entre le *corium* et l'épiderme, qu'on retrouve la matière de la couleur, dont les nuances très-variées produisent les différences innombrables, qu'on observe à cet égard dans l'homme de tous les climats. Or, il est de fait que la couleur se propage de l'extérieur à l'intérieur dans plusieurs cas, tant en santé qu'en maladie (*c*).

(*a*) *V. ib.* p. 40, note 7.
(*b*) *V. ib.* p. 40, note 8.
(*c*) *V. ib.* p. 41, note 9.

Preuves tirées de l'inspection anatomique du corps , dans l'état de santé.

L'inspection exacte de la peau, dans les grands animaux , fournit le complément des preuves que nous venons de détailler , en faveur du prolongement de l'épiderme dans les grandes cavités. On voit par-tout cet organe s'enfoncer manifestement dans leurs ouvertures extérieures , former leur tunique propre , sans éprouver, dans ces passages , d'autres changemens, que des modifications de texture, qui le rendent généralement plus délicat, plus ou moins sensible ; en un mot, propre aux fonctions diverses des parties respectives.

C'est ici une première continuation de la peau avec la tunique propre ou interne des grandes cavités et autres réservoirs. En effet , la bouche, toute la suite du conduit alimentaire , l'intérieur de la glotte, de la trachée, des bronches et de leurs nombreuses divisions , les différens sinus, replis et enfoncemens des parties sexuelles externes de la femelle , l'intérieur de la matrice et de ses trompes , l'urèthre et tout l'appareil des voies urinaires dans les deux sèxes , le trou de l'oreille , les trompes d'*Eustache* et de la caisse du tambour , les narines , toute la capacité des fosses nazales avec leurs nombreuses anfractuosités , l'intérieur des orbites , des points , des conduits et du sac lacrymal ; toutes ces cavités et enfoncemens, dis-je , sont recouverts par de semblables refoulemens de la vraie peau.

Continuation de la peau dans les petites cavités ou réservoirs du second genre , au moyen de leurs conduits excréteurs.

Ces productions cutanées se propagent dans les con-

duits excrétoires qui viennent aboutir à ces mêmes cavités, et elles s'étendent par ce moyen jusques dans les
réservoirs, d'où ces conduits tirent leur origine : c'est
ainsi qu'elles parviennent jusques dans la vésicule du
fiel, dans les conduits déférens, aux épididymes, dans
les vésicules séminales et dans tout l'appareil des voies
urinaires. Les tuyaux des trompes de *Fallope*, sont, dans
le sexe, deux voies de communication particulière, entre
la peau extérieure et la tunique interne du péritoine.
Enfin la même communication a lieu dans la femme
comme dans l'homme, jusques dans les petites cavités
des lacunes, des cryptes, des follécules ou glandules
innombrables, répandues dans le tissu de la peau, tant
à sa surface externe qu'à celle des cavités internes.

Continuation dans les conduits secrétoires, aboutissans
dans les cavités et dans les réservoirs de tous les ordres.

La peau forme non-seulement la tunique interne de
ces réservoirs, en montant par leurs conduits excréteurs ;
mais elle continue sa marche dans les tuyaux secrétoires,
qui aboutissent à ces mêmes cavités ; et elle leur fournit conséquemment la même enveloppe.

Suite de cette continuation dans le système artériel, par
l'entremise des conduits secrétoires.

Les productions de la peau ne s'arrêtent point dans
les conduits secrétoires ; comme il n'y a pas de ligne
précise de démarcation, qui sépare véritablement ces
conduits des extrémités artérielles, dont ils sont en
quelque sorte une continuation, les prolongemens cutanées que nous venons de suivre, s'enfoncent, selon
toutes les probabilités, sans aucune interruption, dans

les tuyaux des mêmes artères ; et de proche en proche, passant des plus petites ramifications, jusques aux troncs principaux, et de-là au cœur , forment également la tunique de tout le système artériel. Il y a encore une autre voie de communication , par l'entremise des vaisseaux exhalans ; et quoiqu'elle soit moins apparente, elle devient plus considérable par la somme totale de ses nombreuses divisions. Les bouches innombrables des vaisseaux exhalans , répandus à la surface de toutes les cavités et de tous les réservoirs , reçoivent des prolongemens de la tunique interne , qu'ils transmettent successivement à tout le système artériel.

Suite de cette continuation dans le système veineux, par l'entremise des vaisseaux inhalans, et conséquemment une continuation réciproque dans le système artériel et dans le système veineux.

Les sommets inhalans des dernières divisions des veines , se trouvant à la surface de la membrane, qui tapisse l'intérieur de toutes les grandes cavités , reçoivent également des prolongemens cutanées ; ensuite ils se propagent , non seulement dans toute l'étendue des troncs veineux , dont ils forment la tunique intérieure, mais se communiquent encore sans interruption , avec la membrane interne des artères : car il est certain que ces deux genres de vaisseaux, ne sont eux-mêmes partout, qu'une continuation l'un de l'autre.

Suite de cette continuation de la tunique interne des différentes cavités , avec la tunique intérieure ou propre du système vasculaire.

La communication de la tunique interne et propre de

tout le système vasculaire, et de celle de divers réservoirs et cavités, paraît sensiblemment bien établie par les vaisseaux secrétoires, exhalans et inhalans, qui tapissent toute leur surface interne. Ces vaisseaux y sont béans ; ainsi la tunique intérieure de la plèvre, du péricarde, du péritoine, des meninges, de la bouche, du conduit alimentaire, des fosses nazales, du conduit de la respiration, des parties sexuelles, des voies urinaires, etc., est une suite des prolongemens de la peau externe, qui remplissent toutes ces cavités.

La peau extérieure, ou le fourreau commun de toutes les parties, est la même que la peau intérieure, qui forme autant de fourreaux particuliers, qu'il y a des cavités dans l'économie animale. Cet organe se continue par les bouches des vaisseaux secrétoires, exhalans et inhalans, béans à la surface des cavités, avec la tunique interne de tout le système vasculaire.

Suite de la continuation de la peau extérieure, ou tunique commune des différentes parties, avec la tunique interne ou propre du système vasculaire.

Cette voie de communication de la peau extérieure et de la tunique propre ou interne des différens ordres des vaisseaux, n'est point la seule qui existe. Il y en a une plus courte et plus directe ; c'est celle qui se fait à la superficie du corps, par le même mécanisme, que celui qui a lieu dans les différentes cavités ; c'est-à-dire, par le refoulement du tissu de la peau, dans les orifices innombrables des petits tuyaux sécretoires, exhalans et inhalans, qui se trouvent par-tout dans l'organe cutanée.

Continuation de l'épiderme dans toutes les cavités ci-dessus , où il accompagne par-tout les refoulemens de la peau.

Enfin , du refoulement de la peau dans toutes les cavités, les tuyaux, les conduits, les canaux ou les vaisseaux de tous les genres qui existent dans la charpente du corps animal , il s'ensuit nécessairement , dans ces mêmes cavités , le refoulement de l'épiderme ; il est également destiné , comme à la surface du corps , à garantir le tissu extrêmement sensible de l'organe cutanée , des impressions trop vives du contact des corps.

Il faut observer , que l'épiderme des cavités intérieures, ne diffère de celui qui recouvre la peau extérieure du corps, que parce qu'il est constamment baigné par les liqueurs animales. Il n'est presque jamais sujet à ce désséchement propre à le faire tomber par feuillets, comme on le voit dans les desquammations extérieures. L'épiderme interne est constamment souple ; celui, au contraire, de l'extérieur , se renouvelle sans cesse. Il n'y a que l'usage fréquent des bains, des lotions multipliées, et l'application des corps gras , qui puissent retarder son dépérissement successif.

NOTES ET OBSERVATIONS

POUR SERVIR

A L'HISTOIRE DE L'ÉPIDERME.

(1) LES enduits de plâtre, les peintures à fresque sont sujettes à s'écailler ; l'enduit de ce dernier sur-tout s'écaille aisément, et se détache du corps de la muraille. C'est une image sensible de ce qui se passe, par rapport à la chûte constante des écailles qui composent l'épiderme ; mais celui-ci se renouvelle sans cesse, à mesure qu'il se détruit.

(2) La grenouille, la salamandre, changent un grand nombre de fois de surpeau, pendant l'année, quoique ces amphibies soient constamment enduits d'une humeur gluante, qui doit empêcher le desséchement rapide de leur cuticule ; ainsi il paraîtrait qu'une cause différente détermine ici un même effet, car ce n'est pas non plus le desséchement qui produit la chûte de cette enveloppe dans les mues, auxquelles sont sujettes les chenilles, les chrysalides, etc. Il semble, au contraire, que c'est une sorte de crise à laquelle toutes les puissances de la vie semblent concourir.

On assure que les crustacés, tels que l'écrevisse, le homard, le cancer et les autres de la même espèce qui habitent dans l'eau, sont également assujétis aux tems des mues. Cette séparation peut-elle avoir lieu par le simple desséchement de la croûte dure qui revêt leur corps ? On prétend qu'il y a des écailles de tortue larges de deux ou trois pieds ; si on ôte ces mêmes écailles, et qu'on rejette en mer les tortues, il leur en revient de nouvelles.

Il semble, dit *Charles Bonnet*, dans son histoire naturelle, qu'il ne faille pas dire que les salamandres changent de peau, car

elles ne paraissent changer que d'épiderme, comme M. *Dufay*
l'avait déjà remarqué (*a*) ; au moins la dépouille qu'elles rejettent
a-t-elle une finesse et une transparence qui semble ne convenir
qu'à un épiderme. Cette dépouille, considérée de fort près, à la
vue simple ou avec une loupe qui ne grossit pas trop, semble composée de petites écailles qui représentent les petites callosités ou
les tubercules, dont le corps de la salamandre est comme cha-
griné.

Les mues apportent quelquefois de légers changemens aux couleurs des salamandres ; il me paraît que ces mues sont bien plus
fréquentes en été ou dans les tems chauds. Je crois me rappeler
que M. *Dufay* le dit expressément, et M. *Bonnet*, en parlant
du nombre de ces mues pour un tems donné, rapporte ses observations à la saison de l'été : « J'ai actuellement sous les yeux,
dit-il, une salamandre de médiocre grandeur, qui a mué onze
fois depuis le 4 juillet jusqu'au 7 de septembre. Les salamandres
se dépouillent tous les quatre ou cinq jours, de leur épiderme,
en été et au printems. Cette dépouille vue au microscope paraît
n'être qu'un tissu de très-petites écailles, ou plutôt l'enveloppe
des mamelons du cuir, qui est tout parsemé de petits grains comme
du chagrin (*b*) » En général, les écailles des poissons sont transparentes, séparées en plusieurs petites pièces, et arrangées sur leur
corps, comme les tuiles ou les ardoises sur les maisons.

Les métamorphoses du ver à soie reviennent précisément à celles
que toutes les chenilles et quantité d'autres insectes ont à subir
pour arriver à l'état de perfection, à cet état dans lequel seul ils
peuvent propager leur espèce. L'insecte se dépouille de la peau de
ver, lorsqu'il revêt la forme de chrysalide ou celle de nymphe ;
il se dépouille pareillement de celle de chrysalide ou de celle de
nymphe, lorsqu'il paraît sous sa véritable forme de papillon, de
mouche ou de scarabée ; il y a cette différence essentielle entre
l'état de chrysalide et celui de nymphe, que, dans le premier, toutes
les parties extérieures de l'insecte sont revêtues d'une enveloppe

---

(*a*) *V*. Mémoires de l'Académie des sciences de Paris, 1729.
(*b*) *V*. Mémoires de l'Académie des sciences, année 1729.

membraneuse et très-fine, propre à chacune, et que, de plus, elles sont recouvertes d'une enveloppe générale et crustacée, qui les assujettit toutes au corps. Cette enveloppe crustacée manque aux nymphes proprement dites. Aussi toutes les parties extérieures de l'animal y sont-elles beaucoup plus visibles que dans les chrysalides. Toutes les chenilles que nous connaissons passent par l'état moyen de chrysalide, avant que de devenir à celui de papillon. Beaucoup d'espèces de vers passent par l'état moyen de nymphe avant que de parvenir à celui de mouche (a).

(3) Nous avons rapporté ailleurs les preuves de la propagation de l'épiderme dans toutes les cavités du corps ; nous les avons déduites principalement des desquammations auxquelles les parois des grandes cavités sont fréquemment exposés comme la superficie du corps ; nous ajouterons seulement qu'il n'est pas possible de concevoir qu'il existe une seule cavité, un seul conduit, un seul vaisseau, dont la face interne ne soit tapissée, comme le reste de la peau, d'une cuticule épidermique, destinée à modérer les impressions destructives des différentes matières solides ou fluides auxquelles ces cavités servent de réservoir ou de passage, et à mitiger celles qui peuvent résulter du frottement réciproque de leurs parois ou du mouvement des organes qu'elles renferment. Il est vrai qu'on n'a pas observé d'une manière positive des desquammations dans le système vasculeux ; mais en supposant qu'elles aient lieu, l'action systaltique des vaisseaux ne pourait-elle pas atténuer les différentes particules sequestrées, au point de rendre insensibles les débris chassés du corps par la voie des excrétions ? D'ailleurs, on est fondé à croire que l'humidité continuelle qui règne dans les différentes cavités et l'état de souplesse qu'elle y entretient, doit diminuer considérablement la nécessité de ces desquammations intérieures, de même que les eaux de l'amnios en préservent le fœtus tout le tems qu'il est contenu dans la matrice.

(4) Dans l'agneau mort depuis plusieurs jours, la séparation de l'épiderme entraîne avec elle l'ongle, qui est visiblement contenu

---

(a) *V.* Charles Bonnet.

à la surpeau. Il en est de même des oiseaux , dont on fait griller les pieds ; les ongles suivent également l'épiderme , qu'on a séparé par l'action du feu. La différence de solidité , de dureté ou d'épaisseur qu'il peut y avoir entre les ongles et l'épiderme , ne peut infirmer ce que nous venons de dire sur la continuation et l'identité de leurs substances : 1°. l'une et l'autre ont la même origine; l'une et l'autre sont le produit de la matière gluante qui réside à la surface de la peau ; voilà pourquoi la surface interne des ongles présente les mêmes enfoncemens ou les mêmes dépressions , qu'on remarque à l'intérieur de l'épiderme , qui servent de fourreaux ou de gaines aux papilles de la peau , à celle de la langue du bœuf, du chat , des oiseaux , etc. etc. ; 2°. la même différence d'épaisseur et de solidité qui existe entre les ongles et la surpeau , se trouve dans les différentes portions de l'épiderme, dans le même individu. L'épiderme a beaucoup de variété dans les animaux de différentes classes ; dans l'espèce humaine , par exemple , l'épiderme de la plante des pieds , des mains , de la langue , de la bouche , du vagin , etc., a beaucoup plus d'épaisseur que dans le reste du corps : dans les oiseaux , celui des pieds est distribué , en quelque sorte , par écailles analogues à celles des poissons ; il y est de nature cornée ou semblable au cartilage. Cette membrane diffère aussi dans la plupart des poissons , dans les serpens , etc. ; elle n'est qu'une suite d'écailles élastiques posées en recouvrement les unes sur les autres, dont la nature approche beaucoup de celle des ongles. Mais la croûte épidermique (si on peut le dire) qui couvre le corps du crocodile, est si dure , que les instrumens les plus tranchans paraissent n'avoir aucun effet sur elle.

(5) Il n'y a aucun doute que les callosités , les cors et les durillons ne soient de nature épidermique. Quant aux végétations cornées , qui croissent contre l'ordre de la nature sur différentes parties du corps , ces excroissances sont également de nature épidermique , puisqu'on les enlève , ou on les sépare de la peau comme on enlève les durillons , sans qu'il y ait lieu à aucune effusion de sang ; et le malade n'éprouve même d'autre douleur, que celle que l'on ressent dans l'exfoliation ordinaire des cors.

(6) *Malpighy* a déjà observé que c'est à leur seule gaine ex-

térieure qu'est due la dureté des papilles qui se voient sur la langue des bœufs : c'est une lame cornée, ou de la nature des ongles qui leur sert de fourreau.

M. *Andry*, dans son ouvrage de la génération des vers, paraît rapporter à des enveloppes ou des poches à vers de vrais séquestres de la tunique interne et épidermique du conduit intestinal. Quelquefois, dit-il, ces membranes s'engendrent, sans qu'il y ait des vers dans les intestins...... *Fernel* parle d'un ambassadeur de *Charles-Quint*, qui, après avoir été incommodé, pendant six ans, d'une tumeur qui allait depuis l'hypocondre droit jusqu'à l'hypocondre gauche, et après avoir tenté inutilement toutes sortes de remèdes, rendit enfin, par le moyen d'un fort lavement, un corps dur et ferme, de la longueur d'un pied. Les assistans le prirent d'abord pour une portion des intestins, parce qu'il était creux. Le prompt soulagement du malade fit voir que ce n'était qu'un corps étranger. Le même lavement fut réitéré, et le malade rendit un autre corps membraneux, comme le premier, après quoi, il recouvra la santé.

Paul Pareda assure avoir vu une semblable membrane, qui avait une aune de long, et avait une cavité à y mettre la main. Le docteur *Faure* en conserve une qui a environ un tiers d'aune, faite comme un boyau, avec une cavité à y mettre le pouce.... Elle a été rendue sans douleur. Le malade se porte bien. Ceux qui ont lu la vie de Jean *Heurnius*, savent ce qui est rapporté de *Juste Lipse*, qui, après une médecine, fut délivré d'une longue et fâcheuse maladie, par la sortie d'un corps membraneux, fait comme un intestin, qui lui donna d'abord tant de frayeur, que, sans *Heurnius*, qui le rassura, il ne croyait pas devoir compter sur un moment de vie.

Il est bien démontré qu'*Andry* prend pour des poches à vers, des sequestres très-réels de la tunique épidermique du tube intestinal, comme cela arrive chez les dyssentériques. *Andry* lui-même en fait mention, et semble vouloir distinguer ces dernières d'avec les précédentes : il dit même en conserver des pièces dans son cabinet. Quoi qu'il en soit, il est très-certain que, dans tous ces cas, ces sequestres sont constamment la dépouille intérieure, ou épidermique du canal intestinal.

(7) M. *Bacoffe*, maître en pharmacie à Paris, remit il y a plusieurs années, à M. *Faure*, docteur en médecine, une grande membrane qu'une femme affectée du mal vénérien venait de rendre. Ce médecin, très-instruit dans toutes les parties de l'art de guérir, s'est assuré, par un mûr examen, que cette membrane n'était autre chose que la dépouille entière du vagin, tombée tout d'une pièce, et avec laquelle l'enveloppe extérieure du col de l'utérus, connue sous le nom de *museau de tanche*, s'était également détachée. Cette pièce représentait, comme deux calices ouverts en sens opposés, l'un, supérieur, embrassant le *museau de tanche*; l'autre, inférieur, répondant à l'orifice du vagin, dans lequel on voyait encore les traces des rides qui existent naturellement dans ce conduit.

Dans un jeune homme âgé d'environ 15 ans, attaqué d'une colique néphrétique occasionnée elle-même par la rentrée d'une humeur dartreuse, on observa que les urines déposaient un sédiment, ou de petites pellicules semblables à du son (*a*).

(8) Les salamandres, dont nous avons déjà parlé, subissent aussi des chûtes d'épiderme, tant de l'intérieur, que de l'extérieur; du moins, elles paraissent éprouver certaines mues cutanées dans l'intérieur de leurs entrailles, dont il se fait une dépouille : car *Dufay* leur a vu souvent rendre par l'anus un corps rond d'environ une ligne de diamètre, et long à peu près comme le corps de l'animal.

Les écrevisses éprouvent aussi dans leurs mues la chûte de leur croûte extérieure, et celle de quelques portions membraneuses de leur estomac (*b*).

On lit dans le mémoire cité, que la peau du museau de la tortue de terre de l'île de Bourbon suit une espèce de substance cartilagineuse qui recouvre les dents et leur sert de gaine ; de manière que l'eau bouillante fait séparer de dessus les dents cette croûte

---

(*a*) *V. Essai sur le Traitement des Dartres*, par le médecin *Bertrand de la Gresle*.

(*b*) *V.* le Recueil de l'Académie des sciences, année 1766, et le mémoire sur les yeux de la tortue et de la grenouille, par M. *Petit*, médecin.

ou gaine cartilagineuse, qui est entraînée avec la peau. Il faut remarquer que les dents de la tortue implantées dans ces gaines cartilagineuses, sont formées par des dentelures de la substance propre des mâchoires. Dans la tortue de nos jardins, il n'y a point de dents aux mâchoires; une espèce de croûte osseuse, qui revêt le pourtour du rebord par lequel ces mâchoires se regardent, tient lieu de dents; cette croûte osseuse se détache elle-même par l'ébullition, et suit la peau, comme la gaine cartilagineuse des dents de la grande tortue de terre de l'île de Bourbon. Ainsi, il est constant que par rapport à ces animaux, la peau se refoulant dans la bouche, devient comme cartilagineuse sur les dents de la tortue de l'île de Bourbon; mais dans la tortue de notre pays, dont les mâchoires sont dégarnies de dents, la peau elle-même prend, sur leur rebord, un caractère encore plus dur et en quelque sorte osseux. Il est évident que cette croûte, soit cartilagineuse, soit osseuse, est une continuation de la peau, puisque celle-ci, détachée par l'ébullition, l'entraîne avec elle. La croûte, ou l'enveloppe cornée qui revêt la langue des oiseaux, est entraînée avec l'épiderme, l'ongle du pied des agneaux avec la surpeau; les ongles des oiseaux sont également emportés avec le reste de la dépouille épidermique des pieds, après qu'ils ont été grillés, comme on l'a déjà fait observer.

(*g*) Les observations de M. *de Chamseru* tendent à prouver ce qui est avancé dans les mémoires de la société de médecine. Il est question d'une fille de huit ans, née avec une teinte violette dans presque toutes les parties extérieures du corps : cette couleur augmentant successivement en intensité, est devenue presque noire, non-seulement sur toute la surface du corps, mais encore sur les lèvres, la langue, l'intérieur de la bouche, sur le blanc des yeux et sur l'iris.

Dans les différentes espèces d'ictères, la couleur de la peau, et celle des tuniques, des organes et des cavités intérieures, paraissent également confondues en une même teinte. Les variétés qui ont lieu à cet égard, dépendent de celles que la bile différemment altérée et regorgeant dans toutes les parties, imprime alors à la couleur primitive du corps muqueux. Par conséquent, dans la jaunisse ou l'ictère jaune, toutes les parties intérieures et extérieures sont jaunâtres; dans l'ictère vert, ces mêmes parties sont vertes, et dans le noir ou *mélas*, elles ont toutes une teinte obscure ou plombée. *Alphos vitiligo*, maladie cutanée, qu'on distingue en trois espèces, l'*alphos*, le *mélas* et la *lencé*.

L'*alphos* consiste en taches quelquefois fort larges, quelquefois distinguées et parsemées comme par gouttes de couleur roussâtre. Il n'occupe que la superficie de la peau.

Le *mélas* est noirâtre, de couleur de terre ombré; il est aussi superficiel.

La *lencé* est à peu près semblable à l'*alphos*, mais elle est plus blanchâtre et plus profonde.

Lencé, vitiligo alba, espèce d'*alphos* ou tache blanche qui vient à la peau, et qui pénètre jusqu'à la chair. Galien en fait une espèce de lèpre, qu'on appelait *lèpre blanche*. *Avicenne* la nomme *albara-alba*. Elle en diffère pourtant, en ce qu'elle est unie et sans âpreté.

Le fameux Juif *Benjamin Deludele*, qui parcourut à pied une grande partie de l'ancien continent, vers l'an 1173, observa que les Juifs enfuis dans les provinces méridionales de l'Asie et de l'Afrique, étaient devenus noirs à ne pas les distinguer, ainsi que les Juifs de l'Abyssinie ne sont plus distinguables des habitans indigènes. Les Juifs ne croisent pas leur race; ainsi le climat seul aura produit ce changement. Cette matière colorante s'appelle œthiops animal. On rencontre les véritables nègres là où la chaleur est la plus excessive, et là où le thermomètre monte à trente-huit degrés.

La différence de la couleur de la peau n'entre pour rien en considération par rapport à l'espèce humaine, parce que cette couleur s'altère insensiblement, tandis que la peau de tous les hommes conserve constamment sa même contexture. Le changement du blanc au noir est aussi grand que celui du noir au blanc.

Je puis démontrer, dit *P. Camper*, par plusieurs morceaux de peau de nègres, d'Italiens et des plus blanches femmes de Hollande, que la seconde peau est, chez tous, plus ou moins noire ou basanée, de sorte qu'on peut également adopter l'une ou l'autre opinion; d'autant plus, que cette seconde peau, à laquelle *Malpighy* a donné le nom de *membrane réticulaire*, devient quelquefois, chez nos femmes enceintes, aussi noire qu'elle l'est chez les plus noires négresses d'Angola; j'en ai vu un exemple remarquable au printems de l'année 1768, à toute la peau du ventre et à celle du sein d'une femme, d'ailleurs fort blanche, morte immédiatement après avoir accouché : je conserve encore quelques morceaux de cette peau dans mon cabinet. Toute l'académie de *Groningue* a été témoin, dans le tems, de ce singulier phénomène. Au reste, ce n'est pas là un prodige : le célèbre *Lecat* en cite plusieurs exemples. Cette couleur obscure de la peau semble néanmoins disparaître par l'action de l'esprit-de-vin; ce qui a de même lieu avec la peau des nègres, ainsi qu'on peut le voir par celle que je conserve dans mon cabinet.

Il paraît cependant certain, par ce que nous avons vu et par ce que nous apprend *Lecat*, que la peau peut devenir de blanche, noire, et de nouveau, de noire blanche. Le soleil a de même une grande influence sur la couleur de notre peau. La grossesse des femmes, les nègres-blancs, et ceux qui, par maladie, perdent leur noirceur, nous prouvent qu'il y a quelqu'autre chose qui agit sur la membrane réticulaire. Et pourquoi pas ? Notre sang ne jette-t-il pas des particules noires dans les yeux, tandis que leurs tuniques conservent leur blancheur ? La noirceur des parties secrettes des deux sexes, même des individus les plus blancs, nous prouve évidemment que notre membrane réticulaire peut recevoir sa couleur par le sang seul, c'est-à-dire, que la superficie peut en devenir si compacte, qu'elle ne réfléchisse plus les rayons de lumière et par cela même, nous paraisse noire. On sait que les objets n'ont par eux-mêmes aucune espèce de couleur ; ce sont des rayons de lumière qui éprouvent différens modes de réfractions, et qui étant de nouveau réfléchies vers nous, présentent à notre esprit l'idée de la couleur (a).

(a) *V.* Dissertation sur les variétés naturelles qui caractérisent la physionomie des hommes, etc., et suivie de réflexions sur la beauté, etc., par M. *Pierre Camper*, médecin hollandais.

De l'organisation et de la génération des poils , des plumes et des cheveux , pour servir à l'histoire de la peau.

On peut comparer les cheveux et les poils aux plumes des oiseaux. Les poils , les crins , les cheveux des animaux subissent, comme les plumes, un renouvellement tous les ans , ou à des époques connues ; cela arrive, sans doute, lorsqu'ils ont acquis leur point de maturité. Cette révolution critique a lieu , comme dans les plumes des volatilles, principalement en été , et dans les tems de la plus grande chaleur ; il est très-ordinaire , dans cette saison , de ramasser avec le peigne des poignées de cheveux, qui tombent naturellement , sur-tout après avoir beaucoup sué. Cette chûte annuelle des poils , et leur renouvellement, sont principalement remarquables dans les quadrupèdes de toutes les classes. Cette crise est la même pour les carnivores , les herbivores et les frugivores ; tous les animaux indistinctement, changent tous les ans de poils ; depuis le lion et le tigre jusqu'à la brebis, depuis le cheval , le bœuf et l'éléphant jusqu'au lièvre et au lapin ; depuis le cochon ordinaire, le blaireau , jusqu'au rat , au porc-épic , etc. ; en un mot, depuis le singe jusqu'à l'homme ; à la vérité, l'homme n'éprouve pas , comme les animaux , ce renouvellement à des périodes fixes et exclusives. La chûte et la renaissance des poils ont lieu chez lui , presque dans tous les tems. La manière d'être , et les commodités de la vie le mettent à l'abri des crises des saisons ; d'ailleurs l'usage des vêtemens chauds, fait qu'à cet égard , il n'y a presque, pour l'homme , qu'un printems perpétuel.

Ce renouvellement des poils est principalement frappant dans la brebis. On voit , dans la saison du printems et de l'été, la toison se détacher successivement, par de grandes plaques séparées ; nous savons aussi, que les anciens ne tondaient point les brebis ; ils se contentaient de ramasser la laine, au printems, à mesure que les plaques se séparaient du corps.

Voici donc, dans ce renouvellement périodique des poils et des plumes, une nouvelle preuve démonstrative de la grande analogie, qui a lieu entre ces productions, et l'épiderme de presque tous les animaux. Les insectes, en particulier, sont sujets, au moins une fois tous les ans, à la chûte de cette membrane. On peut aussi étendre cette comparaison à certaines productions cornées, comme le bois du cerf, qui tombe et se régénère également tous les ans. Quant à l'influence que ce renouvellement a sur la santé des animaux, ceux qui l'éprouvent, tombent à cette époque dans une extrême maigreur. Ce travail critique fatigue beaucoup l'individu ; plusieurs succombent même à cet effort. On voit, en effet, des oiseaux mourir dans le tems de ce renouvellement ; et en général, ils souffrent tous considérablement, pendant les mues. Tous les quadrupèdes sont également, à cette époque, fort amaigris, et tombent dans une espèce de langueur.

La mue est donc un changement de poils, de plumes, de peau, de cornes, ou d'autres dispositions du corps, qui arrivent aux animaux, ou tous les ans, ou en certains âges de leur vie.

La mue d'un cheval, est la chute de son poil, qui se fait au printems, et quelquefois en automne.

Le cheval mue lorsqu'il quitte son poil d'hiver et prend son poil d'été. Il mue aussi quelquefois de corne, ce qui arrive sur-tout aux chevaux qui viennent de Hollande.

Un garçon mue à dix-huit ou vingt ans , quand la voix lui change , quand elle devient grosse.

La mue du cerf, c'est un côté de la tête du cerf, du daim et du chevreuil , que l'animal met bas , lorsqu'il mue en février et en mars , ce qu'ils font tous les ans ; mais le chevreuil ne mue pas régulièrement dans cette saison. La mue du serpent ; c'est la peau dont il se dépouille. La mue d'un oiseau , d'un faucon ; ce sont les plumes qu'ils quittent.

Les vers-à-soie ont quatre mues l'année , avant que de se mettre en coque.

Des poils en particulier , et de leur structure.

On ne sait pas exactement, si les les poils et les cheveux reçoivent des vaisseaux sanguins et nourriciers, dans l'organisation de leur germe. Cependant, le fait paraîtrait comme prouvé par la structure du germe et du fanon des nouvelles plumes des oiseaux, dans lesquelles, il y a visiblement des vaisseaux sanguins. Si on arrache une plume, qui ne fait que pousser , à un volatille, on voit sortir du sang du fanon ou de la tige, qui se trouve mêlé à une matière gélatineuse, très-abondante.

Il est encore démontré, qu'il y a des vaisseaux lymphatiques dans le germe ou le bulbe du cheveu , par les symptômes de la maladie connue sous le nom de la *plique polonaise*. Les observateurs assurent, que si dans ce dernier cas, on coupe les cheveux à un malade, on en fait sortir du sang.

Le bulbe ou le germe du cheveu, du poil, etc., contient très-certainement une humeur gélatineuse, comme le germe des plumes. Il suffit, pour s'en convaincre, d'arracher un cheveu ou un poil nouvellement poussé ;

la racine paraît pleine de cette matière gélatineuse. Nous avons souvent observé ce même fait sur les soies du cochon....

Indépendamment de la matière gélatineuse, qui constitue les plumes, une autre substance entre, dans une proportion plus grande, dans leur composition. Cette matière, semblable à la terre des os, se dissout dans l'acide nitreux; elle est, en effet, sous tous les rapports, analogue à la terre, qui est la base des matières osseuses. Mais la substance glutineuse ou gélatineuse réfractaire aux acides, est, dans les cheveux et les poils, très-ferme, et comme cornée; chaque cheveu peut être regardé comme une petite corne, ou semblable aux ongles; dans les cornes de plusieurs animaux, tout au contraire, le noyau qui se trouve au centre et à la base, renferme, comme les plumes des oiseaux, beaucoup de terre crétacée, analogue à la terre des os.

Le plan écailleux qui paraît être le dessin général de l'enveloppe commune ou épidermique dans tout le règne animal, et de l'écorce extérieure des végétaux, est le même pour les poils et les cheveux; on le remarque très-bien aux poils des cerfs d'Angleterre, qui sont couverts comme d'une écorce écailleuse.

OBSERVATIONS (a).

« Une femme âgée de 48 à 50 ans, était en pleine convalescence d'une fièvre lente nerveuse qui avait duré

(a) Extrait d'un mémoire de *Lanoix*, sur les dangers de couper les cheveux dans quelques cas de maladies aigües.

quarante jours. A la fin de la maladie, le cuir chevelu s'était couvert de phlyctènes nombreuses, d'où sortait une matière âcre, corrosive, et dans laquelle s'agitait une quantité prodigieuse de poux; dans l'espoir de soulager la malade, on lui coupe les cheveux, on lave les parties ulcérées avec de l'eau chaude. A l'instant elle est saisie d'un violent mal de tête, et deux heures après elle n'était plus.

« Une autre femme, à-peu-près du même âge que la précédente, au déclin d'une fièvre putride et maligne, fut atteinte comme la première, de crévasses ulcérées à la tête, et d'un grand nombre de poux. On lui coupe les cheveux, on la lave à l'eau chaude. D'abord soulagée, bientôt elle s'assoupit dans la nuit ; cependant elle est réveillée par une douleur aigüe à la région occipitale ; la fièvre, le délire se manifestent, un profond assoupissement succède ; on applique un vésicatoire à la nuque ; on prescrit différens remèdes, mais en vain. Le danger redouble, le hocquet survient et la malade est morte.

« Une jeune femme, à la suite d'une fièvre putride et maligne, a, comme les deux premières, la tête remplie de petites tumeurs ulcérées et de poux comme aux deux autres ; on lui coupe les cheveux et sa tête est lavée à l'eau chaude. Le soir même de l'opération, la tête devient douloureuse, la fièvre se déclare, les ulcères se déssèchent. La tête et le visage se gonflent, se couvrent d'une croûte érésypélateuse ; le pouls s'affaiblit ; l'assoupissement arrive ; la mort menace : cependant on a recours aux vésicatoires, à un vomitif, aux fortifians ; après quelques jours de combat, la nature et la jeunesse triomphent du danger. Les ulcères recommencent à couler, et la malade est rendue à la vie.

« Trois faits de cette espèce, auxquels sans doute il

serait facile aux praticiens d'ajouter des observations analogues , sont plus que suffisans pour constater le danger qui peut résulter de la coupe trop précipitée des cheveux, à la suite des maladies aigües, sur-tout lorsque la tête paraît être le lieu que la nature a choisi pour compléter la crise , et lorsque cette partie est couverte d'ulcères, j'oserais même ajouter de poux, dont peut-être , à ce moment , l'existence n'est pas indifférente à l'heureuse terminaison de la maladie.

« On sait que dans les fièvres nerveuses ou malignes , le cerveau est plus ou moins affecté ; que souvent même il est frappé de stupeur. On sait que, lorsque la puissance délétaire a été vaincue, il succède à cette faiblesse radicale du système sensible, une mobilité nerveuse considérable , qui comme on l'a dit , exhalte et pervertit la sensibilité, et tend à lui donner des directions contraires et dangereuses pour l'individu convalescent. Or , dans cet état , on conçoit aisément , comme l'air , appliqué tout-à-coup sur des surfaces nerveuses, mises à découvert, aura pú les frapper d'un spasme assez grand , pour s'étendre jusqu'à la masse cérébrale , et y déterminer par des degrés plus ou moins rapides, un *collapsus*, qui en raison de son intensité a pu produire l'assoupissement et même la mort ».

Nous ajouterons quelques autres observations, à ce sujet, qui ne sont pas moins importantes et qui doivent mettre en garde contre les dangers auxquels les malades sont exposés par la coupe des cheveux.

Une jeune personne qui avait la petite vérole , ayant prié le chirurgien de lui couper les cheveux , parce qu'elle avait de la peine à soutenir la mauvaise odeur qui en sortait, causée par la sueur et la petite vérole qu'elle avait eue à la tête ; il lui obéit : mais la mala-

die recommença , et l'humeur maligne étant rentrée,
la malade qui était auparavant hors d'affaire fut em-
portée en deux jours (a) . . . Il est des cas, sur-tout chez
les enfans, dans un état de maigreur, où la coupe des
cheveux leur devient favorable. Dans le recueil périodique de la Société de Médecine, *Moreau* rapporte l'observation d'une maladie guérie par la coupe des cheveux.
Une jeune fille eut, à l'âge de douze ans, une fièvre lente
nerveuse ; après le trentième jour de la maladie et dans
les premiers jours de sa convalescence, on observa une
très-grande mobilité dans le systême nerveux ; bientôt le
délire annonça tous les symptômes de la folie. La raison, dit l'auteur, disparut entièrement ; et la malade
plongée dans un accablement profond, n'en sortait que
pour demander qu'on lui coupât la tête . . . . Cet état
dura six semaines. La malade n'avait pas été peignée;
ses cheveux étaient épais et en désordre. On les coupa;
on lui rasa la tête ; à peine fut-elle débarassée du fardeau
de ses longs cheveux, qu'elle recouvra entièrement la
raison . . . Un capucin fut guéri d'une maladie longue et
cruelle, par le sacrifice de sa barbe. Un ami de *Valsava*,
dit *Morgagni*, guérit un maniaque en lui rasant la tête;
lorsque les cheveux commencèrent à pousser , il se fit
par ces organes, une excrétion d'une matière épaisse et
d'une odeur forte. On guérit les maux de tête périodiques
par la coupe des cheveux, s'ils sont trop longs ; et les
personnes d'un tempérament humide sont exposées aux
maux d'yeux, quand on rase la tête.

Les anciens paraîssaient mettre beaucoup d'importance à la coupe des premiers cheveux de leurs enfans;

____

(a) *V.* Nouv. Litt. de la mer baltique , 1704.

ils les faisaient couper par des personnes de qualité ou d'une grande considération, qu'ils appelaient les parrains ou les pères spirituels. L'histoire rapporte à ce sujet, l'exemple de *Charles-Martel*, qui envoya son fils Pépin à *Luitprand*, roi des lombards, afin qu'en lui coupant les cheveux il devînt son père spirituel. Il y avait à Rome, un arbre dédié aux cheveux, qu'on appelait pour cela, *capillaris arbor*. Les vestales y attachaient leur chevelure, avant de faire leurs vœux.

Le docteur *Bouley*, médecin à Fontainebleau, a rapporté un fait curieux sur un changement subit de cheveux. Une femme âgée de soixante-six ans, avait depuis long-tems les cheveux blancs et diaphanes, comme le verre ; quatre jours avant sa mort, qui fut la suite d'une phtisie pulmonaire, on s'apperçut qu'ils étaient presque tous devenus noirs. Les fastes de la médecine rapportent l'histoire des personnes, dont la frayeur a fait subitement blanchir les cheveux. Nous avons nous - même été le témoin d'un fait analogue.

Ludovic Sforce, qui s'était emparé du duché de Milan sous Louis XII, fut fait prisonnier par les français, qui le menèrent à Lyon ; la nuit même, ses cheveux qui étaient noirs devinrent tous blancs..... *Henri IV*, dans une circonstance extraordinaire vit blanchir en peu d'heures une partie de sa moustache.

Il est fait mention, dans les Annales de la Médecine, d'une espèce d'exhalaison en manière de feu-follet, qui paraissait sur les cheveux de certains individus. *Virgile* en parle au second livre de l'Œnéide.

> Tractuque innoxia molli
> Lambere flamma comas, et circum tempora pasci.

Il parut autour de la tête de *Servius Tullius*, VIe. roi

des romains , étant encore enfant , une lumière écla-
tanté. Ces exhalaisons onctueuses s'enflamment dans
l'air ; on les voit fréquemment, sur mer, s'attacher aux
mâts et aux cordages des navires ; c'est ce que l'on
appele *le feu de Saint-Elme :* les anciens appelaient ce
feu follet *helena* .... Si dans une chambre obscure , on
quitte promptement sa chemise , en la retournant , et
qu'on en frappe légérement, avec ses doigts , la partie
qui répond aux vertèbres du col , jusques à celles des
lombes , on sera frappé d'une fusée lumineuse plus ou
moins sensible , suivant que le vent sera au nord ....
Les étincelles lumineuses ne paraîssent pas , lorsque le
vent souffle du sud ; mais elles se rendent très-sensibles
et brillantes, à mesure que le vent s'approche du nord.
Lorsque le nord a soufflé , c'est alors que la fusée lumineuse paraît dans tout son éclat. Pour bien réussir
dans cette expérience , il faut être dans un état tranquille. L'étincelle lumineuse n'aurait pas lieu à la
suite d'une marche forcée (*a*).

Lorry pense que les cheveux sont plus longs et mieux
nourris chez la femme. Il en reconnaît trois espèces bien
distinctes (*b*). Le poil follet qu'on remarque dans les enfans, ressemble à des flocons de laine ; ces poils paraîssent
naître de l'épiderme sans bulbe ; on les arrache sans
douleur , et on peut les conserver long-tems, par des
onctions huileuses ou mucilagineuses. La seconde espèce
est frisée et d'une nature sèche , comme ceux qui viennent
sous les aisselles et aux parties génitales. La troisième

(*a*) *V.* l'histoire de l'hydrocéphale de Bègle, par M. *Bedbe-
der*, médecin de Bordeaux.

(*b*) *V. Tractatus de morbis cutaneis.*

espèce est celle qui vient aux hommes , à la tête et à la barbe.

La forme , la couleur , l'abondance et la longueur des cheveux varient chez les différentes races d'hommes , suivant le climat qu'ils habitent ; ceux qui se font raser la tête , comme les égyptiens , deviennent chauves plus tard que les autres. Les cheveux tombent *dans l'étisie* , ainsi qu'après l'enfantement.

Les cheveux ont la faculté de se reproduire après la mort , comme les ongles. Les journaux d'Angleterre parlent d'une femme de Nuremberg , à qui les cheveux s'étaient fait une issue par les fentes du cercueil , quarante-trois ans après sa mort. Le corps parut entier , et conserver encore la ressemblance humaine ; il était couvert d'une longue chevelure , bouclée et fort épaisse. Dans le même tems , on rapporte qu'un malheureux , qui avait été pendu pour cause de vol , fut couvert de cheveux dans toute son étendue , quoiqu'attaché à la potence depuis peu de tems. *Ambroise-Paré* conservait un cadavre à qui les ongles revenaient à leur première grandeur , peu de tems après qu'il les lui coupait (*a*).

Les ongles sont composés de plusieurs couches transparentes et cornées , qui ont une ressemblance parfaite avec la lymphe concrète et cuite au feu , ou avec la substance cellulaire concrète de même.

Les ongles noirs et les doigts des mains et des pieds froids et retirés , ou relâchés , annoncent la mort prochaine.

Les ongles sont au nombre de vingt , suivant *Winslow* ; ils sont composés de fibres longitudinales , parallèles ;

____

(*a*) Ce fait est rapporté par *Boyle.*

6

ce qui se passe dans les ongles, relativement aux accidens qui leur arrivent, tels qu'une meurtrissure, une
extravasion de sang, prouvent combien les sucs nutritifs
sont tardifs à y arriver; car il faut quelquefois plusieurs
mois pour les voir dans l'état naturel.

Une coutume barbare et fort ancienne était de faire
arracher les ongles aux criminels avec une extrême douleur. Ils tombent cependant sans douleur, et par la suppuration, dans l'état de maladie; dans quelques affections chroniques, leur aspérité et leur trop grande dessication provoquent de même leur chûte; ils se courbent
chez les phtisiques, à cause de l'émaciation du rézeau
cellulaire.

D'après les observations anatomiques de *Xavier Bi-
chat* (a), la machoire du fœtus à l'intérieur, présente
une rangée de petites follicules, séparées par de minces
cloisons; chaque follicule est composée d'une substance
pulpeuse, d'un paquet vasculaire et d'une membrane qui
enveloppe le tout. La matière originaire de la dent est
une substance mucilagineuse, suivant *Mahon* (b).

La dentition chez les enfans, se fait à deux époques
différentes. Les dents de lait commencent à sortir au
septième mois; et cette espèce de mouvement critique
dure plus ou moins de tems. La septième année commence la seconde période de la dentition, et finit vers
la dixième ou douxième année. Dans les enfans qui sont
en charte, les dents restent long-tems renfermées dans

(a) Sur le développement des dents.

(b) *Le Dentiste observateur*, ou moyen de connaître, *par
la seule inspection des dents*, la nature constitutive du tempérament, ainsi que les affections de l'ame, etc., chez l'auteur,
rue Croix-de-la-Bretonnerie, n°. 29.

leurs alvéoles ; elles se dévelopent fort tard ; et sont quelquefois d'une substance si transparente, que le jour paraît à travers. Les croûtes lactées, les éruptions à la peau se manifestent à la dentition ; c'est un effort critique qui favorise chez les enfans une dépuration utile au développement des parties, et à l'accroissement ; si les croûtes disparaissent , s'il ne se fait pas d'éruption à la peau, à la première dentition, les glandes s'engorgent. Mais au contraire , si l'éruption a lieu vers la peau , l'engorgement des glandes disparaît , et l'enfant se porte bien.

En général , dit le même auteur (*a*), on considère les bonnes dents , comme l'heureux présage d'une constitution robuste ; et ce présage est presque toujours justifié par l'expérience . . . . Les dents doivent nécessairement avoir une corrélation proportionnelle avec tous les organes. Il n'est peut-être pas de moyen plus certain et de règle plus sûre pour découvrir le principe des maladies chez les enfans, que l'inspection des dents ; et en général , l'état de leur bouche ; les altérations qu'on remarque dans leur couleur , leur forme et leur structure dénotent constamment l'épaississement de la lymphe, même longtems avant les accidens qui en sont la suite, tels que le rachitis , le vice scrophuleux, les difformités, etc., etc.

Les barbes de plume.

Les vaisseaux sanguins qui entrent par un trou, qui est au bout de la plume, versent leur lymphe dans les petits godets d'un corps charnu ; et de-là elle se filtre jusqu'au haut du tuyau, d'où elle entre dans la moële

---

(*a*) V. *le Dentiste observateur,* déjà cité.

de la plume , qui n'étant qu'une matière spongieuse, s'en imbibe aisément, et la distribue à droite et à gauche dans les barbes.

Les barbes des plumes ne sont , dans le commencement , qu'une espèce de bouillie , tant elles sont tendres et délicates. Aussi sont-elles roulées en cornet , dans un long tuyau cartilagineux, rempli d'humidité , pour n'être pas exposé à l'air , qui les déssécherait et resserrerait tellement leurs pores , qu'elles ne pourraient plus recevoir de nourriture ; mais quand elles se sont assez fortifiées pour ne devoir plus craindre l'action de l'air (a) ; l'étui qui les enveloppait , et qui ne leur est plus nécessaire, se déssèche et tombe de lui-même par écailles. Ce phénomène dans les volatiles , est une espèce de métamorphose.

Examinons l'extérieur des insectes , d'après *Charles Bonnet.*

Le corps de presque tous les insectes est formé d'une suite d'anneaux , emboîtés les uns dans les autres , qui en se contractant ou se dilatant, ou en s'alongeant et se racourcissant, ou en s'éloignant et se rapprochant les uns des autres, concourent à tous les mouvemens de l'animal.

La tête , dans beaucoup d'espèces , change de forme à chaque instant. Elle se contracte et se dilate ; elle s'alonge et se raccourcit ; elle paraît et disparaît au gré de l'insecte. La flexibilité de ses enveloppes lui permet ces mouvemens.

Les aîles des mouches sont formées d'une sorte de gaze fine , transparente et sans couleur. Les aîles du papillon beaucoup plus amples que celles des mouches, et si agréa-

---

(a) Acad. des sciences, 1699.

blement colorées , sont opaques et recouvertes d'une poussière fine , qui s'attache aux doigts. Avant l'invention des verres, on était bien éloigné de deviner ce qu'est cette poussière , et tout ce qu'elle vaut aux yeux de la raison. On la prenait pour un amas de particules irrégulières , rassemblées au hasard sur l'aîle du papillon. Mais on sait aujourd'hui , que les grains de cette prétendue poussière sont de petits corps réguliers, des espèces d'écailles façonnées à la manière de celles des poissons , et dont les formes extrêmement variées , fixent agréablement l'attention de l'observateur. Il en est de rondes, d'oblongues, de triangulaires, etc. Les unes sont toutes planes, les autres canelées ; les unes ont leurs bords tout unis ; les autres les ont ondés , échancrés ou dentelés. Les dentelures sont plus ou moins nombreuses en différentes écailles ; elles sont encore plus ou moins profondes ; et il en est de si profondes , qu'elles donnent à l'écaille l'air d'une petite main. Enfin , il est de ces jolies écailles , qui semblent imiter la forme des plumes des oiseaux , ou celles des poils des quadrupèdes. Assez souvent une seule aîle de papillon fournit des exemples de toutes ces variétés , et de bien d'autres encore. Ce n'est pas tout : chaque écaille a un court pédicule , tantôt simple , tantôt double ou multiple , qui s'implante dans la substance de l'aîle , entre deux membranes crustacées et transparentes , dont elle est formée.

C'est aux milliers , ou plutôt aux millions d'écailles dont les aîles des papillons sont recouvertes , qu'elles doivent leurs riches couleurs, et la distribution si variée et si souvent bien entendue de ces couleurs. Toutes les couleurs et toutes les nuances des couleurs qui brillent dans les fleurs de nos partères se trouvent dans nos petites écailles ; et c'est en les combinant et en les arrageant de mille et mille manières sur les aîles des papillons, que la nature leur donne cette agréable parure qui les fait rechercher des curieux. Lorsqu'on dépouille entièrement l'aîle de ces écailles, on ne voit plus qu'une membrane transparente, parsemée de petits trous, alignés régulièrement et divisés, dans sa longueur, par des nervures qui imitent celles des feuilles des plantes. Ces petits trous, qu'on apperçoit sur la membrane, indiquent les endroits où les écailles étaient implantées. Au reste, toutes les écailles sont placées en recouvrement les unes sur les autres (*a*), comme les tuiles de nos toîts. Elles ne sont donc pas jetées au hasard sur les aîles du papillon.

De l'épiderme des végétaux.

Le tronc est enveloppé au-dehors, comme le corps de l'homme, d'une peau mince, appelée l'épiderme ; elle est très-fine dans les arbres jeunes, mais elle est informe, ridée, déchirée dans les vieux arbres.

Au-dessous de cet épiderme se trouve l'écorce spongieuse ; ses pores sont de forme longitudinale, et servent à la circulation des sucs nourriciers de la plante.

L'aubier est au-dessous de l'écorce.

Enfin le bois est au centre de toutes les enveloppes concentriques ; il est composé de parties très-dures, très-solides, divisé par des couches concentriques et criblé de pores longitudinaux ; la moële est au centre du bois.

Observation sur une maladie singulière de l'épiderme, adressée à l'auteur.

Un paysan des environs de cette ville (de Bordeaux),

______

(*a*) Mon mémoire sur l'épiderme, ci-après, qui parut dans le Journal de Physique de l'abbé *Rozier*, en 1773.

né de parens très-sages et très-sains , étant lui-même
d'une complexion très-robuste , ayant le teint fort animé
et menant un genre de vie des plus réglés, était entré
dans sa quinzième année depuis le 10 décembre 1769 ,
lorsqu'il lui vint, le même hiver, une espèce de dartre
écailleuse à la partie antérieure des oreilles , de très-peu
d'étendue et de peu de conséquence en apparence, puisque
sans lui causer de démangeaisons , il n'en avait d'autre
incommodité que de voir la peau se détacher de tems
en tems par petites écailles : il fut saigné et purgé pour
cela , sans en retirer le moindre avantage.

Au mois de juin 1770 , le mal gagna peu-à-peu le
visage, et il s'y forma de petites croûtes çà et là , qui
gagnèrent insensiblement le col et la poitrine. Ces croûtes
s'enlevaient par le frottement des vêtemens. Ce jeune
homme bêchait la terre malgré la chaleur de l'été , avec
un gilet sur le corps , pour cacher à ses parens les taches
de sang et de sérosité , que laissaient ces croûtes à sa
chemise , en se détachant de sa peau. Sa mère s'en étant
apperçue , lui fit cesser toute espèce de travail. Il s'éleva
sur la poitrine des espèces d'empoules remplies de sérosité ; on les perçait , une heure après il s'en élevait
d'autres à côté , qui labourèrent ainsi toute la peau, ga-
gnant d'abord de la poitrine vers la tête , ensuite les extrémités supérieures , le tronc, les cuisses, les jambes ,
en un mot tout le corps. L'épiderme étant soulevé se dé-
tachait par grandes plaques; une nouvelle humeur en
soulevait une autre couche , sans former plus d'ampoules. Cette couche tombait , une troisième s'élevait.
On en saurait le nombre, si l'on comptait celui des jours
qui se sont écoulés depuis la fin de juin 1770, puisque
depuis ce tems le pauvre malheureux change d'épiderme,
de la tête aux pieds , toutes les vingt-quatre ou quarante

huit heures. Je le vis dans cet état le quinze avril 1771;
il avait tout le corps d'un rouge d'écrévisse : cette couleur
vive, semblable à celle de l'érésypèle, fuyait par la pression du doigt , pour revenir à l'instant qu'on cessait de
presser. Ce jeune homme gardait le lit , lorsque l'air lui
paraissait trop vif, et se levait lorsque le tems lui paraissait favorable. Il avait très-bon appétit, digérait à
merveille , faisait toutes les fonctions, tant animales que
vitales , comme dans l'état de pleine santé : il usait de
régime , ne mangeait que des alimens très-sains , beaucoup d'herbages par préférence : il avait fait usage, par
le conseil de différentes personnes, de tisanes apéritives,
anti-scorbutiques, de bouillons de même nature, de lotions sur tout le corps , qu'une femme à secrets compo-
sait, vendait fort cher , et qui ne firent aucun changement à son état, soit en bien , soit en mal. Il n'avait pas
un poil sur tout le corps; la surpeau se fendait de distance en distance par de grandes plaques, tant au visage
que par-tout ailleurs. Ces plaques se flétrissaient du soir
au lendemain , se séchaient comme du parchemin ra-
corni, et s'enlevaient la plupart, dans son lit, par le seul
mouvement qu'il s'y donnait. Cette espèce de végétation
animale était si abondante , qu'on tirait chaque matin du
lit ces plaques d'épiderme à pleines mains , et qu'on
me dit, que si on les eût ramassées depuis le commencement de la maladie, on croyait bien qu'on en aurait
rempli deux de nos bariques. J'enlevai plusieurs plaques
de cette épiderme ; elles ne laissaient point de suintement ni d'humidité au-dessous. Je couchai près de notre
malade pour l'observer le lendemain : ces portions de
la peau, dont j'avais enlevé l'épiderme la veille à sept
heures du soir, étaient déjà flétries le lendemain matin
à la même heure , se fendillaient, se gerçaient ; et par

les progrès que cela avait fait, on jugeait sûrement qu'avant la fin du jour, la surpeau s'enleverait tout-à-fait.

Le malade fut mis à la diète blanche, le vingt-cinq avril. Le trente-un mai, il commença des bains d'eau de rivière, où il restait chaque jour six ou sept heures, par plaisir : en sortant de l'eau, le corps était tout net ; il ne s'en élevait pas la moindre plaque d'épiderme ; mais le lendemain tout le corps se pelait, et les lambeaux se détachaient dans l'eau.

Le malade n'éprouva point d'autre traitement jusqu'à la fin de juin ; on le trouva trop simple ; on s'adressa à un de mes confrères, qui en prescrivit un plus compliqué.

Ce furent des bouillons de vipères portées à grands frais du Poitou, des bains avec la décoction de demi-once de foie de souffre dans chacun, une tisane de gayac et des bains de genièvre, un opiate avec la salse pareille, l'antimoine crud, les cloportes. Tous ces remèdes, quelque bien combinés qu'ils fussent, n'ont produit aucun effet. Le malade est dans le même état.

OBSERVATION (1)

Sur la nature de l'épiderme et de la peau.

La maladie singulière dont on vient de parler, ressemble beaucoup à la lèpre, sur-tout à celle que M. de Sauvages décrit sous le nom de LEPRA ICHTYOSIS, *class. X, génér. XXIX, spec. II, nosolog. méthod. in-4°.* Cependant cette maladie me paraît particulière

---

(a) Par l'auteur, insérée, ainsi que la précédente, dans le Journal de Physique, etc., par M. l'abbé *Rosier*, juillet, 1773, T. II.

à l'épiderme, et m'a engagé à proposer les observations suivantes.

Les maladies de peau, l'analogie, l'observation dont il vient d'être question, nous démontrent que l'épiderme est composé d'écailles ; la seule délicatesse de son tissu le distingue du cuir écailleux des animaux sauvages et des écailles des poissons. La nature marche par degrés insensibles dans la foule immense des êtres, qu'elle renouvelle sans cesse. L'histoire naturelle donne des preuves authentiques de la vérité de ce sentiment ; mais les faits observés auront toujours plus de poids sur l'esprit.

Boerrhaave, *Leuwenhoek*, et d'autres physiciens ont observé des écailles sur la peau humaine. Les auteurs modernes ont établi l'origine de l'épiderme dans le corps muqueux. Ce corps s'épaissit, sa superficie se membranifie ; voilà l'épiderme qui renaît toujours, dès que la membrane qui est en contact avec l'air est enlevée ou détruite. Le corps muqueux étant enlevé, l'épiderme ne se reproduit plus. Ces faits incontestables suffiraient seuls pour établir son histoire.

Cette membrane singulière est composée par l'expansion des tuyaux excrétoires, selon *Leuwenhoek*. Supposons qu'elle soit formée par l'expansion des houppes nerveuses de *Ruich* qui forment, selon lui, des lames ou des écailles en s'unissant ; peut-être est-elle composée de tuyaux excrétoires et de houppes nerveuses en même-tems. Alors les tuyaux et les houppes nerveuses formeront des écailles par leur arrangement symétrique. Les couches insensibles des écailles sont à joints recouverts.

Les maladies de la peau, sa déperdition presque sensible dans les animaux, son renouvellement, démontrent par-tout les écailles. Le malade dont on vient de parler, perd sa peau toutes les vingt-quatre ou quarante-huit heures, depuis le mois de juin 1770. Elle tombe par grandes écailles. Quelle étonnante production, ou plutôt quel développement dans les couches insensibles des surfaces écailleuses du corps muqueux! Quelle abondance excessive d'épiderme! Quelle force dans les tuyaux du corps réticulaire! Les écailles marchent par des voies obliques, dont les côtés se correspondent par-tout également. Si le malade, dont parle M. *de la Mothe*, vivait long-tems avec cette infirmité, quelle immense quantité de couches de surpeau! La nature par ses grandes ressources, a mis à l'abri des injures et des chocs des corps extérieurs, les organes de la vie.

Une force intérieure pousse du centre à la circonférence les liqueurs nourricières; les tuyaux naissans du corps muqueux sont les tiges qui les reçoivent et qui ont une grande force. Ils naissent du centre et de tous les points imaginables de la peau, en s'entre-laçant et en s'adossant les uns aux autres en plans symétriques. Ces tiges sont la première ébauche de plusieurs couches insensibles de surpeau. Une couche flétrie ou détruite en laisse une autre à sa place, ainsi l'épiderme renaîtra toujours.

Ce développement est la force même de la vie. L'action de cette force agit perpétuellement contre les parois internes de l'épiderme. Elle est la cause la plus prochaine de son dépérissement en détail, dans l'état de santé la plus parfaite. Les parties perdent leur vie à mesure qu'elles s'éloignent du centre. Les ongles, les cheveux, la barbe, la laine, les poils en général, les écorces, les plumes, etc., en sont une preuve décisive par leur insensibilité. Ces parties qui croissent toujours par leurs racines, se détruisent de même à mesure, par leurs extrêmités.

Les tuyaux qui forment l'épiderme, se poussent en avant comme les ongles, etc. Supposons que la matière de la transpiration soit en grande abondance dans un homme fort; que les ouvertures par où elle doit passer, soient mal organisées; alors elle forcera la couche d'épiderme à se soulever, et l'éloignera du centre de la vie; l'épiderme en se fendillant, se desséchera et tombera par grandes écailles. Une chaleur excessive à la superficie des corps, peut aussi évaporer en peu de tems tout ce qu'il y a de plus fluide dans la matière de la transpiration, dont un précipité concret bouchera les pores de la peau. Cette désunion ou destruction qui s'opère continuellement dans l'état le plus naturel, peut augmenter dans certaines circonstances, soit que les ouvertures de la peau soient mal organisées, soit qu'il y ait une chaleur contre nature ou immodérée. Les américains et assez généralement ceux qui habitent des climats chauds, perdent sensiblement leur épiderme. On voit sur le visage des hommes robustes, des écailles infiniment petites, desséchées, et qui tombent en farine. Ces sortes de lames du tissu-cellulaire sont des espèces d'exfoliations écailleuses, qui se renouvellent à mesure qu'elles se détruisent. Le teint frais de nos dames n'annonce chez elles qu'un dépérissement lent de l'épiderme. La surpeau exposée à toutes les vicissitudes de l'air, du tems et des saisons, à l'attouchement des corps extérieurs et aux frottemens continuels, doit nécessairement souffrir un dépérissement. Si toutes les couches de surpeau, qui périssent et se détruisent à la longue de la surface de nos corps, étaient inhérentes aux corps muqueux et fermes dans leurs racines, sans doute que dans l'espace de plusieurs années la superficie de nos corps serait couverte d'un calus général ou d'un tégument qui en approcherait. La matière de la transpiration s'épaississant, il ne reste qu'une terre concrète parmi les lamelles du tissu écailleux ; les extrêmités des tuyaux se durcissant par le moyen de cette matière terreuse qui s'y est jointe par une glu animale, se déssèchent à mesure qu'ils croissent par leurs racines, et tombent enfin par lamelles extraordinairement fines, comme on peut l'observer dans les bains, ou par des frictions réitérées sur quelques parties du corps. Ces lamelles vues au microscope, sont des écailles. Le mécanisme qui opère l'incrustation animale, observé par M. *Hérissant* dans les coquilles et les os, est le même à la peau (*a*). Le paranchime, une substance terreuse qu'il a constamment observé dans toutes les parties dures des animaux, compose les écailles de l'épiderme.

Toute la peau humaine n'est également qu'un entrelacs de tuyaux à-peu-près semblables, arrangés symétriquement en couches écailleuses. Plusieurs plans écailleux, liés les uns par les autres en couches entassées, unies et pressées fortement, ne formeront-ils pas un tissu fort dur ? La peau prend son origine d'un tissu muqueux ou réticulaire. Ce corps, observé par M. *de Bordeu*, en ballons circulaires ou en gaînes cylindriques dans lesquels glissent les fibres musculaires, est le même dans l'intérieur et à l'extérieur, dans les interstices des muscles, des viscères, et dans le centre de tous les organes. Ces poches ou cellules communiquent et s'engaînent les unes dans les autres. L'arrangement cellulaire semble donner la première idée de cette symétrie à écailles de l'épiderme.

On observe que les plaies en se formant, affectent la figure elliptique ; car la peau qui se rapproche des côtés

---

(*a*) V. les Mémoires de l'Académie des Sciences, année 1776.

qui avoisinent le grand axe, tend par là même à diminuer le petit axe, et à faire disparaître la plaie. On sent
assez la raison de cette géométrie naturelle.

La peau qui a beauoup de rides se prête dans toutes
les productions contre nature. C'est une suite de l'arrangement des tuyaux qui la composent ; elle est un
entrelacs dont la disposition intérieure va plutôt en formant des lignes courbes que toute autre tendance. Sans
cette heureuse précaution, la peau aurait excité des douleurs très-vives, s'il se fût produit sur la surface du
corps une petite tumeur.

M. *Leuwenhoek* a déterminé la figure pentagonale à
toute l'étendue de la peau, et la figure ronde à une
bouche bien organisée. J'ai vu moi-même, à la simple
loupe, l'épiderme en pentagones, de grandeur diffé-
rente, dont les côtés sont sillonés. Ces sillons paraissent
réservés pour les poils.

Toutes les parties de notre corps, en s'organisant,
ont affecté la forme cylindrique. Un tégument à écailles
pouvait s'accomoder à toutes les courbures possibles ; des
écailles pentagones peuvent marcher sur toutes sortes
de surfaces, se prêter à toutes les modifications dé la
matière ; leur forme à la bouche, aux extrémités des
doigts, vers les contours angulaires, approchent de la
figure circulaire, à-peu-près comme les tuiles d'un dôme
affectent cette même forme ; les écailles sont disposées
par étages, comme l'a observé M. *Hérissant* dans l'organisation des coquillages. Elles présentent un plan in-
cliné à l'épiderme, qui élude en quelque façon l'action
des chocs des corps extérieurs. Cette disposition met
l'homme à l'abri des injures de l'air, de l'humidité, des
corps étrangers, des globules de la lumière. Cet arrangement écailleux amortit la grande force qui les meut,

et qui aurait peut-être excité sur lui des sensations extraordinaires.

Le globe de l'œil est composé extérieurement de plusieurs membranes placées les unes sur les autres. L'origine en est au cerveau : on connaît leurs usages, par rapport à la réfraction des corps lumineux ; mais on ne connaît pas de même l'effet ni les différentes sensations que ces corps lumineux produiraient, si la structure de l'épiderme n'était pas par écailles.

Il est donc constaté que nous changeons de peau dans l'état même de pleine santé ; que cela arrive par l'exfoliation des écailles d'un tissu muqueux, ou corps cellulaire qui est la base de toutes les parties. La constitution et les maladies de la peau, l'observation, l'analogie et les faits sans nombre en sont autant de preuves.

Il résulte de l'observation de M. *de la Mothe*, que les maladies de la peau les moins graves en apparence sont très à craindre, ainsi qu'il a été dit, comme pouvant avoir les suites les plus dangereuses.

On voit en effet ici une simple dartre, qui dans l'origine n'occupait que la partie antérieure des oreilles et paraissait de peu de conséquence, finir par attaquer toute l'habitude du corps, et dégénérer en une maladie qui avoisine la lèpre. Ce n'en était cependant point une, malgré la chûte et la renaissance journalière de l'épiderme, puisque l'on n'a eu lieu d'observer ni les ulcères, ni la sanie qui se font toujours remarquer dans cette dernière maladie.

La force tonique de la peau est proprement la force vitale. *Charles Bonnet* place le siège de l'irritabilité dans la glu animale ; c'est une chose merveilleuse, dit-il, que cette glu, puisqu'elle ne perd rien de son énergie dans les êtres microscopiques, pendant les plus longs intervalles d'une mort apparente. La matière gluante est le fonds inépuisable, par laquelle la membrane épidermique s'exfolie et se renouvelle sans cesse, même dans les cavités intérieures. Tous les mouvemens de la vie se font par l'entremise de la peau. *Jos. Fr. L. Deschamps*, chirurgien célèbre, remarque, d'après des faits connus, et d'autres qui lui sont particuliers, que des corps étrangers, passés dans l'estomac et de-là dans les intestins, se sont frayés un passage à travers leurs parois, les uns dans les viscères, les autres dans le tissu-cellulaire, et se sont portés de-là dans les tégumens, où ils se sont fait connaître à l'extérieur par une tumeur ou par l'ouverture d'un abcès. L'auteur cite plusieurs cas (*a*) des corps étrangers, passés de l'estomac dans la vessie ; cela vient des nombreuses communications du tissu-cellulaire de la peau dans toute l'économie animale.

Nous finirons cette partie historique des tégumens communs, par un passage du traité de l'opération de la taille (*b*), qui a quelque analogie avec les faits cités à la note 7, pour servir à l'histoire de l'épiderme.

« La membrane interne de la vessie, dit l'auteur, peut être tellement irritée et même déchirée par les aspérités de la pierre, qu'elle soit affectée de gangrène, au point qu'elle se détache par fragmens ou par escharres qui suivent la route des urines. » Sans doute que ces débris membraneux ne sont que des portions du tissu-cellulaire, comme dans les observations précédentes.

––––––––––

(*a*) *Voyez* le Traité hist. et dogmatique de l'opération de la taille, 1796, tome 1, p. 157.

(*b*) *V. ib.* p. 182, tome 1, et tome 3, p. 13, où l'exfoliation de la membrane interne de la vessie présente un lambeau de cinq pouces et demi.

DES FORMES
ET DES PROPORTIONS
DU CORPS.

Du rapport et de la sympathie que toutes les parties entretiennent dans l'économie animale, en faveur de la santé et de la durée de la vie.

> Tactus enim tactus (pro divum numina sancta)
> Corporis est sensus.... LUCR.

Pierre *Camper* (a), *Jean - Gaspard Lavater* (b), *J. J. Sue* (c) ont traité depuis peu des formes et des proportions du corps : *Camper* a promis un travail particulier sur la beauté des formes. *Lavater* a publié, à Zurich, un ouvrage considérable sur le caractère des hommes et la science physionomique. Cette connaissance de nous-mêmes manquait d'observations exactes, fondées sur des principes connus. L'auteur a rassemblé

(a) *Voyez* Dissertation sur les variétés naturelles, qui caractérisent la physionomie, etc., 1791.

(b) *Voy.* Essai sur la Physiognomonie destiné à faire connaître l'homme, et à le faire aimer, par *Jean – Gaspard Lavater,* citoyen de Zurich, ministre du Saint Evangile.

(c) *V.* Essai sur la Physiognomonie des corps vivans, etc., 1797.

les faits ; et cet art qui, jusqu'à lui, était resté inculte
et stérile, est devenu dans ses mains un objet de mé-
ditations utiles ; il a fouillé dans tous les plis et les replis
du cœur humain : il considère cette partie de l'histoire
naturelle de l'homme, sous les rapports les plus étendus ; ses recherches et les conséquences qui en sont la
suite nécessaire, sont exposées avec clarté et précision ;
elles nous apprennent à connaître, sur les formes extérieurs du visage, l'humeur, le tempérament, l'esprit,
les mœurs, les inclinations, le courage, les passions,
en un mot, le caractère moral de chaque individu.
Cette étude profonde offre de plus la faculté très-rare
de se connaître soi-même ; elle nous invite à aimer nos
semblables, et nous porte à les estimer.

L'auteur, pour parvenir à ce but salutaire, observe,
combine, et l'histoire des hommes à la main, il embrasse et rapproche tous les tems : il compare, il calcule
les proportions et les formes extérieures ; les résultats les
plus heureux semblent naître de ses principes vérifiés
d'après l'expérience des siècles et le caractère moral des
personnages, qui ont fondé les empires, ou qui ont joué
un rôle sur la scène du monde.

Par les proportions du corps humain, on entend les
dimensions respectives de chacune de ses parties et leurs
rapports, relativement à leurs différentes fonctions. Les
auteurs qui ont écrit sur l'art de la peinture, dit *J. Sue,*
ont donné des règles certaines pour déterminer ces proportions ; mais ces règles sont moins (*a*) les résultats

---

(*a*) Il paraît que les Grecs n'ont pas séparé le bon du beau,
dans les arts d'imitation, et qu'ils ont pensé que la nature se
plaisait à les rassembler dans l'homme bien constitué : d'ailleurs,

des mesures prises particulièrement sur un grand nombre
de sujets, que la combinaison d'un goût exquis et éclairé,
qui au milieu de toutes ces différences, a su fixer le point
où existe la belle nature ; c'est donc le sentiment qui
nous a appris tout ce que l'on sait sur cette matière.
En effet, si l'anatomie considère le jeu, l'action, le
rapport, la symétrie des parties entr'elles, et la justesse
de leurs proportions, d'où naissent l'ordre, l'ensemble
et l'accord de tous leurs mouvemens ; cette étude plaît
infiniment plus qu'une nomenclature sèche et rebutante,
et donne au médecin, des ressources infinies pour l'étude
de l'homme et la connaissance des maux qui viennent
l'assiéger. C'est cette connaissance de nous-mêmes qui
fit faire aux grands hommes les chef-d'œuvres des arts :
pénétré de cette étude, l'habile sculpteur communique,
pour ainsi dire, la vie au marbre et à la pierre. Tout
le monde sait jusques à quel degré de perfection, les
Grecs ont porté leurs connaissances dans les beaux arts !
Les statues de *Laocoon*, du *Gladiateur* et de la *Vénus
de Médicis* sont encore nos modèles ; on connaît les
œuvres de *Michel-Ange*, chez les italiens ; et parmi nous

---

comment auraient-ils pu découvrir les belles combinaisons des
formes qu'on admire dans leurs statues, s'ils n'avaient mesuré
un grand nombre de divers sujets, et comparé ces différentes
mesures au plus ou moins de force et de beauté des individus,
afin d'en composer un tout qui approche de la perfection de
l'espèce ! On peut croire que ces observateurs éclairés n'ont pas
fait l'Hercule, le Gladiateur et l'Apollon, sans y avoir été auto-
risés par l'étude approfondie des modèles qui réunissaient les proportions les plus mâles et les plus belles, à la meilleure santé.
Les principes qu'ils ont reconnus sont devenus règles, parce
qu'ils sont conformes à la nature bien organisée.

les monumens de *Germain - Pilon* , et l'ANCHISE de
Lepautre , que tout le monde admire aux Tuileries.
Michel-Ange avait formé le dessein de publier un traité
des mouvemens musculaires , si la mort ne l'avait surpris. Il ne s'agit pas ici des dimensions de la forme de
différentes parties de l'homme ; mais de sa grandeur la
plus généralement adoptée , et des rapports symétriques,
que les différens organes entretiennent dans l'économie
animale , pour les différentes fonctions qui conservent
l'harmonie de la vie.

Jean Cousin divise la tête de l'homme en quatre parties égales, la première depuis le menton jusqu'au dessous
du nez , du dessous du nez jusqu'au milieu des yeux , du
milieu des yeux jusqu'à la naissance des cheveux , et de
la naissance des cheveux jusqu'au sommet de la tête ; il
fait la mesure du corps de l'homme , qu'il divise en huit
parties , dont la tête est la première ; la seconde comprend depuis le menton jusqu'aux mamelles ; la troisième
depuis les mamelles jusqu'au nombril ; la quatrième du
nombril aux génitoires ; la cinquième des génitoires à la
moitié de la cuisse ; la sixième de la moitié de la cuisse
au dessous du genou ; la septième au dessous du mollet;
et la huitième, du dessous du mollet à la plante du pied.

La même mesure s'observe depuis le bout du doigt du
milieu de l'une des mains , jusqu'à l'autre , en passant
horisontalement par les épaules, lesquelles de l'une à
l'autre contiennent deux mesures de tête ; de l'emboiture
de l'épaule jusqu'au poignet , deux grandeurs de tête, et
une autre du poignet à l'extrémité du doigt du milieu;
la largeur des hanches est d'une tête et demie , etc. , etc.
Jean Cousin fait le pied de la grandeur de la tête, il est plus
long mesuré sur l'antique ; il varie probablement selon
le caractère des statues ; mais il n'est pas aussi grand que

la sixième partie de la proportion générale de l'homme.

Plusieurs maîtres ont mesuré par la grandeur de la face divisée en trois parties, et ont composé de dix faces la belle proportion de l'homme : *Lomazzo* adopte cette mesure ; il compte, pour la partie supérieure de la tête, une partie entière de la face, et ajoute deux autres parties, depuis le menton jusqu'à la fossette du cou, ce qui donne deux faces ; de la fossetté du cou au sein, une troisième ; du sein au nombril, une quatrième ; du nombril aux génitoires, une cinquième ; des génitoires jusqu'à l'origine du genou, deux faces ; pour le genou une demi-face ; du dessous du genou à l'extrêmité du cou-de-pied, deux faces ; de l'extrêmité du cou-de-pied à la plante, une demi-face, qui font les dix faces pour la hauteur de l'homme. Sa largeur, lorsqu'il étend les bras, en passant par les épaules, est égale à sa hauteur, comme dans la division précédente ; mais s'il plie les bras, la mesure extérieure des faces s'allonge.

Gérard Audran qui a mesuré les plus belles statues de l'antiquité, a employé la division de la tête en quatre parties, et a subdivisé, comme *Lomazzo*, la partie en douze minutes ou modules ; mais il ne mesure pas, comme lui, par face, et ne paraît pas avoir apperçu comment les anciens mesuraient la figure humaine ; il proportionne par parties de tête, et dit : cette figure a sept têtes, deux ou trois parties, tant de minutes.

L'*Apollon* qui paraît très-grand, n'a que sept têtes, trois parties, six minutes. Le seul gladiateur mourant, appelé *Mirmille*, a huit têtes ; il faut observer qu'il n'est pas debout. L'*Antinoüs* a la proportion de dix faces, car il a sept têtes et deux parties ; mais les a-t-il par hasard, et les anciens mesuraient-ils par face ?

Comme les grecs avaient l'imagination forte et le jugement sain, et qu'ils ont réuni la force à la beauté dans leurs travaux, on peut raisonnablement s'en rapporter à eux, sur la forme et les proportions qui doivent composer la plus heureuse constitution de l'homme.

La beauté ne paraît être, à nos yeux, qu'un certain rapport symétrique, qu'une proportion convenable des parties entr'elles. Nous aimons à voir que nos jambes, à partir de l'os pubis, forment la moitié de tout notre corps; que la tête en soit une huitième partie; le visage une dixième partie, etc. Sans doute que le beau est quelque chose de réel, qui ne dépend ni du calcul, ni du caprice de l'esprit. Le beau est immuable, comme l'harmonie du monde; c'est la convenance, ce sont les proportions déterminées, ce sont certains rapports des formes entr'elles, dans les corps organisés, qui le constituent. L'homme est l'image du beau fortement dessiné. *Vitruve* a trouvé les proportions de la figure humaine, si belles, qu'il prétend qu'un bel édifice doit avoir les mêmes dimensions que dans un homme bien fait. J'ai été frappé dans tous les tems de la même idée, avant d'avoir connu les ouvrages immortels de cet auteur. *Vitruve* a déterminé les proportions de tout le corps et de ses différentes parties.

Ceux qui ont examiné avec quelque attention, en quoi consiste la nature de la beauté, ont tous observé qu'une des principales sources d'où elle vient, est l'utilité. La commodité d'une maison ne plaît pas moins que sa régularité; et le spectateur est aussi choqué de voir un logement incommode, que de voir différentes formes à des fenêtres qui se correspondent, ou bien une porte qui n'est pas dans le milieu du bâtiment. Il n'y a personne qui n'ait remarqué, que l'aptitude d'une machine, ou d'un arrangement quelconque à produire l'effet qu'on

s'en est proposé, jette sur le tout une certaine convenance, une certaine beauté qui en rendent la vue agréable.
C'est ce que dit un auteur anglais qui ne se connaissait
pas moins en beauté morale, qu'en beauté de proportion.
Quelle différence dans les idées de différentes nations,
dit *Smith*, touchant la beauté de la taille et du visage !
Sur la côte de Guinée, la blancheur du teint est une
difformité ; les grosses lèvres, un nez plat y sont des
agrémens. Chez quelques nations, on admire univer-
sellement les longues oreilles qui pendent jusques sur
les épaules. A la Chine, si une femme a le pied assez
grand pour marcher, elle passe pour un monstre de
laideur. Quelques sauvages compriment la tête de leurs
enfans entre quatre planchettes, tandis que les os sont
encore tendres et cartilagineux, afin de lui donner une
forme quarrée. Les européens sont étonnés de cette
pratique absurde et barbare, à laquelle quelques mis-
sionnaires ont attribué l'étrange stupidité des peuples
qui l'employent ; mais en condamnant ces sauvages,
ils ne prennent pas garde, qu'il n'y a que peu d'années,
que les femmes en Europe s'efforçaient encore de réduire, par une compression violente, l'agréable rondeur
de leur taille, à une forme quarrée de la même espèce,
et que malgré la gêne et les maladies qu'on savait être
occasionnées par cet usage, il n'a pas laissé de plaire
pendant plus d'un siècle, aux nations les plus civilisées
qui aient peut-être jamais existé.

Ce raisonnement est juste. L'auteur prouve sans difficulté, que les hommes s'éloignent d'autant plus des idées
qu'on doit se former de la vraie beauté ou de ce qui est
beau et bon, qu'ils le sont de la nature. Ce penchant
que nous avons à céder à l'habitude, nous fait tomber
facilement dans l'erreur. Le besoin du climat a souvent

invité, même forcé les hommes à la pratique de certaines méthodes extraordinaires ; c'est de-là que viennent des idées fausses sur la beauté : par exemple, l'applatisse-ment de la tête chez les caraïbes, était pour ce peuple chasseur une méthode utile. La vue devenant, par cette opération, presque perpendiculaire de bas en haut, la proie ne pouvait jamais leur échapper.

Pierre Camper, dans ses variétés naturelles qui carac-térisent la physionomie, convient avec M. *de Buffon*, que les habitans du Nord, du Mogol et de la Perse, ainsi que les arméniens, les turcs, les georgiens, les mingreliens, les circassiens et tous les peuples de l'Eu-rope sont non-seulement les plus blancs, mais aussi les plus beaux et les mieux proportionnés du monde connu ; il ajoute : « j'ai vu cependant des habitans de l'Ar-ménie, dont la physionomie n'avait rien de gracieux. Les hommes des provinces méridionales de la France, mais sur-tout les femmes, ont encore cette rondeur dans le haut des joues, et ce *meplat* dans le visage, si re-marquable dans l'*Apollon Pythien* et dans la *Vénus de Médicis*. »

Comme la beauté résulte d'une sorte d'harmonie dans les proportions, de la convenance des formes et du rapport des parties, il en est de même de la santé ; tout nous prouve que dans l'homme heureusement constitué, la nature a infiniment plus de ressources pour l'activité et la durée de la vie. La beauté dans les proportions, et la santé sont deux sœurs, qui ne se quittent point et qui ont entr'elles une étroite alliance. Considérons la structure du corps ; prenons, par exemple, un des côtés. Toutes les parties, toutes les surfaces, tous les enfoncemens, en un mot, tout ce qui est saillant au côté droit, présente à gauche, dans les plus petits dé-

tails, un tout parfaitement ressemblant. La physionomie des formes est la même, par rapport aux parties
doubles, à l'extérieur et à l'intérieur, même dans les
organes des cavités les plus profondes, qouique les
fonctions soient différentes. Le côté gauche est l'image
physionomique du côté droit. Les deux extrêmités supérieures ont la plus grande ressemblance avec les
deux extrêmités inférieures. Les mêmes articulations
simples ou compliquées se retrouvent, à quelque différence près, en haut et en bas. Les formes qui sont
très-variées dans les différentes positions des organes,
dans leurs différens usages, dans les différens points
extérieurs et intérieurs, dans toutes les surfaces possibles, sont représentées sur les côtés opposés. Il est
évident que dans le mécanisme de notre corps, un rapport semblable de position et de forme suppose nécessairement une parfaite correspondance (*a*) entre toutes
ses parties, qui tendent et concourent toutes à la même
fin.

La sympathie dérive de ce que nous sommes modifiés
d'une manière agréable, par une convenance d'humeurs,
de formes, de proportions. Le magnétisme animal (*b*)
fournit de grandes preuves de cette vérité. Qu'est-ce que

(*a*) Le corps humain n'est qu'un mécanisme sublime qui résulte de la construction symétrique de toutes ses parties.

(*b*) La symphonie, chez *Mesmer*, ne s'exécutait que par des
instrumens à vent, et toujours en *ré mineur* ; les vibrations des
instrumens à corde, eussent produit un effet contraire à la sympathie.... Les passions douces s'expriment par des sons clairs et
mélodieux ; elles se servent naturellement de périodes mesurées
par des poses régulières, qu'il est par conséquent facile d'adap-
ter au retour des airs correspondans du ton.

l'instinct ? un sixième sens plus vif et plus étendu que tous les autres réunis ensemble, c'est la faculté de sentir ; dans l'harmonie universelle, le rapport que les êtres et les évènemens ont avec notre conservation. L'instinct est un effet déterminé, invariable de l'ordre de la nature ; c'est le sens intérieur qui parle aux médecins, qui ne tiennent leur grande célébrité que de la promptitude de leur jugement et du coup-d'œil, au lit des malades, qui embrasse à la fois toutes les circonstances de leur situation ; cette espèce de tact, comme le point de réunion de toutes les facultés intellectuelles, est ce sixième sens, qui devient la base des jugemens les plus surs. « La physionomie du malade, dit *Lavater*, instruit mieux le médecin que toutes les informations qu'on lui en donne. On est surpris de voir à quel degré certains d'entr'eux ont poussé cette connaissance. Je n'en citerai pour exemple, que *Zimmermann* parmi nos contemporains ; et parmi ceux qui ne sont pas en vie, *Kœmpf.* » Nous pourrions nommer aussi, feu M. *de Bordeu*, médecin de la faculté de Paris, et le célèbre *Fizés*, de Montpellier, qui avaient l'un et l'autre ce tact fin, d'après lequel ils jugeaient de la position de leurs malades. Ce discernement infiniment rare, est la partie la plus éminente de la médecine, qui, parfaite dans *Hippocrate*, en fit un homme si supérieur, qu'*Esculape* n'a eu sur lui que l'ancienneté.

« M. *de Buffon* en parlant, en général, de l'organisation des parties des animaux, observe qu'il y a beaucoup plus de parties doubles dans le corps de l'animal que de parties simples ; et ces parties doubles semblent avoir été produites symétriquement de chaque côté des parties simples, par une espèce de végétation ; car ces parties doubles sont semblables par la forme, et différentes par la position. La main gauche, par exemple, ressemble à la main droite, parce qu'elle est composée du même nombre de parties, lesquelles étant prises séparément, et étant comparées une à une et plusieurs à plusieurs, n'ont aucune différence. Cet ordre symétrique de toutes les parties doubles, se trouve dans tous les animaux ; la régularité de la position de ces parties doubles, l'égalité de leur extension et de leur accroissement, tant en masse qu'en volume, leur parfaite ressemblance entr'elles, tant pour le total que pour le détail des parties qui les composent, semblent indiquer qu'elles tirent réellement leur origine des parties simples ; qu'il doit résider dans ces parties simples une force (*a*) qui agit également de chaque côté, ou ce qui revient au même, que les parties simples sont les points d'appui contre lesquels s'exerce l'action des forces, qui produisent le développement des parties doubles ; que l'action de la force par laquelle s'opère le développement de la partie droite, est égale à l'action de la force par laquelle se fait le développement de la partie gauche, et que par conséquent elle est contre-balancée par cette réaction.

« Cette harmonie de position qui se trouve dans les parties doubles des animaux, se trouve aussi dans les végétaux ; les branches poussent des boutons de chaque côté, les nervures des feuilles sont également disposées de chaque côté de la nervure principale ; et quoique l'ordre symétrique paraisse moins exact dans les végétaux que dans les animaux, c'est seulement parce qu'il y est plus varié ; les limites de la symétrie y sont plus étendues et moins précises ; mais on peut cependant y

---

(*a*) Cette force est dans le tissu-cellulaire.

reconnaître aisément cet ordre , et distinguer les parties
simples et essentielles de celles qui sont doubles , et
qu'on doit regarder comme tirant leur origine des premières.

« Tout ce qui a immédiatement rapport à la position,
manque absolument à nos sciences mathématiques ; cet
art, que *Leibnitz* appelait *analysis situs* , n'est pas encore né ; et cependant cet art qui nous ferait connaître
les rapports de position entre les choses , serait aussi
utile , et peut-être plus nécessaire aux sciences naturelles , que l'art qui n'a que la grandeur des choses
pour objet ; car on a plus souvent besoin de connaître
la forme que la matière. Nous ne pouvons donc pas
lorsqu'on nous présente une forme développée, reconnaître ce qu'elle était avant son développement ; et de
même lorsqu'on nous fait voir une forme enveloppée,
c'est-à-dire une forme dont les parties sont repliées les
unes sur les autres , nous ne pouvons pas juger de ce
qu'elle doit produire par tel ou tel développement ;
n'est-il donc pas évident que nous ne pouvons juger en
aucune façon de la position relative de ces parties repliées , qui sont comprises dans un tout qui doit changer de figure en se développant ? »

Les parties étant doubles dans les muscles , les vaisseaux , les nerfs , dans la charpente osseuse , etc. , où
l'on reconnait deux mains , deux bras, deux côtés, deux
extrémités inférieures , etc. , l'activité de la vie ainsi
que l'harmonie des formes extérieures qui sied si bien
à notre constitution physique , dérivent précisément de
cette conformité d'organisation dans les divers organes.
Nous l'avons déjà dit dans le discours préliminaire,
le mot seul de conformation exprime ce rapport intime
des parties doubles. Tous les mouvemens du principe

vital sont subordonnés à cette simplicité d'action. Les affections critiques, dartreuses, en donnent la preuve toutes les fois que *l'irruption* de l'humeur morbifique se fait sur les mêmes points des surfaces correspondantes. Les forces intérieures agissent uniformément du centre du corps à sa circonférence. Ce mouvement du principe vital se développe à la fois dans toutes les parties, dans toutes les surfaces, dans toutes les cavités ; et si les proportions sont exactes, le même symptôme ou la même éruption critique se représente au même point des surfaces opposées dans les parties doubles, en suivant un parallélisme régulier. Il est constant que tous les mouvemens fermentatifs, excités par la nature, pour pousser dehors le levain atténué des maladies chroniques, sont la suite nécessaire de cet ensemble, de cette sympathie, de cet accord harmonique, en un mot de la convenance dans les parties les plus opposées par leurs distances et leurs positions respectives. Les causes profondes de ces affections si fréquentes, tels que l'âcre vénérien dégénéré, l'épanchement laiteux, le rhumatisme, la goute, et en général toutes les humeurs qu'on appele *dépuratoires*, et qui se terminent par l'éruption miliaire, les pustules varioliques, les taches biliaires, les dartres, les signes même de naissance gardent cette harmonie. La nature a donc mille voies secrètes, qui toutes concourent à rétablir les forces vitales. Dans tous les cas, on peut démontrer qu'il existe un mode d'action répandu dans l'ensemble du tissu-cellulaire, et dans toutes ses productions, par rapport à la sympathie des formes et des proportions, tant intérieures qu'extérieures.

Si nous observons avec un peu d'attention la marche de l'acre dartreux, dont l'influence sur la santé et la durée de la vie paraît très-étendue, nous verrons que non-seulement cette harmonie subsiste avec les parties doubles ; mais encore de celles-ci avec les formes du visage ; et que les mains entretiennent des rapports secrets avec les formes intérieures... Nous dirons que les formes du visage conservent une sympathie, un consentement, une correspondance symétrique, en un mot, une réciprocité d'action, avec les formes extérieures du reste du corps et les organes qui leur correspondent au dehors par des ouvertures. Cette connaissance offre des résultats infiniment utiles aux médecins ; elle nous indique cette économie sage de la nature, qui avec les moyens les plus simples produit les plus grands et les plus heureux effets. Un médecin de la faculté de Paris, écrivait en 1616, que la face est le fondement de tout embellissement, et la seule partie, où grace et beauté se rendent considérables.... C'est là où se manifestent et s'assemblent, comme dans un rayon, l'efficace et la vertu des secrets de l'homme intérieur, où toute l'ame sortant de son centre et de son point, se rend évidente ; où les puissances et facultés, les affections et passions, l'amour et le courroux, l'ire et l'humanité se représentent nues et à clair.... En un mot dit le sage, la face est le second homme et l'abrégé de tout. Il n'y a rien d'aimable, de gracieux, de beau, aucune grace, ni proportion, qui ne se trouve représenté sur le visage. Nature toute éparse, diversement par les parties du corps, se réunit et se récollige en ce lieu, comme toute lumière et la vertu des cieux s'unit dans le globe du soleil, et toute la vertu visive dans le crystallin.... Vois *ce visage divin* et *plein d'ame*, ce front, siège de la pensée, ce regard de l'œil, ce soufle de la bouche, ces graces répandues sur les joues, tout parle, tout est à l'unisson : c'est l'harmonique réunion des couleurs dans un seul rayon du soleil ; ainsi s'exprime *Lavater*.

Soit que l'on considère les formes du visage sous le rapport physique, soit qu'on les envisage du côté moral, nous reconnaîtrons qu'il réunit seul, comme dans un centre, toutes les facultés de l'ame et les proportions du reste du corps. Les anciens ont parlé de la beauté intellectuelle, et de celle qui consiste en la splendeur de l'ame. Le visage représente cette beauté comme dans un miroir ; ce qui est beau est une aimable et naïve couleur, procédant d'une égale et juste harmonie . . . Suivant les anatomistes, la peau du visage est d'une organisation particulière, qui ne se trouve point ailleurs. Par-tout la peau est séparée de la chair ; sur le visage, au contraire, l'une et l'autre sont tellement unies, qu'on ne peut les séparer sans les déchirer, ce qui rend la peau de cette partie transparente et plus propre à recevoir les diverses couleurs, qui sont excitées par les différens mouvemens qui arrivent, et à nous les peindre au dehors.

Le visage n'est point à l'abri des difformités et de tous les accidens qui attaquent la peau ; il en est au contraire très-susceptible. L'affection dartreuse est un mal commun, qui se développe plus souvent sur le visage ; chaque point de surface qui en est atteint, correspond précisément avec le même symptôme qui était placé sur quelque partie du reste du corps. Il est très-important de connaître ces rapports particuliers qui indiquent le caractère du levain morbifique, son ancienneté, sa nature, ou son degré d'acrimonie. Le virus vénérien, dégénéré, se fixe au visage ; une galle ancienne y occasionne souvent l'érésypèle, ou quelque ulcère ; ces accidens arrivent toutes les fois qu'on fait disparaître une éruption critique qui s'était manifestée sur une autre partie éloignée et correspondante.

Nous avons observé que l'acre dartreux est si répandu, qu'il atteint presque tous les hommes. Il était naturel de penser que nous en apportions, en naissant, le premier principe, qui se développe insensiblement dans les passages critiques de notre âge ; les fausses applications des remèdes, et tout ce qui peut contrarier cette marche économique et salutaire de la nature, deviennent funestes à la santé ; car il est constant que l'âcreté et l'épaississement de la lymphe sont les causes générales de nos infirmités. Elles disposent aussi, dans le retour de l'âge, à la goute, à la paralysie, aux fluxions catarreuses, aux affections des nerfs, aux accidens imprévus, etc. Le principe de l'âcreté est d'abord en nous-mêmes ; cela est évident. L'enfant se fortifie sous les croutes épaisses qui couvrent la tête, le visage, le col, etc. ; cette dépuration de notre premier âge, est sans doute la plus importante, la plus utile et la plus nécessaire à la durée de la vie.

Les virus coagulans, tels que la galle rentrée, l'acre vénérien dégénéré, donnent également lieu à la formation du levain dartreux ; ce ne sont pas là les seuls agens qui le fomentent. La transpiration supprimée par quelque cause que ce soit, le sang extravasé par suite des chutes et des commotions violentes, le séjour dans les lieux humides, tous les épanchemens dans les cavités intérieures, sont autant de causes matérielles de cette affection. La nature, par un travail lent, mais utile, prépare ces humeurs épaisses, les divise, les atténue ; elles subissent peu-à-peu, par l'action vitale, des changemens et des modifications ; séparées d'abord de la masse du sang, elles n'y rentrent plus ; mais elles s'infiltrent dans les interstices de la peau , et parcourent les routes du tissu-cellulaire : ces voies se correspondent du dedans au dehors , par les différens rapports des formes et des organes. Telle est la marche de notre nature que par une force puissamment tonique , distribuée dans tous les points de l'organisation et dirigée du centre vers la circonférence , l'acre dartreux se développe particulièrement au visage , sur les mains et sur les surfaces doubles. Cette théorie simple est fondée sur les faits ; elle est étayée par une multitude d'observations utiles à la conservation de la vie.

Observons, en particulier, ce qui se passe par rapport aux formes de la main ; les concordances , les rapports singuliers qu'elles entretiennent avec les organes intérieurs influent aussi de la manière la plus étendue sur notre existence . . . . L'action , la réaction de toutes les parties les plus éloignées entr'elles , soit par leurs distances , soit par la diversité prodigieuse des positions et des formes , sont généralement senties. Si vous portez vos regards sur ce mécanisme si compliqué du corps humain , quelle union ! quel accord ! quelle simplicité ! quel ensemble ! hé quelle harmonie dans ce nombre infini de ressorts, de puissances , de mouvemens divers qui se combinent et se pressent en tous sens ! Oui , l'harmonie dépend de l'ordre , de la précision , de la justesse, du rapport et de la concordance de toutes les formes , de tous les mouvemens possibles. « Admire , dans le corps humain , le premier modèle de beauté et d'harmonie ! Unité sublime, *harmonie dans la vérité*, grace , accord , symétrie dans ses membres et ses contours ; et quelle douceur, quelle délicatesse de nuance dans son unité (a) ! »

____

(a) *Lavater*, Essai sur la physionomie.

Dans cet ordre économique du corps , les mains ont aussi leurs rapports harmoniques , qui ne sont pas moins dignes de notre admiration .... Oui, nous parlerons des mains et des correspondances , que les organes les plus nobles, par leurs fonctions vitales , conservent avec leurs formes extérieures ; et par une suite nécessaire de ces mêmes rapports mystérieux et de cette heureuse harmonie , les mains gardent aussi bien que le visage , un caractère de physionomie qui leur est propre. Rien de plus rare qu'une belle main qui conserve, à la rigueur, la beauté des formes , et toutes ses proportions respectives; les proportions et la beauté des formes de la main supposent sans doute l'exactitude la plus rigoureuse dans les proportions des formes intérieures (*a*). Elles indiquent également le sang le plus pur, les humeurs les plus douces , des fluides qui coulent facilement et qui s'épanchent, sans obstacle , dans les plus petits vaisseaux.

Les artistes pensent qu'une belle main annonce presque toujours une belle tête , et par conséquent les proportions exactes de la nature .... Deux visages parfaitement ressemblans , dit *Lavater*, n'existent nulle part ; et de même vous ne rencontrerez pas chez deux personnes différentes, deux mains qui se ressemblent ; plus il y a de rapports entre les visages , et plus s'en trouve-t-il entre les mains.

Il n'y a pas moins de diversité dans les parties du corps, que dans les caractères ; et c'est le même prin-

---

(*a*) Une belle main est plus rare qu'un beau visage.... Les formes extérieures garderaient-elles plus aisément leurs proportions respectives? Les anatomistes assurent qu'il y a beaucoup de variété dans les positions et les formes intérieures des organes.

cipe qui occasionne cette différence dans les uns comme dans les autres. D'après des observations positives, cette diversité de caractère reparaît clairement dans la forme des mains.

La forme de la main varie à l'infini, suivant le rapport, les analogies et les changemens dont elle est susceptible ; son volume, ses os, ses nerfs, ses muscles, sa carnation, sa couleur, ses contours, sa position, sa mobilité, sa tension, son repos, sa proportion, sa longueur, sa rondeur, tout cela vous offre des distinctions sensibles et faciles à saisir. Chaque main, dans son état naturel, se trouve en parfaite analogie avec le corps, dont elle fait partie ; les os, les nerfs, les muscles, le sang et la peau de la main ne sont que la continuation des os, des nerfs, des muscles, du sang et de la peau du reste du corps. Mais qu'il est bien d'autres mystères dans notre économie, par rapport aux mains, qui ne dépendent ni des muscles, ni des os, ni du sang !

La mobilité de la main n'est pas moins expressive ; c'est de toutes les parties de notre corps, la plus agissante et la plus riche en articulations ; plus de vingt jointures et emboîtures concourent à la multiplicité de ses mouvemens, et les entretiennent.... Rien n'étonne plus ; et cela prouve en même-tems, cette richesse prodigieuse (si on peut s'exprimer ainsi) des mouvemens de la main, que la langue des muets du sérail. Ils s'expriment par signes, avec tant d'intelligence, qu'ils expliquent clairement toutes leurs pensées .... Les muets ont inventé, pour la nuit, un langage particulier qui consiste dans le simple attouchement des mains. Quoi, des mains ! dit *Montaigne*, nous requerons, nous promettons, appelons, congédions, menaçons, prions, supplions, nions refusons, interrogeons, admirons, nombrons, confes-

sons, repantons, craignons, vergoignons, doutons, ins-
truisons, commandons, incitons, encourageons, jurons,
témoignons, accusons, condamnons, absolvons, inju-
rions, méprisons, défions, despitons, flattons, applau-
dissons, bénissons, humilions, moquons, reconcilions,
recommandons, exhaltons, festoyons, réjouissons, com-
plaignons, attristons, déconfortons, désespérons, élon-
nons, escrions, taisons et quoi non ! d'une variation et
multiplication à l'envi de la langue. Observez la main
dans sa position la plus tranquille ; elle indique nos dis-
dispositions naturelles ; ses flexions, nos actions et nos
passions : dans tous ses mouvemens, elle suit l'impulsion
que lui donne le reste du corps. Elle atteste donc aussi
la noblesse et la supériorité de l'homme ; elle est à son
tour, l'interprète et l'instrument de nos facultés.

La main, chez les égyptiens, était le symbole de la
force ; elle était, chez les romains, le symbole de la foi :
elle lui fut consacrée par *Numa* ; une main qui jette
des cendres sur un brasier ardent, est une devise qui
marque que le souvenir et la gloire des grands hommes
se conservent sous les cendres du tombeau . . . . Les
mains sont l'instrument des instrumens, ayant tout
seul la vertu de tous les autres ; elles sont les principales ouvrières de tous les arts, et les outils généraux
dont l'esprit se sert pour mettre au jour ses plus belles
et plus utiles inventions. Les mains sont la forme des
formes, les ayant toutes en puissance ; c'est pour cela
qu'un ancien a dit, qu'il était sage, parce qu'il avait des
mains. *Aristote* appele la main, l'instrument de tous
les instrumens. *Anaxagoras* enquis, pourquoi l'homme
avait des mains et les autres bêtes non ; il répondit,
parce qu'il est sage et prudent. Il ne se faut donc émer-
veiller, si cet instrument est doué de plusieurs perfec-

tions de beauté ; et si sa beauté est non moins agréable
et desirable que de plus principales parties du corps (a).
La nature a placé dans ces parties les plus grands mystères de l'économie animale ; elle y a placé le principe
de la sensibilité : si on prend la main (b) de son ami, on
sent aussi-tôt ce mouvement intérieur, mêlé d'un saisis-
sement délicieux vers le cœur. Le tact est le sens universel, le principe de tous les autres sens, l'agent général
de la sensibilité. C'est l'organe du tact qui donne à
l'homme cette supériorité qu'il a sur tous les êtres.
Cette sensibilité exquise se réfléchit par irradiation dans
tous les canaux, à tous les viscères, à tout le systême
nerveux ; les doigts sont les vrais instrumens de la sensibilité, par les rapports sympathiques que les extrêmités
nerveuses qui y aboutissent et qui s'y terminent, conservent avec les organes intérieurs, dans leurs parties
profondes. C'est dans la multiplicité de leurs surfaces
qu'il faut sonder les réactions mystérieuses de la main,
avec les viscères les plus nobles par leurs fonctions. Ne
croirait-on pas que ces houppes ou mamelons nerveux
sont électrisés par le principe de la lumière, qui donne
le mouvement à tous les corps organisés ? Quoi donc !

(a) *V.* Le Miroir de beauté et santé corporelle, dans le cours
de médecine, par M. *Lazare Messonnier*, médecin, 1671, à
Lyon.

(b) La main, en se déployant, dit *Mercier*, forme le demi-
cercle ; elle a la puissance d'arrêter, par la culture, la pétrifi-
cation du globe, et d'améliorer, pour les générations futures, la
grosse nourrice du genre humain. C'est la main qui forme sur
l'orgue le cantique adorateur. La langue semble impuissante pour
ce religieux hommage. Celui qui vous donne un baiser perfide,
n'ose vous livrer sa main....

la main devient la source des sensations les plus déli-
cieuses ; et les organes qui tiennent de plus près à notre
existence, comme le cœur, le cerveau, etc., paraissent
être insensibles. L'observation rapportée dans les mémoires de chirurgie, d'après le médecin *Harvée*, nous
frappe d'étonnement. Il est question du fils aîné du vi-
comte de *Montgomery* en Irlande, qui avait une très-
grande ouverture à la poitrine, par le moyen de laquelle
il était possible de voir et de toucher le cœur et les poumons ; ce fait extraordinaire fut rapporté au roi *Charles*
II, qui voulut voir le jeune homme. Le roi porta le
doigt sur le cœur, et *Harvée* lui fit remarquer que cette
partie n'avait point de sensibilité. *Senac* observe que
les plaies du cœur, chez les animaux, sont plus souvent
guérissables que mortelles, et chez l'homme même,
elles ne sont pas toujours suivies de la mort. Dans le
Recueil périodique de la société de médecine de Paris,
on assure au contraire que le cœur est doué d'une sensibilité exquise, à cause du grand nombre de nerfs qu'il
reçoit ; et le fait cité par *Harvey*, paraît contradictoire
à cette opinion. Dans le même recueil, il y a des observations sur une fracture du crâne, avec déperdition de
substance, qui prouvent que la masse du cerveau est insensible. Dans un traité des tumeurs contre nature, de
M. *Deidier*, médecin, on trouve l'observation d'une demoiselle de dix-huit ans, qui fut trépanée, et à qui on
enleva plusieurs grandes portions du cerveau, sans
qu'elle eût éprouvé le moindre sentiment. Elle guérit
et a joui d'une bonne santé. Dans le cas précédent et plus
moderne, *Granchamp* assure que la malade, âgée de
treize ans, perdit de la grosseur de deux poings, ou environ 6 onces, de la masse cérébrale. Ainsi il est prouvé
que les mains sont le foyer de cette sensibilité exquise

dans notre organisation. Quoi de plus , relativement à cette source féconde de notre expérience et de nos connaissances ! « Dans l'enfant nouveau né , dit M. *de Buffon* , les mains restent aussi inutiles que dans le fœtus , parce qu'on ne lui donne la liberté de s'en servir , qu'au bout de six ou sept semaines ; les bras sont emmaillottés avec tout le reste du corps , jusqu'à ce terme. Il est certain qu'on retarde par-là le développement de ce sens important , duquel toutes nos connaissances dépendent ; et qu'on ferait bien de laisser à l'enfant le libre usage de ses mains , dès le moment de sa naissance ; il acquerrait plutôt les premières notions de la forme des choses ; et qui sait jusqu'à quel point ces premières idées influent sur les autres ! Un homme n'a peut-être beaucoup plus d'esprit qu'un autre , que pour avoir fait , dans sa première enfance , un plus grand et un plus prompt usage de ce sens (*a*). »

Le principe de la sensibilité dépend des houppes nerveuses qui enrichissent les doigts de la main , ainsi que de la variété et de la multiplicité de leurs surfaces correspondantes. M. *de Buffon* ajoute que c'est par le toucher seul que nous pouvons acquérir des connaissances complètes et réelles ; et que c'est ce sens qui rectifie tous les autres sens , dont les effets ne seraient que des illusions et ne produiraient que des erreurs dans notre esprit , si le toucher ne nous apprenait à juger (*b*). » Il y a des rapports mystérieux que les mains entretiennent avec les cavités intérieures ; ce consentement secret a lieu constamment de l'intérieur à l'extérieur ,

---

(*a*) Hist. natur. , tome 4 , p. 510 , éd. in-8o.
(*b*) *V. ib.*

et *vice versâ* de l'extérieur dans les parties les plus profondes. « Un poisson du genre des *tetradons*, dit *Cook* (a),
mangé, nous occasionna une extrême faiblesse et une
défaillance dans tous les membres. J'avais presque perdu
le sentiment du toucher, et je ne distinguais pas les corps
pesants des corps légers, quand je voulais les mouvoir;
un pot plein d'eau et une plume étaient dans ma main,
du même poids. » On voit dans cet accident, les rapports d'impressions délétaires, produites sur les parties
nobles, se communiquer d'abord au sens du toucher et
sur les formes de la main ; un simple topique de la
pellicule interne d'un œuf frais appliqué autour du petit
doigt de chaque main, occasionne par son opération
occulte une grande agitation dans toute l'économie
animale, suivie de sueurs abondantes, qui emportent
les fièvres-quartes, dont la cause profonde réside dans
les entrailles (*b*).

Il y a des endroits, dit un médecin célèbre, et

____

(*a*) Voyages autour du monde........ Un cochon qui avait
mangé les entrailles de ce poisson fut trouvé mort.

(*b*) Les éphémérides de *Leipsik* confirment, par des observations de pratique, ces rapports sympathiques des formes extérieures
avec les intérieures. Quelques frictions légères faites sur le bras
droit, cinq doigts au-dessus du pouce, guérirent tout-à-coup un
homme qui avoit la luette tombée. Cette friction fait appercevoir
une petite tumeur, qui s'enfle et descend plus bas qu'à l'ordinaire, quand la luette est tombée, et remonte lorsqu'elle est mise
à sa place. Dans l'esquinancie, ceux qui en sont attaqués présentent des espèces de petites glandes ou nœuds sur les veines, au
long des bras, en-dedans, depuis le pli du coude jusqu'au poignet.
Il n'y a qu'à les frotter doucement avec le pouce mouillé de salive, allant du haut en bas aussi long-tems qu'on peut le souf-

des situations dans le corps humain (*a*), qui sont plus
ou moins nobles ; et les plus nobles sont destinées pour
y placer les parties les plus excellentes : car l'excellence
des parties se tire de l'utilité qu'elles apportent ; par
conséquent les mains, qui par les divers services qu'elles
rendent sont placées au haut, comme au lieu le plus
noble, doivent être plus excellentes ; ces parties reçoivent aussi un secours plus considérable des principes
de la vie, et toutes les parties nobles leur communiquent
une vertu plus grande ; il est constant que les mains ont
une liaison plus forte et plus énergique avec les différens plexus des nerfs hépatiques et solaires (*b*), que
toutes les autres parties. Les mains ont plus d'esprits,
plus de chaleur vitale ; elles ont une consistance plus
ferme, et plus de sang : outre les actions de la vie naturelle et sensitive, qui leur sont communes avec les parties nobles, le mouvement progressif leur est particulièrement réservé ; enfin, si les viscères ont une correspondance immédiate, un secret consentement avec
les vrais instrumens du tact, ne pourrait-on pas démontrer que chaque portion de ces mêmes organes,
prise isolément, a un certain endroit de la main, qui
lui est affecté, et avec lequel elle a une liaison, une sympathie particulière ?

Ces rapports se font remarquer dans les affections

---

frir, et plusieurs fois le jour. Ce moyen suffit souvent lui-seul
pour guérir cette maladie. *V. le Dictionnaire médicinal.*

(*a*) V. *Lachambre.*

(*b*) Plusieurs rameaux des nerfs, tant du plexus hépatique,
que du splénique, parcourent les artères mésentériques. Ce tissu
se nomme plexus mésentérique, qui, par ses lacis, ressemble assez
bien à un soleil.

critiques de la peau , et dans tous les cas où la nature tend à provoquer une dépuration intérieure ; les engagemens du bas-ventre , par exemple , font naître sur différens endroits de la main et aux extrémités des doigts , des dépôts , des éruptions , des abcès , etc. Ces humeurs critiques paraissent attaquer les mains , chez différentes personnes qui se trouvent dans les mêmes dispositions. Cela arrive sur-tout pendant les équinoxes. Un teint jaunâtre dénote assez cette tendance prochaine à la dissolution du sang , et le mauvais état des viscères. C'est ainsi que le panaris , qui survient au doigt index de la main droite , désigne un levain humoral , fixé dans cette portion centrale du foie qui lui correspond. Les empâtemens considérables de l'âcre scrophuleux sur les viscères et dans les cavités des parties nobles , se portent aussi avec plus de fureur sur les mains et aux extrémités des doigts. Le lait sorti de ses couloirs naturels , et épanché dans les cavités , y dégénère et acquiert bientôt de l'âcreté ; il occasionne les accidens les plus graves, s'il n'est modifié par l'action vitale et porté au dehors sous la forme d'érésypèles , d'éruptions dartreuses ou miliaires , de pustules , etc. Cette humeur si douce , si balsamique , étant détenue long-tems dans les parties intérieures , prend quelquefois un caractère corrosif ; on la voit sourdre par les extrémités des doigts , qui se dépouillent en entier de leurs enveloppes.

Dans les affections dartreuses qui dépendent d'engorgemens anciens des viscères , il survient aussi sur les mains , des croûtes , des éruptions , des boutons , des pustules , des taches biliaires ; cela arrive constamment à l'endroit de la main qui correspond au foyer intérieur : dans certains cas , l'âcre dartreux se manifeste au bout des doigts , détruit la peau jusqu'à la racine des ongles,

s'infiltre dans la substance cornée, la corrode et l'exfolie :
on ne saurait trop en faire la remarque ; cet effet, qui se
montre aux extrêmités correspondantes des doigts des
deux mains, est une dépuration importante des organes
les plus nobles par leurs fonctions vitales. Gardez-vous
d'arrêter par des topiques, le cours salutaire de ces écoulemens, qui reflueraient dans les cavités profondes ; le
mouvement impulsif part du point le plus central des
viscères, et tous les efforts réunis des puissances de la vie
y ont concouru ; car, la marche de la nature est telle
qu'elle imprime à tout ce qui peut nous devenir nuisible
une action et un mouvement général, dirigé du centre
vers la circonférence. C'est par la seule inspection des
mains affectées du vice dartreux, qu'on peut découvrir
la cause profonde qui est son foyer générateur. Cet instrument si merveilleux de notre sensibilité peut, en ef-
effet, représenter comme dans un miroir l'état des parties
nobles. Cependant, ces rapports sympathiques ne dépendent point de la distribution des vaisseaux, ni de la
circulation du sang ; ils sont le produit d'un consentement secret, qui lie toutes les parties et qui les associe
ensemble, quel que soit leur éloignement....

D'après l'observation des anciens médecins, le foie a
une si grande sympathie avec l'index de la main droite,
qu'un des premiers signes de la ladrerie paraît à ce même
doigt. *Galien* rapporte que s'étant trouvé attaqué d'une
violente douleur qui lui faisait craindre un abcès dans
le foie, il se fit ouvrir l'artère qui coule le long de l'index ; et ce remède lui appaisa, en un moment, la douleur qu'il avait ressentie fort long-tems auparavant. Les
panaris de la mauvaise espèce produisent très-promptement un engorgement, et même l'inflammation des
glandes axillaires et des doigts des pieds ; ils occasion-

nent aussi, en peu de tems, celui des glandes inguinales (*a*). *Aristote* assure dans son histoire des animaux,
que dans la main il y a des lignes qui, selon qu'elles sont
longues ou courtes, marquent la longueur ou la briéveté
de la vie : c'est d'après ce principe établi, que chaque
partie intérieure a un certain endroit de la main qui lui
est affecté, et avec lequel elle a une liaison et une sympathie particulière, qu'on peut connaître la bonne ou
mauvaise disposition des principes de la vie ; le cœur
sympathise avec le troisième doigt, qu'on appele annu-
laire. Lorsque la goutte tombe sur les mains, ce doigt
en est toujours le dernier attaqué. Les lignes ou les
marques qui sont dans la main ont des correspondances
plus mystérieuses encore. Les anciens observateurs ont
assuré que ces incisures ou ces lignes qui traversent la
main sont un effet de l'influence planétaire. Les formes
d'ici bas seraient elles donc soumises aux aspects du
monde supérieur ? Tout tient à tout ; l'homme, suivant
l'expression des anciens, fut appelé le petit monde, le
monde en abrégé, le *microcosmus* des grecs.

Il est constant que les formes extérieures représentent
la physionomie des formes intérieures ; elles en sont
l'image représentative. L'épanchement du levain dartreux sur les mains, rend cette observation sensible ; et
dans cet ordre des choses, les extrêmités des doigts sym-
pathisent précisément avec le point le plus central de
la masse des viscères .... De ce jeu, de cet accord, de
cet ensemble et de ce mouvement harmonique dépendent
la conservation de la santé et la durée de la vie. Quelques

______

(*a*) *V.* l'inutilité de l'amputation des membres, par M. *Bilguer*, chirurgien-général des armées du roi de Prusse.

observations sur l'organisation du tissu-cellulaire de la peau feront mieux sentir ces rapports mystérieux dans la structure du corps ; c'est sur-tout chez la femme, où cette membrane universelle se déploie avec plus de grace, sur toutes les surfaces , dans toutes les cavités et enfoncemens, sur tous les points possibles de l'économie animale. Le sexe a reçu de la nature les formes les plus régulières et les plus élégantes , avec les proportions les plus agréables. La femme a la peau plus perméable, plus moëlleuse, plus douillette et d'une blancheur plus exquise ; ses fibres sont plus sensibles ; tous ses mouvemens sont doux , aisés et souples ; son imagination est plus vive ; sa tête est plus petite et plus ronde ; ses mains sont longues , petites et charnues ; ses doigts sont plus déliés et ronds.

La beauté naît de la proportion et de la symétrie des parties, comme on l'a déjà remarqué ; et d'après *Virgile*, la symétrie est une certaine beauté qui résulte de l'assemblage de toutes les parties avec le rapport qu'elles ont entr'elles ; la grace (*a*) naît de la mollesse des contours, d'une expression douce , de l'union des parties, de l'uniformité des mouvemens intérieurs , causés par les affections et les sensations de l'ame ; c'est dans cette harmonie que consiste la grace.

« Il est probable, dit le docteur *Roussel* , que les élémens des parties qui constituent le corps de la femme

---

(a) Les trois grâces *charites : Aglaé* , distinguée par le brillant, *Euprosine* , par-la douceur, *Thalie* , par la vivacité, c'est-à-dire, par une aménité semblable à celle d'une fleur fraîchement éclose. On entend par grâce cette beauté sensible, dont la vue répand dans l'ame une impression de joie et de contentement.

ont une organisation particulière, de laquelle dépendent l'élégance des formes, la légéreté des mouvemens, la vivacité des sensations qui caractérisent son sexe; outre cette organisation particulière des parties constitutives de la femme, il est naturel de penser que le tissu-cellulaire qui les embrasse toutes et qui est en plus grande quantité chez elles que dans l'homme, en abreuvant continuellement ces parties de l'humeur qui flotte en tous sens dans ses cellules, doit aussi modifier leur structure et leur sensibilité; mais c'est lui sur-tout qui donne aux membres de la femme ces surfaces uniformes et polies, cette rondeur et ces contours gracieux, que ceux de l'homme ne peuvent et ne doivent point avoir; des masses de ce tissu, diversement distribuées, remplissent les cavités et les enfoncemens qui choqueraient la vue, ôtent aux articulations ce qu'elles ont de raboteux et d'inégal, adoucissent le passage d'un organe à un autre, et vont former le relief qu'on remarque dans certaines parties, telles, par exemple, que la partie antérieure de la poitrine. On dirait que dans la femme, la nature a tout fait pour les graces et pour les agrémens, si on ne savait pas qu'elle a un objet plus essentiel et plus noble, qui est la santé de l'individu et la conservation de l'espèce; c'est ainsi que dans toutes ses opérations, la beauté naît d'un ordre qui tend au bien; et qu'en ne voulant faire que ce qui est utile, elle fait nécessairement tout ce qui plait (*a*). »

La peau est la même par-tout, dans les cavités, dans tous les organes, dans les plus petits vaisseaux capillaires; c'est le tissu-cellulaire qui leur sert d'enveloppe

______

(*a*) Système physique et moral de la femme.

et les conserve. La peau est l'organe par excellence ;
elle est un tout, qui semblable à une multitude innom-
brable de cercles rentrants les uns dans les autres, renferme toutes les parties ; elle donne la forme et les
proportions à toutes les surfaces , soit intérieures , soit
extérieures. Cette enveloppe accompagne les viscères ,
les muscles , les nerfs , les fibres , les glandes , les tendons, les cartilages , les os , les vaisseaux et les capillaires de tout genre ; elle les nourrit , elle les soutient ,
les conserve , les défend, les lie , les réunit , les sépare ,
les maintient , et les affermit chacune à leur place respective. Quoi plus! chaque partie tient d'elle-même la
physionomie qui lui convient. Cet organe riche par
tant de propriétés merveilleuses , n'a par lui-même
presque aucun degré de sensibilité. Le tissu-cellulaire,
dit M. *Larry* , quoiqu'il ait une action lente , quoiqu'il
soit privé de presque toute l'irritabilité (*a*) , a deux
actions, l'une générale qui est au moins démontrée par
l'activité de la vie , à laquelle il concourt évidemment ;
et l'autre partielle , qu'on remarque dans les inflammations particulières , dans les métastases , etc. Le jeu
superbe , et proportionné à nos besoins , de cet organe
universel , est d'une grande et vaste étendue. D'après
M. de *Bordeu* , cette membrane est formée de plusieurs
couches adossées les unes sur les autres , en forme de
rayons concentriques , et en ballons circulaires ou gaînes
cylindriques , dans lesquelles glissent les fibres musculaires (*b*) ; ces poches ou cellules communiquent et

---

(*a*) *Charles Bonnet* place le siége de l'irritabilité dans la glu
animale, comme nous l'avons remarqué page 67.

(*b*) C'est par le tissu-cellulaire que la graisse s'insinue dans

s'engainent les unes avec les autres. Cet arrangement symétrique est le même par-tout, dans la substance même du cuir et des viscères qu'elle pénètre jusques dans le point le plus central ; elle s'insinue dans la moële des os, à travers leurs pores ; son organisation paraît être richement compliquée : nulle partie, dans le corps, n'en étant dépourvue ; elle sépare les organes les uns des autres, et elle peut les recevoir aisément ; comme leur pé-santeur spécifique, dit M. *Lorry*, est nécessairement diffé-rente, il arrive de-là que son mouvement est très-varié...

Si l'épiderme (*a*) se régénère à mesure qu'il dépérit par la production du corps muqueux , cette enveloppe conserve aussi, jusqu'à un certain degré , ces mêmes propriétés dans les parties intérieures ; il est certain qu'il se forme dans le corps, des parties organiques qui dé-pendent de son développement : si on fait , par exemple, la ligature , et qu'on coupe le canal pancréatique d'un chien vivant , il s'engendre un autre canal qui sort du pancréas et va se rendre dans l'estomac ou dans le duodenum : si quelques plaies pénètrent dans la subs-tance des muscles , il s'engendre de nouveaux vaisseaux sanguins qui s'anastomosent avec les anciens vaisseaux, et portent la nourriture aux parties ; ces phénomènes et ces nouvelles générations ne sont dues qu'à la magnifi-

---

l'intérieur de toutes les parties , jusques même à travers la subs-tance des os , pour les nourrir et pour l'entretien de la moëlle; le périoste est du tissu–cellulaire. *V.* la première partie de cet ou-vrage , sur l'identité des différens tégumens.

(*a*) Les exfoliations écailleuses qui se renouvellent dans les maladies de la peau, à mesure qu'elles tombent , sont des lames du tissu–cellulaire, qui se dessèchent promptement par l'action de l'air et par l'humeur corrosive qui les imbibe, etc.

cence et aux productions riches du tissu-cellulaire. Le développement et la marche de cette membrane s'é-tendent en tous sens, comme une espèce de végétation animale ; semblable aux polypes (*a*), elle se régénère de même dans toutes les parties, quoique la forme, la nature et la position en soient différentes ; elle jouit d'un mouvement universel péristalique, dont la direction n'agit pas comme celui des intestins, du haut en bas ; mais du centre du corps vers sa circonférence. Ses formes propres et son développement tendent vers la forme circulaire, propriété de forme sans doute nécessaire pour remplir toutes les fonctions du corps animal : car toutes les parties du corps humain tendent aussi vers la forme circulaire ou cylindrique, et cela leur vient de cet organe matrice répandu dans tous les points possibles du corps (*b*).

Le tissu-cellulaire est susceptible de la plus grande extension possible, comme on l'apperçoit dans les

---

(*a*) Le polype a la forme d'un cylindre, et l'on a beau le couper, soit en travers, soit en longueur, on voit avec surprise que les parties séparées et mises, dans des vases à part, dans la même eau qui les a formés, reprennent, en moins de 24 heures, chacune la partie qui leur manque, en sorte qu'il revient une tête à la partie qui n'en avait plus, et la partie basse revient de même à la partie où était la tête.

Les ulcères qui déchirent la peau, dans l'éléphantiasis, sont rendus sordides par des lambeaux du tissu-cellulaire, qu'on coupe sans douleur. Le tissu-cellulaire, dit M. *Larry*, fait quelquefois des végétations agglomérées, semblables à celles que nous voyons se former dans les têtes des saules ébranchés, ou même dans les champignons.

(*b*) *V.* l'Obs. sur la nature de l'épiderme et de la peau, p. 61.

hommes extraordinairement gras ; il se replie sur lui-même , autant que les circonstances le permettent ; dans le marasme , il est réduit alors au plus petit espace possible ; c'est ainsi qu'il se vide dans les fontes, dans les dissolutions rapides et les amaigrissemens extraordinaires ; il se remplit promptement par la nourriture végétale. Cet organe , comme un principe vivifiant , est la base de toutes nos parties. La peau marche de la circonférence au centre ; mais elle reparaît encore, et par une direction inverse, ses rameaux cellulaires du tissu le plus fin viennent aboutir des confins les plus reculés de notre intérieur à tous les points extérieurs qui y correspondent. La peau conserve , soit au dedans, soit au dehors les mêmes affections, la même activité , les mêmes propriétés ; en un mot cet organe, l'agent économique de notre existence tient de sa propre nature un principe générateur de vie. On conçoit d'après cela , qu'il y a dans les parties sensibles une réciprocité d'action et de réaction vers leur propre centre ; la peau douée d'une force puissamment tonique réagit du centre vers tous les points de la circonférence (a). Ce mouvement général de tout le

––––––––––––

(a) Les éruptions cutanées qui sont favorables à la dépuration du sang, se manifestent de préférence vers quelques époques de notre âge, et aux approches des équinoxes du printems et de l'automne ; dès ses premières années, l'enfant prend de l'accroissement et une vigueur nouvelle , sous les croûtes sanieuses et épaisses qui couvrent sa peau tendre et sensible. Le vieillard heureusement constitué tend de lui-même, par les propres forces de la vie, à une sorte de renouvèllement de son sang, par la dessication , l'exfoliation et la chûte de l'épiderme. Si nous nous fixons vers le milieu du cercle de la vie , à mesure que nous

tissu de la peau est si remarquable dans les affections dartreuses qu'il exprime à l'extérieur le dessin rapproché des formes intérieures. Les mains qui sont l'essence de toutes les formes possibles mènent à la connaissance de cette économie de la constitution physique du corps.

En effet, c'est d'après l'endroit de la main, qui se trouve affecté, qu'on apprend à connaître la cause profonde de la maladie, dans tel ou tel point du viscère affecté, soit à la surface, soit dans son propre centre. L'observation le prouve ; l'âcre dartreux appartient à la peau dans tous ses rapports avec l'économie intérieure ; il se montre constamment sur cette partie de la main qui garde un secret consentement avec le viscère affecté d'obstruction, comme cela a lieu également, pour les cavités et les surfaces intérieues. Telle est la nature de la peau considérée dans toute son étendue et dans son ensemble, que le bout des doigts représente, par rapport aux affections dartreuses, les parties les plus profondes des organes de la capacité basse ; dans les dépurations intérieures de nos humeurs, non-seulement l'épiderme des mains tombe par écailles, les ongles noircissent et

---

avançons en âge, nous perdons la fraîcheur de la jeunesse, les membranes perdent insensiblement leurs propriétés moelleuses et toniques, la peau devient moins perspirable, le corps acquiert du poids et de la pléthore, la fibre se resserre, les houppes nerveuses se dessèchent, etc. ; pour lors, nous sommes plus exposés aux maladies critiques, sur-tout aux approches de la quarante-neuvième année. A cet âge climatérique, les mains semblent être les organes choisis par la nature, pour l'épanchement de l'âcre dartreux. Cette dépuration, nous mettant à l'abri des maladies graves et des accidens imprévus, favorise la durée de la vie.

se carient , mais encore le pus s'écoule par différentes
issues ; ces accidens sont indicatifs du foyer qui les a fait
naître. Il est évident , et on le répète , il existe à l'égard
des mains un rapport immédiat , un jeu admirable avec
les organes intérieurs , par l'entremise de la peau : oui
c'est du centre le plus profond de notre intérieur , s'il est
permis de parler ainsi , que la peau vient se réfléchir au-
dehors , jusqu'aux extrêmités des doigts ; à quelle foule
de maux n'est-on pas exposé , si à la suite du refoulement
de ces humeurs critiques , on ne périt pas subitement ?

Les mains coïncident avec toutes les formes intérieures. Cela est démontré . . . .

On dit aussi d'après l'expérience , que les formes du
visage correspondent et gardent un point de réunion , de
sympathie , de concordance avec toutes les formes extérieures et avec les organes qui répondent au dehors , par
des ouvertures ; dans les simples vices de la peau , les
signes naturels qui se trouvent , par exemple sur le nez ,
en désignent d'autres sur les organes générateurs , placés
de la même manière , ou plus haut ou plus bas , d'un
côté ou d'autre , et avec les mêmes différences de situation ; les signes du front sont représentés sur la poitrine,
dans la même situation correspondante ; ceux des sourcils , aux épaules ; des joues , sur les cuisses ; des
oreilles , sur les bras ; etc. Les lèvres ont un rapport
avec le ventre ; les signes qui se trouvent sur elles en
désignent d'autres en cette partie ; les lèvres s'ulcèrent
dans les fièvres-tierces , parce que leur levain est placé
dans le ventricule ; les boutons critiques qui s'y montrent
alors, annoncent que l'humeur, mise en mouvement, est
prête à être évacuée ; en un mot, il n'y a sur le visage aucune de ces marques naturelles ou critiques , qu'il ne
s'en trouve une autre sur quelque partie du corps , cer-

taine et déterminée , qui lui répond particulièrement ;
si ses phénomènes de notre économie étaient susceptibles
de quelque explication , ne pourrait-on pas démontrer
que le tissu-cellulaire du visage (*a*) a plus de plis et
de replis qu'il n'en a par-tout ailleurs ; puisque ces
formes sont extrêmement variées , et qu'elles le sont diversement chez tous les hommes , eu égard aux différentes variétés dans les formes extérieures de l'habitude
du corps.

Assurément on ne saurait considérer , dit *Lachambre ,*
ces rapports merveilleux , sans penser que la sagesse
infinie qui réduit toutes choses à l'unité pour lui
être plus conformes , après avoir raccourci tout le monde
dans l'homme, a voulu raccourcir tout l'homme dans le
visage ; car on ne peut pas dire que cette correspondance
dont nous venons de parler , soit simplement dans ces
marques , puisqu'elles sont toutes formées d'une même
matière , et par conséquent elles ne peuvent avoir plus
de rapport avec l'une qu'avec l'autre ; mais il faut qu'elle
soit dans les parties mêmes ; et que la société qu'elles
ont ensemble soit cause que l'une ne puisse être marquée, que sa correspondante ne souffre en même-tems
la même impression ; aussi voyons-nous, outre le secret
consentement qu'elles peuvent avoir ensemble , un rapport sensible et manifeste dans la situation et dans la

---

(*a*) Tous les points dartreux fixés sur le front ont leur développement critique à la partie antérieure de la poitrine , et suivant que l'éruption sera au milieu ou plus haut ou plus bas,
d'un côté ou d'autre, celle-ci aura les mêmes différences de situation... Des sourcils, les éruptions se développent aux épaules;
du nez , aux parties naturelles ; des joues, aux cuisses ; des
oreilles , sur les bras; des lèvres sur le ventre, etc.

structure qu'elles ont ; car la poitrine qui est la partie
du corps au dessous de la tête qui est la plus ossue et
la plus plate en devant, répond justement au front qui a
les mêmes qualités ; les parties génitales sont au milieu
du corps , et avancées en dehors , comme le nez l'est
au milieu du visage. Les cuisses qui sont fort charnues,
et à côté , se rapportent aux joues qui sont de la même
sorte ; le sourcil à l'épaule , à cause de l'éminence où
l'un et l'autre se trouvent ; l'oreille au bras , étant tous
deux à côté et comme hors d'œuvre , et ainsi des autres.
Ce n'est pas pourtant à dire , que cette ressemblance
soit la véritable source de cette sympathie ; elle n'est
pas assez juste ou assez exacte pour produire des effets
si semblables ; et il est nécessaire qu'il y ait quelque
lien plus secret qui lie ces parties les unes avec les autres,
et qui soit la principale cause de cette merveilleuse harmonie qui se trouve entr'elles , dont ces caractères naturels sont les témoins irréprochables (a).

Le jeu constant du tissu-cellulaire de la peau renferme,
sans doute , ces mystères de notre organisation. Cette
membrane , par une marche très-compliquée et par des
contours infinis, parvient à se réfléchir au visage, et y
represente , en petit, les formes de toutes les parties extérieures du reste du corps ; le visage est l'unité , le
prototype (*archetypum*) de toutes les formes extrêmement variées qu'on remarque dans la structure extérieure de l'homme. Les mêmes rapports existent par
une suite nécessaire de cette harmonie, avec les organes
qui correspondent au dehors, par des ouvertures. Les

(a) V. *L'Art de connaître les Hommes* , par M. *de la
Chambre* , p. 260 , Amsterdam , 1660.

faits se présentent en nombre, pour prouver cette assertion , qui est une conséquence du premier principe.
Nous rapporterons quelques observations pour rendre
ceci sensible.

Un homme avait une forte démangeaison au fondement et à la verge ; un chirurgien appliqua les caustiques au fondement : la langue fut incontinent enflammée ; elle se dépouilla plusieurs fois de ses premières
enveloppes , et le nez devint fort gros. Cet homme ,
âgé d'environ trente ans , avait un principe vénérien
dégénéré. Sa constitution était forte. On voit dans cette
observation les ressources admirables et secrètes de la
nature ; si elle est contrariée dans sa marche , elle peut
prendre de nouvelles routes, qui sont une suite nécessaire
des rapports et de la sympathie des parties. Ici , on remarque le point de correspondance , en ligne directe , de
l'extrêmité de l'intestin rectum à la langue ; et du nez
à la verge. J'ai observé , très-souvent , le vice dartreux se
montrer sur le nez , d'après quelque affection ancienne
du canal de l'urèthre. La gonorrhée supprimée par des
injections astringentes occasionne presque toujours les
métastases les plus funestes aux yeux, sur le nez , au voile
du palais.

Dans une jeune dame , une dartre considérable survint
au visage , à la suite de la suppression des révolutions périodiques ; une autre , âgée de dix-neuf ans , fut dans le
même cas pendant plus de quinze ans : l'éruption dartreuse n'occupait dans celle-ci que la moitié du visage.
Observons les affections cancéreuses, les maux des seins ,
les humeurs âcres qui se jettent sur les yeux , le nez
la bouche , etc. C'est une vérité démontrée que les organes générateurs sont constamment le mobile , le foyer
ou la cause principale de cette correspondance funeste.

Les maux d'yeux sont très-fréquens chez les jeunes personnes ; cela vient presque toujours de quelque obstruction intérieure.... Une femme avait de fortes démangeaisons à la matrice, avec des douleurs et des cuissons insupportables. On parvint à l'en guérir sans aucune dépuration intérieure ; mais seulement par des calmans et des répercussifs. Le principe de cette âcreté s'ébranla et se fixa sur un œil ; la malade y ressentit long-tems les mêmes douleurs qu'elle avait eues à la matrice ; elles étaient intolérables. Il survint les plus grands accidens ; les hémorragies fréquentes, les engorgemens considérables de cet organe firent naître une tumeur cancéreuse du plus mauvais caractère.

Une femme, âgée de vingt-sept ans, vint me consulter en 1792, pour une ophthalmie avec des pustules véroliques, répandues sur toute la surface de son corps. L'usage de l'eau d'écorce d'orme pyramidal provoqua bientôt les mouvemens les plus salutaires. Un écoulement très-abondant et de mauvaise odeur, par les parties sexuelles, fut une crise utile à la malade ; l'ophthalmie et les pustules disparurent sans autre remède, et par le seul effet de cette impulsion. On pourrait rassembler une multitude d'autres observations qui prouveraient de plus en plus la marche active de la nature, subordonnée à cette loi sympathique des consentemens mutuels ou des rapports immédiats, que les parties les plus éloignées entretiennent ensemble ; mais il suffit de savoir que les maladies chroniques ont leurs mouvemens d'effervescence, leurs crises particulières, comme feu le docteur *Coquereau* l'a démontré, et que ces mouvemens, sont la suite d'une forte expansion dans tout le tissu-cellulaire de la peau, aux tems des équinoxes et dans le passage critique des âges.

On peut désigner sous le nom de formes *hétérogènes* ou *accidentelles* du tissu-cellulaire, cette espèce d'harmonie que le visage entretient avec les formes extérieures du reste du corps ; et j'appelerai *formes essentielles*, celles qui existent avec les membres et les autres surfaces qui sont doubles , similaires ou homogènes. L'âcre dartreux se développe sur le même point des parties doubles , comme par exemple , aux deux bras , aux jarrets, sur les articulations , sur les côtés , etc. A cet égard , si un vice de conformation dans la constitution physique , ou toute autre cause extraordinaire ne s'y oppose , les éruptions qui se manifestent à la peau suivent constamment un parallélisme régulier , comme on l'a remarqué plus haut. La puissance vitale agit du centre vers tous les points de la circonférence ; elle presse également , en tous sens , toutes les surfaces ; en conséquence , il n'y a pas d'autre voie de dépuration connue que celle de la peau. La petite vérole devient confluente au visage, lors même qu'elle ne paraît pas l'être dans le reste du corps. Par cette remarque , M. *Tronchin* avait imaginé de faire couvrir légèrement les malades pour déterminer plus aisément l'éruption dans les parties doubles et correspondantes.

Par la même raison , si le principe dartreux se montre au visage , hâtez-vous de lui donner un développement plus étendu sur les autres surfaces qui lui correspondent. Alors, il est plus facilement et plus promptement modifié, atténué et divisé. Car , si l'âcre dartreux parvenait à se fixer sur quelque point isolé du visage où l'organisation de la peau est très-compliquée , il surviendrait probablement un ulcère très-difficile à guérir. Dans cette extrémité , la voie la plus sûre pour parvenir à la guérison , c'est d'exciter un mouvement général vers la peau qui provoque l'éruption miliaire ; et par conséquent une dépuration utile. Nonobstant cette économie du mécanisme animal qui établit un rapport entre les parties du visage et les formes extérieures du reste du corps, ainsi que des surfaces doubles entr'elles, la nature garde dans certains cas une rectitude particulière dans ses évacuations. Le médecin *Lachambre* observe que dans les inflammations du foie, par exemple, l'oreille droite devient rouge, ou bien il s'y forme un abcès ; le sang sort de la narine du même côté ; il survient des ulcères aux mains : au contaire tous ces mêmes accidens arrivent au côté gauche, dans les inflammations de la rate.

Quant à ce rapport admirable que les organes intérieurs et les cavités profondes entretiennent avec les formes de la main , nous les appelerons LES FORMES RELATIVES. Il y a un grand nombre d'autres rapports et des correspondances dans l'économie animale : quoi de plus admirable que cette structure diverse des dents qui , d'après la remarque d'*Aristote* , de *Galien* , etc., ont leurs formes absolument relatives à celle de l'estomac ! Ce rapport est reconnu , par tous les naturalistes, entre le nombre et la position des dents , et la forme de l'estomac. Tous les quadrupèdes qui ont des dents incisives dans les deux mâchoires , comme le cheval, le singe , l'écureuil , le chien , le chat , etc., n'ont qu'un ventricule membraneux, comme l'homme (*a*).

Dans le mécanisme animal tout est en harmonie ; et l'enfant dans le sein de sa mère est en rapport avec toutes les circonstances où elle se trouve. Il est certain que la relation de la mère à l'enfant est intime ; ce qui est con-

---

(*a*) *V.* Chimie de *Fourcroy,* T. IV.

traire à l'un ne peut également que nuire à l'autre. C'était le sentiment de *Descartes* .... On lit dans le journal des Dames, n°. 1, l'extrait suivant. Nous avons principalement été frappés, et tout géomètre le sera comme nous, de cette étonnante correspondance de la conformation des deux détroits du bassin de la femme, et de la conformation de la tête, ainsi que de celle de l'enfant à terme, correspondance parfaite, dont le docteur *Sacombe* est, sans contredit le premier observateur, et de laquelle nous paraît s'ensuivre, par une conséquence inévitable, le mouvement de rotation que ce professeur attribue à l'enfant sortant du sein de sa mère.

Disons maintenant un mot des correspondances que les pieds semblent avoir avec certaines parties du corps. Un savant de Goa nous a communiqué les observations suivantes :

L'usage qui existe chez les chinois et les indiens, d'engager les femmes à employer tous les moyens de rapetisser les pieds de leurs petites filles, par des contorsions de nerfs et la contrainte, a tout autre but que celui que les femmes s'imaginent, d'après l'explication que des savans du pays en donnent. Elles se persuadent que la petitesse des pieds concourt à augmenter le nombre de leurs charmes. Cela est vrai ; mais il y a un autre agrément beaucoup plus sensible à la passion de l'homme, c'est que la chair qui est soustraite, par ces violences, de la masse du pied, n'est point perdue pour les jouissances ; elle reflue dans tout l'appareil des parties extérieures de la génération ; le principe vital les enrichit de formes plus gracieuses, plus fermes et plus voluptueuses, en arrondissant les lèvres de la matrice et les autres parties voisines du pubis, etc. Il s'y trouve par conséquent plus de chaleur, plus d'élasticité dans les muscles, avec plus de chair et de vigueur. Un célèbre chirurgien (*a*) prouve cette correspondance par ses propres observations dans les accidens morbifiques. L'inflammation, dit-il, des doigts des pieds, occasionne en peu de tems celui des glandes inguinales.

Cette méthode des orientaux, presque généralement adoptée, est peut-être une des causes de l'excessive population de l'Asie ; on aura donc connu, dans l'antiquité la plus reculée, l'accord et le jeu des formes et des proportions. Il faut observer aussi que les parties génératives, dans la femme, sont plus susceptthles d'amaigrissement et de relâchement dans les pays chauds, ce qui porte nécessairement les hommes à de certains vices de climat.

Il y a une grande coïncidence des organes générateurs avec les organes de la voix, la poitrine et le cerveau. Le timbre argentin d'une voix distinguée, se conserve même chez les femmes, jusques dans un âge très-avancé. J'en connais, et j'ai remarqué avec enthousiasme, dans ce cas là, une santé peu commune ; mais sur-tout une organisation parfaite dans tout l'appareil des organes sexuels, malgré les vicissitudes de l'âge, et les désordres des passions. Plus le clitoris est prolongé chez les femmes, plus il leur nait du poil follet au menton et à la lèvre supérieure. L'épanchement de l'*œstrum veneris* fait la végétation de la barbe. Le duvet du menton s'épaissit chez

---

(*a*) *V.* la Dissertation sur l'inutilité de l'amputation des membres, par M. *Bilguer*, chirurgien général des armées de Prusse... *ad imprægnandum valet ante conjunctionem phlebotomia pedum, mundicies matricis*, etc.... *Forma autem pedum significat conditionem vulvæ, ex quâ fit partus.* V. Michaelis Scoti, lib. *de secretis natur.... Ad formam pedis cognosces vas mulieris.*

les femmes âgées, à mesure que le clitoris croît et se roi-
dit.... Les coqs perdent entièrement la voix lorsqu'on
les chaponne.

Dans l'apostème ou l'empyème de la poitrine, les malades suent et toussent après les repas ; ils ont les yeux
enfoncés, les joues rougeâtres ; les ongles des mains se
courbent, et les bouts des doits sont chauds ; ils ont des
enflures aux pieds, et toute l'habitude du corps couverte
de pustules. Le développement du cerveau (Alphonse
Leroy parle de la naissance d'un enfant monstre, né sans
ossification à la tête) ayant été arrêté, il en résulte un
obstacle au développement des parties génitales, qui sont
dans tous les animaux le dernier réservoir nerveux : ces
deux réservoirs correspondent l'un à l'autre. La nature
arrêtée dans la marche progressive de l'un, dût l'être dans
celle de l'autre. Les voyageurs nous fournissent des faits
qui prouvent, de plus en plus, que les chinois se sont
fixés dans la pratique de la médecine sur le rapport des
parties. Une dame japonaise, dit *Ten-Rhyne*, eût dans
son enfance une petite tumeur à la nuque, que les médecins essayèrent de détruire par toutes sortes de remèdes ; on en vint même jusqu'à l'extirpation de la
tumeur, qui se régénérait toujours. Enfin, une vieille
femme ayant considéré cette excroissance, rit d'abord
des vains efforts des médecins, et elle détermina la malade à se faire appliquer le moxa à la partie moyenne de
la plante des pieds. La tumeur fut dissipée, et elle ne
reparut plus.

Les japonais, dit *Kæmpfer*, pour remédier aux cru-
dités de l'estomac et rétablir l'appétit, mettent le feu dans
la région des épaules ; pour les points de côté, ils l'appliquent sur l'épine ; pour calmer le mal des dents, sur
les muscles adducteurs du pouce de la main du côté souf-

fraut, et d'autres fois sur le creux du menton.....Dans les maladies des yeux, ils appliquent le moxa avec succès, à la nuque et aux épaules.....Dans la gonorhée simple, ou dans la faiblesse des organes de la génération ; c'est sur l'os sacrum et dans la région lombaire. Le moxa fortifie ces parties, diminue et supprime même quelquefois l'écoulement involontaire de la semence. Comme les égyptiens et les arabes, les japonais cautérisent dans la phtisie, l'hydropisie, etc. ; pour lors, il appliquent le moxa à la région lombaire, près de l'os sacrum, sur les deux côtés de l'épine du dos, et à deux autres endroits. Ils fortifient et rendent par-là la vigueur aux parties génitales.

Dans la tympanite et dans une espèce de tumeur des testicules endemiques, dans ces contrées, on applique le moxa sur le scrotum ou sur le second article du gros orteil de chaque pied.

Il faut bien que les nations asiatiques aient des connaissances particulières sur le rapport des organes, puisque les médecins chinois supposent entre toutes les parties du corps humain, d'une part des ascendances, de l'autre des correspondances qui forment la base de leur systême médicinal. Ils prétendent juger de l'état du malade, et du genre de sa maladie, par la couleur de son visage, par celle de ses yeux, à l'inspection de sa langue, de ses narines, de ses oreilles, et d'après le son de sa voix ; mais, c'est sur-tout d'après la connaissance du pouls qu'ils fondent leurs pronostics les plus assurés. Leur théorie sur la pulsation est très-étendue ; elle varie selon les cas. Un de leurs anciens médecins en a laissé un traité complet, qui leur sert encore de règle aujourd'hui. Ce traité fut composé environ deux siècles avant l'ère chrétienne ; et il paraît certain que les chinois connaissaient la circulation du sang antérieurement à toutes les nations de l'Europe. — Un médecin chinois emploie un tems considérable à examiner les battemens, à examiner leurs différences ; et c'est par cette voie qu'ils découvrent la source du mal, et que sans interroger le malade, ils lui disent dans quelle partie du corps il sent de la douleur, laquelle de ces parties est attaquée, ou l'est le plus dangereusement. Ils lui annoncent aussi dans quel tems, et comment finira la maladie.

Cette précision, dit l'auteur, tendrait à faire croire qu'ils ont en anatomie, plus de connaissance qu'on ne le suppose en Europe. Il est vrai qu'ils ne dissèquent jamais, qu'ils n'ouvrent même jamais de cadavres ; mais s'ils négligent l'étude de la nature morte, qui laissera toujours beaucoup à deviner, ils paraissent avoir étudié longuement, profondément et utilement la nature vivante. Elle peut elle-même n'être pas toujours impénétrable à trente siècles d'observations. Les égyptiens ne permettaient point l'ouverture des corps morts ; et ce fut toujours dans leurs livres sacrés qu'*Hippocrate* puisa presque toute sa doctrine.

Il y a des rapports singuliers, dit M. *de Buffon*, dont nous ignorons les causes, entre les parties de la génération et celles de la gorge ; les eunuques n'ont point de barbe, leur voix quoique forte et perçante, n'est jamais d'un ton grave ; souvent les maladies secrettes se montrent à la gorge. La correspondance qu'ont certaines parties du corps humain avec d'autres fort éloignées et fort différentes, et qui est ici si marquée, pourrait s'observer bien plus généralement ; mais on ne fait pas assez d'attention aux effets, lorsqu'on ne soupçonne pas quelles en peuvent être les causes ; c'est sans doute par cette raison qu'on n'a jamais songé à examiner avec soin ces correspondances dans le corps humain , sur lesquelles cependant roule une grande partie du jeu de la machine animale : il y a dans les femmes une grande correspondance entre la matrice , les mamelles et la tête (a): combien n'en trouverait-on pas d'autres si les grands médecins tournaient leurs vues de ce côté-là ? Il me paraît que cela serait peut-être plus utile que la nomenclature de l'anatomie. Ne doit-on pas être bien persuadé que nous ne connaîtrons jamais les premiers principes de nos mouvemens ? Les vrais ressorts de notre organisation ne sont pas ces muscles, ces veines, ces artères, ces nerfs que l'on décrit avec tant d'exactitude et de soin ; il réside , comme nous l'avons dit , des forces intérieures dans les corps organisés , qui ne suivent point du tout les lois de la mécanique grossière que nous avons imaginée, et à laquelle nous voudrions tout réduire ; au lieu de chercher à connaître ces forces par leurs effets, on a tâché d'en écarter jusqu'à l'idée , on a voulu les bannir de la philosophie ; elles ont reparu cependant , et avec plus d'éclat que jamais, dans la gravitation , dans les affinités chimiques , dans les phénomènes de l'électricité, etc. Mais malgré leur évidence et leur universalité, comme elles agissent à l'intérieur , comme nous ne pouvons les atteindre que par le raisonnement, comme

---

(a) Voici ce qu'en pensaient les anciens :

Mox atque videris mulierem nigrum concipere colorem, certo scias illam concepisse , prægnamtemque factam esse : quumque viri semen fœminæ semen amplectitur , signum primum hoc est , etc. De coitu phil. viri sui cum sua muliere , chap. IV. apud. Paracelse de summis naturæ mysteriis, lib. 3 , per GERANDUN DORN , *è germanico latiné red. Basileæ,* 1570.

en un mot elles échappent à nos yeux, nous avons peine
à les admettre ; nous voulons toujours juger par l'extérieur, nous nous imaginons que cet extérieur est tout ;
il semble qu'il ne nous soit pas permis de pénétrer au-
delà, et nous négligeons tout ce qui pourrait nous y
conduire.

Les anciens, dont le génie était moins limité et la
philosophie plus étendue, s'étonnaient moins que nous
des faits qu'ils ne pouvaient expliquer ; ils voyaient
mieux la nature telle qu'elle est : une sympathie, une
correspondance singulière n'était pour eux qu'un phénomène ; et c'est pour nous un paradoxe, dès que nous
ne pouvons le rapporter à nos prétendues lois du mouvement ; ils savaient que la nature opère, par des moyens
inconnus, la plus grande partie de ses effets ; ils étaient
bien persuadés que nous ne pouvons pas faire l'énumé-
ration de ces moyens et de ces ressources de la nature ;
qu'il est par conséquent impossible à l'esprit humain de
vouloir la limiter, en la réduisant à un certain nombre
de principes d'action et de moyens d'opération ; il
leur suffisait, au contraire, d'avoir remarqué un certain
nombre d'effets relatifs et du même ordre, pour cons-
tituer une cause.... J'observerai que cette correspondance entre la voix et les parties de la génération se
reconnaît non-seulement dans les eunuques, mais aussi
dans les autres hommes, et même dans les femmes. La
voix change dans les hommes à l'âge de puberté, et
les femmes qui ont la voix forte, sont soupçonnées d'a-
voir plus de penchant à l'amour, etc. ... Il est certain
qu'alors le son de la voix change, qu'il devient rauque et
inégal pendant un espace de tems assez long, après
lequel il se trouve plus plein, plus assuré, plus fort et
plus grave qu'il n'était auparavant : ce changement est

très-sensible dans les garçons ; et s'il l'est moins dans les filles, c'est parce que le son de leur voix est naturellement plus aigu.

M. *Delachambre*, célèbre médecin, dans son livre intitulé l'Art de connaître les hommes, a établi les propositions suivantes, sur le rapport des parties dans l'économie animale :

1°. Qu'il y a des situations plus nobles les unes que les autres.

2°. Que les plus nobles situations sont destinées pour les parties les plus excellentes, et que l'excellence des parties se tire de l'utilité qu'elles apportent.

3°. Que la main droite est plus noble que la gauche.

4°. Que le mouvement commence au côté droit.

5°. Que les mains ont un plus grand partage de la chaleur naturelle.

6°. Que les mains ont plus de communications avec les parties nobles.

7°. Que les parties nobles envoient aux mains de secrettes vertus.

8°. Que les vertus des parties nobles ne sont pas reçues aux mêmes endroits de la main.

9°. Que le foie a sympathie avec le premier doigt.

10°. Que le cœur a sympathie avec le troisième doigt.

11°. Que la rate a sympathie avec le grand doigt.

12°. Que toutes les parties intérieures ont sympathie avec les autres parties de la main.

13°. Que le visage est un raccourci de toutes les parties extérieures.

14°. Que toutes les parties ont sympathie les unes avec les autres.

15°. Que les astres dominent dans les diverses parties de la main.

16º. Que les astres gouvernent les parties intérieures.

17º. Que la lune domine sur le cerveau. (*a*).

18º. Que le soleil gouverne le cœur.

19º. Que les autres planettes gouvernent les autres parties intérieures.

En conséquence, on peut démontrer et l'observation le prouve, *que la main conserve le dessin rapproché des formes intérieures, et que le visage renferme l'ensemble du dessin des proportions extérieures du reste du corps.*

Rien n'est sans doute plus utile à la médecine que la connaissance de ces divers rapports et des influences sympathiques (*b*), que les formes intérieures exercent avec les formes extérieures ; c'est un miracle de notre nature (*c*) que cette disposition prochaine du tissu-cellulaire ou son aptitude à s'approprier le principe hétérogène ; c'est là qu'il reçoit le degré d'atténuation nécessaire à son développement. Les observations suivantes démontreront que les maladies qui dépendent de l'âcreté et de l'épaississement de la lymphe, sont en quelque sorte métamorphosées par l'action vitale en éruptions

------

(*a*) Les éruptions dartreuses, les taches biliaires qui se montrent au milieu du front, paraissent et disparaissent, en suivant les phases de la lune.

(*b*) *V.* le discours préliminaire.

(*c*) *Licebit tantùm admirari naturæ, seu potiùs ejus conditoris sagacem et fæcundam providentiam, qui simplicissimo mechanismo tot et tanta exerit effectuum phænomena. Quippè vel levi intuitu observamus mecanismum unicum atque uniformem exerendis coctioni, crisi, metastasi, imò et solutioni sufficere,* etc.

LORRY, de præcipuis morborum mutationibus et conversionibus tentamen medicum, 1784, Parisiis.

eutanées (a). Cette crise se montre constamment dans les surfaces doubles ou similaires, et dans les formes qui se correspondent du dedans au dehors ; elle accompagne le renouvellement intérieur.

On l'a déjà dit : la peau, douée d'un sentiment exquis, est propre à recevoir toutes sortes d'impressions, qui vont de la circonférence au centre, et par la réaction vitale, du dedans au dehors. S'agit-il de réveiller l'action vitale dans le département de quelque organe ? les fomentations émollientes, les onctions vulnéraires, la lotion, le bain muqueux, la friction simple ou composée suffisent pour provoquer l'éruption miliaire. *Hippocrate* avait reconnu que la nature a des voies secrettes pour communiquer ses facultés aux parties les plus éloignées du centre, et pour chasser les humeurs nuisibles. Il employait le plus souvent, pour la guérison des maladies, la friction, qu'il diversifiait avec méthode. Par la friction variée, on fortifie les parties, on électrise le principe vital, on accélère la circulation des fluides dans les plus petits vaisseaux, on atténue, on calme, on adoucit ; en un mot, les différens modes de procurer à la peau de *l'excitement*, sont autant de procédés conservateurs. Nous indiquerons ces différentes méthodes, dans l'ouvrage que nous publierons incessamment *sur les onctions, sur le bain, la lotion, etc.*, *considérés sous le rapport de salubrité publique.*

(a) *Existere perpetuum in corpore vivente mechanismum quo omnia illa ità sapienter peraguntur ut pro re natâ possint augeri, etc. etc.* Lorry. *ib.*

DE LA NATURE

DE L'EAU

D'ÉCORCE D'ORME PYRAMIDAL,

Et la manière dont elle agit, par voie d'analogie, avec les sucs doux de la lymphe et le tissu - muqueux ou cellulaire.

L'EAU PYRAMIDALE, vu le nombre de maladies dont elle opère la guérison, peut être regardée comme une espèce de panacée préparée par les mains de la nature. C'est un *altérant* dans toute l'étendue de l'idée que l'on doit attacher à ce terme. Ceux qui ne sont point familiarisés avec les termes de l'art, pourraient croire que l'effet des remèdes rangés sous cette dénomination, est de causer de l'altération, d'exciter la soif. Les *altérans* sont ainsi nommés, parce que l'effet qu'on en attend, est celui de *reddere alterum*, rendre autre la constitution et *altérer* en mieux la nature, en rendant à nos liqueurs leur pureté originelle, au moyen de l'écart ou de l'expulsion des parties hétérogènes et féculentes qui troublent l'harmonie de l'économie animale. Il faut encore que cette opération se fasse d'une manière douce, et pour ainsi dire imperceptible, qui respecte la sensibilité des nerfs, et soit incapable de causer l'épuisement, par des évacuations trop fortes de quelque espèce que ce soit.

L'action d'un véritable *altérant* doit donc être insensible et d'un usage aussi proportionné au tempérament le plus faible, qu'au tempérament le plus fort ; l'eau pyramidale réunit tous ces avantages. Sa propriété particulière est de pousser à la peau ; elle entretient ou rétablit ainsi la transpiration insensible ; et elle la rétablit et l'entretient d'autant plus complétement, que son action qui a lieu du centre à la circonférence, ne l'a point brusque à la manière des spiritueux qui traversent trop rapidement nos méatus pour faire sur ce qu'ils renferment une opé-ration complète ; bien différente dans sa marche et con-séquemment dans son action, l'eau pyramidale qui est essentiellement mucilagineuse, offre un savon de la plus grande douceur, qui sans aucune crise, sans rien ébran-ler, rien irriter, rien offenser, déterge tout ce qu'il rencontre sur son passage ; et par sa tendance vers l'ha-bitude du corps, y charie tout ce qu'il trouve d'impur, qui est ainsi expulsé d'une manière bénigne et conforme aux intentions de la nature, qui ne veut qu'être aidée et non pas violentée.

Natura corroborata omnium morborum medicatrix.

On voit qu'un remède pareil ne saurait nuire dans aucun cas, et qu'il n'en est guère où il ne doive être utile ; aussi est-ce ce que j'ai reconnu par l'expérience. J'ai eu la satisfaction de voir les maladies les plus opposées et qui demandent le traitement le plus dissem-blable, le virus vénérien, par exemple, et le scorbut, céder également à l'usage de l'eau pyramidale ; de ma-nière que, dans le premier cas, son effet a été de remé-dier à la coagulation du sang, et dans le second d'en arrêter la dissolution ; effets contraires qui ne peuvent être produits par le même remède, que parce que ce remède n'exerce point un genre d'action particulière mais une action universelle. Cette universalité d'effets vient de l'avantage que l'eau pyramidale a de s'insinuer par-tout, au moyen de son onctuosité amie des nerfs ; c'est une gomme tenue par la nature dans un état de dissolution radicale. Cette onctuosité équivaut, pour la rendre pénétrante, à la divisibilité du mercure, et rend l'eau pyramidale susceptible de suivre le tissu-cellulaire et de le parcourir dans toutes ses directions, qui s'étendent des parties les plus intérieures de notre intérieur, jusqu'à la périphérie du corps ; elle y devient un *gluten* pour le sang appauvri, et elle divise ce qui est coagulé, déterge tout ce qui se trouve à déterger, et lève ainsi le principe des obstructions et rétablit par sa présence et sa substance balsamique le velouté des parties. Elle a l'avantage de parcourir ainsi tout le corps, sans tirailler les nerfs, et sans élargir le diamètre des vaisseaux et heurter les solides, comme le mercure dont la pésanteur et la substance massive occasionnent tous ces inconvéniens. Tous les bons effets, enfin, que doit produire l'usage de l'eau pyramidale deviendront, pour ainsi dire, palpables, si l'on ne perd point de vue, qu'en même-tems qu'elle pénètre par-tout, elle est en même-tems attirée, comme par un aimant, vers la circonférence du corps.

L'analogie de ce suc muqueux végétal avec l'humeur lymphatique est très-grande. Le suc nourricier *succus nutritius* est une humeur un peu visqueuse, douce, balsamique, fournie par les artères lymphatiques à toutes les parties du corps, pour les nourrir et réparer la perte qu'elles font continuellement, tant par la transpiration, que par les autres sécrétions. C'est de la dépravation des sucs lymphatiques que proviennent toutes les maladies lentes. On ne peut y remédier qu'en changeant la qualité du suc nourricier . . .

*Passage des auteurs anciens et modernes qui ont parlé
de ce remède.*

Les feuilles, l'écorce et le bois de l'orme ont la propriété de remplir et de rapprocher les blessures. La pellicule intérieure de l'écorce calme aussi la lèpre, et les
feuilles macérées dans du vinaigre sont un bon liniment
pour le même mal. L'écorce, au poids d'un denier, prise
en breuvage, dans une hemine d'eau froide, procure
des selles et fait évacuer la pituite ainsi que les eaux
superflues. La larme que distille la sève, s'applique sur les
tumeurs, sur les plaies et sur les brûlures. On les étuve
encore utilement avec la décoction des feuilles. L'humeur
que l'on recueille sur les jeunes feuilles de l'arbre, est
un fard qui embellit le visage. Les premières caulicules
des feuilles, bouillies dans du vin, guérissent les tumeurs et les font aboutir par fistules. Les peaux déliées de
l'écorce font le même effet. Bien de gens croient même
que l'écorce, mâchée simplement, est très-bonne pour les
blessures. Les feuilles écrasées et imbibées d'eau sont
utiles pour l'enflure des pieds. Enfin, l'humeur ou le
suc qui coule de la moële de l'arbre après qu'on l'a
étêté, comme nous l'avons dit plus haut, si l'on s'en frotte
la tête, fait revenir les cheveux et les empêche de tomber. Telles sont les propriétés attribuées par *Pline* à
l'orme pyramidal.

Mathiole après avoir rapporté le passage de *Pline*,
ajoute : « L'humeur contenue dans les vessies de cet
arbre (comme je sais par expérience) guérit les hernies
intestinales et rompures des enfans, si on applique souvent sur la rompure des linges trempés dans cette humeur, les liant après, par dessus, d'un brayer. Cette

même liqueur mise dans un vase de verre et ensevelie dans terre ou dans un fumier l'espace de vingt-cinq jours, le vase diligemment bouché et le fond d'icelui posé sur un lit de sel commun, devient très-clair en haut et en bas. Elle soude les plaies si bien et si-tôt, que c'est une chose admirable, l'appliquant sur icelles avec des drapeaux ou plumaceaux. La décoction de l'écorce des racines ramollit la dureté des jointures, résout les retiremens des nerfs, si on en use en fomentations ou en bains. *Item*, résout les tumeurs qui viennent au col des bœufs, par la foulure du joug. En faisant cuire les racines intérieures de l'orme, si on ramasse la graisse qui vient dessus, et qu'on en frotte souvent le lieu dénué de poils, en brief il repullulera. L'écorce d'icelles pilée et pêtrie avec de la saumure, si bien qu'il s'en fasse emplâtre, icelui appliqué appaise les douleurs des gouttes des pieds. Les feuilles de l'orme qui regardent l'orient, cueillies en nombre impair, broyées avec autant de grains de poivre, et bues à jeun avec de la malvoisie, sont merveilleusement profitables à la toux avec laquelle on jette l'apostume de la poitrine, selon *Marcel*. *Galien* fait mention de l'ormeau, VIIIe. livre des simples, disant ainsi : « Nous avons quelquefois soudé des plaies fraîches avec les feuilles de l'orme, attendu qu'elles ont une vertu astringente (*a*) et abstersive. L'écorce est plus amère et plus astringente, par ce, avec le vinaigre, elle guérit la lèpre. Etant verte et sèche, si on la lie, comme une bande, à l'entour des plaies, elle les peut souder. Les

---

(*a*) Je ferai voir en son lieu, que *Galien* et ceux qui, après lui, ont regardé l'orme comme astringent, se sont trompés, et que ce n'est pas à raison de leur astringence que les plantes vulnéraires opèrent la guérison des plaies.

racines ont mêmes vertus , desquelles aucuns étuvent les fractures des os , auxquelles est besoin d'engendrer une callosité et les réunir. »

Le même *Galien* ayant égard aux arbres desquels la vermoulissure tombe , en parle ainsi au même livre: « La vermoulissure des bois , principalement de ceux qui participent de qualité astringente et abtersive , comme est l'orme , mondifie et incarne les ulcères humides. » *Mathiole* commentaire sur *Dioscoride*.

Chomel dit que la décoction de ces racines convient à toutes pertes de sang , sur-tout à celles qui s'échappent des vaisseaux du poumon et de la matrice. Au rapport de *Poppius* qu'il cite , l'écorce d'orme pilée et cuite dans le vin , appliquée chaudement sur la partie blessée , est un remède merveilleux pour l'anévrisme. Il ne faut pas lever le cataplasme qu'il ne soit sec.

Hollerius assure qu'on peut tirer de l'orme un baume miraculeux ; dans la sève de juin, il fendait l'écorce de la racine d'orme , et y mettait un récipient pour recevoir le suc : ou bien , il coupait la pointe de ses branches , les pliait , y suspendait des phioles de verre pour récipient. Il cueillait aussi des vessies pleines d'eau , qu'on trouve sur les feuilles d'orme , dans la sève de juin. Il versait cette eau dans des phioles de verre double , et les laissait exposées jusqu'à la fin de la canicule ; il avait soin de mettre un lit de sel au fond des phioles de verre double dans lesquelles il versait sa liqueur : pour mieux clarifier cette eau, il la passait par un linge délié, cinq ou six fois , de cinq jours en cinq jours , à commencer du jour qu'il l'avait ramassée , et il s'en servait au besoin.

Cette eau brûle un peu en l'appliquant comme de l'eau-de-vie ; mais la douleur passe vîte. Elle pénètre aussi tous les bandages et ligatures ; en sorte qu'on en peut mettre des linges mouillés sur les bandages des membres rompus, sans les défaire, et cela dissipera la fluxion, quand elle s'y serait jettée, le faisant deux fois le jour. Quand on applique le linge mouillé sur la peau, s'il tient, pour le lever, il faudra appliquer dessus un autre linge mouillé dans du vin blanc ou eau-de-vie chaude. Ce cataplasme est aussi excellent, appliqué sur les membres faibles ou attaqués de paralysie.

Si cette eau d'orme lui manquait, il prenait la seconde écorce de la racine d'orme, de la grosseur des deux poings ; il concassait le tout et mettait dessus trois chopines de gros vin rouge, mesure de Paris ; il faisait bouillir le tout à petit feu, jusqu'à diminution des deux tiers, et l'appliquait chaudement : cette opération fait presque le même effet que l'eau d'orme. L'expérience en a fait voir des miracles, aussi bien que de l'eau. La décoction des racines d'orme est employée contre toutes sortes de pertes de sang, sur-tout pour celui qui s'échappe des vaisseaux du poumon et de la matrice.

Poppius assure que le cataplasme fait avec l'écorce d'orme cuite dans le vin, après l'avoir pilée et appliquée chaudement sur la partie blessée, est un remède merveilleux pour l'anévrisme ; il faut le laisser jusqu'à ce que le cataplasme devienne sec.

M. *Ray* a écrit que la décoction de l'écorce d'orme, faite jusqu'à ce qu'elle ait acquis la consistance de syrop, en y ajoutant le tiers d'eau-de-vie, est très-bonne pour calmer la douleur de la sciatique, si on en fait une fomentation chaude sur la partie malade....

D'après *Mathiole*, la liqueur des vessies guérit des descentes des enfans, si on leur en graisse les parties.

Fallope convient qu'il n'y a rien de meilleur pour la réunion des chairs.

Le même *Hollerius* dit que l'eau d'orme guérit toutes les plaies de tranchant quelconque, comme hache, serpe, faucille, sabre, etc. ; les têtes cassées ou autres membres meurtris de coup de bâton, de pierre, ou autrement ; et qu'elle est merveilleuse pour la réunion des plaies.

1°. Il faut étuver la plaie ou la contusion avec de la sauge bouillie dans le vin ; ensuite frotter la plaie ou la contusion avec une plume trempée dans l'eau d'orme ; on en fait couler dans la plaie si elle est profonde, en sorte qu'elle touche par-tout ; on rapproche les chairs et on couvre d'une compresse trempée dans ladite eau. Il n'y viendra ni pus, ni fluxions, et on guérira en quatre ou cinq jours ; mais pour que cela arrive plus sûrement, il est bon d'y mettre de ladite eau, deux fois le jour, pendant les quatre premiers jours.

2°. Si la décoction n'avait pas imbibé toutes les parties blessées, et qu'il vînt du pus ou quelque espèce de suc, il n'y aurait rien à craindre, en continuant la décoction deux fois par jour.

3°. Cette eau, employée chaude, guérit les courbatures, fait fondre les surats aux chevaux, sans ôter le poil ; rejoint leur sabot fendu de l'épaisseur de deux gros écus ; elle guérit aussi le farcin et toutes les autres plaies des chevaux, bœufs et autres animaux.

Un charpentier s'était coupé, d'un coup de hache, le dessus de la main, depuis la racine du pouce jusqu'au petit doigt ; les os étaient cassés ; les veines et les nerfs en partie coupés ; il n'avait aucun maniement ; il fut guéri en cinq ou six jours sans être estropié ; cela passa pour miracle....

Une servante qui gardait les vaches, fut frappée d'un coup de pied de cheval, au front ; les sourcils étaient coupés ; l'os découvert à y mettre une pièce de trente sols ; l'eau d'orme y fut appliquée , et un linge mouillé dans ladite eau , mis dessus avec une compresse aussi mouillée deux fois le jour ; elle continua d'aller garder ses bestiaux : il ne s'y fit aucun pus , pas même la plus petite marque de meurtrissure , et la plaie fut si bien consolidée qu'on ne pouvait en connaître la cicatrice . . . .

On guérit de la même façon les jambes, quand la peau en serait enlevée et l'os découvert , sans garder le lit ni craindre aucune fluxion.

On a guéri une quantité prodigieuse de têtes cassées, de la même sorte , même des artères coupées . . . .

Une femme s'étant fait saigner , le chirurgien lui piqua l'artère, qui était ouverte extraordinairement. Il arrêta le sang. Elle sentait de grandes douleurs et ne pouvait dormir ; au bout de trois jours , on trouva le sang extravasé et l'anévrisme formé : elle ne pouvait étendre le bras ; on y appliqua la fomentation bien chaude de la racine d'orme , apprêtée comme ci-devant , depuis l'épaule jusqu'au poignet : on relevait ce cataplasme avant qu'il fût froid ; dans quatre heures , les grandes douleurs cessèrent ; elle sommeilla pendant dix à douze heures. On lui mit des compresses trempées dans ladite eau, deux fois le jour , sur l'endroit de la piqûre , et elle fut parfaitement guérie , comme si jamais elle n'y avait eu mal.

Une autre femme fut guérie de la même façon.

On pourrait citer ici une multitude de cures extraordinaires.

L'écorce d'orme bien pilée et mêlée avec de la saumure , appliquée en cataplasme, appaise la douleur de la goutte. Les feuilles d'orme pilées et mêlées avec du vinaigre , sont bonnes à la gravelle. L'écorce d'entre-deux, qu'on appelle *teille*, est excellente à bander les blessures. La grosse écorce bue dans du vin ou de l'eau froide au poids d'une once, purge les phlegmes. Si on fomente les os rompus avec la décoction des feuilles de l'écorce ou de la racine d'orme, ils reprennent bientôt. L'eau qu'on trouve dans les vessies rend le visage plus beau et plus net.

La vertu vulnéraire de l'eau d'écorce pyramidale est attestée par tous les auteurs. Un passage de *Daphnis* et *Chloé* en montre la connaissance répandue dans l'antiquité, ainsi qu'un autre passage de *Rabelais*. Cet homme, d'un savoir si vaste, vient encore confirmer, à l'égard des plaies, ce qui est avancé par *Pline*.

Dracon s'était couvert d'une peau de loup, pour épouvanter *Chloé*, la saisir au corps entre ses deux bras, pour en faire son plaisir. Les chiens lui ayant arraché la peau, commencèrent à le mordre lui-même aux cuisses et aux épaules. . . . . . Les chiens ayant été appaisés, *Daphnis* et *Chloé* emmenèrent *Dracon* à la fontaine, puis lui mirent dessus de l'écorce d'orme, verte, mâchée (*a*).

Si *Oxilus*, fils d'*Orius*, l'eût de sa sœur *Hamadryade*, engendrée, (*Rabelais* parle ici de la plante nommé par lui, *pantagrueline*, le chanvre), plus en la valeur d'icelle se fut délecté, qu'en tous les huit enfans célébrés par nos mithologes qui ont leur nom mis en éternelle mémoire. La fille aînée eut nom *vigne;* le fils puîné eut nom *figuier;* l'autre, *noyer;* l'autre, *chêne;* l'autre *cormier;* l'autre, *fenebregue;* l'autre, *peuplier;* le dernier eut le nom *ulmeau*, et fut grand chirurgien en son tems (*b*).

____

(*a*) *V.* Amours pastorales de Daphnis et Chloé, pag. 18.
(*b*) V. *Rabelais*, T. I, chap. 4 9.

Je pense que l'on verra ici avec plaisir ce que ce médecin dit du chanvre : « Le jus d'icelle exprimé et mis dedans les oreilles, tire toute espèce de vermine, qui y serait née par putréfaction, et tout autre animal qui dedans y serait entré, si d'icelui jus vous mettez dans un cilleau d'eau, soudain vous verrez l'eau prinse comme si fussent *caille-bottes,* tant est grande sa vertu, et est l'eau, ainsi caillée, remède présent aux cheveaux colliqueux et qui tirent des flancs ; la racine d'icelle mise en eau, ramolit les nerf retirés, les jointures contractes, les podagres schirrotiques et les gouttes nouées. »

Description de l'Orme pyramidal.

Ulmus foliis oblongo-ovatis glabris acuminatis duplicato-serratis ramis compressis. L'orme à branches rassemblées, resserrées, qui portent des feuilles oblongues-ovales, lisses, pointues, dentées et surdentées ; sa tige est droite, et ses branches tendent toutes, en décrivant une courbe légère, à se réunir autour, pour former un grouppe, qui ressemble à un œuf, dont le bout est aminci. Aucun autre orme ne lui ressemble, ni par les branches, ni par les feuilles. C'est la seule espèce qui ne dégénère point, la seule, par conséquent, qui ait un caractère privilégié, et qui donne le remède assuré que j'ai indiqué.

L'orme pyramidal dont on veut employer l'écorce, doit avoir dix à douze ans, et n'en point passer vingt. Cette attention qu'il faut faire à l'âge de l'arbre, dit combien il est important, si l'on veut guérir, de se fournir du remède dans un lieu où l'on soit assuré que l'approvisionnement s'en est fait avec toutes les circonstances requises. On n'a certainement pas eu cette attention, lorsque, sur les premiers succès du remède, on a porté, dans les parcs et dans les grandes routes, la dévastation qui a provoqué l'ordonnance du bureau des finances de la généralité de Paris, dont on a parlé dans l'Introduction.

Manière de faire et d'employer l'eau d'écorce d'orme pyramidal.

L'eau pyramidale se prend en boisson et selon les cas. On l'emploie encore en lavemens, lotions, topiques, onctions, bains de vapeur, aspirations, gargarismes, injections et bains de tout le corps.

On la prépare en éparpillant dans un vase de terre vernissé une once d'écorce : on jette dessus une pinte et demie ou trois livres d'eau bouillante. Il faut une eau légère qui cuise bien les légumes et qui dissolve le savon. On couvre le vase, et on le laisse ensuite pendant cinq ou six heures sur des cendres chaudes qui entretiennent la liqueur un peu plus que tiède. On la transvase alors, sans presser les marcs. Elle est claire, parfaitement transparente, d'une belle couleur, et filant comme de l'huile. Si elle n'avait pas cette consistance, il faudrait la reverser sur l'écorce, et la remettre pendant une heure sur les cendres chaudes, avec les mêmes précautions.

On peut encore préparer l'eau pyramidale, en mettant une once d'écorce avec trois chopines (trois livres) d'eau, que l'on fait bouillir l'espace d'une demie heure environ. On transvase de même, sans presser le marc. Cette dernière forme de préparation est plus expéditive, mais la première a l'avantage d'être plus économique : toutes les propriétés balsamiques du mucilage, dans lequel consiste la vertu de l'eau d'écorce d'orme pyramidal, y sont d'ailleurs conservées sans la moindre altération.

Quelle que soit la forme que l'on adopte, ou celle d'infusion ou celle de décoction, il est bon d'abandonner l'écorce dans l'eau froide pendant l'espace de quelques heures, ou pendant une nuit entière.

Dans les cas de voyage, on peut s'en approvisionner encore, sous la forme de syrop, duquel il faut mettre cinq ou six cuillerées sur une livre d'eau.

Un apothicaire, à Paris, en présentant au public, sous la forme de pastilles, le remède que nous avons fait connaître, a avancé que sa vertu s'y trouvait plus rassemblée. Nous croyons de notre devoir, de ne point laisser subsister plus long-tems l'erreur dans laquelle il aurait pu induire à cet égard. Il n'est pas d'abord besoin de longues réflexions pour rester convaincu qu'un remède a plus les vertus qui lui sont propres lorsqu'on lui conserve sa simplicité, qu'il ne les a, lorsqu'on l'amalgame avec des choses qui ne sont pas lui. On sentira ensuite qu'on le dépouille encore plus de son énergie, si les choses qu'on lui joint sont d'une nature opposée à la sienne. La vertu de l'eau pyramidale réside dans son onctuosité mucilagineuse, et le sens seul du goût suffit pour s'assurer, sans qu'il soit besoin d'analyse, que ces pastilles ne sont qu'un aggrégat de canelle et de sucre, dans lequel il n'entre de mucilage que ce qu'il en faut pour lier entre elles ces substances étrangères. Enfin, l'assertion de cet apothicaire est détruite par la circonstance que l'on ne peut lui donner aucune confiance, s'il est vrai que l'idée qu'il faut prendre de la véracité de quelqu'un, soit nécessairement subordonnée au plus ou moins d'amour et de respect qu'il marque pour la vérité.

Qui, en effet, en a montré moins que celui dont nous parlons ?

Lorsque nous nous fûmes assurés, par des observations multipliées, des propriétés de l'écorce d'orme pyramidal, notre premier mouvement fut d'en rendre publique la connaissance ; mais prévoyant ce que ferait faire l'avidité, et considérant que l'écorce intérieure d'un arbre n'offrait pas un caractère assez *discernible*, pour qu'on ne pût pas s'y méprendre, nous nous occupâmes des moyens de mettre le public à l'abri d'une substitution facile. Dans cette vue, nous engageâmes des personnes, témoins des bons effets du remède, et assurées par-là de la manière dont il serait accueilli, à s'en approvisionner, et nous leur demandâmes qu'il fût distribué gratuitement aux pauvres. L'approvisionnement fut fait, et l'hôpital des Quinze-Vingts fut choisi pour la distribution. Alors, nous rendîmes le remède public, et nous indiquâmes nommément ce lieu, dans notre lettre aux auteurs du Journal de Paris, en date du 12 septembre 1783. Qu'a-t-on fait? Cet apothicaire s'est permis de faire réimprimer furtivement cette lettre ; d'y bâtonner l'indication des Quinze-Vingts, et d'écrire au pied, de sa propre main, au-dessous de notre nom, que l'écorce d'orme pyramidal se vendait actuellement chez lui (a).

L'eau pyramidale, préparée comme il a été dit, sert pour l'usage intérieur ; les bains ordinaires, les bains de vapeur, les aspirations, les lavemens, les injections, les gargarismes, les simples lotions.

Usage intérieur. L'eau pyramidale se boit indifférem-

***

(a) L'écorce d'orme pyramidal se distribue rue Savoie, n°. 9, près le quai de la Vallée.

ment chaude ou froide, sucrée ou sans sucre, seule ou mêlée avec le vin, le cidre, la bierre, le lait et les autres boissons habituelles, avant, après ou pendant les repas.

La quantité qu'il en faut boire est communément celle d'une pinte par jour, mesure de Paris (deux livres), pour les hommes faits ; de trois quarts, pour les femmes ; et de la moitié, pour les enfans.

Si la maladie ou l'usage des remèdes avaient affaibli l'estomac au point que l'eau pyramidale parût peser, il faudrait commencer par la prendre en quantité moindre, même par cuillerées, augmentant par degrés. Si l'affaiblissement de ce viscère était considérable, on ferait une infusion, en mettant bouillir dans une pinte d'eau, pendant deux ou trois minutes, cinquante grains de genièvre écrasés, ou trois pincées de camomille, de fleurs ou de feuilles de romarin, de menthe ou de petite sauge, et l'on couperait l'eau pyramidale avec une de ces infusions, dans la proportion de deux parties d'eau pyramidale contre une partie d'infusion. L'estomac se fortifiera, et l'on n'aura plus bientôt besoin de faire ce mélange.

OBSERVATIONS

SUR CETTE QUESTION :

L'eau d'écorce d'orme pyramidal est-elle échauffante ? Ce qu'on doit entendre d'abord par les mots rafraîchir, refroidir, échauffer, réchauffer.

Les malades qui ont eu recours, pour le rétablissement de leur santé, à l'eau d'écorce d'orme pyramidal, après avoir tenté les autres moyens connus, ont vu avec satisfaction le succès le plus complet répondre à leurs espérances ; en effet, la guérison de leurs maux n'a jamais manqué d'arriver dans tous les cas où les propriétés du remède sont indiquées, sur-tout chez ceux qui ont eu la constance nécessaire d'en continuer l'usage pendant un tems convenable ; cependant quelques personnes ont cru que ce remède les avait échauffées ; le plus grand nombre dit s'en être trouvé, au contraire, rafraichi. Cette opposition mérite qu'on s'y arrête un peu. et qu'on examine le vrai sens de ces deux expressions si connues., *échauffer* et *rafraichir*, qui ordinairement sont employées d'une manière très-vague et très-indéterminée (*a*). Il est intéressant d'en fixer, par quelques détails, les véritables significations et l'étendue de leur force dans les différentes applications. C'est par cette voie qu'on parviendra à déterminer, de la manière la plus précise, si l'eau d'écorce d'orme pyramidal est échauffante, etc.

Toutes les substances simples ou composées tirées des trois règnes, les sources fécondes et inépuisables de la nature, sont douées des propriétés de réchauffer et d'échauffer, de rafraîchir et de refroidir. Les alimens réchauffent ou rafraîchissent, en réparant la déperdition continuelle du principe vital : tout au contraire, les remèdes échauffent ou refroidissent ; les uns, en occasionnant de l'irritation à l'estomac ou dans le canal intestinal ; les autres, en ralentissant la circulation et le mouvement des liqueurs ; en général, les plantes véné-

---

(*a*) Ceux qui demandent sans cesse à leurs médecins des remèdes pour leur purifier le sang, répètent des mots, dont ils ne comprennent pas le sens. *V*. Elémens de médecine, en forme d'aphorismes, par M. *Barbeu-Dubourg*.

neuses refroidissent tellement, qu'elles impriment de la
coagulation au sang. On ne parlera pas ici des remèdes
préparés par la voie de la chimie hermétique, s'il en
existe, qui, administrés en petite dose, doivent sans
doute réchauffer la nature, sans la fatiguer et sans l'é-
chauffer.

Voilà un aperçu général des qualités relatives à toutes
les substances minérales, végétales et animales, considérées comme remèdes ou comme alimens. Mais les
différentes modifications dont les alimens et les remèdes
sont susceptibles, les rendent tantôt rafraîchissans, tantôt échauffans (a).

Réchauffer, pris dans sa première et plus naturelle ac-
ception, est une qualité propre aux alimens, qui nous
réparent de la perte que nous faisons à tous les instans
de la vie, par l'insensible transpiration. Tout ce qui
nourrit nous réchauffe ; les alimens tirés du règne animal, nous réchauffent plus que ceux que fournissent les
végétaux, parce qu'ils contiennent une plus grande quantité de parties nutritives avec une plus forte proportion
de ce principe général de la nature, le *feu*, le *phlogistique* ou la *lumière*. C'est pour cela que les boissons fermentées et les liqueurs spiritueuses, où ce principe est
très-développé, ont la faculté de produire cet effet beaucoup plus promptement. Un homme qui a eu le malheur
de souffrir la faim pendant quelques jours, est revivifié,
pour ainsi dire, en avalant une petite dose de quelque
liqueur spiritueuse ; dans ce cas, un aliment plus solide

(a) Les préparations d'opium, qui ont la propriété particulière
de calmer les douleurs les plus vives, produisent, à des doses
différentes, un effet tout opposé.

occasionnerait une indigestion mortelle : la même raison a lieu dans les pays chauds ; les liqueurs fortes y ont beau-coup d'attraits, peut-être y porte-t-on même ce goût jusqu'à l'excès, sur-tout en Amérique, où l'estomac, affaibli par une déperdition excessive, a bientôt perdu de ses facultés digestives. En général, tout ce qui fait du bien, tout ce qui contribue à rétablir l'harmonie de la santé, réchauffe ou rafraîchit ; tout ce qui produit un effet diamétralement opposé, échauffe.

On se raffraîchit quand on rétablit ses forces par une bonne nourriture, après une diéte forcée, ou par le repos après un travail forcé, *vires reficere*. On dit qu'une chose rafraîchit pour dire qu'elle fait du bien, qu'elle fait plaisir ; quand on a un goût particulier pour tel ou tel autre aliment, on dit qu'il rafraîchit. Ainsi le mot *rafraîchir* devient une expression générale, toujours prise en bonne part.

L'usage des amers nous rafraîchit, tous les remèdes qui ont des propriétés capables de conserver ou de rappeler les forces digestives, produisent cet effet. Nous sommes rafraîchis, pour ainsi dire, en nous réchauffant; c'est pourquoi le voyageur, fatigué après des marches forcées, même pendant les plus fortes chaleurs de l'été, se délasse, se rafraîchit auprès d'un bon feu de bois flambant ; il est rafraîchi ou réchauffé par un bain de jambes dans le vin où l'on a fait bouillir des plantes aromatiques. Un verre de vin tiédi avec la muscade, et avalé, produit le même effet ; dans ce sens *rechauffer* et *rafraîchir* sont deux synonimes, qui représentent les mêmes significations ; parce que ces différens moyens sont propres à procurer à l'instant même une nouvelle vigueur à notre existence, en récréant les esprits et en rétablissant l'équilibre dans la circulation du sang et les forces musculaires. Après les marches et les travaux forcés, les muscles sont inégalement tiraillés, de-là dérivent la lassitude, la fatigue, souvent même des maladies aigües. Une muscade mâchée, qu'on avale, arrête en pareil cas le cours rapide d'une fluxion de poitrine, aussi bien qu'un verre de bon vinaigre également avalé aussi-tôt qu'on se sent pris d'un point de côté. La muscade sur-tout a des propriétés reconnues pour préserver de la fièvre, à la suite des grandes blessures. *Nicolas Lefevre* dit avoir vu, dans les armées d'Allemagne, plusieurs capitaines de cavalerie, qui, étant percés de coups de feu et d'épée, avaient été exempts de la fièvre, dans tout le tems du traitement des plaies, et pendant la suppuration ; ils avoient des noix muscades, et en mangeoient une entière aussitôt qu'ils se sentoient blessés. (*a*) Le bain oriental, le bain de vapeur russe, la friction légère long-tems continuée, surtout cette méthode indienne où l'on masse les chairs et toutes les parties sensibles, sont également, pour ces différens climats, des méthodes préservatives des maladies accidentelles.

On dit vulgairement que l'eau échauffe et que le poivre rafraîchit ; l'eau n'ayant aucune propriété particulière et déterminée, ne peut avoir par conséquent celle d'échauffer ni de rafraîchir ; mais, lorsque nos humeurs tendent à la dégénérescence et à la putridité, l'eau augmente cette disposition morbifique bien loin de l'arrêter (*b*) ; dans ce sens, on peut dire qu'elle

____

(*a*) *V.* le cours de chymie, de *Nicolas Lefèvre.*

(*b*) *Aqua cruda in morbis acutis facit intùs inundationem neque sitim sedat sed irritat....* HIPP.

échauffe, puisqu'elle augmente le mal, mais le poivre rafraîchit ou réchauffe , parce qu'il aide à la digestion et qu'il convient à certaines personnes ; les tempéramens phlegmatiques et cacochymes se trouvent assez bien de l'usage des aromates , parce que chez eux le principe vital est comme étouffé par la surabondance des parties terrestres et aqueuses.

Tout ce qui peut augmenter la chaleur animale jusqu'à un degré contre nature est échauffant. Si les boissons fermentées et les liqueurs spiritueuses ont la faculté de réparer, de la manière la plus prompte, la déperdition du principe vital, prises au-delà des bornes , elles enflamment le sang et occasionnent l'échauffement : tous les excès sont à redouter, ils nous échauffent en détruisant notre organisation. Le travail excessif échauffe en occasionnant la perte de l'humide radical ; toutes les substances qui abondent en feu principe, doivent échauffer ; les aromates, les huiles essentielles des végétaux, les sudorifiques, les anti-scorbutiques , les dépuratifs, les toniques, échauffent.

Il y a des constitutions particulières chez lesquelles le sang est si imprégné de particules de feu, les fibres si irritables et si mobiles, que la moindre chose parait les embraser. Ces constitutions rares se rencontrent principalement chez les personnes d'une grande sensibilité nerveuse. On est très-échauffé quand l'estomac a perdu de ses forces digestives. Les symptômes de cet état sont l'insomnie, les affections nerveuses , la constipation, les feux qui montent au visage , la lassitude, la maigreur, les couleurs forcées et changeantes, les eaux aigres et brûlantes qui semblent cautériser la gorge, la salive épaissie, la bouche sèche, les urines chargées ou blanchâtres, etc. Les alimens et les remèdes froids augmenteraient le mal au lieu de l'adoucir ; les amers sont seuls indiqués comme stomachiques, et en même tems comme rafraîchissants, sur-tout si on les associe avec les substances absorbantes.

L'eau pure ne désaltère point ; elle ne produit aucun effet salutaire dans les fièvres ardentes, ni dans aucun autre cas d'un grand échauffement, comme *Hippocrate* l'a très-bien observé. Quels sont donc les moyens doués d'assez d'énergie, et dont les propriétés soient telles qu'elles puissent étancher cette soif dévorante qui semble consumer les viscères et accellérer la dissolution du sang ? les acides seuls, les liqueurs fermentées qu'on mêle avec de l'eau, produisent cet effet merveilleux. Certes, la nature reconnaît, un *médium*, un milieu (*a*) dans toutes les combinaisons possibles. Les corps semblables s'attirent et se recombinent; dans cet ordre de choses, l'eau ainsi divisée et combinée avec le feu principe, parvient aisément à tous les dégrés de l'échelle de ses nouvelles recombinaisons dans le corps animal. Ceci n'est pas ignoré du vulgaire ; comme si toutes les vérités étaient dans ses mains, sans s'en douter et sans qu'elles lui aient été acquises par la réflexion. Il dit, qu'à la suite d'une grande débauche de liqueurs fortes, *il faut prendre du poil de la bête*, ce proverbe est une vérité qui en renferme peut-être une seconde.

L'eau acquiert la qualité de *refroidir*, lorsque, par un agent quelconque, on parvient à la mettre dans un état d'évaporation ou de division extrême. Les acides

______

(*a*) Le mélange de sang humain avec la sanie de vipère, est un de ces poisons subtils que l'étude la plus réfléchie n'aurait jamais pu parvenir à trouver, si le hasard ne l'eût donné aux Américains, ainsi qu'aux anciens Scythes.

minéraux produisent le plus grand froid possible lors-qu'on les verse sur de la glace brisée ; il seroit difficile de déterminer jusqu'à quel degré les acides minéraux ainsi préparés, tempèrent la chaleur excessive qui domine dans les fièvres ardentes, quoique ces substances soient les plus corrosives de la nature ; l'esprit de vin noyé dans une quantité donnée d'eau, a aussi la propriété de refroidir. Les dames anglaises, pour conserver leur beauté et la fraîcheur du teint, font un fréquent usage d'un mélange d'esprit-de-vin, d'eau ou de lait, et de syrop de capillaire. Par la même raison, l'eau se trouvant très-divisée par les molécules huileuses dans la pâte d'orgeat, il en résulte une boisson froide ; si la pâte était mal amalgamée, si les particules huileuses se rassemblaient, cet effet n'aurait plus lieu ; il ne resterait de cette combinaison qu'un mélange informe, sans goût et sans propriétés. Les huiles, les acides minéraux et les esprits ardens, qui sont les corps de la nature les plus riches en phlogistique, peuvent donc donner lieu au refroidissement.

Quand nous jouissons de la santé, nous perdons, par les pores de la peau, d'une manière insensible, les quatre cinquièmes de ce que nous mangeons, soit en solide, soit en liquide ; ce qui sort de nous est une vapeur invisible qui, quoique portée par le feu même qui s'échappe avec elle, n'en a pas moins un effet refroidissant, à raison de l'évaporation des liqueurs ; en effet, dans cet état heureux, la peau est alors fraîche au toucher. Ce phénomène se rencontre dans toutes les circonstances où l'eau est mise dans un état d'évaporation, quel que soit le moyen ou l'agent (*a*);

(*a*) Une bouteille remplie de vin, peut-être à l'instant rala terre dont les orientaux se servent pour former des vases à refroidir les liqueurs, est poreuse comme le corps humain, de manière qu'elle laisse transsuder à travers les parois, le liquide qu'ils contiennent dans un état d'évaporation. On fabrique dans une ville de la haute Egypte ces espèces de vases qu'on appèle des cruches fécondes. Elles servent à rafraîchir les liqueurs en très-peu de tems ; l'on y sème, à l'extérieur, de la salade qui y croît, et est bonne à manger dans quatre ou cinq jours de tems. On prétend que l'eau qui a séjourné dans ces cruches a la vertu de guérir les dyssenteries et pertes de sang occasionnées par quelque vaisseau rompu dans le corps.

Les poisons, tirés du regne végétal, engourdissent les parties solides en coagulant le sang ; leur action semble porter d'abord sur l'estomac, et leur qualité, froide au dernier degré, étouffe la chaleur naturelle ; toutes les substances, soit alimentaires, soit médicamenteuses, qui ont par elles-mêmes les propriétés de refroidir, s'approchent de la nature de ces poisons ; un fruit fondant, qui acquerrait un degré de plus de froideur, comme la pêche et le melon, deviendrait peut-être un aliment dangereux (a). Il est probable que les plantes-poisons, sur-tout dans les climats chauds, ont des qualités veneneuses, plus ou moins fortes, suivant le degré plus ou moins exalté de l'évaporation de l'eau. Les vertus fondantes et rafraîchissantes de la pêche, du melon, etc.,

----

fraîchie, en l'exposant aux rayons ardens du soleil, après l'avoir plongée dans l'eau.

(a) Dans l'orient, certaines eaux ont des qualités si froides, qu'elles sont mortelles, si on en boit sans précaution. On se garantit de leurs qualités malfaisantes, en mangeant un oignon.

viennent de cette surabondance de l'élément aqueux, et de son degré de division ou d'évaporation.

Si l'excès du chaud produit dans les maladies un changement dans notre nature, tel qu'il en résulte la gangrène, l'excès contraire, le froid, ou, pour mieux dire, les mauvais alimens et l'influence des lieux marécageux, déterminent dans nos maux le même effet, c'est-à-dire, la gangrène, par cause froide. Tout le monde connaît les dangers des habitations entourées d'eaux stagnantes et marécageuses.

Les *tempérans* sont d'un usage très-étendu, toutes les fois qu'il faut éteindre une chaleur contre nature, et, par cette raison, on ne peut s'en passer dans les fièvres de toute espèce, dans les inflammations, dans les mouvemens spasmodiques. Les tempérans modèrent l'excès de la chaleur du sang; leurs propriétés les plus essentielles consistent à détruire la tendance des liqueurs animales vers la putridité et la dissolution, ou à s'y opposer; ils conviennent dans les fièvres ardentes. Les acides sont tempérans. Quel effet salutaire doit-on attendre de l'eau pure, qui, au lieu de désaltérer, irrite davantage la soif, et occasionne le plus grand échauffement, par la corruption, dans ces maladies, caractérisées par l'abattement de l'ame et par la prostration totale des forces? Les acides végétaux, au contraire, sont recommandés dans les fièvres malignes, dans toutes celles qui sont entées sur un principe de contagion; en un mot, dans tous les cas où il est nécessaire de corriger l'impureté des humeurs, d'abattre l'ardeur du sang et de rétablir le ton des solides; leur usage est constamment suivi du plus heureux succès (*a*).

____

(*a*) *V.* Observations sur différens moyens propres à combattre

L'expérience et la nature avaient conduit les Romains dans cette connaissance; leurs armées, presque toujours exposées à la contagion, dans les climats brûlans de l'Asie et de l'Afrique, faisaient une grande provision de vinaigre, avant de se mettre en campagne. L'eau-de-vie a prévalu de nos jours, en Europe, et l'on s'en sert principalement dans nos armées. Les Turcs font un grand usage de *sorbet*, qui est chez eux le nom d'un breuvage, composé de sucre et de citron; ils gardent cette boisson agréable, en poudre, et sur-tout celui d'Alexandrie, qui est très-estimé, que le commerce transporte dans tout ce vaste empire.

L'observation prouve que le cultivateur exposé aux chaleurs brûlantes de l'été, et le soldat épuisé par les fatigues inséparables de la guerre, sont préservés des maladies putrides par l'usage des acides, des boissons fermentées ou des mélanges spiritueux; c'est le manque de ces provisions dans les campagnes et dans les armées, qui est presque toujours la cause des maladies épidémiques; les liqueurs fortes deviennent, dans ces sortes de cas, tempérantes, dès qu'une déperdition excessive occasionne l'anéantissement, la chaleur et la décomposition des humeurs; les travaux de force exigent donc absolument l'usage des boissons fermentées, comme plus capables de réparer promptement la nature, et les plus propres à s'opposer à la putridité. Dans les voyages de long cours, les gens de mer ne sont préservés du scorbut et des maladies putrides, que par l'usage des mêmes boissons. Les acides, les différentes espèces de bière, sont les provisions indispensables d'un vaisseau.

les fièvres putrides et malignes, etc., et les mémoires sur les épidémies du Languedoc, par l'auteur.

Des remèdes altérans.

Les altérans sont des médicamens, qui changent et rétablissent les solides et les liquides du corps humain dans leur état naturel, sans aucune évacuation sensible. Ce mot vient du latin *alterare*, changer, rendre tout autre, suivant *Col-Devillars* et les mémoires de l'académie des sciences, 1700. Toutes les substances médicamenteuses, qui, comme les purgatifs, par exemple, ou les sudorifiques, ont une action déterminée sur le corps humain, ne sont point dans la classe des altérans. Le public est dans l'erreur à cet égard, en croyant que les purgatifs répétés guériront une maladie chronique; il en fait un grand abus. Ce préjugé stupide peut être mis au nombre des plus grand fléaux : en effet, peut-on reconnaître dans l'usage des purgatifs répétés, sans indication, quelque propriété spécifique, pour opérer un changement dans le corps humain ? Ils dessèchent, ils irritent, ils agacent le genre nerveux, et quoique leur action directe ne se passe pas au-delà du grand canal intestinal et des premières voies, l'épuisement n'en est pas moins la suite inévitable.

Les remèdes altérans ne sont donc point des purgatifs, des sudorifiques, des diuretiques, des hydragogues. Ces substances médicamenteuses, qui peuvent appartenir aux trois règnes de la nature, changent et rétablissent, par leur usage intérieur, comme nous l'avons déjà dit, les solides et les liquides du corps humain, dans leur état naturel, et sans aucune évacuation sensible; telles sont d'ailleurs le vœu et les intentions de la nature, qui, aidée et fortifiée, opère d'elle-même les mouvemens de crise qui ramènent à la santé.

En général, les substances vipérines, la tortue, la grenouille, et quelques autres espèces de reptiles, le fiel des animaux, sont des altérans tirés du règne animal; leur application en est toujours heureuse. Dans ces derniers tems, les médecins allemands et hollandais ont imaginé un grand nombre de préparations chimiques vantées comme de vrais altérans. Ces derniers appartiennent au règne minéral. Les plantes amères et les écorces, par-dessus toutes les autres parties de la végétation, fournissent des remèdes héroïques de cette espèce, tels que l'eau d'écorce d'orme pyramidal, l'eau de squine, l'eau de goudron, le cresson, etc.

Un changement dans le régime, les voyages, quelques exercices, le bain de vapeur russe, le massage, chez les orientaux, la friction sèche ou humide, etc., peuvent agir à la manière des altérans, en produisant des effets heureux dans le corps humain, sans évacuation sensible. L'exercice à cheval est recommandé dans beaucoup de maladies. Il n'est pas indifférent de rechercher dans les substances alimentaires, celles qui conviennent le plus à la position du malade : on peut obtenir de grands effets du changement dans le régime diététique. Notre estomac, semblable aux sens de la vue et e l'ouïe, se réjouit par la variété; le même aliment, long - tems continué, nous déplaît, et finit par nous rendre malades. L'estomac ne s'affaiblit-il pas alors? les sucs gastriques ne perdent-ils pas de leurs propriétés digestives?

Quant à ce qui est d'*échauffer* (a), je vous avouerai tout bonnement que j'en suis encore à savoir ce que l'on entend par-là; je ne connais de choses échauffantes que

______

(a) Extrait d'une consultation.

celles qui dérangent l'harmonie de l'économie animale,
En conséquence, rien n'échauffe, et rien ne rafraîchit,
et en même tems, tout échauffe et tout rafraîchit, selon
qu'il dérange ou qu'il rétablit cette même harmonie,
On ordonne le petit lait pour rafraîchir ; mais si l'échauffement ne vient que de la présence des molécules ex-
crémentielles, qui, par un vice de la digestion, ont
passé dans le sang; il est clair que le petit lait fera
tout le contraire de ce que l'on en attend, et qu'après
avoir commencé par refroidir, il finira par échauffer,
parce qu'en refroidissant, il aura *prosterné* de plus en
plus les forces de l'estomac, affoibli de plus en plus
son opération, donné lieu à une plus mauvaise élabo-
ration des alimens, et nécessité l'introduction, dans les
vaisseaux, d'une plus grande quantité de molécules ex-
crémentielles, qui, en troublant l'équilibre déjà troublé,
augmenteront l'échauffement. La muscade, qui est une
substance de qualité chaude, aurait ici commencé par
réchauffer, et aurait fini par rafraîchir. L'eau-de-vie est
certainement de nature chaude, puisque son inflamma-
bilité dit qu'elle n'est qu'un pur soufre ; eh bien ! un
homme est excédé par une marche forcée, son visage est
bouffi de chaleur, sa peau est brûlante ; qu'on lui donne
un verre d'eau-de-vie, tout se remet chez lui dans l'état
naturel ; pourquoi ? parce que celui dans lequel il était,
venait d'une déperdition surabondante, et que le principe de vie avait besoin d'être restauré, et de l'être pré-
cipitamment Il l'est au moyen de ce petit verre d'eau-
de-vie. Tout va bien, et l'homme se sent rafraîchi. Si
on lui eût, au contraire, donné un verre de petit lait,
ou quelque émulsion, pour le rafraîchir, qu'en serait-
il arrivé ? Que d'abord refroidi, il aurait fini par être
très-mortellement échauffé, par l'état infaillible de pleu-

résie où il serait tombé. Finissons par une chose, qui n'est ni froide, comme les émulsions, ni chaude, comme l'eau-de-vie, et à laquelle on reconnaît la qualité de rafraîchir : je veux parler de la chicorée sauvage ; comment rafraîchit-elle ? c'est à la manière des dépuratifs et des amers, c'est-à-dire, en débarrassant le sang de toutes les molécules hétérogènes qui lui impriment un mouvement étranger. Pour le débarrasser de ces molécules hétérogènes, il faut qu'elle les choque ; ce choc ne peut se faire sans un surcroît de mouvement, et tout mouvement produit la chaleur. Il y a donc une augmentation dans l'échauffement ; mais la chicorée sauvage n'en est pas moins un rafraîchissant, parce que le surcroit d'échauffement qu'elle occasionne n'est que passager, et qu'il n'a lieu qu'accompagné de bons effets, c'est-à-dire, de la destruction du principe du mouvement contre nature, qui produisait l'échauffement réel ; c'est de cette dernière manière qu'il peut se faire que l'eau pyramidale échauffe, avec cette différence, que, vu sa nature mucilagineuse, ce n'est point par choc, mais par insinuation qu'elle agit, et que l'ébranlement ne peut être que beaucoup moindre ; avec cette différence encore, que si dans l'usage des dépuratifs ordinaires, on ne le suspend point au moment précis où l'effet desiré est produit, ils agiront alors en mal, tandis qu'il n'y a point le même danger avec l'eau pyramidale, qui, si elle ne trouve à agir comme médicamenteuse, agit comme alimentaire, et procure de l'embonpoint.

OBSERVATIONS

Du célèbre Le Brigant*, de Treguyer, en Bretagne, dépositaire de la langue primitive des hommes, sur les mots : rafraîchir, échauffer, réchauffer, etc.*

Rafraîchir. — Ce mot vient du *refriseare*, de la basse latinité, qui vient de notre *aré* encore, et *fresk*, frais; ce *fresk*, composé des mots *fé, ra, iz, thé,* qui donne un ombrage bas, comme dans un vallon ou près de l'eau, fournit exactement l'idée de ce qu'on appelle *rafraîchir;* un air qu'on respire, moins chaud que celui des lieux découverts et plus élevés, fournit à la respiration et à l'habitude du corps un vrai rafraîchissement.

Echauffer et réchauffer. — Ces deux mots ont la même racine, et viennent du *calefacere* latin, qui n'est autre que notre *thé al fé a rai,* qui donne une autre haie, une seconde couverture ou abri. Il est constant que celui qui n'a qu'une robe mince, et à qui on en donné une seconde doublée ou fourrée, sent exactement ce qu'on appelle *réchauffement,* de chauffer et réchauffer; la seule différence est le *re,* qui est notre *a ré,* et encore, ce qui marque le redoublement de l'acte, en opération.

Refroidir. — Le mot *froid, feroïde,* qui donne trop d'air, de jour, exposé au vent, et ne donne point d'abri, est le radical de *refroidir,* diminuer la chaleur. Il est physiquement sûr que garantir de l'intempérie de l'air, ce qui exprime chauffer, *calefacere,* est l'opposé de l'autre, et que le sens des deux vient de la même analogie.

Altérer. — Ce mot, composé de *al*, autre, et de *ter,* brisure, le même que les *tero* grec et latin, veut dire séparation de partie qui diminue le tout. Ce mot a plus de mille dérivés, en latin, sur-tout où ce *ter* est à la fin de tous les adverbes des adjectifs de la troisième déclinaison, *leviter*, *graviter*, *prudenter* et autres ; ce *ter* exprime donc la diminution du corps entier, en étant une partie.

DES VULNÉRAIRES.

Les Vulnéraires sont-ils astringens ?

La personne pour laquelle on consulte est affligée de fleurs blanches (*a*). On prétend que l'usage d'eau d'écorce d'orme pyramidal ne convient point à son état; qu'il lui faut des astringens, des confortatifs pour l'estomac, qui rétablissent les digestions et fassent faire un bon chyle, non des émolliens, ni des choses qui pèsent sur ce viscère, d'autant plus qu'en particulier, l'eau pèse à la personne, et qu'en état de santé, elle boit peu, et ne boit que du vin pur.

L'on a raison de dire qu'il faut rétablir l'estomac, mais l'on se trompe sur tout le reste. On se trompe, lorsque, parlant de confortatifs, on y joint les astringens; c'est placer une chose nuisible à côté d'une chose salutaire. L'idée que réveille le mot astriction, est celle d'un rapprochement de parties forcé, dès-lors, contre nature, dès-lors, contraire à la nature, en ce qu'il détruit le ressort de ces parties, en comprime la porosité, et y intercepte ainsi la transpiration, ce pivot sur lequel roule l'entretien de l'économie animale. C'est une erreur que de supposer astringentes les plantes vulnéraires; c'est comme toniques qu'elles agissent, et

____

(*a*) Extrait d'une consultation , sur le siége des fleurs blanches.

l'écorce d'orme pyramidal exerce au suprême degré ce genre d'action, non en contractant, mais en désobs-truant le tissu-cellulaire ; ce tissu, désobstrué, recouvre son élasticité, et le rapprochement des parties est l'effet de cette élasticité, rétablie par la nature elle-même, et conformément à la nature ; les parties ne sont point amenées à un état nouveau et désordonné, mais ren-dues à leur état primitif ; et ce n'est point une substance étrangère, mais le suc nourricier qui les rétablit et les réconforte. L'on se trompe dès-lors, en prétendant que parce qu'elle est émolliente, l'eau pyramidale s'oppose au rétablissement de l'estomac. Ce qui la rend émol-liente, est ce qui la rend en même tems vulnéraire, et la vertu vulnéraire venant de la vertu tonique, on voit que, loin de nuire à l'estomac, elle en doit préparer le rétablissement.

L'on se trompe encore en prétendant que chez une femme affligée de fleurs blanches, c'est l'estomac qu'il s'agit principalement de rétablir. Sans doute le vice des digestions augmente cette incommodité ; mais cette in-commodité n'influe pas moins sur la nature des diges-tions ; la réversibilité d'effets demande donc que le traitement des deux parties peccantes soit suivi d'une manière co-instantanée, et ce ne sera point avec des confortatifs que l'on guérira les fleurs blanches ; elles viennent d'un vice local et qui ne reconnaît point pour principe la destruction de l'estomac, mais le mauvais état de l'utérus, par quelque cause qu'il soit produit, pertes, suppressions, chagrins, etc.

Dans la supposition même, maintenant inadmissible, que l'eau d'orme nuirait à l'estomac, toujours faudrait-il l'employer en injections, en onctions et en lavage de toute espèce, attendu que, par cette application, elle guérirait les fleurs blanches, ce que les plus puissans stomachiques ne peuvent faire. Enfin, comme ce remède ne nuit dans aucun cas, ce serait renoncer à un avantage précieux, à celui de la dépuration des liqueurs, que de ne le point faire passer par la voie de la circulation. On ne doit pas, à cet égard, être retenu par la considération que cette eau peut d'abord paraître peser sur l'estomac ; car, si les forces digestives sont affaiblies, il ne s'agit que d'user des modifications. Ces modifications consistent à commencer par boire l'eau d'orme en moindre quantité, ou à la boire coupée avec une liqueur stomachique, analogue.

Pour les pertes des femmes, et les fleurs blanches.

Prenez le sachet de présure qui se trouve dans l'estomac du veau ; ouvrez-le sur un tamis, dissolvez le suc qui s'y trouve avec quelques gouttes d'eau tiéde.

On en délaye une cuillerée à café, qu'on mêle dans une tasse de fleurs de bouillon blanc : on en prend trois tasses par jour, une le matin, la seconde, à midi, et une troisième, le soir ; on y mêle du sucre, si on veut.

Ce remède simple est efficace pour les crachemens de sang, les épuisemens ; pour les vieillards, qui périssent souvent par des défaillances ; pour les flux de sang. Ceux qui peuvent prendre le lait doivent le préférer à l'infusion béchique. On prend le remède dans un verre de lait sortant du pis de la vache. Il faut avoir l'attention de le délayer avec précipitation, et le faire boire de suite au malade.

Ce régime est très-efficace dans la toux invétérée, à la suite de quelque dépôt intérieur, des chûtes, des coups, des commotions, etc.

Des maladies critiques de la peau, considérées comme utiles à la santé et à la durée de la vie.

Les affections dartreuses critiques sont très-répandues, peu de personnes en sont à l'abri, ou, du moins, il semblerait qu'il n'est presque point d'individu qui ne soit tôt ou tard dans la nécessité d'éprouver un mouvement de cette espèce ; elles attaquent l'un et l'autre sexe, et se manifestent de préférence à quelques époques de notre âge. Le riche et le pauvre y sont également sujets. Dans un âge plus avancé, cette maladie prend un caractère plus hideux, en s'alliant avec un principe scorbutique, et ses progrès sont quelquefois si rapides, que toutes les parties du corps se couvrent d'ulcères. On peut vivre long-tems dans cette position, quoiqu'accompagnée de souffrances tant morales que physiques ; mais l'ennui de la vie, cette situation mille fois plus pénible que la douleur, nous précipite souvent dans la mélancolie la plus profonde. Les uns, après avoir fait infructueusement beaucoup de remèdes, persuadés qu'ils ne guériront jamais, s'abandonnent sans réserve au cours de la nature. On leur a dit, et on répète froidement, qu'il faut vivre avec son ennemi. Les autres, au contraire, font, sans discernement, toutes sortes de remèdes ; ils en prennent des mains les plus indiscrètes. Le levain dartreux, refoulé à la fin sur les parties nobles et dans les cavités intérieures, plonge les malades dans l'état le plus désespéré.

Tout le monde sait que le refoulement des dartres occasionne les maux les plus graves, les obstructions, l'étisie, la paralysie, la mort subite, les affections cancéreuses, la folie, etc. Le tableau des malheurs, qui

troublent le repos des familles, par rapport à cette cause,
est effrayant ; il serait difficile, il serait même impossible de les décrire. Dans ces cas fâcheux, la médecine
n'aurait-elle donc à proposer que des moyens impuissans ? Il est probable, que les causes profondes de l'épaississement des liqueurs ne peuvent disparaître en un jour,
comme par enchantement : cachées dans les replis intérieurs des cellules du tissu de la peau, vers les confins
du corps et dans les parties les plus voisines du centre,
les remèdes ne peuvent y atteindre, sans la persévérance des malades.

Dans la variété presque infinie d'accidens chroniques
et d'infirmités de toute espèce qui affaiblissent les générations, l'âcre dartreux paraît être presque toujours en
action ; il s'attache profondément à l'origine des nerfs,
et ses qualités délétaires affectent très-vivement le moral.
Cela arrive sans doute toutes les fois que l'humeur hétérogène n'est pas suffisamment atténuée par les propres
forces de la vie, pour être rappelée à la peau (a). J'ai
fait pour toutes les affections de ce genre les plus heureuses applications des bains d'eau d'écorce d'orme pyramidal, et de son usage intérieur, tant en France,

---

(a) Lorsque la vigueur de la nature cherche, par quelque
crise, à se débarrasser de la matière qui l'incommode, comme les
affections dartreuses, éresypélateuses, ce sont les maladies chroniques actives, etc. Les maladies chroniques, de la seconde
classe, sont passives, lorsque la nature paraît être oisive.... car
les efforts que peut faire la nature dans ce dernier cas, s'étendent sur des produits nouveaux du mal, et non sur le mal lui-
même ; tels sont les squirrhes, les hydropisies, la cachexie, toutes
les maladies accompagnées de langueur ; les affections nerveuses,
la mélancolie, etc.

que dans les pays étrangers. Les observations que j'ai rassemblées, peuvent être utiles à l'humanité. J'ai donné la connaissance de ce spécifique le 12 septembre 1783, dans un supplément au Journal de Paris. Ces premiers essais furent favorablement accueillis.

Depuis près de vingt ans, j'ai eu constamment sous mes yeux le tableau des affections dartreuses, et des accidens qu'elles occasionnent. Les maux chroniques et les infirmités de toute espèce qui dérivent de cette source commune, se montrent sous mille formes différentes, dans toutes les classes de la société. Ma théorie est née du rapprochement des faits ; je la dois au grand nombre de malades, à qui j'ai donné des soins : les hommes, les femmes, les jeunes personnes sont exposées aux plus grands malheurs, par rapport à cette cause, si elle vient à disparaître par des remèdes opposés à la marche de la nature. D'après nos recherches, il paraît évident que dès les premières périodes de notre âge, le développement de l'âcre dartreux et son épanchement à la peau, ont la plus grande influence sur la durée de la vie; il est par conséquent très-urgent de prendre en grande considération un remède simple, qui accélère cette opération salutaire de la nature, dans tous les cas où ses efforts deviennent impuissans.

Les diverses applications du remède, tant en boisson, qu'en bains, lotions, onctions de toute espèce, agissent conformément à cette marche active du principe vital. C'est de cette manière, que les humeurs âcres et épaissies sont déposées à la peau : il se fait sans doute un mouvement fermentatif dans toute la constitution physique du corps, qui provoque chez les malades ces sortes de crises. L'eau pyramidale guérit en rouvrant les pores de la transpiration : dans les cas ordinaires, à peine s'aperçoit-on d'un effet sensible ; mais si les humeurs viciées sont très-abondantes, si elles sont devenues très-âcres, par l'ancienneté, leur épanchement à la peau est considérable, les éruptions se multiplient, les dartres s'étendent ; il en paraît là où l'on n'en avait jamais eu ; le bouton le plus léger, la plus petite tache, en fait naître une multitude d'autres. Cependant ces éruptions ne doivent pas inquiéter les malades, puisqu'elles diminuent la masse de l'humeur viciée, et qu'elles finissent par en tarir la source commune. C'est par cette réunion d'efforts dans tout le système de la peau, que les cautères cessent aussi de couler. Alors, les malades se trouvent heureusement débarrassés, par une dépuration complette de la guérison de leurs maux, et du soin pénible et désagréable d'entretenir ouverts ces ulcères factices.

Nous disons que l'eau d'écoce d'orme pyramidal présente, dans tous les cas, les mêmes effets, les mêmes crises à la peau, les mêmes résultats ; ses qualités douces, muqueuses, onctueuses, l'assimilent parfaitement avec le chyle (a), et avec les humeurs les plus douces de l'économie animale ; étant prise intérieurement, elle s'y incorpore par ces mêmes rapports, qui font que deux corps semblables s'attirent et s'unissent. Elle se distribue, dans les dernières digestions, dans les plus petits vaisseaux capillaires. Un principe amer inhérent à ce suc muqueux, qui lui sert d'enveloppe, réveille l'action vitale. L'eau pyramidale conserve une sorte de tendance qui lui est propre, de se porter

_____

(a) Les veines lactées n'attirent que les substances alimentaires, qui sont douces comme le chyle ; ce qui est âcre, acerbe, acide, etc., est repoussé, et ne passe point au-delà du trajet du grand canal intestinal.

du centre vers tous les points de la circonférence. La nature a imprimé ce mouvement aux sucs des grands arbres, dans le laboratoire de la végétation. On sait que dans les tems de la sève, on lève facilement l'écorce des arbres parce que le suc s'infiltre abondamment entre l'écorce et le bois, par l'influence de la chaleur astrale, pendant le tems des équinoxes. Cette espèce de mouvement d'ondulation paraît affecter tous les fluides des corps organisés. Le système de la peau jouit également par lui-même, d'une action générale ; il existe donc une réciprocité de mouvement, de sympathie ou de concordance, par rapport à l'action vitale, et les propriétés spécifiques du remède, dans toute l'économie animale.

Si nous considérons maintenant ses diverses applications extérieures, les bains, les lotions, les onctions de ce suc muqueux assouplissent nécessairement les nerfs, les fibres, les tendons, les articulations, et toutes les membranes ; et comme le principe amer que fournit l'écorce des grands végétaux est tonique, ce principe tonique et amer, devient par conséquent agréable à la nature humaine, parce qu'il fortifie. C'est pourquoi les malades se sentent plus dispos ; et on est beaucoup plus fort au sortir du bain, qu'on ne l'était auparavant. Dans la famille des végétaux, les grands arbres qui vivent des siècles, ont une sève plus élaborée et plus abondante, par leur grosseur, la longueur et la solidité de leurs racines et de leurs branches. La seconde écorce ou la pellicule extrêmement déliée de l'orme pyramidal, comparée avec les mailles du tissu-muqueux de la peau, est aussi d'une nature grasse et onctueuse. L'analogie est d'autant plus sensible, que l'épiderme écailleuse d'un lépreux a quelque ressemblance avec l'enveloppe extérieure et raboteuse d'un vieux orme. *La peau guérit la peau*, dit-on ; cette sorte de similitude aurait-elle indiqué aux anciens observateurs le remède spécifique de la lèpre ? On appelle guérir *par signature*, si les plantes représentent les parties du corps humain qu'elles guérissent.

Il est constant que le principe d'épaississement ou d'âcreté, qui dispose à l'obstruction, doit s'épancher à la surface du corps, toutes les fois qu'il se fait un mouvement tendant à la dépuration des humeurs. Cela doit arriver ou par les seuls bienfaits de la constitution physique fortifiée par les belles proportions, ou par les propriétés spécifiques du remède. Le levain morbifique ne transsude au dehors qu'en raison de l'action et de la réaction du système de tout le tissu de la peau ; sans doute ces efforts de la nature sont utiles à la durée de la vie, et pour lors l'impatience des malades devient superflue, puisqu'ils regardent comme un mal, ce qui, dans l'ordre des choses, mène au plus grand bien possible. Les affections cutanées, dit M. Dazille, sont très-multipliées dans toute la zône torride ; et dans nos colonies, la moitié de nos soldats au moins en est attaquée. Cette circonstance semble les préserver des maladies inflammatoires qui y sont si communes et si dangereuses (*a*).

Ces efforts extraordinaires, propres à surmonter ou à expulser les causes profondes d'une maladie, arrivent le plus souvent pendant le tems des équinoxes (*b*) sans

------

(*a*) *V.* Obs. sur le tetanos.

(*b*) Les quatre périodes de la révolution astronomique de l'année des solstices et des équinoxes, opèrent des changemens si sensibles dans les maladies chroniques, qu'on peut les regarder

le concours d'aucun remède. Tous les êtres animés sont mus par une effervescence intestine aux approches du printems et de l'automne ; la végétation est en vigueur, les plantes se développent, les fruits mûrissent, la terre se pare de ses plus belles fleurs...... Dans l'économie animale, les liqueurs fermentent, se gonflent, le sang se raréfie........ Dans toutes les religions qui ont su allier, comme les orientaux, la morale avec la santé, on voit clairement que les différens carêmes les jeûnes et les abstinences, se trouvent placés vers l'equinoxe du printems. Cet état de plénitude que les médecins appèlent la plethore ou l'orgasme des humeurs, n'est qu'un mal-aise passager chez les personnes saines où le régime diététique est seul nécessairement utile ; il arrive, par exemple, chez ceux qui ont les humeurs viciées d'un principe vénérien dégénéré, qu'il se fait alors un suintement ou une transsudation gonorrhéique ; la nature indique sa marche, et elle veut être aidée ; si le principe morbifique est très-ancien, les modifications et les divers changemens qu'il a éprouvé dans le corps humain, lui donnent un autre mode : ce sont pour l'ordinaire des éruptions dartreuses qui se montrent sur différentes parties du corps, notamment sur le nez, au voile du palais, aux yeux, sur les mains. Dans ce dernier cas sur-tout, si l'épanchement critique se fait sur les mains, pour lors le mouvement fermentatif vital

---

comme des époques critiques. Les maladies aiguës sont plus communes au renouvellement des saisons, les chroniques subissent elles-mêmes des crises salutaires ; mais les équinoxes sont principalement remarquables par une effervescence intestine dans toute la nature vivante.

ne produit ces sortes de crises utiles que dans une période d'une septième année, et quelquefois même au-delà, à compter du moment de l'invasion de la maladie; en général, si dans ce passage fermentatif des saisons et des périodes septénaires du cercle de notre vie, ces sortes de dépurations spontanées sont arrêtées par quelque cause que ce soit, les hommes sont exposés aux maladies aiguës et les femmes parvenues à la 45e. ou 49e. année de leur âge, sont en danger de perdre la vie.

Dans les pays où la température de l'air est constamment variable, les enfans sont plus exposés aux maladies de peau, aux difformités, aux affections écrouelleuses, aux rhumatismes, à la pierre, à la goutte; et tous ces accidens sont une suite de l'épaississement lymphatique. Une foule de maux inconnus dans les beaux sites de l'Inde, afflige, dans notre Europe, l'espèce humaine; cela vient sans doute de ce que l'humeur de la transpiration ne s'épanche pas uniformément sur toute l'habitude du corps. Car, si toute la surface était frappée d'impressions toujours les mêmes sous un ciel pur et serein, il y aurait peu d'affections âcres et nerveuses qui sont si communes aujourd'hui. On en a même la preuve dans l'usage, où sont les Russes, de prendre le bain froid immédiatement au sortir du bain de vapeur. Cette opposition d'effets, dans les deux extrêmes, du chaud et du froid, qui ont lieu l'un après l'autre sur toute l'économie, ne détruit pas le principe établi. Le bain chaud ainsi que le bain froid, portés au plus haut degré que l'homme fortifié par l'habitude de tels procédés puisse supporter, sont très-favorables à la santé. En effet, dans les deux cas, les liqueurs tendent constamment à se mettre en équilibre, et les Russes ne sont presque pas sujets à cette multitude de douleurs vagues, rhumatismales, nerveuses et autres infirmités chroniques.

Le bain d'air du docteur *Franklin*, qui procure un calme si délicieux dans les plus grandes agitations, est bientôt suivi du sommeil le plus doux et le plus rafraichissant ; en conséquence de ces faits, il est démontré que l'humeur de la transpiration conserve la plus grande influence sur nos corps et sur toutes les fonctions de l'économie animale.

Tel est le principe de l'âcreté, considéré comme cause active de la plûpart des maux chroniques qui nous assiègent dans les différentes périodes de la vie ; si vous en cherchez la source, vous la trouverez dans les premiers rudimens de notre organisation, indépendamment de toute complication particulière. Nous dirons un mot des fièvres : les jeunes gens sont très-disposés à les contracter ; et sous ce simple rapport, elles ont de l'analogie avec les maladies de l'enfance. Les fièvres sont de tous les tems et de tous les lieux ; elles surviennent d'une manière imprévue, presqu'à tout âge et sans le concours d'aucun agent extérieur : par la nature des choses, l'homme est encore plus susceptible de ce mouvement orageux que de tout autre ; il est très-rare de le voir parcourir le cercle entier de sa vie sans éprouver ces secousses violentes. Dans l'enfance, et sur-tout aux approches de la puberté, ces fièvres sembleraient tenir de plus près à une sorte de crise ou de révolution climatérique (*a*) ; la petite vérole ne fait-elle pas son ex-

____

(*a*) On voit qu'il n'est pas question de ces fièvres, dont la cause immédiate est un principe délétaire, que fait naître la contagion humaine. Ces dernières, caractérisées par une marche

plosion aux mêmes époques et dans des circonstances à-peu près semblables ? mais l'espèce de fièvre dont il s'agit est une maladie qui provoque, dans l'enfance, une dépuration utile d'humeurs muqueuses, lentes et épaissies: ces efforts de la nature dans toute la constitution physique du corps, sont critiques et servent même quelquefois au développement des organes, et aux progrès de l'accroissement et de la vitalité. Dans les climats chauds on est plus frappé de ces vérités; si les fièvres y sont plus communes, elles sont plus promptement guéries.

La surabondance d'humeurs muqueuses, laiteuses, ou lymphatiques, qui ont résisté dans les premières périodes septénaires de notre âge aux efforts lents de l'organisation, devient la cause première de ces mouvemens fermentatifs. La nature aurait-elle imprimé à l'espèce humaine cette nécessité absolue d'une dépuration constante, dans les suites progressives du développement du corps ?...... Ces masses épaisses et croûteuses qui couvrent la tête, le visage et toute la peau, chez l'enfant robuste, les sérosités qui suintent des oreilles; les écoulemens qui ont lieu dans d'autres parties, reconnaissent également un superflu d'humeurs, et ces humeurs, concentrées dans les cavités intérieures, y dégénèrent et deviennent âcres. Ainsi, le même

---

rapide et proportionnée au degré de malignité, sont les fièvres *d'atelier*, *d'armée*, *de prison*, *d'hôpital*, et d'autres lieux resserrés, où se trouvent rassemblés un grand nombre d'hommes. Voyez *les observations sur différens moyens propres à combattre les fièvres putrides et malignes, et à préserver de leur contagion*, 1778; et les mémoires sur les épidémies du Languedoc, par l'Auteur.

principe de l'épaississement, qui se développe au-dehors en faveur de la santé et de la durée de la vie, est souvent, dans des circonstances opposées, la cause du rachitis, des affections scrophuleuses et de la pulmonie; et dans les périodes plus avancées de notre âge, ce sont d'autres accidens non moins à craindre.

C'est pourquoi toutes les nations ont eu, dans tous les tems, ou par l'instinct ou par l'expérience, des pratiques usuelles et conservatrices, pour toutes les circonstances de la vie, où la santé pouvait être compromise. Ces pratiques, ou méthodes, ont de la conformité avec la nature des choses : elles sont fondées sur le besoin, et c'est le principe du mal qui les a inspirées. La médecine préservative ou conservatrice, est plus précieuse sans doute que celle qui guérit : on a senti, dans tous les tems, cette vérité. La sage antiquité a déifié la santé, et l'art de la conserver, sous le nom d'*Hygiée*. On dit qu'elle était fille d'Esculape ; elle rendait, comme son père, la santé aux hommes, ou la leur conservait. Cette déesse avait, dans le temple d'Esculape, à Sycïone, une belle statue, couverte d'un voile. L'hygiène, cette partie précieuse de la médecine, qui a pcur objet de conserver la santé, est d'une importance qui ne peut être sentie dans les pays salubres, comme dans tous les autres climats, quoiqu'il soit avantageux par-tout d'observer l'homme, depuis sa naissance jusqu'à l'âge le plus avancé, afin de lui prescrire un régime convenable aux différentes époques de sa vie, et qui, en prévenant ses maux, le fasse jouir d'une santé constante, et prolonge ses jours.

Parmi plusieurs milliers d'ouvrages, dit M. l'abbé *Bertholon*, que chaque siècle a vu éclore, et qui tous sont consacrés à la guérison des maladies nombreuses

qui affligent l'espèce humaine, à peine en trouve-t-on
quelques-uns qui traitent de l'art de conserver la santé.
L'hygiène a malheureusement toujours été trop négligée, et j'ose dire que c'était précisément la partie de la
médecine, que les disciples d'Hypocrate auraient dû pré-
férablement cultiver, parce qu'elle est la plus facile et
la plus efficace. L'expérience de tous les jours prouve
qu'il est bien plus aisé de prévenir les maux que de les
guérir, et que la médecine prophylactique est plus capable d'obtenir des succès multipliés et durables, que la
médecine thérapeutique (a) ».

En considérant maintenant les causes extérieures qui
influent sur la santé, on dit que c'est par la respiration
que les différentes maladies se communiquent parmi les
hommes; de même c'est la respiration d'un air pur et
renouvelé qui réveille l'action vitale suspendue dans
une atmosphère délétaire. J'ai lu quelque part que les
quadrupèdes qui ruminent ne sont pas si fortement susceptibles de s'infecter de leur propre respiration.
L'homme est le seul qui soit attaqué de toutes les maladies connues; il contracte toutes celles dont le levain
se mêle dans l'élément qu'il respire. Ces considérations
ont porté les différens peuples du monde à faire un usage
habituel d'ablutions et de purifications de toute espèce (b); ils ont fait un emploi salutaire des parfums,

---

(a) *V.* Electricité du corps humain.

(b) L'eau mise en mouvement et dans un état d'évaporation,
fournit une très-grande quantité d'air renouvelé, le plus pur et
le plus propre à la respiration. Il y a des méthodes propres à
retirer de l'eau, un air supérieur en bonté à celui de l'athmosphère, sans le concours du soleil, applicable aux hôpitaux, par
M. le Comte Morazzo. Il ne s'agit, dit l'auteur, que d'avoir un

des aromates et de toutes les substances végétales propres
à fumer et à mâcher, pour purifier l'air qu'on respire et
rafraîchir celui qui est respiré. Les anciens se parfu-
maient, non-seulement à table, mais encore dans leur
lit ; la vapeur des parfums s'élevait alors comme un
nuage (*a*).

Les européens mâchent du tabac, des fleurs ou des
herbes aromatiques ; les américains ont aussi différentes
espèces de drogues propres aux mêmes usages ; les nations asiatiques se servent de préparations d'opium et de
la canne à sucre, verte ; les africains ont plusieurs sortes
d'aromates et de gommes rafraîchissantes et humec-
tantes ; les habitans de Madère, et en général tous les
peuples du nouveau monde mâchent sans relâche des
morceaux de canne à sucre ; les enfans en tiennent dans
la bouche, en avalent le suc, ce qui rafraîchit la bouche,
adoucit l'haleine, fortifie l'estomac, nourrit et engraisse:
cet usage familier garantit de la consomption. Dans les
Indes, les dames, les grands et les riches se servent du
bétel ; et les dames de Lima, la capitale du Pérou, les
plus belles de l'univers, font également usage de certaines drogues pour mâcher : elles en tiennent perpétuellement dans la bouche pour l'entretien de la santé et de
la beauté (*b*). Les brames et les lettrés se lavent tout le

---

amas d'eau, de la faire tomber d'une grande hauteur dans une
trompe, pour se rompre et fournir de l'air, de la même façon
qu'on le pratique pour les soufflets des forges et des mines ; et
avec des tuyaux amovibles, on l'introduirait à volonté dans
toutes les salles. *V.* les mémoires sur les épidémies du Languedoc, où ce grand principe est démontré, par l'auteur.

(*a*) *V.* les épigrammes de Martial.

(*b*) *V.* Hist. philos. du commerce des Européens, dans les
deux Indes.

corps avant de-prendre leur repas ; au sortir du bain , ils se frottent les épaules, la poitrine et le ventre, de poudre de bois de sandal (*a*), après quoi ils se rendent au lieu où le repas est préparé. C'est un usage généralement pratiqué dans tout l'Indoustan, que lorsqu'on veut honorer celui qui rend visite, on lui présente le bétel et on lui verse un peu d'eau rose sur la tête et les habits. Les Indiens mangent du bétel, le matin, l'après-midi, le soir et pendant la nuit ; ils en portent toujours dans leurs mains : comme il est amer, ils le mêlent avec l'*areca*, le bois d'aloës, l'ambre et le musc. Le bétel affermit les gencives, fortifie le cœur et l'estomac, dissipe les vents et empêche la puanteur de la bouche.

OBSERVATIONS

REMARQUABLES.

Dartres croûteuses, chez les enfans en bas-âge. — Affections dartreuses survenues à la suite du tems critique, etc. etc.

Depuis dix-huit ans que je pratique l'art de guérir (*b*) à Loudun et dans ses environs, j'ai vu un assez grand nombre d'enfans qui avaient ce qu'on appelle *gourmes*, *croûtes de lait*, *feux volages ou sauvages*, etc., qui se manifestent au cuir chevelu, mais particulièrement au

----

(*a*) Le sandal est un bois odoriférant , que les Indiens rapent sur une pierre fort dure. Ils détrempent cette poussière, en font une pâte liquide, avec laquelle ils se frottent ; et ils ne paraîtraient pas devant une personne de considération, sans avoir satisfait, auparavant, à cette cérémonie.

(*b*) Extrait de différentes lettres et consultations, adressées à l'auteur.

visage, et en occupent tantôt une partie, tantôt une autre, telles que le front, les yeux, les oreilles, les joues
et quelquefois la figure entière (a). Ces sortes d'éruptions
ne sont que des espèces de dartres croûteuses, regardées
comme des crises de la nature, auxquelles il n'y a rien à
faire quand elles se font purement, simplement et sans
douleur ni demangeaisons; mais lorsqu'il arrive que ces
croûtes laiteuses sont accompagnées de douleurs vives
qui s'annoncent par des cris presque continuels, par des
insomnies, des démangeaisons insupportables, et obligent les enfans à se gratter, à se déchirer même la figure et à se frotter contre ce qui les touche, alors elles
proviennent d'un vice du lait de la mère ou de la nourrice et d'une acrimonie dans les humeurs de l'enfant,
qu'il est essentiel de corriger et de détruire.

Les auteurs prétendent qu'il n'y a rien à faire dans ce
dernier cas; qu'il faut laisser agir la nature; que toute
la pharmacie de l'enfant est dans le teton de sa nourrice:
ces auteurs sont dans l'erreur, sans doute faute d'avoir
suffisamment observé que si, dans l'art de guérir, il est
de principe de laisser agir la nature dans le cas où elle
se suffit à elle-même, il est aussi de principe de l'aider
dans les circonstances où elle ne peut agir seule.

Une pratique constante et suivie pendant plus de dix-
huit ans m'a prouvé que, dans les cas où les enfans
avoient des croûtes de lait accompagnées de douleurs
vives, de démangeaisons, d'insomnies, etc., il fallait
de toute nécessité employer des moyens curatifs.

(a) Généralement parlant, toutes les humeurs qui sont critiques, et qui tendent à une dépuration utile, chez les enfans,
se portent au visage ou à la tête.

Voici ceux que j'ai mis en usage avec un heureux succès, et qui n'ont jamais eu la moindre suite fâcheuse : j'ai fait prendre l'eau d'écorce d'orme pyramidal aux nourrices, à la dose d'une pinte par jour, quelquefois plus ; j'en ai fait prendre également aux enfans à petite dose, proportionnément à leur force et à la gravité des symptômes. Je leur ai fait faire des lotions de cette eau sur les parties affectées, plusieurs fois dans la journée, et, pendant le sommeil, appliquer des compresses imbibées.

L'eau pyramidale est d'une saveur assez douce ; les enfans ne la dédaignent point ; ils la prennent assez bien : son usage, pour eux et leur mère, pendant un mois ou six semaines et au plus deux mois, suffit pour détruire entièrement le mal.

J'ai vu aussi plusieurs enfans qui avaient eu, étant à la mamelle, des croûtes laiteuses qui s'étaient dissipées d'elles-mêmes, mais qui sont revenues vers l'âge de trois, quatre et cinq ans : ces croûtes laiteuses se sont particulièrement manifestées aux paupières et aux sourcils ; on a employé divers remèdes sans succès ; l'usage seul de l'eau pyramidale, avec un régime convenable, les a guéris.

L'éruption nouvelle des croûtes laiteuses prouve assez clairement, ce me semble, qu'elle n'est pas toujours, chez les enfans à la mamelle, une véritable crise de la nature ; qu'elle est souvent l'effet d'un vice ou d'une âcreté dans les humeurs, qui n'ayant point été détruit par les moyens convenables, se montre de nouveau vers l'âge de trois ou quatre ans.

Lorsque ce vice reste ainsi caché pendant quelques années, j'ai observé qu'on pouvait remarquer sa présence à certains signes : les enfans sont d'une humeur criarde, ils sont langoureux, pâles, souvent bouffis ; ils ont la

ventre tendu ; ils manquent de cette gaieté, de cette pé-
tulence si naturelles aux enfans ; ils mangent beaucoup
dans certains tems et très-peu dans d'autres ; la dentition
est difficile ; ils ont des maux de tête, et sont souvent
assoupis dans la journée ; ils ont peu de cheveux, et le
peu qu'ils ont est rude, hérissé ; enfin ils ont toujours
une légère ophthalmie, une sorte de larmoiement et de
petits boutons au nez, qui naissent et disparaissent en
laissant de petites écailles ; lorsque l'éruption des croûtes
laiteuses se fait, tous ces symptômes disparaissent. Dans
cette seconde éruption, il faut un plus long usage de l'eau
pyramidale pour détruire entièrement le vice.

Sans avoir attendu à voir cette seconde éruption se faire,
j'ai détruit le vice d'après les symptômes désignés qui
l'annonçaient ; les croûtes laiteuses n'ont jamais paru à
l'âge où elles paraissent ordinairement ; j'ai vu avec satisfaction les enfans jouir de leur santé, et, à proprement
parler, d'une nouvelle vie ; ce qui prouve, d'après cela,
que ces symptômes sont les signes pathognomoniques
d'un vice caché.

D'après les bons effets (a) que j'ai éprouvé de la décoction de l'écorce d'orme pyramidal, j'ai formé le projet
de composer un petit ouvrage sur les vertus de cette eau,
afin de le faire connaître au peuple sous ce titre :

*Avis au genre humain sur les vertus de l'écorce d'orme
pyramidal dans l'état de santé et de maladie.*

Dans la première partie de cet ouvrage, je parlerai de
l'usage qu'on en peut faire pour conserver la santé, tel

(a) V. Extrait d'une lettre écrite par feu Gilles de la Tou-
rette, chirurgien et professeur d'accouchemens à Loudun, de
l'Académie des sciences de Lyon, etc.

qu'en boisson, en syrop, en bain dans les temps de chaleur, en lavage à la suite des couches et des règles, ainsi
que pour entretenir la peau fraîche, etc. Dans la seconde,
il sera question des maladies où l'usage de cette écorce
est indiqué; les dartres, la gourme des enfans, la teigne,
la goutte, les écrouelles, la gale, la douleur du rhumatisme, les affections vénériennes, les fleurs blanches, etc.
ne résistent point aux diverses applications de ce remède
bienfaifant. Je parlerai de vos gouttes, qui font la partie
essentielle du remède, dont vous avez éprouvé les plus
grands effets.

J'ai employé (*a*), avec tout le succès possible, votre
divine écorce d'orme pyramidal.

Un petit enfant âgé de neuf mois, encore à la mamelle,
fit, suivant votre indication, usage, l'été dernier, d'un
seul paquet d'écorce d'orme pyramidal, pour une dartre
croûteuse qui lui couvrait absolument tout le visage et
une partie du cuir chevelu; l'enfant prenait la première
décoction de cette écorce, la mère la seconde, comme
propre à dépurer le sang et à donner au lait la vertu de
corriger les humeurs de l'enfant. Lorsqu'on faisait des
onctions légères sur les parties affectées, avec le mucilage de la première décoction, l'enfant en ressentait un
si grand bien-être, qu'il cessait les vagissemens que lui
causaient son mal et les égratignures qu'il se faisait en se
grattant ou en se frottant, en raison des démangeaisons
qu'il éprouvait; enfin, au bout de quinze jours de l'usage
des fomentations et des boissons de la bienfaisante écorce,
les croûtes dartreuses tombèrent, les violentes démangeaisons cessèrent; l'enfant, qui jusqu'alors avoit eu des
souffrances qui lui avaient fait perdre une partie de son

(*a*) Extrait d'une lettre du même, 26 janvier 1790.

embonpoint et dérangé les fonctions, jouit aujourd'hui de la meilleure santé, et toute sa peau est nette et belle.

Quant à la religieuse dont j'ai déja eu l'honneur de vous entretenir, elle était, comme vous le savez, dans l'état le plus triste par les souffrances que lui occasionnait la dartre également croûteuse qui lui couvrait le visage, la tête, etc. Elle a fait usage pendant quelque tems de l'eau pyramidale, tant en fomentation qu'en boisson; elle s'en trouve infiniment mieux; elle ne ressent plus de douleur; les croûtes et les rougeurs ont disparu.

Observation.

Votre (*a*) ouvrage sur les maladies cutanées sera très-utile au public. Comme vous y ferez mention de votre précieuse écorce, je vous prie d'y insérer l'observation suivante :

Une demoiselle âgée de 5o ans souffrait depuis 3o ans des suites fâcheuses d'une gale répercutée qui s'était portée au visage, sous la forme de coupe-rose, et avait produit une ophthalmie : des boutons rouges et très-gros ne cessaient de paraître et disparaître toutes les semaines avec les douleurs les plus aiguës. Cette fille a employé tout ce que lui ont indiqué les meilleurs médecins et chirurgiens de nos villes voisines; elle a même consulté les médecins de Paris; tout ce qu'ils ont prescrit n'a opéré aucun effet ni le moindre soulagement. Sur le rapport que je lui ai fait, ainsi que différentes personnes, des bons effets de votre divine écorce, la malade en a fait usage : jamais elle n'a éprouvé tant de soulagement;

––––––––––––––––––––––––––––––––––––––

(*a*) Lettre du même, du 8 janvier 1791.

sa figure est beaucoup mieux. Elle est entièrement décidée à la continuer le reste de ses jours, etc. etc.

Autre observation sur une dartre très-étendue, par le même.

Madame B***, âgée de trente ans, grosse d'environ trois mois, avait, depuis plusieurs années, une dartre vive qui occupait entièrement le col, les aisselles, le dos, les fesses, les aines et tout le bas-ventre; cette dame, qui avait employé divers remèdes sans succès, vint me consulter, en disant qu'elle était dans une sorte de rage qui ne lui laissait de repos ni jour ni nuit, par les démangeaisons et les cuissons insupportables qu'elle éprouvait, et que la mort serait préférable à l'état triste dans lequel elle était. Je lui prescrivis pour alimens le riz, les fruits cuits, avec le meilleur pain de froment, et pour toute boisson l'eau d'écorce d'orme pyramidal. Elle en prenait jusqu'à trois pintes par jour. Je joignis à ce régime les lotions répétées trois ou quatre fois par jour, et des compresses imbibées de la même décoction, qu'on tenait assujéties pendant la nuit sur les parties affectées.

Au bout d'un mois, elle se trouva grandement soulagée, et au bout de deux mois et demi, elle fut radicalement guérie. Elle est accouchée à terme et naturellement d'un enfant bien portant qu'elle a allaité et qui n'a eu aucun symptôme dartreux. La mère et l'enfant jouissent d'une parfaite santé.

Pendant que cette dame a eu cette cruelle dartre, elle est devenue grosse plusieurs fois, et elle a avorté vers le troisième ou quatrième mois de grossesse. Sans doute que l'on ne peut s'empêcher de croire que le principe dartreux ne fût la cause occasionnelle des avortemens, puisqu'il est vrai que cet accident n'est pas arrivé cette dernière fois, qu'elle est au contraire accouchée très-heureusement.

OBSERVATIONS,

PAR L'AUTEUR.

Affection dartreuse et scrophuleuse.

Une fille d'une forte constitution avait été attaquée d'une dartre scrophuleuse à l'âge de deux ans : ses parens étaient pauvres ; mais des personnes bienfaisantes lui firent donner tous les secours que l'on pouvait indiquer ; aucun ne réussit. Le mal empira : parmi le grand nombre de remèdes qu'on lui administra et que l'on crut pouvoir varier ou modifier selon son âge et l'accroissement de ses forces, on lui en donna qui, au lieu de pousser toujours en dehors l'humeur morbifique, l'attiraient et la retenaient dans l'intérieur de la peau ; on croyait l'avoir détruite, mais au moment même que l'on s'applaudissait d'une apparence trompeuse, ce calme perfide était suivi de nouvelles éruptions plus violentes, qui se manifestaient pour l'ordinaire sur des parties toutes opposées ; ces éruptions auraient pu se faire intérieurement, et la vie eût cessé au moment même où elle commençait, pour ainsi dire, à se développer. La malade étant heureusement d'une constitution forte, et les ravages, que l'acrimonie rongeante de cette humeur ne cessa point d'exercer, se portèrent toujours au-dehors. L'enfant avançait en âge avec cette maladie affreuse ; les secours qu'on lui donnait devinrent plus coûteux, et ce motif, et encore plus l'espoir de lui en procurer de plus salutaires, déterminèrent à la placer successivement dans plusieurs maisons de charité ; elle y fut recommandée avec intérêt et soignée avec des attentions marquées. On la traita plus méthodiquement qu'elle ne l'avait jamais été, et les remèdes simples et les remèdes compliqués lui furent prodigués jusqu'à l'infini. La jeune fille approchait de l'âge où la nature opère souvent les révolutions les plus extraordinaires : on en espérait quelque crise heureuse ; la révolution eut lieu, les effets secondèrent même sans effort le vœu de la nature ; mais le seul bien qu'en obtint la jeune personne fut d'acquérir des forces, si pourtant c'est un bien que d'avoir plus de moyens de lutter contre une maladie qui prit en même tems des degrés proportionnés d'intensité ; on n'en souffre que plus vivement : ce fut le sort de la malheureuse fille. L'humeur dartreuse se déchaîna sur elle avec une nouvelle vigueur : fixée plus particulièrement sur certaines parties charnues, elle y faisait des ravages en proportion de ce que les ulcères rongeans devenaient plus anciens. Les remèdes ne faisant toujours rien, elle se livra sans mesure à tous les gens à secrets ; des empiriques se succédèrent les uns aux autres, et c'est ainsi qu'elle parvint à sa vingt-huitième année. Des personnes de la plus haute considération me l'adressèrent pour faire une dernière tentative : elle était dans un état affreux ; les symptômes du mal occupaient dans ce moment les glandes du sein et du cou, l'épaule et le bras du côté droit ; toutes ces parties étaient dans le plus grand délabrement ; le virus était si actif et si abondant, qu'il pénétrait à travers les chairs du côté opposé ; la peau, dans presque toutes les parties du corps avait été ainsi dilacérée jusqu'à une grande profondeur ou avec un grand écartement. Ce n'était pas tout-à-la-fois et dans le même point de tems qu'elle avait été si

horriblement attaquée. L'acrimonie semblait s'y être
épuisée dans chaque endroit où elle s'était fixée, et ne
l'avait quitté qu'après avoir détruit tous les embranche-
mens du tissu interne de la peau ; l'avant-bras était en-
trecoupé de larges cicatrices ; les nerfs, les ligamens,
les tendons des muscles s'étaient prodigieusement retirés, et le membre où cet effet s'était opéré, ne pouvait
plus faire ses fonctions. La malade avait aussi, sur les
jambes, des cicatrices qui avaient moins de superficie,
mais qui étaient infiniment plus profondes ; son teint était
vif, mais le coloris en était forcé, ce qui annonçait de
l'embarras et des obstructions dans les viscères ; elle
avait d'ailleurs conservé une sorte d'embonpoint.

Je lui ordonnai l'usage de l'eau pyramidale, tant en
boisson qu'en topique : elle commença ce remède vers
la fin de l'anné 1783, et ne tarda point à s'appercevoir
des heureux effets qu'il devait produire. Quelques jours
après qu'elle l'eut commencé, elle éprouva en elle-même
un bien-être, un calme dont elle n'avait jamais joui :
l'effet du remède parut bientôt à l'extérieur ; aidé dans
sa douce circulation par son application en topique, les
éruptions devinrent fréquentes. Les parcelles purulentes
qui se détachaient des plaies et les eaux sanieuses qui en
suintaient, devinrent très-abondantes. L'hiver, aussi
long que rigoureux de 1784, ne sembla point rallentir
les heureux progrès du remède ; il se formait toujours
des croûtes qui se desséchaient, tombaient, se renouvelaient et annonçaient d'une manière qui n'était point
équivoque que la source de l'humeur se tarissait ; elle
était prodigieuse, mais enfin les dernières molécules amenées, si je puis me servir de cette expression, aux em-
bouchures excrétoires de la peau, ont fait éprouver à la
malade une satisfaction qu'elle n'avait jamais ressentie,

celle d'être radicalement guérie et de jouir d'une parfaite santé. Il lui a fallu de la persévérance : sa guérison a pris près de quinze mois.

Le traitement n'a pas été compliqué : je n'ai ajouté aucun remède à l'eau pyramidale, ni stimulans, ni saignées, ni purgatifs ; la malade en buvait régulièrement une pinte par jour. Les onctions faites sur les parties affectées avec le suc épaissi de la même écorce, ont beaucoup contribué à la guérison. Après qu'elle a été décidée, j'ai fait ajouter au suc épaissi quelques cuillerées de liqueur spiritueuse pour fortifier plutôt l'organe de la peau.....

Du reste, je dois observer que je n'avais recommandé aucune espèse de régime à la malade ; son état d'indigence ne lui aurait permis d'en suivre aucun, et pendant son traitement, elle a eu plus à souffrir de la disette que de la privation des alimens que j'aurais pu lui prescrire.

Affection dartreuse par la suppression du flux hémorrhoïdal.

Le malade attaqué d'une humeur dartreuse à la cuisse gauche, était sujet à une toux très-opiniâtre. On attribuait ces accidens à la suppression du flux hémorrhoïdal ; car aussitôt que cette évacuation fut supprimée, le malade fut attaqué de la toux, suivie d'une grande quantité de crachats colorés.... Il fut mis à l'usage de l'écorce d'orme pyramidal : la toux disparut en quelques mois pour ne plus reparaître ; il survint aussi de nouvelles éruptions dans les parties où il nen avait jamais paru.

Affection dartreuse croûteuse.

Je m'occupe toujours des vertus du toxicodendron,

que je me propose de marier avec l'écorce d'orme pyramidal, dont j'ai vu de très-bons effets........ J'avais déjà employé avec succès, il y a huit ou dix ans, l'écorce d'orme sur une fille qui avait la face et les bras couverts de dartres croûteuses ; elle fut guérie en moins de deux mois, etc. (a).

Humeurs dartreuses qui portent la carie sur les dents et les détruisent.

Les papiers (b) publics retentissent depuis long-tems des éloges et des succès de l'eau pyramidale... Le rapport que m'en a fait M. l'évêque de..... qui en fait usage depuis deux mois, me les a confirmés...... Je m'adresse à vous en pleine confiance pour vous prier de me donner la manière la plus efficace de se servir de votre remède pour opérer la guérison d'une dartre vive qui m'affecte la tête depuis plus de quinze ans : j'en ai trente-huit..... Toutes mes dents se carient par l'action de l'humeur âcre, sans que je m'en apperçoive....

Je voudrais bien parvenir à me déliver de cet ennemi, sans avoir recours aux longs et fastidieux remèdes recommandés dans ces sortes de cas...... Le cautère, par exemple, me répugne.

Je vous prie instamment, mon cher confrère, de me dire, en ami, si ce secours seul suffira pour me débarrasser de cette opiniâtre et cruelle incommodité...... Plût à

(a) V. lettre de M. Defresnoy, médecin de l'hôpital militaire à Valenciennes, adressée à la société de médecine , 1784.

(b) Extrait d'une lettre en date du 10 mai 1784, du docteur Perreau.

Dieu que j'eusse commencé votre remède, il y a douze ans, j'aurais du moins conservé une partie de mes dents qui se sont toutes cariées..... Le principe de mon mal est très-invétéré. J'ai été mille fois tenté d'essayer le sublimé corrosif; mais la sécheresse de mon tempérament, l'éréthisme des nerfs et le mauvais état de la bouche, m'en ont empêché.

J'attribue avec raison la carie qui agit constamment sur mes dents à la métastase de l'humeur dartreuse qui s'y porte avec facilité.... J'apperçois depuis long-tems les gencives s'engorger et se couvrir de tems en tems de petits ulcères, d'aphtes très-douloureux qui paraissent et disparaissent en peu de jours.

Le siége de la dartre est toujours fixe dans la partie chevelue et postérieure de la tête, et je la soupçonne de l'espèce des vives ou écailleuses... Sa continuelle propension à se porter aux gencives et à suivre la route des filets nerveux qui se perdent dans la racine des dents, et son principe invétéré, qui me la fait regarder comme *immédicable*, m'avaient presque décidé de tenter l'effet d'un exutoire, pour faire une déviation au cours de cette humeur vers une partie éloignée du centre de la vitalité physique et morale.

J'ai lu et relu avec plaisir la théorie claire et précise que vous m'avez tracée du tissu-cellulaire, où vous placez le siége du vice dartreux et autres affections cutanées. Placés hors des voies de la circulation, comme vous le dites, ces maux exigent plus de tems pour les détruire. Mais est-on bien certain que le siége de ces humeurs nuisibles, si souvent fatales par leurs métastases sur des organes si essentiels à la vie, soit hors de la circulation? Je crois que c'est encore un problême à résoudre, qui doit faire la matière d'une grande question.... L'humeur dartreuse, chez moi, se déplace souvent, et reflue presque toujours sur mes dents ; une carie ordinaire ne fait pas des progrès si rapides. . . . Ne serait-il pas à craindre qu'après leur entière destruction, l'humeur ne prît une autre route, et ne fît de nouveaux ravages ? Cependant, je remarque souvent, ainsi que vous, que la perte des dents n'est pas toujours d'un mauvais pronostic.

Je répugne, et j'ai toujours beaucoup répugné à la pratique des cautères ; je ne la crois pas plus salutaire aux autres qu'à moi-même. J'ai toujours cru que c'était une infirmité dégoûtante qu'on ajoute à celles qu'on a déjà. . . . Depuis dix-neuf à vingt ans que j'exerce ma profession, je me rappelle n'en avoir conseillé que deux ou trois ; ainsi , je n'ai pas beaucoup de mérite ni de peine à être d'accord avec vous à cet égard. J'approuve, au reste, et adopte fortement tous vos principes là-dessus.

Affections dartreuses , par suite d'une gonorrhée supprimée ou refoulée.

Le malade, âgé de 36 à 37 ans , d'une heureuse constitution. et né de parens sains , était attaqué, depuis plus de douze ans, d'une maladie de peau, d'une espèce particulière.

Elle avait commencé par quelques furoncles, qui s'étaient vivement enflammés , et avaient dégénéré en abcès. On les avait traités par les moyens ordinaires, et ils s'étaient dissipés.

Bientôt après, il en parut de nouveaux sur d'autres parties du corps. On les traita, et ils se dissipèrent de même. A chaque fois, ils avaient laissé de profondes cicatrices.

L'éruption changea de forme : ce ne fut plus en gros clous qu'elle fit son explosion ; ils se disséminèrent, et il en parut une foule de plus petits, dont quelques-uns étaient encore fort gros ; ils étaient durs, enflammés, calleux ; ils avaient une peau très-épaisse à percer, et ils se chargeaient d'une quantité considerable de pus, qui s'épanchait avec peine par une sommité pointue, et qui ne faisait diminuer qu'à la longue la callosité enflammée qui leur servait de base ; le pus en était si âcre, si corrosif, qu'il rongeait la peau et la laissa criblée de cicatrices et de rugosités rougeâtres plus profondes que n'en laisse la petite vérole la plus maligne.

Ces éruptions devinrent fréquentes : à peine celle qui ne laissait plus que ces traces désagréables était-elle dissipée, qu'il en paraissait une autre aussi fâcheuse ; elles se succédaient constamment dans toutes les saisons, et la peau, si je puis me servir de cette expression, fut ainsi labourée sur toute la surface du corps. Une multitude de remèdes adoucissans n'avait rien fait ; on eut recours à des traitemens qui pûssent détruire le mal, en supprimant les éruptions : les efforts de la nature eurent plus d'énergie que ces calmans donnés à contresens, et les éruptions reparurent heureusement.

Enfin le malade prit la résolution de se soumettre aux remèdes anti-vénériens : il commença par les frictions, qui lui furent prodiguées sans succès ; le sublimé corrosif, le rob. anti - syphillitique ; l'eau de salubrité d'un célèbre académicien, la douce-amère, les sudorifiques de toute espèce, etc., lui firent misérablement passer plusieurs années de sa vie ; et n'ayant pu trouver en France des secours contre une maladie qui renaissait toujours avec la même force ; il alla chercher, en Allemagne et en Angleterre, des remèdes dont on lui avait fait espérer des effets salutaires. Il ne fût pas plus heureux, et sa fortune, son état et sa santé n'en souffrirent que davantage.

C'est après toutes ces épreuves inutiles que, de retour à Paris, il se mit à l'usage de l'eau pyramidale, au mois de novembre 1783.

Les éruptions, loin de cesser, ne furent que plus abondantes pendant six mois entiers; le malade s'appercevait seulement qu'elles le faisaient un peu moins souffrir; mais rien n'annonçait encore la guérison, lorsque tout-à-coup un écoulement séminal se manifesta sans inflammation et sans douleur. Le malade, inquiet sur la nature de cet accident, ne pouvait pas s'imaginer qu'une ancienne gonorrhée, parfaitement bien guérie il y avait plus de vingt ans, et dont il n'avait jamais rien ressenti, pût ainsi reparaître. C'était cependant là la source de son mal : cette ancienne gonorrhée, refoulée, et qui n'était guérie qu'en apparence, avait été s'imboire dans tous les fluides qui imbibent la peau, et les avait corrompus. En reprenant enfin son écoulement naturel, par l'action douce et dépurative de l'eau pyramidalé, elle opéra la plus heureuse des crises : les éruptions changèrent de caractère, les pustules parurent moins enflammées, le pus fut moins âcre, moins corrosif; à mesure que l'écoulement se faisait, les éruptions étaient moins abondantes; enfin elles cessèrent avec l'écoulement, et la guérison radicale fut le succès du seul usage de l'eau pyramidale; aucun autre remède n'y a été joint. Il a opéré lentement; mais si l'on considère que les glandes étaient par-tout engorgées, que la peau était brisée de toutes parts, que les canaux de la circulation étaient coupés ou obstrués par cette multitude incroyable de cicatrices, on concevra qu'il n'a pu agir avec plus de promptitude. Il restait au malade des taches rougeâtres par tout le corps. Après sa guérison, il a fait usage de bains d'eau pyramidale, et la peau a repris sa couleur naturelle : les inégalités causées par les cicatrices sont infiniment moins sensibles.

OBSERVATIONS

Concernant les espèces de dartres, qui paraissent et disparaissent, en suivant les phases de la lune.

Première observation.

J'ai été consulté, en 1782, par un ministre d'Allemagne, âgé d'environ quarante-cinq ans : son incommodité était une dartre croûteuse, située au milieu du front. Cette éruption critique paraissait suivre les phases entières de la lune ; elle se développait insensiblement dans le renouvellement de la lune ; elle était très-fortement développée dans son plein, et elle disparaissait insensiblement dans son décours. *Th. Bartholin* parle d'une fille épileptique qui était dans le même cas.

Deuxième observation.

En 1784, une dame de Saint-Chamond, âgée de cinquante-six ans, m'écrit qu'elle est attaquée, depuis cinq ou six ans, d'une âcreté considérable qui lui occasionne des crevasses dans les mains seulement ; la malade fut déterminée de se purger trois ou quatre fois par an, depuis ce régime, ces crevasses âcres et rongeantes ne paraissaient qu'à l'entrée de certaines phases de la lune, après quoi elles disparaissaient.

Troisième observation.

Une dame âgée d'environ cinquante ans ressentait

quelques incommodités à la cessation des révolutions
périodiques; elle était principalement sujette aux violens
maux de tête, aux approches du renouvellement de la
lune.... Ce symptôme périodique était accompagné de
crachats, de démangeaisons au visage, d'humeurs surabondantes qui découlaient des yeux, d'une surdité, de
fluxions érésypélateuses au nez, d'engelures, etc.

Elle fit usage de l'eau d'écorce d'orme pyramidal,
tant en bain qu'en boisson, et en peu de jours elle s'en
trouva infiniment soulagée. Il survint des boutons et
des éruptions qui se répandirent sur presque toute l'habitude du corps : c'était l'humeur âcre que l'action bienfaisante du remède avait atténuée et expulsée.

*Affections dartreuses, par suite d'un épanchement
laiteux (a).*

J'ai lu, dans le journal de France, du samedi 13 novembre 1784, l'annonce sur le traitement des dartres,
de *M. Bertrand de la Gresie*, docteur en médecine et
en chirurgie, etc. Il est question, dans cette brochure,
de l'usage de la vigne de Judée ou douce-amère, pour
la guérison de ces maladies. Je crois tout ce qu'en dit
M. de *la Gresie*, quoique je n'aie pas été à portée de
pouvoir être témoin des cures qu'il dit avoir faites en
province; mais, selon moi, l'usage de la douce-amère,
solanum scandens ou *dulce-amara*, peut avoir ses inconvéniens, si elle est mal administrée, car cette plante
est dans la classe des *solanum*, plus ou moins narcotique et dangereuse, puisqu'on y trouve la *belladonna*,
poison dont on ne se sert qu'extérieurement.

(*a*) Cette observation est de *G. Dagoti*, anatomiste.

Lémery et plusieurs autres botanistes nous assurent que les feuilles et les bayes de la *dulce-amara* sont dessicatives, détersives, résolutives, propres pour les obstructions du foie, pour dissoudre le sang caillé, etc. Malgré cela, je préférerais l'écorce d'orme pyramidal qui n'a aucune qualité somnifère ou narcotique ; je suis témoin des succès de ce remède ; je rapporterai une guérison qui se fait actuellement sous mes yeux.

Une femme, à la suite d'une couche, a été attaquée, depuis cinq ans environ, d'une dartre répandue sur la face, qui formait une croûte épaisse, raboteuse et noire, qui la rendait difforme et d'un aspect horrible ; le ravage du lait épanché dans la masse du sang avait occasionné ces croûtes tenaces. Vous l'avez traitée depuis un mois avec l'écorce d'orme ; ses dartres ont disparu ; il ne reste plus que peu de traces de cette maladie, qui s'effacent journellement. On parle, dans la brochure que je viens de citer, d'un médecin suédois, qui se sert avec fruit du même remède.

Affections nerveuses (a).

Madame veuve *de Chédeville*, âgée de soixante-quatre ans, ayant été, dans sa jeunesse, tourmentée de différentes maladies histériques, était, dans sa vieillesse, affligée de vapeurs qui avaient résisté à tous les moyens que l'art emploie en pareil cas : les gouttes anodines d'*Hoffman*, la fleur de tilleul, les sels, les parfums antispasmodiques, le régime même, tout avait échoué auprès de cette cruelle maladie, qui avait acquis un si grand degré d'intensité, que la malade entrait dans une

---

(a) Par le docteur Ch.......

espèce de fureur : ses yeux devenaient égarés , sa bouche
se séchait, le pouls était d'abord vif et plein , puis devenait petit et lent ; après la crise , elle urinait difficilement,
les urines étaient crues et presqu'inodores. Le 24 juin
1788, je m'avisai de la mettre à l'usage de la seconde
écorce d'orme pyramidal : le premier jour , elle eut des
coliques, qui cédèrent à quelques lavemens d'eau de
rivière ; le second jour , elle eut une crise spasmodique,
mais bien moins violente qu'antérieurement ; je ne re-
marquai plus cet érétisme qui lui occasionnait des lassitudes dans tous les membres ; le front se couvrit d'une
légère sueur ; elle resta près de trois minutes dans un
état de foiblesse qui n'avait rien de fâcheux ; enfin peu
à peu les crises diminuèrent de violence et furent moins
fréquentes, de sorte qu'au bout d'un mois, elle fut considérablement soulagée. Je fus obligé de faire un voyage
de trois mois ; de retour dans ma province , elle me
dit qu'elle n'avait plus de vapeurs , mais qu'une ou deux
fois par semaine, elle éprouvait une espèce d'ennui ou
de mélancolie qui se dissipait par la promenade. Cette
dame a joui d'une parfaite tranquillité jusqu'a sa mort,
qui a été occasionnée, au commencement de cette année ; par une chûte sur le sacrum, qui lui avait paralysé
les nerfs sacrés.

OBSERVATIONS (a).

Affections dartreuses , avec dysurie et graviers.

Il est vrai que j'ai fait les éloges de la décoction ou
tisane d'écorce d'orme : je le dois d'après les succès que

(a) Extrait d'une lettre du docteur *Taillebon* , 19 février 1786.

j'en ai eus, même avant la publication de ses propriétés.
Une femme, après avoir rendu une prodigieuse quantité
de graviers par les urines, eut à la suite une dysurie
insupportable qui durait depuis plusieurs mois. Je lui ai
conseillé de boire tous les jours, à jeûn, une chopine
de la décoction et de la continuer. Cette malade était
couverte sur tout le bas-ventre de dartres suppurantes
et si douloureuses, qu'elle tombait dans un désespoir à
vouloir, pendant l'hiver, s'aller jeter dans la rivière.
Cette boisson mucilagineuse a guéri la dysurie et les
dartres, dans l'espace d'un mois.

Encouragé de ce succès, une femme de soixante-cinq
ans avait des dartres suppurantes presque par tout le
corps, à ne pouvoir se servir de ses membres, qui
étaient enveloppés, ainsi que le corps, de papier brouil-
lard, comme chose plus supportable que le linge. Dans
ce triste état, elle me fit appeler; elle avait suivi un
régime laiteux, pendant deux ans, sans succès; elle me
proposa d'aller avec elle à Paris consulter MM. *Petit*,
Cochu, *Malouet*, *Louis*, *etc.*, qui donnèrent leurs avis,
que l'on suivit très-exactement pendant un an, sans plus
d'amendement; enfin, ayant à moi seul la malade, je
lui ai conseillé l'eau d'orme avec les pilules de soufre
et d'antimoine crud; en trois semaines elle se trouva
mieux; le même usage des remèdes continués plusieurs
mois l'ont totalement guérie; elle jouit actuellement
d'une bonne santé.

Au mois d'octobre dernier, la femme d'un perru-
quier, âgée de soixante-six ans, était couverte de dartres
vives et suppurantes depuis la tête jusqu'aux pieds;
étant écorchée et rouge comme un lapin dépouillé,
elle avait demandé ses sacremens, ne pouvant plus
supporter aucun attouchement dans toutes les parties de

son corps. Elle me fit appeler ; le premier instant que je la vis, elle m'effraya ; j'ai cherché à adoucir ses douleurs ; je la fis mettre dans un bain domestique ; à la sortie, je la fis envelopper de feuilles de poirée, et je conseillai l'usage, pour toute boisson, de la tisane d'orme, légérement mucilagineuse, avec les bols de soufre et d'antimoine préparés selon l'art, un régime doux et humectant ; dans un mois cette femme a été guérie radicalement, et elle se porte très-bien actuellement.

Je vous certifie la plus exacte vérité dans ce que j'ai l'honneur de vous écrire ; j'ai fait plusieurs autres guérisons du vice dartreux, etc. C'est le hasard qui m'a fait découvrir les propriétés de l'eau d'écorce d'orme, je serai très-flatté, comme vous êtes utile à l'humanité, que vous puissiez tirer parti de mes observations, et convaincre les incrédules, etc. etc. etc.

OBSERVATIONS.

Guérison de la pierre, par l'usage de l'eau d'écorce d'orme pyramidal (a).

Je dois vous prévenir, docteur, d'un effet admirable de cette écorce, que vous ne citez point dans votre lettre du journal n°. 255. Un bénédictin conventuel de Limoges fut à Paris, sur la fin de juin dernier, dans l'intention de se faire faire l'opération de la pierre par ce fameux lithotomiste, neveu du célèbre *Feuillant.* La saison ne sembla pas favorable à l'opérateur, ce qu'il observa fort au malade par les dangers qu'occa-

______

(a) Extrait d'une lettre de Limoges, en date du 9 mars 1784, par le ch. *Lambert.*

sionnent les chaleurs ; on différa l'opération à l'automne. Un autre bénédictin proposa à ce confrère malade l'usage de l'écorce, qui a été pour lui un spécifique puissant ; elle lui a fait sortir sables, pierres, etc. ; elle lui a épargné de grandes douleurs et peut-être la mort. Aujourd'hui il se porte bien ; néanmoins toutes les semaines il boit deux gobelets d'eau de cette écorce.

Depuis le 9 mars (*a*) que j'ai eu l'honneur de vous écrire, je dois vous faire part de ce qui suit :

J'ai vu *Dom Pin*, bénédictin conventuel de Limoges, qui m'a donné sa recette contre la pierre, gravelle, etc., avec laquelle il s'est guéri ; néanmoins il continue encore d'en faire usage, c'est-à-dire qu'il s'est restreint à deux verres de sa tisane par semaine, et voilà sa formule :

Prenez *une once d'écorce d'orme pyramidal*, que vous couperez en facon de réglisse ; vous la ferez bouillir dans trois chopines d'eau jusqu'à la diminution à-peu-près d'un quart ; un petit moment avant de retirer votre cafetière de faïence ou de grez, vous y mettrez une pincée de pariétaire, une pincée de graine de lin, et une pincée de fleurs d'ortie blanche, que vous laisserez infuser jusqu'à ce qu'elle soit à-peu-près refroide ; vous la passerez au linge, et vous en prendrez trois verres à jeûn, pendant trois jours, à la distance de demi-heure chacun. Vous vous reposerez ensuite deux jours sans en prendre, et vous continuerez ainsi jusqu'à parfaite guérison. Tous les deux mois, une purgation légère....

Voilà, monsieur, avec quoi ce bon moine a été guéri ; il a rendu des pierres considérables ; il y en a une de

---

(*a*) Extrait d'une autre lettre de Limoges, du 25 avril 1784.

la longueur de six lignes, remarque particulière; il m'en a donné une que j'ai partagée, dont une partie que j'ai mis infuser dans la susdite tisane pendant quinze jours; elle a été entièrement dissoute; et l'autre partie dans de l'eau de fontaine, qui y est encore et n'a pas changé de nature.

Dom Pin a été reconnu, par les deux plus fameux (a) lithotomistes de Paris, pour être attaqué de la pierre, et il n'a fait absolument d'autre remède pour sa guérison que ce que je vous ai marqué; c'est dans sa tisane même que j'ai fait dissoudre une portion d'une des pierres qu'il a rendues.

Dom Pin (*b*), bénédictin, a dans son portefeuille une déclaration de M. *Dusault*, chirurgien-major, en date du 19 juillet 1783, qui constate lui avoir reconnu la pierre; il en a une seconde de M. *Bresillac*, neveu du frère *Côme*, feuillant.

Observations sur plusieurs accidens graves, occasionnés par une gale rentrée.

Je ne puis me dispenser de vous témoigner (c) l'obligation que je vous dois de la connaissance des propriétés de l'eau d'écorce d'orme pyramidal : aussitôt j'en ai pris une petite tasse le matin et une autre le soir, j'en fais usage depuis un mois et demi, je me trouve parfaitement guérie de plusieurs maladies; premièrement d'une perte de sang qui durait depuis cinq ans et

---

(a) Extrait d'une lettre de Limoges, du 7 mai 1784.

(b) Extrait d'une lettre de 22 juin 1784.

(c) Extrait d'une lettre adressée à l'auteur, du Château-du-Loir, en date du 11 février 1784, signée *Guimier*.

d'un abcès dans la tête depuis plus de vingt ans, qui me causait une migraine, régulièrement trois jours par semaine; de plus, une vapeur fréquente qui me tourmentait quatre heures du jour, jusqu'à perdre la respiration; pour surcroît de misère, des ardeurs insupportables aux cuisses jusqu'aux doigts des pieds: j'aurais plutôt desiré la mort que la vie.... Dans ces attaques de douleur, je m'arrachais un signe que j'avais à la gorge, qui me causait des picotemens très-vifs..... Il m'était resté, de la première couche, une douleur dans le bas des reins, qu'à peine pouvais-je me baisser; j'avais en outre de grosses glandes autour du col et sous le menton, quelquefois si enflées, que je ne pouvais faire aucun mouvement. Toutes ces maladies se trouvaient réunies dans un corps aussi faible que le mien. J'ai eu le scorbut et la gale, plusieurs fois dans ma vie, de cette espèce de petite gale très-difficile à guérir. J'avais des duretés au nez, qui étaient très-anciennes, avec des galons qui s'étendaient. L'eau d'orme m'a guérie de toutes ces misères... Ma mère, à l'âge de soixante-dix-sept ans, ne pouvait se redresser; depuis qu'elle a pris le remède, elle se tient droite; elle se trouve également parfaitement guérie d'une colique, qui ne lui laissait pas deux jours de santé.... J'en ai donné à plus de vingt-cinq personnes, qui sont toutes guéries de leurs maux. Malgré la rigueur de l'hiver, le remède fait des progrès étonnans. Tout le monde en est dans l'admiration. Vous nous avez procuré le trésor de la vie...

Accidens occasionnés par la gale (a).

Un homme natif de la paroisse de Bessais, départe-

(a) Par le docteur Ch....., 1786.

ment de l'Allier, à la suite d'une navigation de deux ans, était attaqué d'une espèce de gale, qui cédait aux préparations de soufre et de mercure ; mais elle lui occasionnait des diarrhées, qu'il ne faisait cesser, qu'en s'enivrant ; en effet, à la suite de l'ivresse, il éprouvait une très=grande chaleur à la peau, et, par intervalle, de petits picotemens, qui l'incommodaient beaucoup, et lui annonçaient le retour de sa gale ; en effet, la peau était bientôt couverte de petits boutons. L'usage, continué, de l'écorce d'orme pyramidal, l'a totalement délivré de cette maladie cutanée, etc. etc.

OBSERVATION.

Epilepsie, à la suite d'une gale rentrée (a).

La malade avait à-peu-près trente ans, lorsqu'elle me consulta. L'épilepsie survint presque sur-le-champ, après que la gale eut disparu. Il y avait quatorze ans que la gale était rentrée. La malade a fait un usage constant de poudre d'ailhaud et autres purgatifs violens. Elle a constamment été bien réglée.

La consultante était sujette, tous les hivers, à des éruptions cutanées... Elle avait presque toujours des douleurs à l'estomac, et ses membres laissaient une sensation pareille à celle qu'on ressentirait, s'ils étaient paralysés.

L'usage de l'eau d'écorce d'orme pyramidal a détruit la première cause, et les effets qu'elle avait produits ont disparu, en conséquence de l'axiôme connu *sublatâ causâ tollitur effectus.*

____

(*a*) Extrait d'une lettre de Vertus, en Champagne, le 12 décembre 1783.

Monsieur, j'ai chez moi une fille qui, a l'âge de treize ans, fut attaquée de l'épilepsie, à laquelle on a opposé des remèdes qui en ont suspendu les retours, pendant deux ans, au bout desquels les accès ont reparu ; d'autres remèdes ont produit le même effet pendant cinq ans : d'après ces alternations, elle fut encore attaquée de cette maladie, il y a quatre ans ; ignorant les remèdes dont on lui avait fait faire usage, je lui fis prendre vingt prises de poudre d'ailhaud. Aujourd'hui, la malade ressent de grandes douleurs dans les bras et les épaules ; et l'ayant interrogée, j'ai appris qu'elle avait eu, il y a quatorze ans, une gale, qu'on lui avait fait passer sans aucune précaution, et que depuis, il lui était resté les mêmes douleurs, avec des démangeaisons aux cuisses et dans d'autres parties du corps. Elle avait souvent des éruptions croûteuses ; les boutons croûteux étaient remplacés aux bras par de grandes taches pourprées. Je vous observerai que les douleurs ont cédé, pendant trois ans, à la poudre d'ailhaud ; mais les gales et les taches ont toujours subsisté. Je vous supplie de me donner votre avis, afin que je puisse agir avec certitude, et suivre l'exemple de charité que vous donnez à tous les hommes. BÉGUIN, à Vertus, en Champagne.

OBSERVATION.

Accidens occasionnés par la dyssenterie.

Un de mes parens avait été attaqué, pendant une absence de deux mois, que j'avais été obligé de faire, d'une dyssenterie qui l'avait tellement affaibli, qu'à mon retour, je le trouvai presqu'aux portes du tombeau : il répandait autour de lui une odeur fétide, qui m'affligea. Le sphincter de l'anus avait perdu son ressort ; il évacuait sans s'en appercevoir ; il était dans un état d'atonie, qui me faisait désespérer de sa vie ; une forte décoction d'écorce d'orme pyramidal lui procura de légères douleurs dans le bas - ventre. Il évacua du sang le premier jour ; le lendemain, les matières parurent écumeuses et mêlées de petits filamens, avec quelques gouttes de sang ; enfin, en peu de jours, elles furent liées, le malade transpira ; tous les accidens disparurent successivement, et en moins de quinze jours, il se trouva rétabli, à la faiblesse près. A la suite de cette maladie, il éprouva une faiblesse dans les lombes, qui céda à l'usage des lotions à l'eau froide ; depuis ce tems, l'écorce d'orme pyramidal est devenue sa panacée, car sitôt qu'il est incommodé, soit d'indigestion, soit de fièvres printanières ou automnales, il a recours à la décoction d'écorce d'orme, et il ne tarde pas à en ressentir d'heureux effets.

Plusieurs personnes ont employé avec succès l'eau d'écorce d'orme pyramidal en lavement, dans les dyssenteries épidémiques.

OBSERVATIONS.

Hydropisie, à la suite de divers accidens.

Un homme de trente - huit ans, était attaqué depuis plus de dix-huit mois, d'une hydropisie ascite, accompagnée d'insomnie. Elle avait résisté à tous les remèdes. Il les quitta brusquement, au mois de décembre 1785, pour se livrer à l'usage de l'eau pyramidale. Il commença par en boire plus d'une pinte. Dès le second jour, les urines coulèrent avec abondance, ce qu'aucun remède n'avait opéré. Il continua ; le sommeil se rétablit, et tous les symptômes disparurent si promptement, qu'il se trouva parfaitement guéri, en moins de quinze jours.

Les circonstances et les causes particulières qui avaient jeté le malade dans cette triste situation, me déterminèrent à lui conseiller de prendre, le matin à jeun, quelques tasses d'une forte infusion de graine de genièvre, soit sucrée ou sans sucre, pure ou mêlée avec son eau d'écorce. Il continuait celle-ci à ses repas, en la mêlant dans son vin, au lieu d'eau.

Aucun autre remède ne fut employé : l'infusion de genièvre me parut suffire pour aider aux forces digestives du malade, qui s'étaient prodigieusement affaiblies, par des saignées faites à contre-tems.

Avant les premières atteintes de son hydropisie, cet homme avait toujours joui d'une parfaite santé, et avait, dans tous les tems, beaucoup mangé. Ses affaires l'avaient porté dans nos îles de l'Amérique, et il y était resté quinze ans, lorsqu'il s'embarqua pendant la guerre pour revenir en France : son vaisseau fait naufrage, il perd tout ce qu'il possède et est prêt à périr lui-même, lorsqu'il est secouru par un vaisseau ennemi; mais ce vaisseau était si mal pourvu, et il fut tellement contrarié par les mauvais tems, qu'indépendamment des fatigues d'une navigation de quatre-vingt jours entiers, il fut réduit, pendant tout ce tems, à n'avoir pour toute nourriture que quelques morceaux de biscuit pourri et quelques verres d'eau corrompue. C'est dans cet état qu'exténué par la faim, la soif et toutes les misères qu'on éprouve en pareille circonstance sur mer, on le fit enfin débarquer dans un port d'Angleterre : il passa promptement en France où il crut trouver des secours; on ne lui en donna que de perfides; au lieu de le rétablir avec précaution par des cordiaux et des restaurans, on le saigna à plusieurs reprises, et l'hydropisie fut bien-tôt la suite de cette pratique ; elle l'avait plongé dans l'état le plus déplorable, lorsque je lui conseillai l'usage de l'eau pyramidale : on vient d'en voir l'effet.

Hydropisie à la suite des fièvres, etc. (a).

Au commencement de septembre 1785, *Louis Breton*, de la paroisse de la Chapelle-Anserval, a été attaqué d'une fièvre intermittente irrégulière : le malade, saigné et émétisé, fut mis à l'usage des délayans, des tempérans et des amers ; vers le 20 du même mois, la fièvre changea de caractère et devint maligne....... Le pouls était assez naturel ; mais la prostration totale des forces, l'accablement général, la tête pesante et vaporeuse, étaient les principaux symptômes ; le malade, constamment disposé à l'assoupissement, était dans un délire obscur ; les urines ne présentaient aucune indication particulière. Quelque tems après la fièvre augmente, les douleurs de tête deviennent vives, le spasme, les convulsions, le délire, la frénésie, enfin les accidens les plus funestes se montrent alors que l'on croyait que la maladie tendait a sa fin..... La cachexie s'empare du malade, et il tombe peu à peu dans la leucophleg-matie universelle : les purgatifs, les hépatiques, les apéritifs ont été mis en usage pendant un mois, sans apporter aucun soulagement à ce cruel état. Le malade était sans ressource : j'ai conseillé l'usage de l'eau pyra-midale du docteur *Banau* ; le troisième jour qu'il en a pris, elle a déterminé un flux si abondant d'urine, qu'il s'est trouvé parfaitement guéri quinze jours après,

---

(a) Extrait de mon Journal.

et il a repris se travaux ordinaires. FABRE, *chirurgien
à la Chapelle.*

OBSERVATION

*Sur une chûte et une commotion violente suivie de
divers accidens.*

On a fait connaître dans le supplément du journal de
Paris, du 12 septembre, les propriétés de l'écorce d'orme
pyramidal, et c'est avoir rendu un très-grand service
au public ; en mon particulier, je dois la vie à l'usage que
j'en ai fait. Le premier mai 1782, je faillis être victime
de cette brutalité des cochers, qui menace sans cesse les
personnes qui vont à pied, de les écraser. Je m'étais pro-
mené aux Tuileries avec un ami : en traversant, l'un et
l'autre, le pont royal, un carrosse qui arrivait sur nous
nous força de nous séparer ; mais il allait si vîte, que
je n'eus pas assez d'agilité pour m'échapper, et je fus
renversé par le timon, qui me porta un coup violent
dans l'estomac. Le cocher ne s'arrêta point, et je me
trouvai presqu'au même instant sous les pieds des chevaux et au milieu des roues. Les chevaux imprimèrent
profondément dans mes jambes les clous de leurs fers,
et les roues me froissèrent presque toutes les parties et
particulièrement les tempes, les bras, les cuisses et les
jambes ; les boucles de mes jarretières en furent brisées ;
je ne pouvais articuler que des cris de douleur. L'ami
avec lequel j'étais, aidé par les passagers, me mit dans
un carrosse de place, qui me transporta chez moi.
M. *Banau,* appelé à mon secours, empêcha qu'on
me saignât, ce qui avait été le premier mouvement
des personnes qui m'entouraient ; il me réduisit, pour
tout remède, à l'usage intérieur et extérieur de l'eau

d'écorce d'orme pyramidal : j'en bus une pinte et demie par jour, et l'on m'en entretint des compresses bien imbibées sur les tempes , la poitrine, l'estomac, les bras, les cuisses et les jambes. Le sang, extravasé de toutes parts, s'échappa à travers les pores de la peau, et je sortis le huitième jour à pied, pour aller dîner de chez moi, rue de la Harpe, sur le boulevard, vis-à-vis la comédie italienne ; mais j'éprouvai que cette espèce de bravoure était très-inconsidérée : je sentis des douleurs vives sur le périoste, quoiqu'il n'y restât aucune apparence de sang extravasé, il y en avait pourtant encore ; je repris ma boisson ordinaire , on me mit de nouveau des compresses, et tout se dissipa avant le 15 mai, et depuis que j'ai cessé , au bout de quinze jours, l'usage de ce remède dans toute sa simplicité, je n'ai pas ressenti la moindre douleur ; il ne me reste que les marques des clous qui s'étaient enfoncés dans mes jambes. Les accidens de cette nature se repètent si souvent à Paris, soit par la même cause, soit par d'autres, que j'ai cru devoir vous faire tous ces détails.

RICHER, continuateur de l'histoire moderne de toutes les nations, etc. etc.

OBSERVATIONS (a).

Affection écrouelleuse, pour le traitement de laquelle on a fait usage de l'eau d'orme pyramidal.

Un homme d'un moyen âge, exercé aux travaux de la campagne, dont l'extérieur annonçait un levain écrouelleux, caractérisé par un teint livide, répandu

______

(a) Extrait d'une lettre adressée à la société de médecine, du 6 mai 1786.

sur toute la surface de son corps, par des gonflemens au bas-ventre, un boursoufflement au visage, et sur-tout par la grosseur démesurée de ses mains, eut recours à mon ministère. Le malade avait perdu une de ses filles, chez laquelle ce virus s'était développé de la manière la moins équivoque ; il était en proie à des sollicitudes domestiques, hors d'état de vaquer à ses affaires, parce que ses mains se refusaient aux travaux que sa profession comportait, et livré à la mélancolie la plus profonde, à laquelle se joignirent le dégoût et une fièvre habituelle, parce qu'il voyait son mal empirer de jour en jour.

Depuis long-tems ses mains et ses doigts avaient contracté une enflure, que la pression occasionnée par les instrumens de labour avait considérablement aggravée ; la paume de la main était gercée, une sanie jaunâtre suintait à travers ces gerçures ; l'épiderme était calleux ; toutes les articulations des phalanges noueuses, les doigts arqués, et le mouvement d'extension presqu'oblitéré.

Une plaie qui s'était ouverte à la base du petit doigt, du côté de la paume de la main, de laquelle découlait une sanie purulente, avait découvert les deux bouts des tendons des muscles sublimes et profonds, que l'impression de cette sanie avait corrodés, jusqu'au moment où cette érosion devait avoir provoqué la rupture des tendons : ces deux bouts, qui ressemblaient à une corde de violon, étaient saillans, desséchés et racornis.

Les nouvelles publiques faisaient mention, à cette époque, de quelques cures opérées avec l'eau d'orme, desquelles il résultait que ce remède devait être un excellent dépuratif, sur-tout à l'égard des maladies cutanées. Le malade fut d'abord purgé, et mis ensuite à l'usage de cette décoction ; au bout de quelques jours,

on doubla la dose et on l'augmenta peu à peu, de façon qu'on réduisit le malade uniquement à cette boisson.

Pendant tout le tems que dura ce traitement, on fit
appliquer sur les mains et sur les doigts des compresses
détrempées dans une forte décoction de cette eau. Le
malade, après quelques jours, se trouva sans fièvre;
le dégoût cessa, il recouvra l'appétit; ses mains se dé-
senflèrent un peu; le vide qui découvrait les tendons
fléchisseurs du petit doigt disparut et les articulations
devinrent un peu.plus flexibles. Tous ces changemens
s'opérèrent sans aucune évacuation manifeste. Ce traitement dura au-delà d'un mois passé; cet homme reprit
ses travaux ordinaires.

Depuis plus de deux ans qu'il a fait usage de ce remède, il n'a presque jamais cessé de se servir des instrumens de labour. Je suis convaincu que si ses facultés
lui avaient permis de s'en abstenir, les nodosités des
phalanges auraient disparu, et avec elles, la difficulté
de les étendre. Tout son mal se réduit à présent à la
flexion forcée de toutes les articulations des phalanges,
à l'exception de celle dont les tendons sont séparés, laquelle est droite et immédiatement appliquée sur la
paume de la main. L'enflure de cette dernière partie
s'est dissipée, mais les doigts sont toujours fort gros, etc.

Je soumets à votre jugement l'observation ci-jointe,
avec prière de la communiquer à la société de médecine, si vous pensez qu'elle mérite de lui être présen-
tée. J'avais omis, à son sujet, une circonstance essentielle, c'était le tems du développement de la sève,
tems favorable au succès d'un remède, lequel doit, à
bien des égards, produire des effets relatifs aux divers
changemens qu'éprouve cette sève, depuis sa reproduction jusqu'au terme de son exaltation.

Cette différence, qu'on éprouve à l'égard des végétaux comestibles, ne me paraît pas avoir été soumise à des expériences ni à des analyses, relativement à ceux dont on fait usage en médecine. On sait qu'il faut donner la préférence à des feuilles fraîches, qu'il faut rejeter la plupart des racines qui ont poussé leur tige, et notamment quand les plantes sont bis-annuelles. Mais la différence essentielle à saisir consisterait à remarquer les changemens qu'éprouve la sève, depuis la pousse de la plante jusqu'à sa maturité, l'analyse indiquerait les gradations, et comme telles plantes sont susceptibles d'en subir de plus ou de moins sensibles; le tableau résultant de ces différences serait capable de répandre un nouveau jour dans la matière médicale. Mon principal but, en faisant ces réflexions, serait d'apprécier les propriétés de la plupart de ces plantes, qui se ressentent le plus de la différence des saisons. Par la comparaison qu'on ferait de toutes ces gradations, on aurait un tableau dans lequel toutes leurs qualités seraient comprises, et ce tableau servirait à rectifier des observations desquelles il doit résulter souvent que, dans telles circonstances, une plante a produit un effet salutaire, et qu'elle a été inutilement employée dans d'autres, où il s'agissait cependant de remédier à une maladie semblable.

GERARD, médecin à Contignac, en Provence.

Affection schrophuleuse (*a*).

Un jeune homme, âgé d'environ trente ans, fut at-

(*a*) Cette observation a été adressée à M. de Vilquier, en 1784, par extrait de différentes lettres.

taqué, il y a deux ans, d'une maladie caractérisée de la manière suivante :

Son ventre devint tres-gros et très-sonore ; tous les viscères et les glandes du bas-ventre étaient gorgés et empâtés ; le malade souffrait, pour peu qu'on le touchât des douleurs sourdes ; les selles n'offraient rien de particulier, les urines étaient fort rares et fort bourbeuses; le dépôt était briqueté, ce qui donna des inquiétudes pour l'hydropisie ascite; il prit des fondans ; il fit usage sur-tout de l'oximel scillitique. Le gonflement du ventre inférieur a paru d'abord provenir de l'air raréfié ; il sonnait comme si le malade avait été affecté de tympanite; peu à peu il devint moins sonore, sans perdre de son volume ; au toucher, on sentait une ondulation lourde, qui annonçait plutôt la présence de matières épaisses, que celle de l'eau ; enfin il survint un dévoiement et un flux d'urine, qui soulagèrent beaucoup le malade, et le ventre reprit son état naturel.

Cependant le malade n'a pas joui d'une bonne santé : vers le mois d'août 1782, il parut des tumeurs dans toutes les glandes du col, qui ont suppuré les unes après les autres ; il s'en cicatrisait une et il s'en ouvrait deux; il y en a encore, dans ce moment, qui suintent une matière lymphatique qui, se durcissant à l'air, fait croûte.

A notre première visite, vers la mi-septembre dernier, nous avons remarqué, que tous les viscères du bas-ventre étoient gros, durs et sensibles ; toutes les glandes du mésentère nous ont paru affectées du même engorgement. On observait, sur les vraies et fausses côtes à gauche, différentes tumeurs moles, insensibles, de diverses figures et grosseurs, sans aucune altération de la couleur de la peau ; ces tumeurs sont encore les mêmes aujourd'hui.

Les glandes de l'aîne du même côté sont toutes gorgées, dures et sensibles. La cuisse et la jambe viennent
tout récemment d'éprouver un gonflement considérable,
avec tension et douleur ; la peau devient érésypélateuse
dans ces parties ; cet accident fut accompagné de fièvre
pendant quinze jours ; elle s'est terminée par dix ou
douze tumeurs de différentes grosseurs et formes ; plusieurs sont en suppuration. Le pus est sanieux, mal cuit
et mal élaboré ; la suppuration des glandes du col est
de la même nature. D'après tous ces symptômes, nous
avons pensé que cette maladie est un vice scrophuleux
répandu dans les liqueurs.

On a pratiqué un cautère qui n'a produit aucune diminution sensible ; on a été obligé de le cicatriser
parce qu'il rendait du sang. La première incommodité
du ventre n'avait-elle pas, pour cause matérielle, ce
même vice scrophuleux ? Le malade avait fait usage des
pilules de *Beloste* sans succès.

Aujourd'hui, il est à l'usage de la décoction d'écorce
d'orme pyramidal, depuis le 24 septembre 1785. Les
petites plaies, dont nous venons de parler, se sont
d'abord cicatrisées en grande partie ; le gonflement de
la jambe gauche s'est terminé par un dépôt considérable
à sa partie moyenne intérieure, où le foyer s'est montré
le 8 octobre, et d'où il sortit une quantité énorme de
pus bien cuit et de très-bonne qualité ; on peut évaluer,
sans exagérer, la quantité de pus qui est sorti par cette
ouverture, dans les 48 premières heures, à six livres.

Le malade sentait une fusée partir de l'aîne gauche
jusqu'au foyer ; la trace en étoit marquée par une ligne
bleuâtre ; sur cette même ligne, qui de l'aîne passait
sous le jarret pour se terminer au foyer, il existait plusieurs petites tumeurs qui ont suppuré.

Quoique nous ayons tenu ce foyer ouvert par un pansement méthodique, et malgré une demi-livre de pus
qui en sortait par jour, il s'est fait un second dépôt qui
s'est montré à la partie supérieure et externe de la même
jambe, à quatre travers de doigts de l'articulation ; il
a été ouvert le 29 du même mois, il en est sorti une
quantité prodigieuse de pus, et six fois autant que le
foyer pouvait en contenir ; chaque fois qu'on le pensait,
le malade sentait constamment le trajet que l'humeur
purulente parcourait pour venir de l'aîne au foyer ; les
deux foyers ne se communiquaient pas ; nous les avons
sondés différentes fois ; ils étaient séparés, étroits et
fort profonds, en remontant vers le genou.

Il s'est ouvert tout-à-coup deux issues, à trois pouces
de distance l'une de l'autre, communiquant au même
foyer, très-étroites, d'où il sortait plus d'eau roussâtre
que de pus ; cette issue fistuleuse était à un pouce de
distance de la dernière ouverture, et n'intéressait que
la peau. Cette quantité prodigieuse de matière purulente, que les deux foyers ont rendu, nous ferait croire
qu'elle y arrivait par métastase de l'abdomen, et que
c'était-là la cause de ces gonflemens et de l'hydropisie
apparente.

Il s'est rouvert une ancienne cicatrice à la pointe du
mollet de la même jambe, qui ne fait qu'un ulcère
plat qui tend à sa guérison. Les glandes de l'aîne sont
encore gonflées, mais insensibles.

Les urines ont charié long - tems, sur-tout dans le
commencement de l'usage de la décoction d'écorce
d'orme pyramidal, une grande quantité de pus qui
déposait au fond de chaque goblet, de la même manière
que déposent les urines d'un malade affecté de catarre
à la vessie ; nous avons remarqué plusieurs fois que,

quand les urines chariaient moins de cette matière blanche et purulente, il coulait plus de pus par les deux ouvertures.

Le malade a éprouvé, depuis ce traitement, plusieurs accès de fièvre éphémère, pendant lesquels, les urines ne déposaient pas, et le lendemain il sortait le double de pus par les ouvertures de la jambe....

Les urines ne déposent plus depuis trois semaines; le malade n'a pas éprouvé de fièvre.....

Le ventre n'est plus si gros, ni sonore, ni si douloureux; la seule partie qui reste sensible au toucher est un des corps charnus du muscle droit au côté gauche.

La jambe suppure très-peu actuellement; il sort par la première ouverture qui avoisine le tibia plus d'eau roussâtre que de pus....

La seconde suppure très-peu, et ce qui en sort vient toujours du haut; la jambe reste un peu gonflée au mollet; du reste, elle est dans son état naturel et jouit de tous ses mouvemens.

Nous conservons la liberté du ventre par l'usage journalier des pilules de *Beloste*.

Après le dernier accès de fièvre, le malade avait perdu l'appetit; il éprouvait du dégoût; nous l'avons purgé.

Le malade a actuellement bon appetit, dort bien et reprend des forces.

Nous n'avons pas continué l'écorce d'orme en topique dans la crainte de cicatriser les plaies avant la dépuration totale; on s'en est servi pour le col avec succès; il ne reste plus que le léger suintement qui reparait à quatre ou cinq jours de distance.

Le topique était fait avec le vin, etc. Nous avons été obligés de suppléer à ce topique, dans les gonflemens douloureux , par les cataplasmes de farine de graine de lin et la décoction de racine de guimauve.

Le malade se plaint, depuis quelques jours, d'une douleur à l'épaule droite et au pied droit ; il n'y a ni gonflement , ni rougeur ; nous croyons que ces douleurs sont purement rhumatismales , etc. etc.

OBSERVATIONS

Sur la Goutte vague.

Vous (a) avez assurément bien parfaitement rencontré, pour une première fois, que vous avez fait l'essai de la composition de la tisane dont nous avions parlé ; je reconnais-là votre justesse et votre habileté. Ce remède est fait pour avoir la plus grande vogue, parce qu'il procure, dans la goutte vague sur-tout , le plus prompt et le plus grand soulagement ; comme vous savez qu'on n'en doit prendre , chaque jour , que la dose de deux tasses à chocolat, au bain marie, il sera plus à propos que la distribution de cette tisane se fasse par demi-bouteille ; elle est d'un goût très-agréable et parfume la bouche ; elle a l'avantage aussi de se conserver un tems considérable , lorsqu'elle est placée dans un endroit frais ; sa couleur est superbe , et vous ne devez pas, pour le bien de l'humanité, hésiter à donner au public la même méthode pour la faire que celle que vous avez si à-propos employée ; si elle était plus forte, elle serait trop échauffante ; et si elle l'était moins, le remède n'aurait plus assez de force pour agir efficacement ; mon chirurgien , qui est très-habile , et qui s'est

(a) Extrait d'une lettre de M. le D. de Les....

trouvé dans ma chambre au moment que j'ai reçu votre bouteille, a trouvé, comme moi, que, dans les cas des humeurs de goutte et de rhumatisme, c'était d'un très-bon secours; on peut en ordonner une tasse ordinaire par jour à ceux qui sont habituellement attaqués de maux d'estomac et tourmentés par de mauvaises digestions. Elle opère encore de grands effets dans ces circonstances. Cette tisane est la décoction du bois de génévrier....

Il n'y a pas lieu de douter que le génévrier ne soit merveilleux pour la goutte. Cette maladie n'est, suivant *Paracelse*, qu'un sel ou une substance tartareuse qui s'amasse dans les cavités des jointures, corrompt la mucosité naturelle qui sert au mouvement, et excite, par son acrimonie, les vives douleurs qui accompagnent cette maladie. Ce sel reste à sec dans les jointures, se résout de lui-même, lorsque le vent du midi commence à souffler; ce qu'il a de commun avec tous les sels que l'humidité pénètre, ou avec toutes les humeurs congelées par le froid. Il n'est donc question, pour guérir la goutte, que de faire pénétrer jusqu'aux jointures, une humidité chaude qui résolve les nodosités qui se sont formées. C'est à quoi le genièvre est plus propre qu'aucun autre remède. Le genièvre a la vertu de retirer les humeurs vicieuses des parties du corps les plus éloignées, et, par conséquent, des pieds et des mains qui sont le siège ordinaire de la goutte. Cet effet sera beaucoup plus prompt et plus sûr, si l'on applique sur la partie attaquée le baume universel.

L'usage de l'eau d'écorce d'orme pyramidal produit, chez les goutteux des changemens heureux. On en a vu être couverts d'éruptions dartreuses sur les différentes parties du corps par le seul effet de ce simple remède, les nodosités se résoudre, et les attaques de goutte diminuer ou disparoître entièrement.... La cause matérielle de la goutte, de la pierre ou des graviers, de l'affection dartreuse, est une humeur hétérogène aux sucs doux de la lymphe, mais homogène par sa nature...

OBSERVATION.

Affection vénérienne dégénérée.

Un bon tempérament, la proportion exacte des parties, l'eclat de la peau, un beau teint, la physionomie heureuse, les humeurs douces, le caractère paisible et gai, sont des marques certaines de la santé et de la pureté du sang. La veuve *Le G*.... (*a*) était née avec tous ces avantages. Elle ne les conserva pas long-tems; ayant été mariée très jeune à un homme dont les mœurs étaient dépravées, elle fut bientôt infectée d'un virus rongeant d'autant plus actif, d'autant plus facile à fermenter et propre à se développer dans toutes les membranes glanduleuses-cellulaires, que les principes constituants de son sang et de ses humeurs étaient primordialement dans cet état de pureté. Le mari, après avoir langui plusieurs années dans les douleurs les plus cruelles, succomba aux ravages de cette maladie.

En général, le virus vénérien, qui n'a point de caractère propre et invariable dans sa manière d'agir, est plus ou moins sensible par ses effets ; les symptômes plus ou moins graves, d'après toutes les circonstances particulières qui ont pu donner lieu à la contagion.

______

(*a*) Exposé de la maladie de la veuve Le G..., avec le détail des remèdes qu'on lui a administrés.

La femme dont il s'agit, qui peut-être ignorait jusqu'au nom de cette maladie, en ignorait du moins l'existence dans son mari ; elle l'ignora long-tems dans elle-même ; il fallut pour qu'elle acquît à cet égard une lumière accablante, mais qu'il lui eût importé d'avoir plutôt, que le levain morbifique prît chez elle ce caractère de malignité où il a été porté depuis, soit à raison de son ancienneté, soit à raison de l'abondance de la matière virulente accumulée pendant des années entières par un commerce habituel.

On sent combien grands, par cela même qu'ils restaient cachés, ont dû être les progrès du mal ; aussi quand le moment de son explosion est arrivé, a-t-il été terrible.

La matière virulente s'était, pour ainsi dire, identifiée avec toutes les humeurs douces ; elle avait enveloppé toutes les parties ; l'universalité de la membrane adipeuse en était rongée et dilacérée ; le plus léger des accidens, le plus petit ulcère, le chancre le plus superficiel à la base de l'épiderme, suffisent pour constater la présence du virus qui a par lui-même une manière d'être et un caractère de malignité qui ne peut pas être confondu avec des accidens locaux, soit qu'il agisse sourdement sur un point isolé, soit qu'il attaque avec fureur toutes les parties. Mais, dans l'observation présente, on était repoussé, à l'approche de la malade ; toute la surface du corps ne semblait présenter qu'un ulcère universel, une solution de continuité générale et très-profonde dans les chairs ; la tête, le front, les bras, les jambes, les cuisses, la poitrine, le dos, les épaules, etc. étaient couverts d'ulcères rongeans et sanieux, qui s'agrandissaient presqu'à vue d'œil et se rapprochaient rapidement les uns des autres ; la plupart se

communiquaient par-dessous les tégumens qui se sou-
levaient, à la distance de quelques pouces, tout autour
des ulcères, comme si, dans ces points de localité, ils
n'eussent point été des parties continues ; la peau, séparée entièrement des chairs fongueuses, était elle-même
molasse et baveuse ; on découvrait aisément dans le fond
des plaies, qui permettait l'introduction des doigts (tant
la peau se trouvait soulevée par l'âcre rongeant) des
fistules à clapiers, d'où suintait une quantité prodigieuse
de sanie qui, quoique très-épaisse, n'avait ni consistance ni coction. Cette humeur n'était pas celle de la
nature, mais elle était le résultat des effets d'un virus
coagulant qui détruit également les fibres, les membranes, les vaisseaux lymphatiques, les tendons, les
portions nerveuses, la mucosité, la graisse, etc., et ne
laisse après lui que les débris informes des substances
organisées.

Tous les âcres en général sont portés par les forces
de la vie vers l'universalité de la peau ; les accidens
qui surviennent et qui en altèrent l'organisation, doivent être regardés ordinairement comme des crises dépuratoires, et il suffit d'aider à ces efforts salutaires de
la nature. Il semble qu'il n'en est pas de même du
virus vénérien, lorsqu'il se déploie avec un tel degré
d'activité, et que le levain se trouve rassemblé en masse
dans un même individu ; toutes les forces de l'organisation sont à peine capables de s'opposer aux progrès
de ses effets destructeurs.

Une description détaillée de la maladie dont il est
question deviendrait inutile, parce que les symptômes
disséminés sur les différentes parties du corps étaient
par-tout les mêmes et avaient les mêmes effets; plus de
vingt ulcères, d'une très-grande étendue et profondeur,

tourmentaient cruellement la malade, et leur aspect hideux ne fournissait à la réflexion que la prévision d'un avenir funeste, fortifiée par l'expérience de la mort de son mari; mais son caractère pacifique lui faisait supporter la douleur avec résignation. Cependant nous parlerons en particulier d'un seul de ces ulcères, par rapport au lieu où il s'était fixé.

La matière virulente, infiltrée dans tous les points de la superficie, avait en particulier formé un ulcère profond à la racine des cheveux, sur l'os frontal ; son étendue, ses callosités, la dureté de ses bords, la rougeur foncée des chairs, sa profondeur et son caractère général le rapprochaient de la nature d'un *noli me tangere ;* l'os même n'eût pas tardé à être attaqué, si l'on n'eût apporté les plus prompts secours à la malade. Elle était dans cet état vraiment alarmant, lorsque je la vis, il y a aujourd'hui près de dix ans.

Tous les remèdes avaient été administrés jusqu'à cette époque, sans aucune espèce de succès. On avait tenté les préparations mercurielles sous toutes les formes, en frictions jusqu'à salivation et à forte dose, la malade avait aussi usé des dissolutions mercurielles ; elle sortait des hôpitaux, où elle avait passé par les grands remèdes.

Quelques détails sur les circonstances de ces différens traitemens nous paraissent faire une partie nécessaire de l'historique de cette maladie.

Cette dame avait alors trente-deux ans : dans le cours, trop long, de dix ou douze années qu'elle a vécu avec son mari, elle a accouché de trois enfans qui sont morts quelques jours après leur naissance.

Sa maladie s'annonça d'abord par trois bubons, un de chaque côté de l'aîne, et un troisième fixé sur une des grandes lèvres. Ce fut vers la sixième année de son mariage, et trois ans avant la mort de son mari, que ces symptômes eurent lieu. Ignorant pour lors la nature du mal et de ses causes, et se trouvant en province, la malade attendit tout de quelques remèdes simples et de la patience; elle fit sur-tout un grand usage du cresson, qui n'est point favorable au traitement du virus syphilitique, parce que les principes de cette plante agacent prodigieusement le système des nerfs : ces engorgemens passèrent par tous les degrés de l'inflammation; les douleurs furent vives, les insomnies continuelles; ils suppurèrent enfin par le seul secours de la nature, et se dissipèrent au bout d'un tems fort long.

Les accidens extérieurs s'étaient guéris, mais la matière virulente avait resté. La malade, continuant de cohabiter avec son mari, qui n'avait jamais cherché à se faire guérir, reprit de nouveaux levains : bientôt après une seconde fermentation dans les humeurs fit éclater de nouveaux accidens; le virus s'annonça par des pustules qui couvrirent les jambes et les cuisses; elles étaient du plus mauvais caractère, et elles firent tellement souffrir la malade, qu'elle fut forcée de se rendre à Bicêtre. Elle séjourna dans cet hôpital l'espace de cinq mois; là elle passa par les grands remèdes, c'est-à-dire par les frictions jusqu'à forte salivation.

Le 5 février 1784, la malade se rendit à l'hospice, où elle accoucha d'un enfant qui survécut cinquante jours; c'est le dernier des trois qu'elle a eu de son mariage; elle ne put l'allaiter que trois semaines. La mère et l'enfant apportèrent des preuves non équivoques de la présence du virus vénérien; elle fut traitée pour la seconde fois, et on la passa par les grands remèdes jusqu'à forte salivation. On remarquera qu'à cette troisième

époque il y eut un écoulement très-abondant : le mercure, administré en forte dose, ne parut pas en ralentir
le cours ; on fit faire des injections astringentes, et cette
crise heureuse de la nature fut supprimée pour toujours.
Elle sortit de l'hospice le 24 juillet de la même année.

Cet état apparent de guérison ne fut pas de longue
durée ; il y eut bientôt une fermentation générale dans
les humeurs, qu'occasionna le refoulement de la matière virulente dans les parties intérieures. Ce fut à
cette époque que le virus repoussé dans toutes les glandes
graisseuses qui tapissent la surface interne de la peau,
se déclara par ces ulcères fongueux, dont on a parlé ;
on eut recours aux dissolutions mercurielles, à l'eau
du docteur *Préval*, au sublimé corrosif dissous dans
l'eau de chaux, etc. La malade ne put en supporter
long-tems l'effet ; son estomac s'affaiblissait de jour en
jour, et les symptômes s'aigrissaient au lieu de s'a-
doucir.

On observera que le mercure, dont la malade avait
pris une quantité considérable, sortait d'une manière
sensible des plaies qui couvraient la surface du corps. Ce
phénomène venait peut-être moins de la portion de ce
minéral, introduit par les frictions, que de celle qu'elle
avait respiré la nuit et le jour, en travaillant à la
dorure, pendant l'espace de plusieurs années.

Tel était l'état de la malade, et tels sont les remèdes qu'on lui avait administré, dans ces différentes
époques, lorsqu'elle me consulta.

La malade ne pouvant plus travailler, ni s'occuper,
elle n'avait d'autre ressource que les bienfaits d'un homme
sensible et peu fortuné, qui lui donna l'hospitalité. Se
serait-elle rendue encore dans les hôpitaux, où les traitemens qu'on y administre avaient eu si peu de succès ?

On lui conseilla l'eau d'écorce d'orme pyramidal, tant en boisson qu'en topique sur les plaies, et dix gouttes d'une *teinture d'antimoine*, à prendre, le matin, à jeûn, dans le premier verre de la décoction. On lui annonça en même tems une crise salutaire : l'ancien écoulement supprimé reparut, comme on l'avait prédit, avec une abondance prodigieuse. C'était une matière jaunâtre, puriforme, qui changea en blanc, au bout de quinze jours. Les ulcères sanieux se cicatrisèrent à vue d'œil; il s'en forma de nouveaux qui se cicatrisèrent de même. On serait étonné du nombre de ces ulcères, de la rapidité avec laquelle la matière virulente se portait au-dehors, de son abondance, de son effet corrosif sur les tégumens. Les uns, quoique de l'aspect le plus hideux, disparaissaient au bout de deux ou trois jours; d'autres se fixaient sur d'autres parties, dans un si court espace de tems, et ressemblaient aux premiers; la malade ne tarda pas de les voir tous se cicatriser, et elle eût été guérie plus promptement, si elle avait eu les moyens de suivre un régime convenable, et de se procurer une chaleur douce et tempérée.

OBSERVATIONS.

Affections dartreuses qui naissent de la cohabitation des personnes d'âges disproportionnés.

(*Guérison d'une maladie de la peau, des plus compliquées qu'on ait vu depuis plusieurs siècles.*)

Madame la M......., veuve d'un lieutenant-général d'artillerie, en est le sujet.

Cette dame avait eu, dans son enfance, des érup-

tions dartreuses ; quelques topiques gras et répercussifs les firent bientôt disparaître de la surface de la
peau.... Elle avait pour lors environ sept ans....

Vers la vingt-unième année, l'âcre dartreux fit une
explosion nouvelle : on employa, avec un succès apparent, les potions froides, les tisanes et les purgations
répétées. Le foyer de l'humeur maligne fut concentré
dans les parties intérieures, et on se crut guéri.

Voici l'ordre dans lequel se montrèrent les dartres,
dans ces premiers tems.

La tête, le col, les surfaces antérieures et posté-
rieures de la poitrine, les épaules, les aisselles, etc.,
étaient principalement affectées ; l'épiderme se dessè-
chait bientôt ; il s'exfoliait et tombait par écailles ; la
peau reparaissait au vif, et elle subissait aussitôt ces
métamorphoses de dessèchement écailleux et de son
prompt renouvellement ; ainsi, la *vieille peau* succédait
sans cesse à celle qui venait de se séparer des chairs ;
il serait impossible de peindre à l'entendement ce
qu'on ne pouvait fixer quelques instans, sans être
repoussé par un sentiment d'horreur. Cela prouve que
la plus petite dartre négligée, ou qui est refoulée dans
les cavités intérieures, par des remèdes administrés à
contre tems, peut entraîner les plus grands désordres.

Il y avait aussi des engorgemens très-considérables
aux aînes ; les oreilles, prodigieusement gorgées par la
surabondance de l'humeur hétérogène, étaient difformes.
Il faut le dire, en passant, la malade était d'un tempérament sensible et délicat et d'une imagination vive
et ardente : les contrariétés, les affections morales avaient
fait de fortes impressions sur sa santé. Elle fut mariée
avec un vieux militaire. On sait combien une jeune
personne, d'un âge encore tendre, est susceptible de

de contracter les levains étrangers, et de s'approprier l'acrimonie de nos humeurs. Ces fermens délétaires sont très-propres à fermenter chez l'individu qui, sortant des mains de la nature, a les humeurs douces et balsamiques. Cette circonstance particulière ajoutait ici, sans doute, une complication grave à la maladie de peau ; elle en augmentait l'intensité, en laissant, dans les parties profondes, des sphères d'activité capables d'altérer toute la masse du sang. On verra par les détails de cette cruelle maladie, une preuve que l'ordre des choses, dans l'économie animale, ne souffre jamais que deux actions différentes agissent à la fois, et viennent attaquer en même tems le principe de la vie. L'humeur dartreuse vint absorber elle seule, dans le cas présent, les dégénérescences d'un virus étranger, et il n'y eut jamais, dans les plus fortes attaques, un seul symptôme qui ne fut caractéristique de l'affection dartreuse, et si la maladie principale n'avait pas été radicalement guérie par l'usage de l'eau d'écorce d'orme pyramidal, dans toutes ses applications, il est à présumer que le scorbut le plus grave eût fait périr la malade, de la manière la plus affreuse.

Nous nous sommes écartés un peu de la marche, et nous revenons au sujet principal qui nous occupe. Ces détails paraissaient nécessaires pour donner une idée à peu près sensible de l'état critique où la malade s'est trouvée, par un concours de causes différentes. Le moment arrivait où les révolutions périodiques devaient cesser avant le tems ordinaire, eu égard aux circonstances même où la malade se trouvait. Quels changemens ne s'opère-t-il pas alors dans toute la constitution ? Le principe de la vie doit surveiller plus que jamais l'ordre des fonctions qui se trouvent arrêtées ou suspendues, dans l'âge de retour ; ce tems, vraiment orageux, met les femmes dans un danger pressant. Aussi, la nature emploie-t-elle toutes ses forces pour rétablir l'équilibre dans la circulation des fluides ; les parties intérieures et extérieures font effort pour expulser, peu à peu, les impuretés des humeurs qui obstruent la peau et toutes ses membranes. Bientôt, il se fait une effervescence éruptive, qui devient critique ; c'est le renouvellement intérieur, où commence une autre vie, et comme on le dit, *un bail de santé*. Toutes les parties, toutes les humeurs sont renouvelées à la suite de ces mouvemens de la dépuration intérieure.

On était parvenu à faire disparaître, chez notre malade, les symptômes extérieurs du mal, à plusieurs époques différentes, comme nous venons de le dire ; mais le foyer était concentré dans les cavités les plus profondes ; il y était resté comme assoupi, pendant plusieurs années. Ce calme trompeur avait duré assez longtems pour qu'on se crût entièrement délivré de cet ennemi redoutable.

La première éruption eut lieu dans l'enfance, dans le passage de la septième année.

La seconde, vers la vingt-unième année.

La troisième, vers la trente-sixième année.

La dernière, à l'époque critique et climatérique de la quarante-neuvième année, ou environ.

Le levain morbifique avait acquis, par son séjour dans les parties profondes, de nouvelles forces ; les symptômes reparurent donc, et se montrèrent d'abord avec vigueur à la tête, au col, aux oreilles, etc. Je fus appelé, pour la première fois, en 1788. Les éruptions me parurent avoir l'aspect le plus hideux et le plus effrayant ; la peau tombait par écailles ; le virus actif gagnait insensiblement toute l'habitude du corps, et en labourait la peau, comme si elle eût été calcinée par le feu ou par les agens les plus corrosifs; ce fut bientôt une véritable lèpre. Cette cruelle maladie prit en effet le caractère de l'éléphantiasis (*a*). Les écailles de la peau formaient sur tout le corps des plaques plus ou moins grandes, dures, épaisses et parcheminées; elles tombaient, et se renouvelaient constamment. Les bras, les mains et les pieds (*b*) n'avaient pas leur forme ordinaire; ils étaient beaucoup plus gros que dans l'état naturel; sous l'épiderme croûteux ou écailleux, la peau et le tissu cellulaire éprouvaient un engorgement considérable, qui les rendait très - durs au toucher, et presque du double plus volumineux que dans l'état de santé.

Le cuir chevelu, le front, les sourcils, les oreilles et la peau même des lèvres, étaient recouvertes, dans une grande profondeur de ces écailles dartreuses. Le visage avait un aspect hideux et insoutenable; il était impossible de le fixer.

Cet état écailleux et croûteux de la peau semble caractériser cette famille d'animaux immondes du nouveau continent, connu sous la dénomination générique de *Tatoux*.

(*a*) L'éléphantiasis est endémique, en Amérique. Ce caractère constant du gonflement dur et rénitant des extrémités du corps, a engagé les colons et même les médecins de ces contrées, à désigner généralement cette maladie par le nom de *gros-pied*.

(*b*) L'éléphantiasis est l'espèce de lèpre qu'on appelle *lèpre des Arabes*; elle est ainsi nommée à cause que ceux qui en sont atteints, ont les jambes grosses et tubéreuses, ainsi que les bras, la peau enflée, rude au toucher, ridée et inégale, comme les éléphans.

Les succès de l'eau pyramidale , dans les maladies de cette espèce, étaient déjà connus avantageusement de la malade ; elle s'y livra donc entièrement ; elle en buvait jusqu'à deux pintes par jour. On renouvellait aussi plusieurs fois dans la journée les compresses et les fomentations faites avec le suc épais et mucilagineux de cette écorce , qu'on tenait assujetties sur les parties les plus affectées. Elle prit aussi des bains composés avec la même décoction.

Ce spécifique a produit, dans cette circonstance, des effets si prompts, si marqués, que j'ai été obligé d'en suspendre quelquefois l'usage : on était forcé de contenir dans de justes bornes l'effet de la dépuration que ce traitement avait excité. Les crises de l'épanchement de l'âcre dartreux au-dehors, étaient si fortes, que toutes les parties cellulaires de la peau s'abreuvaient d'une grande quantité de matières purulentes. Sa surface entière présentait des ulcères et des foyers de pus, d'où on le voyait sourdre de tous les côtés (a).

Les bains et les fomentations attiraient vers les parties extérieures la masse entière de l'acrimonie des humeurs. Cette effervescence, ou cet orgasme dans les liqueurs, si avantageuse à la conservation de la vie, était effrayante ; on en réglait le cours par des calmans légers, tels que les fomentations de mélilot et de fleurs de sureau. Le levain purulent s'écoulait à travers le tissu de la peau : la source en était intarissable. C'étaient tantôt des eaux abon-

____

(a) La malade avait les bras si affectés par la force du mal, qu'ils n'avaient pas même conservé leur forme naturelle. Elle a vécu plusieurs mois, dans son lit, sans pouvoir s'en servir , pas même des mains, dont les doigts étaient couverts d'ulcères , et d'où il sortait une quantité prodigieuse de pus.

dantes qui en sortaient, tantôt des pustules ou de grosses cloches qui se crevaient promptement, et laissaient couler un fluide épais, de la couleur et de la consistance du lait....

L'eau pyramidale a si bien concouru à la dépuration de cette constitution lépreuse, par cette espèce d'exsudation presque générale, que la santé de la malade a été entièrement rétablie dans l'espace de quelques mois. Les personnes qui l'ont connue dans cet état, ont été grandement surprises de cette régénération. Plusieurs médecins et entre autres M. M. *Faure* et de *Velly* ont bien voulu m'aider de leurs lumières, et visiter quelque fois la malade ; les écailles de la peau se sont plusieurs fois détachées en grande masse. Elles ont enfin disparu, sans aisser la moindre trace de leur action corrosive. La malade a joui depuis d'une bonne santé, avec toute la fraicheur et l'éclat de la peau ; elle reprit aussi l'embonpoint que de longues souffrances avaient fait disparoître.

Affection dartreuse dans une dame, pour avoir été mariée jeune avec un vieillard. (a).

La cause de la maladie est sous les yeux, la consultante, qui a maintenant trente-trois ans, n'en avoit que vingt, lorsqu'elle a été mariée à un homme infiniment plus avancé en âge ; dans ces unions disproportionnées il s'établit inévitablement un commerce d'humeurs aussi nuisible pour l'une des deux parties, que favorable pour l'autre. Replacés dans l'athmosphère de la jeunesse, les vieillards aspirent les émanations pleines de la surabon-

---

(a) Extrait d'une consultation.

dance du principe de vie, qui sortent des corps sains et vigoureux, si bien caractérisés par cette expression de *Raymond Lulle*, FUMUS JUVENTUTIS, et leur habitude entière s'en trouve entretenue, réjouie, et même jusqu'à un certain point renouvelée. Les jeunes gens, au contraire, qui sont la partie souffrante de ces accouplemens disparates, pompent et reçoivent par des pores que la nature tenait ouverts, non pour cette fatale intus-susception, mais pour l'action et la réaction de ses vues génératives, des exhalaisons d'humeurs stagnantes et croupies, dont le dégoût, la privation, l'ennui et toutes les causes morales augmentent encore la maligne influence.

La loi portée par Henri II, connue sous le nom d'*édit de secondes nôces*, refrenant dans les pères ou mères qui ne peuvent plus exciter de désirs, la faculté de faire ranimer la cendre des leurs, au prix d'une fortune qui appartient à leurs enfans, et dont la justice et la nature veulent qu'ils ne se regardent que comme usufruitiers, a limité les avantages que peuvent faire ceux qui convolent en secondes nôces. C'est une belle loi, sans doute, une loi sage, une loi juste; mais cette loi n'en fait-elle pas désirer une autre, qui, s'opposant à ce qu'on franchit les barrières posées par la nature, pour la réciprocité des affections, défendrait que le mariage unît les deux extrémités de la vie, et proscrirait ces unions comme des sacrifices faits à *Moloch*, comme le rénouvellement du supplice de *Mézence*, qui liait un corps mort à un corps vivant? Quand on voit une fille, encore enfant, que l'on mène donner la main à un vieillard, ne semble-t-il pas voir *Iphigénie* qui ne s'avance vers l'autel que pour y être sacrifiée? Si la victime est forcée, c'est un assassinat; si elle consent, aveuglée par la cupidité, qui grossit les avantages et déguise les souffrances, c'est le délire du suicide; n'est-il pas de l'essence d'un législateur sage de parer à l'un et à l'autre de ces excès ? . . . . Les bains chargés du principe mucilagineux de l'eau d'écorce d'orme pyramidal, rétablirent promptement la malade et la remirent dans son premier état de fraîcheur et de beauté.

OBSERVATIONS

SUR UNE ESPÈCE DE LÈPRE,

Par le Docteur LETTSOM, Médecin de Londres (a).

Cette maladie ne se borne point à certains tempéramens; cependant les personnes blondes, qui ont la peau fine, y sont plus particuliérement sujettes que les autres. Elle attaque en général les jeunes gens, vers l'âge de puberté : les vieillards y sont moins sujets. . . . . .

L'expérience prouve que cette maladie est des plus opiniâtres. L'application des plus puissans remèdes, long-tems continués, devient inutile. L'eau de mer employée en bain et comme purgatif; les eaux réputées altérantes n'ont souvent fait aucun effet. On a tenté tout aussi inutilement diverses préparations d'antimoine et de mercure, telles que les éthiops, les pilules éthiopiènes, la poudre de *James*, le tartre stibié, le sublimé corrosif soutenu d'une décoction de salse-pareille et de mézéréon; les

---

(a) *V. Medical memoirs of the général dispensary , in London ,* 1773.

antimoniaux unis au mercure, pour déterminer vers la peau, n'ont pas eu plus de succès que la salivation ; c'est en vain qu'on a voulu mettre en usage les topiques tirés du plomb et du mercure, comme le sucre ou le sel de saturne, etc. Les vésicatoires très-étendus ont fait renaître une nouvelle peau sur tout le corps ; mais ce changement heureux n'était qu'apparent, la lépre revenait avec toute sa violence.

Quoique ces remèdes ne soient ici d'aucun secours, il ne faut pas croire incurable une maladie qui cède à des moyens plus doux. Les personnes affligées de cette espèce de lèpre, que j'ai eu occasion de traiter, ont toutes été guéries par l'usage de l'écorce interieure de l'orme, quoique l'éruption, dans quelques malades, fût très - vive et s'étendît sur toute l'habitude du corps. Ce remède est connu depuis long-tems sur-tout comme topique. Le docteur *Lysons* a inséré *dans les transactions médicales*, un mémoire très-précieux, dans lequel il constate son efficacité dans les éruptions rebelles. Cet habile médecin cite un cas de lèpre *ichthyosis* guéri par ce simple...

Dès le premier tems de ma pratique, j'employai le petit génévrier, sur la recommandation d'un très-habile médecin. J'avoue que le succès que j'en obtins dans les éruptions dartreuses et scorbutiques bénignes, m'en fit concevoir une bonne opinion pour les lépreuses; mais heureusement l'expérience m'a détrompé, et c'est ce qui m'a fourni l'occasion de faire un grand nombre d'observations. J'en rapporterai quelques-unes.

Première observation.

J. *Cox*, âgé d'environ treize ans, d'un tempérament

phlegmatique et blond, était entré dans un hôpital pour se faire guérir d'une lèpre qui durait depuis près de trois ans et couvrait presque tout son corps, sur-tout les mains, les bras et les jambes. On lui avait fait prendre une infinité de remèdes, en particulier les bains chauds, mais sans aucun amendement ; enfin il en sortit au bout de six mois, aussi infirme qu'il y était entré. Au mois de mars 1773, s'étant transporté au *Dispensaire général*, je le mis, pendant un mois, à l'usage de la décoction de génévrier, dont il buvait une pinte (*a*) par jour ; on lui administrait en même tems tous les mercuriels, les antimoniaux et le nitre, et on lui faisait des fomentations avec le sucre de saturne, des frictions avec l'onguent mercuriel, et plusieurs autres remèdes qu'il est inutile de rapporter.

Au bout d'une semaine, l'éruption parut se radoucir, mais ce ne fut que pour l'instant ; le mal reparut bientôt après, avec les mêmes symptômes : alors je prescrivis trois onces de décoction d'écorce d'orme, à prendre tous les jours, qui opérèrent, en quinze jours, un changement considérable, et au bout d'un mois, l'éruption disparut, la peau redevint dans son état naturel, et fut plus douce qu'avant l'invasion de cette horrible maladie.

Deuxième observation.

Une jeune fille, d'une constitution délicate, entra au *Dispensaire*, dans le mois de juin 1773 : son corps était couvert d'une lèpre universelle, mais l'éruption était beaucoup plus forte dans les parties inférieures, au col

---

(*a*) La pinte d'Angleterre équivaut à la chopine de France.

et aux bras. Cet enfant n'ayant reçu aucun soulagement de la décoction de génévrier, des mercuriels, de l'eau de gaudron, du quinquina et des bains chauds, elle fut mise à l'usage de la décoction d'orme, qui rétablit la souplesse de sa peau, et la guérit parfaitement dans trois semaines ; elle en buvait une pinte par jour.

Troisième observation.

Dans le mois de juillet 1773, *Anne Webler*, âgée de vingt-un ans, apperçut, sur un des bras, de petites éminences applaties, très-sensibles et rougeâtres ; c'était une éruption lépreuse qui, s'étant peu-à-peu couverte d'une croûte blanche farineuse, tomba d'elle-même au bout de quelques jours, et elle fut remplacée par une seconde, puis par une troisième, et ainsi successivement. Cette affection de la peau continua de la sorte à paraître et disparaître jusqu'au premier février 1774, que cette fille entra au *Dispensaire*. L'éruption s'était alors répandue sur plusieurs parties du corps, principalement dessus les cuisses, les jambes, le col et la tête ; elle lui causait des démangeaisons insupportables, à la moindre chaleur ; les règles étaient supprimées depuis quatre mois. Je lui prescrivis deux pilules d'aloës, à prendre le soir, avec une pinte de décoction d'orme par jour. Ce traitement, continué trois semaines, rendit la peau aussi douce qu'elle eût jamais été ; la démangeaison persistait encore, mais la misture nitreuse et quelques autres remèdes la dissipèrent entièrement ; enfin la malade fut congédiée, au bout de cinq semaines, parfaitement guérie.

Ces observations prouvent que l'écorce intérieure de l'orme, administrée seule, guérit radicalement la lèpre.

Je m'étais servi auparavant d'un gros de nitre par jour, avec une apparence de succès; mais l'expérience m'a démontré que, sans le concours de la décoction de l'écorce d'orme, il n'y avait point de guérison.

Le meilleur topique, et celui qui m'a le mieux réussi, est un simple cérat d'huile d'olive et de cire : ce liniment amollit les croûtes et les écailles dures; l'éruption se fait avec moins de douleur; on a simplement le soin de faire laver les parties avec du lait coupé et chaud, afin d'emporter les restes de ce mélange, qui, en contractant de la rancidité, deviennent nuisibles.

Les précautions à prendre pendant l'usage de la décoction d'orme, sont de tenir le ventre libre, et d'éviter les alimens contraires à la transpiration : le régime végétal doit avoir la préférence; mais si la lèpre paraissait rebelle, il faudrait continuer quelques mois la décoction.

PREMIÈRE OBSERVATION,

Sur quelques espèces de dartres fixes, qui ont un aspect de lèpre.

Il y a peu d'âcreté dans ces dartres partielles, elles ne sont pas rongeantes; c'est une affection purement accidentelle de la partie, occasionnée par un coup, une meurtrissure, une chûte : comme dans la lèpre simple, la peau est écailleuse et se renouvelle de même successivement; c'est un sang extravasé dans les membranes du tissu de la peau, qui expose à ces accidens.

Un homme d'environ quarante ans était attaqué, depuis plus de quinze, d'une humeur lépreuse qui couvrait le front, la tempe et une partie du visage du côté droit; il suintait quelquefois de ces parties une eau sanieuse;

la maladie était plus apparente et d'un aspect plus hideux en hiver qu'en été.

On avait mis en usage, sans succès, tous les remèdes connus : l'humeur s'était opiniâtrement fixée sur les mêmes parties, sans s'épancher ailleurs. Le malade était sain, et n'avait jamais été exposé à aucune autre incommodité. Une chûte très-violente qu'il avait fait dans son bas âge, et dont le coup porta principalement sur le front, en était le principe ; le sang, extravasé dans les chairs, était resté plusieurs années dans un état de stagnation et sans se montrer.

Le malade, mis au régime de l'eau d'écorce d'orme pyramidal, a été radicalement guéri en quelques mois. Les éruptions lépreuses ont été beaucoup plus abondantes et plus sensibles pendant l'usage du remède. Elles ont disparu entièrement par la marche ordinaire de la dépuration de la partie affectée.

Deuxième observation.

Le malade qui fait le sujet de cette seconde observation, était d'une constitution très-forte ; les chûtes, les coups, les commotions, mille accidens de cette espèce, auxquels il avait été sujet dans son enfance, n'avaient point affaibli son tempérament ni empêché le développement du corps. Il était âgé d'environ trente-six ans, lorsqu'il vint me consulter : son visage était couvert d'une affection lépreuse ; l'épiderme présentait une infinité de boutons rougeâtres et presqu'imperceptibles, d'où il suintait une humeur âcre et épaisse ; les remèdes continués pendant plusieurs années, avec le régime le plus rigoureux, n'avaient produit aucun changement. Le malade fut agréablement surpris, lorsqu'après l'inspection de la partie affectée, je ne balançai pas de lui dire que la cause de cette maladie provenait d'un sang extravasé à la suite de quelque accident ou d'une chûte.

Les effets de la décoction furent très-remarquables, par les éruptions considérables qui survinrent ; la guérison, quoique plus tardive que celle qui fait le sujet de la première observation, ne manqua point d'arriver, lorsque la peau fut entièrement débarrassée de l'humeur âcre qui y était épanchée depuis si long-tems. Le malade fit des lotions et des onctions répétées avec la forte décoction de l'écorce, et tenait sur les parties malades des compresses imbibées, pendant la nuit.

Troisième Observation.

Une femme d'un âge avancé avait des douleurs très-vives à une jambe. Elles étaient occasionnées par du sang extravasé sur le périoste, à la suite d'un coup qu'elle avait reçu depuis plusieurs années. On y appliqua des compresses imbibées du suc épaissi d'écorce d'orme pyramidal, et en moins de vingt-quatre heures, la peau fut couverte d'une éruption lépreuse. Les douleurs disparurent : le remède fit, dans ce cas particulier, ce qui arrive un peu plus tard par les propres forces de la vie.

Quatrième Observation.

Cette observation est très-remarquable. Le malade avait environ soixante ans, lorsqu'il me consulta ; par rapport à un étouffement qui le faisait beaucoup souffrir la nuit et le jour, avec un point de côté fixe ; ces symptômes étaient accompagnés d'un mal-aise général, d'une grande foiblesse, de dégoût et d'un dépérisse-

ment sensible, l'estomac était trés - paresseux ; l'insomnie, la maigreur extrême, la foiblesse du pouls,
annonçaient une mort prochaine.

Je prescrivis d'abord quelques amers et des cordiaux ;
le point de côté diminua ; le malade fut un peu calme ;
et ce qui ne lui était pas arrivé depuis long-tems, il
prit quelques alimens qui passèrent. Alors, il me proposa lui-même de faire usage de l'eau d'écorce d'orme
pyramidal, pour des démangeaisons très-vives qu'il ressentait aux parties naturelles et au fondement ; il soup-
çonnait d'être attaqué d'un vice dartreux ; persuadé que
ce remède ne pouvait lui faire aucun mal, j'y consentis.
Le malade ne tarda point à se féliciter de ses premiers
essais. Dans moins de quinze jours, toute l'habitude
du corps fut couverte d'une lèpre hideuse. L'image de
la petite vérole confluente la plus maligne n'était rien
par comparaison. L'action du remède avait provoqué
cette éruption critique ; les boutons âpres et desséchés
devenaient si nombreux et si pressés, qu'ils s'accol-
laient les uns les autres, et rendaient la peau rude au
point qu'elle ressemblait à une rappe. Les démangeaisons
étaient intolérables, et ne laissaient au malade aucun
repos ni le jour ni la nuit. S'il arrivait un suintement
d'humeurs, les linges en étaient imbibés comme si on
les eût trempés dans de l'eau : c'était un égoût général.
Pour lors, le malade avait des nuits plus supportables ;
il était un peu plus calme et moins exposé à ces démangeaisons affreuses qui rendaient sa position infiniment
pénible ; enfin, quelque tems après cette dépuration,
et ce mouvement fermentatif d'humeurs aussi extraordinaire, le dégoût de la vie, le point de côté, les douleurs, le mal-aise, l'insomnie et l'étouffement disparurent ; le malade se trouva mieux, et il fut bientôt ré-

tabli. La cause de tous ces désordres dépendait d'un principe d'âcreté très-ancien. On avait opéré plusieurs fois le malade, de la fistule : la même cause avait occasionné ces premiers accidens. Si l'on eût travaillé, dès le commencement, à la dépuration de la lymphe, il n'y a pas de doute que le malade n'eût eu ni fistules, ni maladie de peau.

HISTOIRE DE LA LÈPRE (a),

Et des lois de police qu'on mit en vigueur dans les Gouvernemens d'Europe, pour arrêter la rapidité et la contagion de cette affreuse maladie.

Apparent rari nantes in gurgite vasto.

(On ne voit qu'un homme, puis un homme, qui, en nageant, et dispersés çà et là, luttent contre la mort, sur l'immensité de l'abyme....)

Il n'y a pas de maladie plus sale, ni plus horrible que la lèpre : elle est contagieuse. L'haleine et l'attouchement d'un lépreux, communiquent la lèpre. Elle rendait immonde, dans l'ancienne loi : on ne souffrait aucun lépreux dans les villes ; personne ne mangeait avec eux ; et, comme dit *Joseph*, ils différaient peu des morts. Ils portaient un habit particulier ; leur robe

____

(a) Lèpre, *lepra*, vient du mot grec écaille, parce que cette maladie forme des espèces d'écailles sur la peau, et éléphantiasis, parce que les malades ont leur peau âpre, ridée et inégale, comme les éléphans.

était déchirée; ils allaient la tête nue, et avaient toujours le visage couvert, d'après les lois de *Moïse*. Une des fonctions des prêtres de ces tems anciens, était de distinguer, entre les lépreux, la véritable lèpre, dont on reconnaissait plusieurs signes caractéristiques. L'endroit atteint de la lèpre est enfoncé; la partie malade est desséchée; la peau est marquetée, et si on la frotte, elle ne devient point rouge; si on la pique, même profondément, il n'en sort point de sang. Le poil du corps, de noir, se change en blanc; les cheveux et la barbe deviennent blonds et extrêmement déliés. La vraie lèpre infectait les habits et les murailles; par-tout, il paraissait des marques de cette corruption.

Nous venons de voir que chez les Juifs, les lépreux étaient bannis de la société, pour empêcher la communication d'un mal si contagieux et si facile à gagner la masse du peuple. Dans le temple de Jérusalem, il y avait un appartement destiné aux lépreux, qui devaient se présenter aux prêtres, pour les sacrifices de purification, qui s'offraient, tant pour les lépreux, que pour les femmes qui relevaient de couches. Dans le lévitique, il est ordonné d'arroser les lépreux du sang des moineaux, avec l'hyssope, le cèdre, le *coccus*, qui est le grain d'où se forme l'écarlate. L'hyssope est pris ici pour le romarin. « Seigneur, dit *David*, vous m'arroserez avec de l'hyssope, et je serai purifié. »

Hérodote dit que les lois des Juifs, sur la lèpre, ont été tirées de la pratique des Egyptiens. En effet, les mêmes maladies demandaient les mêmes remèdes : le climat de l'Egypte les rendait nécessaires. Les soldats de *Pompée*, revenant de Syrie, apportèrent une maladie à-peu-près semblable à la lèpre ; aucun règlement fait pour lors n'est venu jusqu'à nous ; mais il y a apparence qu'il y en eut, puisque ce mal contagieux fut suspendu jusques aux tems des Lombards.

Un célèbre médecin de la faculté de Paris (*a*) avait écrit, que si la lèpre résistait opiniâtrement à toutes sortes de remèdes, c'était moins parce qu'elle était incurable, que par le défaut d'un véritable spécifique. Dès le commencement du treizième siècle, l'Europe entière était couverte de lépreux : il y avait en France deux mille hôpitaux uniquement destinés à séparer du reste du peuple les malheureux qui en étaient infectés, et on en comptait dix-sept mille autres dans le surplus de la chrétienté. La lèpre parut deux siècles avant la peste vénérienne. On lit dans l'Esprit des Lois, que cette maladie était répandue en Italie, avant les croisades, et mérita l'attention des législateurs. *Rotharis* ordonna qu'un lépreux, chassé de sa maison, et relégué dans un endroit particulier, ne pourrait disposer de ses biens, parce que, dès le moment qu'il avait été tiré de sa maison, il était censé mort. Pour empêcher toute communication avec les lépreux, on les rendait incapables des effets civils. Je pense, dit Montesquieu, que cette maladie fut apportée en Italie, par les conquêtes des empereurs grecs, dans les armées desquels il pouvait y avoir des milices de la Palestine ou de l'Egypte. Quoi qu'il en soit, les progrès en furent arrêtés jusqu'au tems des croisades.

Plusieurs causes concoururent à la propagation de cette cruelle maladie ; la législation même les favorisa, bien loin d'en arrêter les progrès : depuis trois ou quatre cens ans que les nations barbares dévastaient l'empire romain, et particulièrement les Gaules, l'Europe, au

______

(*a*) Le docteur Malouin.

commencement du septième siècle, avait successivement perdu jusqu'au souvenir des sciences. La médecine fut enveloppée dans la proscription universelle, et l'on cessa par-tout de la cultiver. Cet oubli absolu dura plus de deux cens ans ; enfin, les Arabes en reprirent l'exercice en Asie et en Afrique, vers le milieu du neuvième siècle. Ils avaient conquis l'Espagne ; ils y enseignèrent la médecine jusques vers 1219, que leur nation fut réduite à la possession du royaume seul de Grenade. Ainsi, ce fut au milieu des troubles et des horreurs de trois cens années de guerre, qu'ils tentèrent de faire revivre une science qui, comme toutes les autres, ne pouvait faire de vrais progrès, que dans le sein de la paix et de la tranquillité.

L'ignorance était si profonde en France, que c'était, tout au plus dans les cloîtres, que l'on trouvait des gens qui sussent lire. Il paraît cependant que l'on s'occupait de médecine, dans ces retraites, et que cette science aurait pu y trouver une seconde origine ; mais en 1131, le sixième canon du concile de Rheims en défendit l'étude aux moines et aux chanoines réguliers. C'était l'interdire à tous ceux qui pouvaient y avoir quelqu'aptitude. La médecine se trouva donc replongée dans l'oubli ; et ce fut pour un siècle, à peu près ; quelques personnes isolées songèrent alors à s'en faire un état ; elles passèrent en Espagne, pour apprendre ce que l'on y savait, et revinrent en France, avec ces connaissances.

Les lépreux étaient séparés, comme morts, de la société des autres humains (*a*) ; les malheureux qui étaient

---

(*a*) *Leprosi ab hominibus excluduntur quasi mortui.*

attaqués de cette maladie étaient couverts d'infamie et d'ignominie; une affection dartreuse suffisait pour les faire proscrire : sur le seul soupçon qu'un homme pouvait être entaché de lèpre, les échevins étaient obligés de le mener aux épreuves, c'est-à-dire aux médecins, pour le faire visiter ; s'il se trouvait entaché, qu'il ne fût pas natif du lieu, on lui donnait un chapeau, un manteau gris, une cliquette, une besace, et on le chassait du territoire; si au contraire il y était né, on lui bâtissait une barraque sur quatre pilliers, et après sa mort, on brûlait la barraque, le lit et les habillemens qui lui avaient servi. Dès qu'il était jugé entaché, les échevins étaient obligés, dans les quarante jours, de lui faire faire son service mortuaire ; et si cette malheureuse victime venait à mourir dans le lieu, sans que les échevins eussent pris ces précautions, ils étaient punis arbitrairement de leur négligence. Les juges temporels, dès l'instant qu'un homme était jugé lépreux par les médecins, paraissaient ne plus s'occuper de lui que pour le punir des infractions qu'il pouvait faire à son bannissement ou à sa séquestration ; sa peine était la mort. La puissance ecclésiastique s'emparait de lui et ses affaires personnelles ne pouvaient plus être portées devant les juges laïques; enfin il était entièrement sous la protection de l'église. Lorsqu'un homme était entaché de lèpre, le curé, avec son clergé, allait en procession à la maison du malade, qui l'attendait à la porte, couvert d'un voile noir, avec le visage embranché comme un trépassé ; après quelques prières, la procession retournait à l'église, et le lépreux suivait le célébrant à quelque distance; il allait se placer au milieu d'une chapelle ardente, préparée comme à un corps mort. On chantait sur lui une messe de *requiem* et à l'issue de l'office, on lui faisait des aspersions d'eau bénite, on entonnait le *libera*. Il sortait de la chapelle ardente ; on le conduisait jusqu'au cimetière, où le prêtre l'exhortait à la patience, lui défendait d'approcher de personne, de ne rien toucher de ce qu'il marchanderait, et lui enjoignait de se tenir au-dessous du vent quand on lui parlerait, de ne point sortir de sa barraque, sans être vêtu de la housse, de ne boire en aucune fontaine ni ruisseau, d'avoir devant sa barraque une écuelle fichée sur un bâton pour recevoir ses alimens, de ne passer ni pont ni planche, sans gants ; de ne sortir au loin, sans congé ni licence du curé ou de l'official. Ensuite le prêtre prenait une pelletée de la terre du cimetière, et par trois fois la lui mettait sur la tête, en prononçant ce décret de proscription et de désolation : *C'est signe que tu es mort quant au monde ; et pour ce, aie patience en toi.*

Il suffisait d'être entaché, pour subir ce genre de réprobation : ceux qui pouvaient aller et venir n'en étaient pas moins aussi abandonnés de tout le monde, aussi réduits à eux-mêmes que ceux que la gravité de la maladie retenait captifs dans les retraites qu'on leur avait destinées ; tous traînaient leur malheureuse vie sous la rigueur affreuse des lois municipales et sous la flétrissure d'un anathême qui, dans ces tems de barbarie, de préjugés et d'ignorance, fermait tous les cœurs à la pitié et à la compassion. Le concile d'Auch, de l'an 1300, eut pour principal objet de modérer la fureur de ces poursuites, mais sans porter d'adoucissement à cette affreuse maladie. Le parlement de Paris, inspiré par l'humanité, rendit enfin, le 29 novembre 1596, un arrêt que les ames sensibles seront certainement bien aises qu'on leur rappelle. Les tribunaux inférieurs, en abandonnant les lépreux à la puissance ecclésiastique, avaient con-servé le droit cruel d'en purger la société ; ils étaient dans l'horrible usage d'accorder des lettres, en forme de commission, pour faire la recherche de ces malheu-reux ; il y avait de vils mercenaires qui se chargeaient de ces commissions pour leur faire la chasse, comme à des bêtes féroces et dangereuses.

Le parlement, par son arrêt, brisa ces instrumens de persécution, et voulut que les lépreux ne pussent désor-mais être séparés de la société, que sur une requête ou une plainte juridique des parties intéressées à poursuivre leur proscription. Cet arrêt ne fut que local ; il ne fut porté que contre les commissions qui émanaient du baillif de Noyon ; mais une loi de bienfaisance devint bientôt générale. La nature, l'amour, l'amitié, la com-passion firent de l'arrêt du parlement une loi univer-selle : les familles gardèrent au milieu d'elles les vic-times qu'on leur aurait enlevées ; les médecins, qui au-paravant les condamnaient sans commisération, furent appelés à leur secours ; l'espoir que l'on conçut de leurs talens diminua de beaucoup le besoin des léproseries; on donna même des pensions, sur leurs revenus, à des pauvres qui n'étaient pas lépreux. Mais le gouvernement fut bientôt forcé de rendre à ces établissemens leur pre-mière destination dans toute son intégrité. Louis XIII, par une déclaration de 1612, ordonna qu'il serait pourvu par préférence aux vrais lépreux, et qu'après qu'ils auraient été séparés, comme tels, du reste du peuple, avec les cérémonies ecclésiastiques accoutumées, ils se-raient reçus dans les léproseries, sur le bulletin du grand aumônier de France. Mais la médecine touchait à une révolution : la découverte de la circulation du sang, par *Harvey*, en 1628, et les expériences sur l'insensible transpiration que *Santorius* publia en 1630, opérèrent un grand changement. La découverte d'*Harvey* lui fit des ennemis de tous ses confrères en Angleterre ; ils voulurent le perdre dans l'esprit de *Charles* Ier., dont il était médecin, il s'en vengea en répétant ses expériences. La vérité se fit jour et parvint jusqu'à Paris ; les jeunes médecins profitèrent des deux nouvelles découvertes ; ils attaquèrent la lépre avec quelque succès. Cette maladie, depuis 1630 jusqu'en 1661, que Louis XIV supprima les léproseries, devint ce qu'elle est à-présent. On voit aujourd'hui une multitude prodigieuse de dartres universelles et peu de lèpres.

Cependant, on observe encore la lèpre, dans quelques endroits de la France. M. *Vidal*, médecin, a fait des recherches sur la lèpre de *Martigues*. Voici ce qu'il rapporte dans les mémoires qu'il a adressés à la société de médecine en 1782 : dans quelques sujets, dit-il, la lèpre est principalement caractérisée, par des croûtes et des écailles hideuses, qui dégénèrent en ulcères de mauvais caractère, et se terminent en un cancer universel, suivant l'expression de *Galien* et d'*Avicenne* ; chez quelques-uns, le symptôme le plus remarquable consiste en des tubercules, non moins hideux, répandus principalement sur le visage qui se déforme d'une manière affreuse. Ces tubercules se terminent souvent par des ulcères, comme les croûtes et les écailles des autres espèces de lèpre, ce qui peut de même former une sorte de cancer universel. On a vu, en Provence, des ulcères succéder, chez une fille, aux tubercules qui couvraient la face ; les durillons parsemés sur le voile du palais, se sont peu-à-peu étendus, d'un côté, sur tout le visage, le col, la poitrine, le dos ; et de l'autre, vers le pharynx et l'œsophage ; la malade est morte d'une fièvre lente, avec l'impossibilité d'avaler.

Une jeune personne, au rapport du même auteur, âgée de 12 ans, devint éléphantiaque à la suite d'une très-grande peur. La maladie s'annonce d'abord par la perte d'appetit et de sommeil, par la chaleur intérieure; il survient une infinité de petits boutons dans la gorge et sur le voile du palais. Les durillons pullulent sur tout le cuir chevelu; il se forme de gros tubercules rougeâtres, durs et légérement douloureux, sur les joues, le nez et le menton. Le visage prend une couleur obscure, livide et plombée. La peau devient onctueuse et luisante, la respiration difficile, l'haleine puante et d'une odeur de lard-rance; les sourcils et les paupières se tuméfient et se dépilent; les yeux s'arrondissent; le lobe des oreilles se raccourcit, se courbe et s'épaissit; le nez se gonfle et se bouche, et la voix devient extrêmement rauque.

Les causes de cette maladie, à Martigues et aux environs, sont le grand usage du poisson crû ou cuit, les coquillages, la chair de porc, les mauvaises eaux, l'air chargé de vapeurs marécageuses. La lèpre des Egyptiens dépendait principalement de leur poisson et de leurs eaux marécageuses.

En 1686, l'éléphantiasis regnait aux îles Ferroë, situées au sud-ouest de l'Irlande dans l'océan septentrional. Les actes de Copenhague en donnent la description; mais depuis que les habitans ont presque abandonné la pêche pour se livrer à l'agriculture, et qu'ils prennent d'autre nourriture que celle de la chair et de la graisse de baleine, la maladie a cessé ses ravages. M. *de Brieude*, dans sa topographie médicale de la Haute-Auvergne, assure de même que la lèpre des Grecs n'est point un mal inconnu en Auvergne. On la trouve communément depuis les monts d'or jusqu'aux montagnes de Salers, vers les frontières du T.-

mousin. On l'appelle *mal saint-main*. La maladie pédiculaire y est également commune (*a*); ce médecin observe que les personnes blondes sont sujettes aux poux toute leur vie ;, comme cet insecte est endémique au climat d'Espagne, les Auvergnats en rapportent toujours, et ceux qui y ont fait un certain séjour ne peuvent plus s'en délivrer ; ils les gardent le reste de leur vie quelque attention qu'ils aient à se tenir propres.

Il y a plusieurs sortes de lèpres : la lèpre écailleuse, la lèpre blanche de provence, la lèpre tuberculeuse ou l'éléphantiasis, qui était la lèpre des Arabes. Nous pouvons ajouter à ces espèces, la lèpre scorbutique et

---

(*a*) *Agrippa*, roi des Juifs, petit‑fils d'Hérode, mourut à Cezarée, rongé de vers, l'an 44, après avoir régné sept ans. *Sylla* fut attaqué de la maladie pédiculaire, l'an de Rome 674. Ses entrailles se corrompirent, sa chair se remplit de poux, en telle abondance, que, quoique plusieurs personnes fussent occupées, la nuit et le jour, à le nettoyer, ce qu'on en emportait n'était rien en comparaison de ce qui renaissait sans cesse. On le lavait, on le changeait, tout fut inutile. Ses habits, les linges, sa nourriture, étaient inondés de cette dégoûtante vermine, dont la multitude et la propagation rapide et incroyable empêchaient tous les soins que l'on pouvait prendre. Il fait tuer *Gravius*, dans sa chambre, étant couché. L'agitation et la colère de cet instant firent crever un abcès, qui jetta beaucoup de sang et de pus ; il mourut le lendemain, âgé de 60 ans. A ses obsèques, les dames firent la dépense d'une quantité incroyable d'aromates, qui servirent à son bûcher. Les historiens disent qu'il y eut douze cens dix brancars chargés de parfums de toute espèce, sans compter l'encens le plus précieux et le cinnamome. On fit une statue de Sylla, de grandeur ordinaire, et celle d'un licteur, placé devant lui,

vérolique ; le scorbut d'Islande présente ce caractère, d'après les observateurs.

M. *Bæck* propose, pour le traitement de cette maladie, pour ceux qui habitent les côtes de la mer, en Suède, les moyens diététiques opposés aux causes locales. Il astreint les malades à ne manger que du pain, des racines, des légumes, des bouillons avec le cochléaria et autres plantes du lieu, le génièvre en tisane, en fumigation et en bains secs. Il estime les antimoniaux propres à cette maladie, etc. Il a vu une fille de Sudermanie attaquée en 1774, guérie par un long usage de l'essence antimoniale d'*Huxham*, avec une tisane d'herbes anti-scorbutiques. Enfin, le phénomène le plus étonnant à offrir dans la matière présente, c'est la guérison de l'éléphantiasis à son dernier période ; M. *Heberden* est le seul médecin connu pour l'avoir obtenu. Voici quel fut son procédé : il mêla ensemble une once et demie de quinquina pulvérisé, une demi-once de racine de sassafras également pulvérisé, en y ajoutant la quantité de syrop nécessaire, simple, pour faire de toute la masse un électuaire, dont il fit prendre à son malade deux doses par jour, chacune de la grosseur d'une muscade. Il fit aussi un mélange de huit onces d'eau-de-vie, une once de lessive de tartre, et deux onces de sel ammoniac, dont le malade se frottait les bras et les jambes le matin et le soir ; en même tems il fit mettre les vésicatoires entre les épaules. Cette méthode lui a réussi, et la guérison a été parfaite au bout de cinq mois, après avoir, pendant sept ans, fait prendre inutilement l'antimoine et le mercure.

Chez les anciens, le remède contre la lèpre consistait dans les bouillons de vipère, sur-tout d'une espèce particulière, qui se trouve précisément en Egypte. L'é-

léphantiasis corrompt et aigrit principalement la liqueur spermatique ; c'était donc une grande précaution
de la part des prêtres d'Egypte, d'avoir enjoint à tout
le peuple, d'user, une fois par mois, des tisanes laxa-
tives. Ceux qui gardaient les troupeaux de cochons (a),
étaient abhorrés ; l'entrée des temples leur était dé-
fendue ; ils ne pouvaient s'allier qu'entre eux ; ils étaient
distingués du reste de la nation, par leur longue chevelure. Quelques relations de l'Indoustan, apprennent
qu'il y subsiste encore de nos jours, une caste beaucoup
plus couverte d'opprobre que ne l'a été celle des por-
chers, en Egypte : les *Giézis*, de la Basse-Navarre ; les
Capots, de la Gascogne, et les *Cacous*, de la Bretagne,
étaient des hommes qui avaient contracté la lèpre, et
avec lesquels personne ne voulut s'allier. Les Capots
ou les Gahets, en Gascogne, étaient détestés, comme
ladres..... La conversation familière avec le reste du
peuple, était sévèrement interdite, de manière que,
dans les églises, ils avaient une porte séparée pour y
entrer ; i l étaient logés hors des villes et des villages.

On croit que les Capots sont descendus des Sarra-
zins, qui restèrent en Gascogne, après que *Charles
Martel* eût défait *Abderama*, général du calife *Heschamp*,
qui pénétra jusqu'en France. On leur donna la vie ;
mais on conserva pour eux toute la haine de la nation
Sarrazine, dans la persuasion qu'ils sont ladres..... Ils
portaient sur leurs habits une marque de pied d'oie ou

____

(a) Les cochons étaient introduits dans les campagnes, immédiatement après l'inondation, pour y consommer les débris des
substances animales, qui, en se corrompant, auraient infecté
l'atmosphère. On se servait aussi, en Egypte, des Ibis, et de
plusieurs autres espèces d'animaux voraces.

de canard. En Bretagne, on appelle *Caqueux* ou Cacous, la même espèce d'hommes que le peuple a toujours regardés comme infectés de lèpre de père en fils...
Il leur était fait défense de voyager dans le Duché,
sans avoir une pièce de drap rouge sur leur robe, pour
éviter le danger que pourraient encourir ceux qui auraient communication avec eux.... Il leur était enjoint
de ne se mêler d'aucun commerce que de fil et de
chanvre, et de n'exercer aucun métier que celui de
cordier.

OBSERVATIONS

REMARQUABLES,

*Sur la guérison du scorbut de mer, par quelques espèces
de bains. (Extrait d'un mémoire adressé au département de la marine, en l'année 1780.)*

Le docteur *Jean Hunter*, chirurgien extraordinaire
de sa majesté britannique, pense que la constitution
scorbutique en général n'est autre chose qu'une disposition du corps, extrêmement susceptible d'une action
capable de produire des éruptions sur la peau, toutes les
fois qu'une cause immédiate la déterminera. Dans toute
affection scorbutique, chronique, il faut donc avoir
égard à l'état de la peau : il faut porter ses vues cura-
tives sur toutes les propriétés de cet organe et sur ses
rapports particuliers avec les facultés digestives. Considéré en général, l'homme n'est organisé que de tissu-
cellulaire et d'humeurs douces lymphatiques; il existe
véritablement un rapport très-étendu de l'activité de la
peau avec les forces digestives, et cela est indépendant
des sympathies secrettes et correspondantes que les

formes entretiennent dans l'économie animale, par l'entremise du tissu-cellulaire, comme nous l'avons démontré dans cet ouvrage.

Au mois d'octobre 1776, M. *de Mac-Nemara*, capitaine de vaisseau, me fit l'honneur de me faire appeler: je le trouvai attaqué du scorbut le plus caractérisé; c'étaient des taches sur presque toute la surface du corps, en zônes ou bandes très-larges et noirâtres. Cette maladie, dont la guérison avait été inutilement entreprise, était parvenue à son dernier période : au moyen des bains d'un mélange d'eau et de vinaigre simple, que je lui fis prendre, il fut radicalement guéri, au septième bain, et fut en état de s'embarquer pour une expédition très-importante.

De nouvelles courses l'ayant exposé au même danger, il revint, en 1782, attaqué de la même maladie. Je me disposais à le traiter comme en 1776; mais, sur le récit de la guérison des maladies de la peau, au moyen de l'usage de l'écorce d'orme pyramidal, cet officier pensa que ce remède pourrait être propre pour le scorbut, et il desira en faire l'expérience, parce que, dans le cas du succès, ce serait une découverte précieuse pour la marine, par la facilité d'approvisionner les vaisseaux de cette écorce.

J'ai applaudi à son zèle pour le bien de l'humanité; et la guérison a été tentée par l'usage de cette décoction, tant en boisson qu'en bains. Le succès a parfaitement répondu à nos espérances ; il fut parfaitement guéri, sans avoir usé d'aucun autre remède, et son retour à la santé a été très-prompt.

Il résulte deux choses de cette observation : la première, qu'en usant de tems en tems de cette décoction, en état de santé, un équipage serait préservé du scorbut ; la seconde, que, dans les plus violens symptômes de cette maladie, l'on obtiendra, en peu de jours, une guérison radicale, qui aura encore plutôt lieu si l'on joint à ce remède intérieur quelques bains coupés d'une bonne partie de vinaigre.

L'accident le plus à redouter pour les gens de mer, est l'union du virus vénérien avec le scorbut : c'est ici que les traitemens les mieux indiqués échouent presque toujours ; l'administration du mercure est constamment meurtrière dans ces fâcheuses circonstances ; les remèdes propres à combattre le scorbut produisent des effets aussi funestes. Cela vient de ce que le virus vénérien attaque la partie lymphatique ou blanche du sang, qu'il coagule, et de ce qu'au contraire le scorbut entraîne la dissolution de la partie rouge ou globuleuse du sang; ce qui, dans le cas de l'union de ces deux maladies, offre deux effets différens et diamétralement opposés : l'action des remèdes convenables à l'un est donc respectivement contraire à l'autre.

Le mercure, à raison de sa mobilité, est propre à discuter ou à dissoudre ; il se porte avec la plus grande facilité jusques dans les plus petits vaisseaux qui rampent à la surface de la peau, et par là même il peut convenir à la vérole, jusqu'à ce que la médecine ait découvert, dans le règne végétal et dans les plantes de nos climats, le spécifique véritable. Mais cette même substance minérale produit les effets les plus terribles lorsque le scorbut se trouve joint au virus vénérien; comme il augmente la dissolution et la qualité muriatique du sang, les hémoragies amènent bientôt la mort du malade.

Toutes les plantes reconnues salutaires dans les affections scorbutiques sont aussi peu convenables à la vérole : je m'en suis assuré par les expériences que j'en ai faites, dans la confiance où j'étais que la famille nombreuse des plantes pouvait fournir un remède intéressant pour l'humanité ; j'ai, parmi celles que j'ai tentées, essayé, sur quelques malades vénériens-scorbutiques, le cresson (*a*), auquel je reconnaissais une qualité altérante et dépurative, qui me menait à le regarder comme propre à produire un double effet, ou du moins à n'en produire aucun qui fût contraire. Son usage a augmenté les symptômes vénériens et accru les douleurs au point de les rendre insupportables. L'eau d'écorce d'orme pyramidal n'a point cet inconvénient ; elle peut, dans le cas de la complication dont il est question, être d'un grand secours dans les vaisseaux et les armées ; ses qualités douces et onctuéuses, qui rapprochent ce mucilage de la nature du chile, ainsi qu'il a été dit, font qu'elle passe promptement dans la masse du sang. Sans m'expliquer davantage pour le présent sur ce qu'il peut faire, et sans conclure tout ce que des observations sûres, mais que je veux multiplier, me permettront de poser en fait, je crois pouvoir assurer, et j'assure que ses qualités discutantes et altérantes suspendront la violence des symptômes vénériens, et empêcheront les progrès pendant que l'on sera en mer, et mettront ainsi les malades dans le cas de résister à l'air de cet élément qui est mortel peur ceux qui sont attaqués de maux vénériens, de sorte qu'ils arriveront ainsi plus aisément au lieu de leur destination.

(*a*) Le cresson ne paraît pas être propre à l'éléphantiasis. *Voyez* les recherches sur l'état actuel de la lèpre, en Europe, etc., par MM. *Dechamseru* et *Coquereau.*

*Des ulcères scorbutiques auxquels les européens et sur-
tout les nègres, sont fort sujets dans les Indes.*

Lorsque ces ulcères ont résisté au traitement intérieur, on les guérit très-promptement par l'application
simple de tranches de citron ou de limon, ou bien de
la charpie imbibée de son suc ; il n'y a pas de remède
connu jusqu'ici, qui amène aussi promptement à cicatrisation les ulcères scorbutiques. S'il y a carie aux os,
on les guérit de même avec une rapidité incroyable;
l'exfoliation n'a pas lieu comme dans les traitemens
ordinaires ; on apperçoit, sur les linges, sur les tranches
de citron qu'on a employées comme topique en place
d'onguent, une espèce de poudre grisâtre ; c'est la partie
terreuse des os, que le topique simple s'attache et attire : les os se consolident, les chairs deviennent ver-
meilles, les ulcères les plus hideux se cicatrisent presqu'à vue d'œil. Ce traitement est pratiqué, avec le même
succès, par les anglais, sur quelques côtes des Indes.

Du scorbut de terre.

Un homme âgé de cinquante ans, attaché à M. le
marquis de la Ferrière, lieutenant-général des armées
du Roi, fut livré à mes soins, en 1780, pour un ulcère
sanieux à la jambe, dont les bords étaient relevés et
enflammés : cet ulcère provenait d'une tumeur que l'on
avait ouverte mal-à-propos. Le malade était d'une constitution cacochime, et présentait cette nuance de scorbut de terre, qui est une dépravation lente du sang.
M. *Faure*, médecin et chirurgien, se chargea du soin
de la plaie, et je m'accordai avec lui à l'administration
du cresson pour tout remède intérieur ; le malade en
mangeait le matin, à jeun, deux ou trois bottes (une forte

poignée) et quelquefois quatre. Le traitement se faisait au mois de janvier, qui est la saison la moins favorable ; la cure fut complette en vingt - sept jours, la plaie parfaitement cicatrisée dans ce court espace de tems. Le malade fut mis au régime végétal ; il mangea d'ailleurs tout ce qu'il voulut, on lui administra, pendant son traitement, quelques légers purgatifs, dont on aurait même pu se dispenser.

Les personnes âgées qui ont vécu dans le célibat, et les vieillards, sont plus exposés à cette espèce de scorbut, ainsi que les habitans des environs des lieux marécageux. *Pline* parle du scorbut qui affligea l'armée romaire, en Germanie, ce pays marécageux de la partie septentrionale des Pays-Bas....

Le scorbut d'Irlande a été décrit en dernier lieu par M. *de Troil*, dans ses lettres sur l'Irlande, dont il fit le voyage en 1772, avec MM. *Banks* et *Solander*. Il en reconnaît deux espèces ; la première est un scorbut ordinaire ; la seconde est une véritable lèpre, qui commence par des gonflemens aux pieds et à la tête ; la peau devient luisante et plombée, les cheveux tombent, la vue, l'odorat, le goût et le tact diminuent ; une éruption, qui couvre le corps, se convertit en plaies, etc. etc.

Les maladies héréditaires sont du genre des cutanées ; par exemple, l'âcre vénérien se transmet par communication ou par intus - susception, dans le tissu cellulaire.

Comment et quand les enfans sont - ils attaqués des maladies qu'ils apportent en naissant ? Le principe général qui renferme l'être et la puissance de sa délinéation, a-t-il vu ces maladies faire partie de lui-même, dès l'instant même qu'il a été mis en mouvement vers la création, ou bien ne se sont-elles introduites que postérieurement et par voie de communication, dans ses parties développées ?

L'examen de ce problême est d'autant plus important, qu'il doit résulter de sa solution une conséquence, ou bien triste ou bien consolante.

Pour répandre le plus grand jour sur la matière, il n'est besoin que d'observer que, par maladie, on entend ce qui est de nature à troubler les fonctions de l'économie animale, et conséquemment à finir par causer la cessation de notre existence, à l'entretien de laquelle le maintien ordonné de ces fonctions est nécessaire. Cela posé, pour pouvoir admettre l'existence co-instantanée de la maladie, il faudrait que ce qui est un principe de destruction pût se combiner avec ce qui est un principe de génération; que la vie et la mort, pussent s'unir ensemble, pour faire résulter de leur inconcevable union, la formation d'un nouvel être, dont les élémens constitutifs seraient ainsi mi-parti de molécules destructives et de molécules génératives. On sent toute l'absurdité d'une pareille supposition.

Les faits apprennent ensuite ce que l'on doit penser à cet égard. En effet, si le concours monstrueux vers une même fin, de deux choses le plus diamétralement opposées, pouvait avoir lieu, il l'aurait, dans tous les cas, sans exception, et toutes les maladies dont les individus se trouveraient atteints, au moment où ils travaillent à se reproduire, seraient apportées en naissant, par leurs enfans; c'est ce qui n'est point. Un goutteux, un graveleux, un asthmatique, un scorbutique, un cancereux, donnent le jour à des enfans qui ne sont attaqués ni de goutte, ni de gravelle, ni d'asthme, ni de scorbut, ni de cancer. Il n'est que quelques maladies qui paraissent jouir du funeste privilége d'être transmises ; ce sont les maladies qui se gagnent par communication. Ce caractère particulier, au moyen duquel elles sont susceptibles de s'étendre d'un sujet à un autre, par le seul contact, et qui annonce un degré plus haut de malignité, rend encore plus absurde la supposition qu'elles ont pu un seul instant, agir comme principe générateur, et fournir leur contingent pour la formation des parties essentielles et intégrantes du fœtus. La présence de ces maladies ne date donc point du moment de la procréation, mais de celui du développement de ses parties, dans lesquelles l'humeur morbifique s'est pour-lors insinuée. C'est donc par la voie de la communication, que les enfans se trouvent attaqués des maladies qu'ils apportent en naissant, et rien ne répugne dans cette supposition, qui n'en est pas une, dès que la supposition contraire renferme une absurdité. Entre le moment de la procréation et celui de la naissance, se trouve tout le tems de la grossesse, et ce tems est plus que suffisant pour que la mère infectée d'un vice communicable, le fasse passer dans le fœtus. L'enfant sera ainsi infecté à son tour, avant que de naître, mais il ne l'aura pas été même avant que d'exister ; il aura gagné la maladie par l'intus-susception des molécules maternelles, qui ont servi à son développement et à son accroissement. Il n'aura pas non plus apporté cette maladie au-dedans de lui, intimément mêlée, amalgamée, confondue avec ses parties constitutives, d'une manière qui la lui rendrait enfin consubstantielle.

En supposant que le père paraisse seul infecté du vice dont l'enfant offre en naissant les symptômes, et que la mère en soit exempte (chose dont il serait difficile de s'assurer), ce ne sera toujours que par communication, et non par infusion, que ce vice se sera étendu à l'enfant. Les raisons ci-dessus données, pour que ce ne puisse être par infusion, subsistent, et la facilité de montrer que cela s'est fait par communication, est la même. Ce qui constitue les rudimens de l'homme, sa charpente, son tout *resemé* sur lui-même, mais susceptible de développement, de nutrition et de croissance; LE PUNCTUM SALIENS de *Maupertuis* (a), le point seminal, d'après *Hippocrate* enfin, est renfermé dans la liqueur spermatique, qui lui sert simplement d'enveloppe: viciée dans un sujet vicié, cette liqueur devient la matière prochaine de la transmission du mal qu'elle recèle, et c'est une eau croupissante, qui ne tarde pas à souiller, en s'y mêlant, une source, qui était pure en sortant du principe de la vie.

Ajouterons-nous à ce qui vient d'être dit, que s'il était possible que, de la combinaison d'un principe destructeur avec un principe générateur, il résultât un être destiné à l'existence, cet être ne parviendrait point au moment de la naissance? D'abord, le principe destructeur, qui, dans l'hypothèse, ne serait pas accidentel, mais tout aussi essentiel, tout aussi constitutif de l'organisation, que le principe générateur, ne cesserait d'attaquer, de miner ce dernier, et réduirait tout au moins sa force, à une force d'inertie; ensuite, soit que la mère fût viciée, les parties nutritives fournies par elle; soit que ce fût le père, les parties environnantes qui proviennent de ce dernier, viendraient joindre leur action destructive à celle du principe primordial de mort, et il est évident que l'embryon, amené jusques aux

---

(a) *V. la Vénus physique*, ou dissertation sur *le Nègre blanc.*

portes de la vie, ne les franchirait pas, et retomberait dans les gouffres du néant.

De ce qu'un vice qui tendrait à détruire l'organisation d'un individu, ne peut entrer comme partie intégrante dans la composition de ce même individu ; de ce que, dans un aggrégat de parties formées, arrangées pour que la vie en résulte, rien ne peut se trouver qui ne soit imprégné du principe de vie ; de ce que, dès-lors, les maladies que les enfans apportent en venant au monde, ne datent point du moment de leur procréation, mais de celui en tel ou tel point de leur développement, il découle une conséquence bien consolante, dont l'établissement a été l'objet de l'examen dans lequel nous venons d'entrer. Cette conséquence est que les maladies apportées en naissant, exigent un traitement plus long, comme ayant jeté de plus profondes racines, mais qu'elles ne sont pas incurables, tandis qu'elles le seraient si la matière morbifique avait contribué à la formation du fœtus. Dans le premier cas, il ne s'agit que d'expulser cette matière ; dans le second, comme l'on ne pourrait l'expulser sans opérer la déperdition de portion de parties, desquelles l'intégrité est indispensable pour l'entretien de la vie ; comme il faudrait ébranler, pour ainsi dire, les parties primordiales de l'organisation, pour assurer l'existence, il serait besoin de restituer ces parties essentielles, ce qui est impossible à l'homme de faire, parce qu'il n'est pas à son pouvoir de créer.

J'ai à me redresser moi-même, ou du moins à m'expliquer, relativement à ce que j'ai dit plus haut, que les maladies apportées en naissant, exigent un traitement plus long.

Il faut user ici de distinction : l'assertion est vraie,

à l'égard de ceux qui, ayant des maladies de ce genre, diffèrent d'en entreprendre la guérison. Les enfans sont dans un cas contraire, et plusieurs raisons rendent facile leur guérison : 1°. La connaissance de la maladie des pères et des mères, donne des lumières non-équivoques sur celle des enfans, et il ne s'agit que d'y appliquer le remède convenable ; 2°. la nature concourt d'autant plus chez eux à se débarrasser de son ennemi, qu'elle est pleine de vitalité ; 3°. des remèdes contre-indiqués n'ont pas encore rendu le mal plus rebelle et épuisé les forces. Indépendamment de ces considérations, j'ai, à cet égard, au soutien de mon opinion, des observations et des faits remarquables.

Les raisons sur lesquelles je me suis appuyé, pour montrer que des maladies que l'on apporte en naissant, ne sont pas incurables, me paraissent si concluantes, que je ne doute pas que l'on ne regarde ce que j'ai dit à cette occasion, comme superflu, et que tout le monde ne pense avoir toujours été dans l'opinion que je viens d'établir. Cependant, si le plus grand nombre de mes lecteurs veut être de bonne foi, il conviendra qu'il était dans une opinion contraire, comme je me souviens d'y avoir été moi - même. C'est la persuasion qui me mène à penser que j'ai rendu un service à mes semblables, en détruisant un préjugé décourageant.

Hélas ! les maux qui nous assiégent sont assez grands, sans que nous y ajoutions encore, en les regardant comme étant sans remèdes !

Nous rapportons le passage qui se trouve dans l'ouvrage de la doctrine médicale de *Brown*.

« La question des maladies héréditaires a déja été le sujet des disputes les plus vives. On a soutenu l'une et

l'autre opinion par des argumens très-forts : à l'exemple
de *Brown*, *Weikard* nie absolument l'existence des maladies héréditaires. Les raisons sur lesquelles il fonde
son opinion méritent d'être examinées avec soin, et suf-
firont pour convaincre un grand nombre de personnes;
elles m'ont convaincu moi-même. Cependant je n'admets
cette opinion qu'avec une certaine restriction. J'avoue
qu'aucune maladie générale n'est héréditaire, et les mo-
tifs de mon opinion sont ceux qui sont développés dans
cet ouvrage; mais je pense que les vices locaux et les
maladies organiques peuvent être héreditaires. Le fils
a ordinairement, dès le berceau, la physionomie de son
père; on voit souvent une grande ressemblance entre
tous les individus d'une même famille. La raison de ce
phénomène nous est inconnue; mais le fait est certain,
et cela nous suffit. Il n'est pas rare de voir, dans certaines familles, des enfans qui naissent avec six doigts,
ou avec quelqu'autre difformité. On ne peut pas nier
qu'il existe entre les pères et les enfans, un certain rapport qui, à l'occasion d'un vice organique, produit un
mal héréditaire. Or, pourquoi les phénomènes que nous
voyons arriver à la surface externe du corps ne pour-
raient-ils pas avoir lieu dans l'intérieur? Si le fils hé-
rite souvent de la figure et de l'extérieur de son père,
pourquoi ne pourrait-il pas recevoir de lui sa physionomie interne, si l'on peut se servir de cette expression?
Je suppose qu'un père soit épileptique, parce qu'il a un
vice de conformation à la surface interne du crâne; n'est-il
pas possible qu'il transmette sa maladie à son fils? »
Pour moi, je pense qu'on pourrait regarder comme héréditaires les maladies locales et organiques; je suis du
même avis que *Brown*, relativement aux autres maladies.

» Il est prouvé par des exemples, que l'état de muet,

la surdité et la cecité se propagent des pères aux enfans; l'infirmité des paupières des insulaires de *Tonna*
peut aussi se propager de père en fils; je crois cependant que cette espèce de paralysie provient de la position marécageuse où se trouvent leurs cabanes, et de la
fumée dont ils les tiennent toujours remplies, de nuit,
pour se garantir des mousquites qui infestent ces bois
marécageux : il y a aussi des sortes de bois, dont la fumée rend entièrement aveugle, ou du moins affaiblit la
vue (*a*). »

Les taches ou certaines marques que les enfans apportent
en naissant, qu'on appèle des envies, ressemblent toujours à ce que la mère a désiré avec ardeur, pendant sa
grossesse, ou à ce qui a frappé vivement son imagination.
La cause des envies ne peut s'attribuer qu'aux impressions faites sur les fibres du tissu de la peau du fœtus,
qui les reçoit de sa mère par une sorte de mouvement
d'irradiation. Si tout tient à tout, dans l'ordre physique
ou moral de la création des êtres, assurément il n'y a
pas de rapprochement plus immédiat, ni de sympathie
plus grande et plus intime que les rapports qui subsistent entre la mère et l'enfant, pendant tout le tems de
la grossesse. Il ne s'agit ici que des effets très-naturels
qui se passent de la mère à l'enfant, qui, pendant la
grossesse, ne forment qu'une même vie, une même
existence, un même corps, une même âme.

Le fils a ordinairement dès le berceau, dit *Brown*,
la physionomie de son père, et on voit souvent une
grande ressemblance entre tous les individus d'une même
famille, ce qu'on appèle avoir l'air de famille. La mère

(*a*) *V.* Voyage autour du Monde, du capitaine Cook.

envisage avec une sorte de complaisance tous les individus de sa famille, et sur-tout celui qui fait l'objet
principal de ses attentions; elle est sur-tout, pendant la
grossesse, beaucoup plus impressionnable, plus sensible,
plus susceptible d'affections morales. Si, à l'instant de
la conception, elle se pénètre fortement de la physionomie de son mari, l'enfant qui en naîtra ressemblera
à son père, indépendamment de toute autre circonstance. Malheur à la mère qui, dans ces circonstances
où la nature est toute entière occupée du grand œuvre
de la génération, aurait sous ses yeux un objet hideux
qui l'affecterait! L'enfant en porterait infailliblement
les impressions fâcheuses. *Hillengius* dit qu'une femme
enceinte, ayant vu une aigle dont les griffes étaient extrêmement longues, accoucha d'un enfant qui avait une
griffe à chaque pouce du pied. Les annales de la médecine présentent une multitude de faits dans ce genre;
on ne saurait prendre trop de précautions pour procurer
aux femmes les objets les plus gracieux et les plus aimables, pendant tout le tems de la grossesse. « Une
jeune demoiselle, d'une rare beauté, vint un jour me
consulter, dit *le baron de Van-Swieten*, sur quelques
affections hystériques auxquelles elle était sujette. J'ap-
perçus une chenille sur le cou de cette jeune personne.
Craignant de l'effrayer, je voulus, d'une chiquenaude,
faire sauter cet insecte : laissez, me dit-elle en souriant,
laissez cette chenille, que je porte depuis ma naissance;
et elle voulut bien me permettre de l'examiner. Je re-
connus, à ne pouvoir m'y méprendre, les poils droits
et cette belle variété de couleurs qui caractérisent cet
insecte; et je puis dire que la ressemblance d'un œuf avec
un œuf n'est pas plus parfaite que celle que m'a pré-
sentée la chenille de cette demoiselle avec une chenille

vivante. Ce phénomène avait sa source dans l'imagination de la mère, qui affirmait qu'un jour qu'elle se promenait dans un jardin, étant alors enceinte de cette demoiselle, une chenille lui était tombée sur le cou, et qu'elle avait eu bien de la peine à l'en arracher.

» Il y a des gens, ajoute *Van - Swieten*, qui se riront de ma crédulité ; mais je voudrais bien que ces messieurs me disent s'ils se croyent en état de rendre raison de tant d'autres phénomènes que nous savons avoir lieu dans l'œuvre de la génération. Qu'ils nous disent donc, par exemple, pourquoi la matrice, fécondée par la semence de l'homme, commence, après la conception, à croître dans toutes ses dimensions ; pourquoi les règles se suppriment ; pourquoi, après l'enfantement, la matrice perd de son volume, tandis que les mamelles se gonflent, etc. Ce serait, je crois, pour les savans, quelque chose de bien embarrassant, que de démontrer le rapport intime qui unit la cause à ces sortes d'effets, dont personne cependant ne conteste l'existence. On n'est donc pas mieux fondé à nier les effets de l'imagination de la mère sur le fœtus, parce qu'on ne peut concevoir le mécanisme par lequel ils s'opèrent.

» J'ai lu, dans une vieille histoire, qu'un homme laid, mais riche, voulant avoir un bel enfant, en fit peindre un très-beau, et qu'il recommanda à sa femme de fixer, à l'instant des caresses amoureuses, les yeux sur ce tableau : elle le fit, et dirigeant, pour ainsi dire, tout son esprit et toute son attention vers cet objet, elle mit au monde un enfant qui ne ressemblait point à son père, mais parfaitement au modèle qui l'avait frappée..... *Denis* le tyran était fort laid ; et ne voûlant point avoir des enfans semblables à lui, il avait coutume de mettre sous les yeux de sa femme, dans le moment des caresses amoureuses, une fort belle image, afin qu'en désirant violemment la beauté de ce portrait, cette femme pût, en quelque sorte, s'en emparer, et le transmettre à son fruit, à l'instant de la conception. *Platon* recommandait aux jeunes époux de s'occuper sérieusement des moyens de donner de beaux enfans à la patrie. L'imagination, dit-il, meut et forme le corps. *Aristote* dit que les enfans apportent en naissant, les verrues, les envies, ou les cicatrices, dont leurs père et mère sont marqués.

Par rapport à la ressemblance des enfans à leurs parens, les maladies héréditaires, dit *Charles Bonnet*, souffrent moins de difficulté. On conçoit facilement que des sucs viciés doivent altérer la constitution du germe ; et si les mêmes parties qui sont affectées dans le père ou dans la mère, le sont dans l'enfant, cela vient de la conformité de ces parties, qui les rend susceptibles des mêmes altérations. Les difformités du corps découlent souvent des maladies héréditaires, ce qui diminue beaucoup la difficulté dont je parlais il n'y a qu'un moment. Les sucs qui doivent se porter à certaines parties, étant mal conditionnés, ces parties en seront plus ou moins défigurées, suivant qu'elles se trouveront plus ou moins disposées à recevoir ces mauvaises impressions.

Si toutes les parties d'un corps organisé existaient en petit dans le germe ; s'il ne se faisait point de nouvelle production, comment concevoir la nouvelle formation d'une nouvelle écorce, d'une nouvelle peau? Les mues de différens animaux, leurs métamorphoses, la reproduction des pattes des écrevisses, celle des dents, ne prouvent-elles pas qu'il est des germes particuliers destinés à la reproduction de différentes parties? Si nous ne pouvons expliquer mécaniquement la formation d'une

simple fibre, au moins d'une manière à satisfaire la
raison, comment expliquerions-nous, par la même voie,
la reproduction d'organes aussi composés que le sont
ceux de la plupart des insectes ? Quelle mécanique prési-
dera à la formation d'une dent, d'une jambe, d'un
œil, etc. ? Si l'on veut préférer des idées très-obscures,
on conviendra que toutes les parties existaient en petit
dans le germe principal. Ainsi le germe de l'insecte qui
se métamorphose contient actuellement toutes les enveloppes dont cet insecte doit se défaire, et tous les organes
qui les accompagnent. Ces différentes peaux emboîtées
les unes dans les autres, ou arrangées les unes sur les
autres, peuvent être regardées comme autant de germes
particuliers renfermés dans le germe principal.

Si l'unité et la variété constituent le beau physique, la
distinction de la plupart des animaux en mâles et en fe-
melles est très-propre à embellir la nature : la diversité
qui résulte de cette distinction, soit à l'égard des formes,
des proportions, des couleurs, des mouvemens ; soit à
l'égard du caractère, des goûts, des inclinations, fait
une perspective qui fixe agréablement la vue du spectateur.

On pourroit conjecturer, avec quelque fondement,
que le concours des sexes sert principalement à rendre
les générations plus régulières. Dans un tout aussi composé que l'est un oiseau, un quadrupède, l'homme, il
eût été sans doute bien difficile que la génération n'eût
pas été souvent troublée ou altérée, si elle s'y fût faite à
la manière des pucerons ou des polypes ; les défectuosités
qui se seraient facilement rencontrées dans l'individu,
auraient pu passer au fœtus et de celui-ci aux animaux
qui en seraient provenus ; le dérangement aurait crû
ainsi à chaque génération. Dans l'union des sexes, au

contraire ; ce qu'il y a de défectueux chez l'un des individus peut être réparé par l'autre individu , comme ce qu'il y a de trop dans l'un est compensé par ce qu'il y a de moins dans l'autre.

Sur une maladie de peau que le malade avait contractée dans le sein de sa mère.

Un jeune homme me fit l'honneur de me consulter vers 1788 ; il avait presque tout le corps couvert de taches noirâtres , qui semblaient être imprimées dans la peau ; du reste le consultant jouissait de la meilleure santé. Il ne doutait pas que cette maladie de peau n'eût été occasionnée par un virus vénérien dégénéré, que sa mère avait contracté avec son mari avant la conception.

Le principe de l'âcreté peut donc aussi se transmettre aux enfans par la voie de la génération, en prenant une nouvelle forme , un mode nouveau ; l'observation présente en est la preuve.

Ces taches noirâtres de la peau étaient plus ou moins étendues, plus ou moins grandes. Voici l'ordre dans lequel elles étaient placées :

On en comptait vingt-sept sur le côté droit du visage , depuis le sommet de la tête jusqu'au menton, et vingt-huit sur le côté opposé. Toutes les formes du visage présentaient donc ensemble cinquante-cinq taches ou macules noires.

Sur le reste du corps, à la partie droite, nous trouvâmes trente-trois de ces taches ; savoir, à l'épaule trois seulement, le bras et l'avant-bras, six, et cinq sur la surface antérieure de la poitrine, et cinq sur sa partie latérale ; en descendant, on en distinguait huit sur les cuisses et les genoux, deux à la jambe et quatre à la main du même côté. Celles des cuisses étaient beaucoup plus étendues que par-tout ailleurs ; tout au contraire les macules de la main droite étaient très-petites et presqu'insensibles ; l'épaule, le bras du côté gauche avaient six taches, la poitrine cinq, sa partie latérale quatre, la cuisse et la jambe neuf ; pour la totalité du côté droit, on comptait vingt-quatre marques.

La partie du dos et des fesses en général en présentait quinze ; tout le corps, à l'exception du visage nous fit remarquer soixante-dix fois ces vices de l'épiderme répétés. La peau du visage étant plus pressée et le tissu cellulaire plus abondant, d'une marche plus variée, ses couches concentriques sont rassemblées dans un plus petit espace là que sur le reste du corps, qui ne présente que des surfaces : voilà sans doute la différence du plus petit nombre de taches qu'on a remarquées au visage ; car l'observation prouve qu'il y a une correspondance si bien établie par l'entremise du tissu-cellulaire des formes du visage avec les autres formes extérieures du reste du corps, que les taches ou macules qui se trouvent sur le visage, sont représentées dans les points qui leur correspondent. La petite vérole devient presque toujours confluente au visage, lors même qu'elle ne paraît pas l'être sur aucune autre partie ; les boutons se touchent de plus près au visage....

Le malade fut mis à l'usage de l'eau d'écorce d'orme pyramidal, pour toute boisson ; il prit aussi des bains composés de la même décoction ; on répétait souvent les lotions et les onctions avec le mucilage de la même écorce. Il survint des éruptions qui déterminèrent la sortie du principe de l'âcreté ; la peau devint plus douce, plus moëleuse, plus nette ; les taches diminuèrent insensiblement, à mesure que le remède spécifique provoquait l'éruption miliaire, tantôt sur une partie du corps, tantôt sur une autre. Les taches du visage furent les premières à disparaître....

Recherches physiques des causes de la vieillesse et de la mort naturelle.

On ne remarque dans le corps humain que des parties solides, de différentes figures, et des liqueurs renfermées dans des tuyaux, et il est plus que probable que c'est le défaut de fonctions de l'une de ces deux choses ou de toutes les deux à-la-fois, qui cause la vieillesse et la mort.

La dépendance réciproque des liqueurs et des parties-solides de notre corps pour l'exercice de ses fonctions, et le secours mutuel dont elles ne sauraient se passer, font naître l'embarras où on est de savoir à qui attribuer la destruction de cette machine si ingénieusement arrangée.

On convient que, dès le premier instant de la vie d'un animal, les liqueurs, par leur mouvement fermentatif et circulaire, portent la nourriture à toutes les parties, et fournissent la matière des fermens nécessaires pour entretenir la fermentation du sang et des autres sucs qui arrosent notre corps.

On convient aussi que les organes s'entr'aident réciproquement, que le cœur, par la contraction de ses fibres, pousse le sang au cerveau, sans quoi les esprits animaux, si nécessaires pour toutes les fonctions, tomberaient dans une éclipse mortelle; que le cerveau envoyant au cœur ces mêmes esprits, qu'il a filtrés à travers les petits tamis de ses glandes, lui donne la force de faire le systole et de pousser le sang que la veine cave et la veine pulmonaire versent sans cesse dans ses cavités; de sorte

que le mouvement fermentatif et circulaire du sang dépend absolument de l'action de ces deux nobles parties,
qui ont besoin à leur tour de son influence continuelle.

Les autres viscères aussi, comme le foie, la rate, le
pancréas, le ventricule, le mésentère, dont les fonctions
ne pourraient se faire indépendamment de l'action du
cœur et du cerveau, qui leur fournissent chacun les
liqueurs qui sont la matière des fermens, rendent à
leur tour aux liqueurs, au cœur et au cerveau le même
office qu'ils en ont reçu; si le foie ne pouvait séparer
le ferment biliaire, les glandes stomacales, le ferment
pour la chilification, sans le secours des esprits et du
sang que le cerveau et le cœur leur fournissent sans interruption; ces deux dernières parties, à leur tour, seraient fort embarrassées dans leur action, sans le secours
des précédentes.

Cette multiplicité de causes qui dépendent les unes
des autres, fait que l'on ne sait à qui l'on doit imputer
les commencemens funestes de notre décadence et de
notre fin. Pour ne pas ennuyer les lecteurs, je ne met-
trai ici en ligne de compte aucune de ces causes occasionnelles, dont les moindres changemens produisent
en nous des effets surprenans, et dont les violentes impressions enlèvent une infinité de gens au milieu de leur
carrière. Je supposerai même (ce qui n'arrive pas) que
l'air soit toujours agité de vents bénins et remplis de
corpuscules favorables pour nous; que l'on n'use que d'a-
limens convenables et uniformes; que l'on soit si fort
l'arbitre de ses passions, qu'elles ne nous portent jamais
à rien qui intéresse notre santé; que la fortune, sans
nous embarrasser de choses superflues, répande sur nous
avec profusion tout ce qui peut nous être utile; qu'étant
nés de parens sains et vigoureux, doués d'une bonne

complexion et connaissant tout ce qui peut l'entretenir, nous ne négligions rien pour cela ; que tout enfin conspire à nous rendre heureux ; dans cet état même, il faut que l'homme arrive à ce point fatal, d'où il ne fera plus que décheoir jusqu'à la mort.

Ces liqueurs si pures commencent peu à peu à se corrompre ; ces fermens si actifs et si abondans se dissipent avec le tems, et perdent peu à peu leurs forces ; ces parties solides, dont la ferme consistance conservait ces tamis si fins et si déliés, se dessèchent peu à peu, dès qu'elles ne sont plus arrosées du précieux baume de nos liqueurs. Les écoulemens considérables que la fermentation de nos liqueurs et de nos sucs pousse continuellement au dehors, nous feraient bientôt trouver la source de la mort dans la source de la vie, si l'air et les alimens, qui renouvellent sans cesse ces mêmes sucs et qui réparent nos pertes à mesure que nous les faisons, ne travaillaient de leur côté à nous conserver.

L'homme, dont il s'agit, doit toujours conserver ses fonctions entières, si l'air, les alimens et le sang sont les mêmes, ainsi que j'ai supposé ; le sang est le même, si la perte qui s'en fait par la transpiration est précisément réparée, comme elle l'est infailliblement par la même quantité et qualité du suc chileux qui doit fermenter ; le suc chileux est le même, parce qu'il est fait par un ferment égal des mêmes alimens ; donc cet homme ne peut décheoir par la dissipation de la transpiration ni par l'affaiblissement des fermens, comme je vais le prouver. Tous les fermens sont vigoureux et actifs, si le sang, qui en est la matière, et les couloirs, qui les filtrent, sont bien disposés. J'ai déjà prouvé que le sang était le même : ce ne sera jamais par sa faute que les fermens commenceront à se gâter ; ce sera donc par la faute des couloirs, et sans cela, je ne vois pas la raison pourquoi, au premier instant de la vieillesse, le ferment stomacal peut avoir diminué en quantité ou en qualité, puisque la même quantité d'un sang égal doit avoir fourni égale matière de fermens; que celui-ci, à son tour, produisant égale quantité de chile, doit toujours entretenir le sang dans la même disposition.

Il semble par là que les couloirs dont le corps est parsemé, s'usant, avec le tems, sont la première cause de nos malheurs. Mais comme des couloirs ne sauraient s'user, tant que les sucs répareront les pertes qu'ils souffrent par leur action continuelle, et que ces sucs doivent nécessairement réparer ces brèches, puisque leur distribution et leurs forces sont égales; ce n'est donc pas là non plus qu'il faut s'adresser pour trouver la vérité.

Il en est qui cherchent la mort dans la vie; qui, de la fermentation excessive du sang et de l'exaltation des fermens infèrent la diminution des uns et des autres, par l'attrition mutuelle de leurs particules, et qui veulent que la rapidité des uns et des autres gâte la bonté des couloirs; d'où suivent l'impureté des fermens, la maigreur, l'affaiblissement, etc.; d'où il s'ensuivrait que les gens les plus robustes seraient ceux qui vieilliraient plutôt et qui vivraient moins de tems.

Pour la résolution de la difficulté, je reconnais, 1°. dès le premier instant de la vie, un mouvement fermentatif et circulaire; 2°. que ce mouvement n'a pu commencer sans qu'il y eût des vaisseaux pour contenir les liqueurs et des routes certaines que les sucs dussent parcourir, et qu'ainsi, dès le premier instant de la vie d'un animal, tous les organes nécessaires, quelque petits et insensibles qu'on les conçoive, ont commencé leurs fonctions ; 3°. que ces mouvemens fermentatifs et circulaires de nos sucs, qui dépendent, en quelque façon l'un de l'autre, et tous deux de la louable disposition des humeurs et des organes ; que ces mouvemens, dis-je, sont la cause de la nourriture et de l'accroissement des animaux ; 4°. que cette augmentation cesse, lorsque ces petits pores des parties solides, qui ont une infinité de figures, ont été remplis par les parties insensibles des liqueurs, de sorte que la matière éthérée ne puisse plus les parcourir si aisément qu'elle faisait auparavant, parcequ'alors les corps, ainsi insinués dans les porules des parties, qui sont bien souvent polyformes, resserrent si fort leurs parties, qu'elles ne peuvent plus ensuite admettre les nouveaux corpuscules des liqueurs, qui, n'ayant que certains degrés de mouvement, ne sauraient surmonter la résistance que les parties solides font à leur action.

C'est ainsi que les os, qui ont, dans les premiers mois de la formation du fœtus, une mollesse égale à celle des membranes, durcissent peu à peu dans l'homme, au point que nous voyons. Cela se fait par l'introduction des corpuscules des liqueurs dans les petits pores de leurs fibriles ; ces corpuscules en chassent la matière éthérée, dont la présence entretenait la mollesse des os, et empêchait que leurs fibres ne fussent continués.

Cette dureté que les os acquièrent peu à peu dans le fœtus, chez les enfans et dans les adultes, peut bien arriver, quoique d'une manière insensible, dans les parties moins solides ; et puisque le fœtus et les enfans souffrent de si grands changemens dans leurs os, quoique leurs sucs soient dans une grande pureté, n'a-t-on pas raison de présumer que les parties musculeuses, les viscères et les tamis de notre corps acquièrent, avec le tems, une dureté qui dérange le bel ordre que la nature a établi dans la constitution de nos corps ? C'est cette dureté qui empêche que l'animal puisse croître en hauteur après son adolescence. L'ossification des cartillages de la mâchoire inférieure et du sternum, prouve invinciblement la continuation de cet endurcissement.

Il y a sujet de s'étonner que les anciens, qui ont vu ces derniers progrès de l'ossification, des cartillages et des membres, n'aient pas tiré de ces observations des conséquences si naturelles; et que les modernes, qui ont recherché avec tant d'industrie l'ossification successive du fœtus, n'en aient pas tiré les lumières qu'ils pouvaient se procurer par leurs découvertes.

Cette dureté des parties solides étant une fois établie, les muscles perdent peu à peu la souplesse si nécessaire pour le mouvement des esprits. En quelqu'abondance que le cerveau les fournisse, quelqu'actifs qu'ils soient, ils auront beau couler des nerfs dans les muscles, un peu plus de solidité dans les parties insensibles des fibres de ceux-ci retardera l'activité ds leurs mouvémens; un pareil changement dans le cœur empêche qu'il ne se contracte si aisément et qu'il ne pousse le sang avec la même force, d'où s'ensuivra bientôt la diminution du mouvement fermentatif circulaire ; de-là les obstructions ; de-là les dépravations des fermens, de-là la diminution et l'appauvrissement des esprits; et par l'augmentation et la combinaison de ces matières morbifiques, la vieillesse est suivie de la mort.

C'est une erreur, de croire que les parties solides s'usent avec le tems, et que cela cause la mort naturelle : ce n'est pas le tems qui produit cet effet; si la distribution des bonnes liqueurs pouvait se faire, il est sûr que les parties solides ne s'useraient jamais, puisque par-là elles regagneraient précisément tout ce qu'elles auraient perdu.

L'adolescence des animaux finit lorsque, par l'introduction continuelle des liqueurs qui circulent dans les porules des corps solides, ceux-ci acquièrent à la fin un repos respectif, capable de résister au mouvement des liqueurs.

La vieillesse commence précisément lorsque les parties musculeuses, et sur-tout les petites fibriles du cœur, commencent à perdre leur souplesse, qu'elles ne perdent que par l'intrusion des corpuscules insensibles dans leurs petits pores, qui ne peuvent plus ensuite permettre l'entrée à la matière éthérée qui entretenait leur mollesse.

Cette décadence n'arrive pas d'abord après l'adolescence, parce que les fermens du sang ne sont pas encore exaltés suffisamment pour produire les corpuscules nécessaires à remplir les porules des fibres du cœur ; e ce qui fait que les uns vieillissent plutôt, les autres plus tard, c'est que les fermens s'engendrent et se multiplient plus ou moins, plutôt ou plus tard, et suivant la diversité de leurs corpuscules, durcissent certaines parties plutôt que les autres. La variété des fermens et leurs vertus surprenantes sont si connues, que je n'en dirai pas davantage là-dessus.

Je ne dirai rien non plus de ce qui se passe d'analogique dans la nourriture, le progrès, la vieillesse et la mort naturelle des plantes, dont les unes périssent dans le tems que la terre intérieure fournit le plus de suc à leurs tuyaux, les autres lorsque le soleil contribue le plus à leur végétation, comme l'on remarque dans ce capillaire que les botanistes appellent *umbilicus veneris*. Cette mort précipitée ne reconnaît d'autre cause

que la dureté que les fibres de ces plantes ont acquise
par les corpuscules qui ont rempli leurs porules de la
façon que j'ai expliquée ci-dessus. Il est arrivé de-là
que les sucs n'ont pu entrer en même quantité, d'où
s'ensuit peu à peu la décadence et puis la mort.

En même tems que cet endurcissement fatal du cœur
commence à jouer le premier acte de notre tragédie,
les autres parties, qui ont été formées aussitôt que lui,
contractent plutôt ou plus tard, selon la diversité des
sujets, la même disposition. Le cerveau, par exemple,
perd peu à peu sa mollesse, et ce changement, quoiqu'insensible, cause la diminution des fonctions animales, dès que ce rétrécissement est tel qu'il ne filtre
plus si commodément les esprits animaux ; d'où vient
la diminution et la dépravation des fermens, d'où la
maigreur, d'où le cœur aura moins de force pour faire
couler les sucs, d'où vient enfin leur corruption.

Cette dureté insensible que le cerveau acquiert de
la même façon que le cœur, est évidente pour ceux
qui ont vu disséquer les cadavres des vieillards, dont
la dure-mère est souvent osseuse, et toutes les parties
proportionnellement plus dures.

Que la proportion qui se trouve entre les porules
polyformes des parties solides, la figure et disposition
mécaniques des corpuscules des liqueurs, donnent aux
parties solides une consistance et une dureté excesive à
certaines périodes de la vie ; on en sera convaincu, si
l'on fait réflexion aux maladies que nous observons précisément à certains âges, dans les personnes qui ont
pour cela des caractères héréditaires. Ils ne sauraient
éviter le terme fatal de leur destinée, quelque soin qu'on
y apporte : tels sont certains phthisiques, qui, sans aucun
vice apparent dans leurs parties solides, doués même

des sucs les plus tempérés qu'on puisse souhaiter, perdent, sans aucune cause évidente, dès le printems même de la vie, cet heureux état, et périssent sans qu'on puisse les sauver.

On ne saurait voir la cause de la mort de ces adolescens, dans les liqueurs qui ne sont pas plus actives que celles des gens du même âge qui sont exempts de ce malheur; on ne saurait non plus la trouver dans le vice sensible de conformation, qui ne paraît pas dans beaucoup de phthisiques : il faut donc nécessairement recourir à la disposition intérieure des fibres qui composent les vésicules du poumon, dont les porules ont une configuration qui ne saurait être remplie que par des corpuscules proportionnés; ces corpuscules ne se trouvant dans le sang qu'après qu'il a acquis un mouvement capable de les produire et de les insinuer dans ces porules, et le sang n'ayant ce mouvement que par le secours des fermens, ces fermens devant se filtrer par certains tamis, ces tamis ne pouvant être parfaits avant l'adolescence, il s'ensuit que ces phthisiques jouiront jusques-là d'une parfaite santé; mais dès que le sang est assez actif pour produire et introduire dans les fibriles des vésicules pulmonaires les corpuscules qui ont la proportion requise pour les remplir, la matière éthérée n'y coule presque plus, et ces fibriles, perdant leur mollesse et leur ductilité, résistent davantage à la dilatation de leurs vésicules; d'où il s'ensuit que l'air et le sang perdant insensiblement le libre cours qu'ils avaient dans les poumons, il s'y forme inévitablement des obstructions, des tubercules, des abcès et d'autres accidens qui moissonent chaque jour une infinité de jeunes gens.

La vieillesse retardée des peuples septentrionaux confirme très-bien mon système, et leur longue vie est l'effet de la lenteur de leurs fermens, qui engendrent plus tard et insinuent faiblement dans les petits pores des parties solides les corpuscules qui en chassent la matière éthérée. Par la raison des contraires, les fermens étant plus âcres et plutôt exaltés, fournissent plutôt ces corpuscules et précipitent la vieillesse.

Ceux qui usent excessivement de boissons ardentes précipitent aussi le cours de leur vie, parce que le rapide mouvement de ces boissons imprime au sang un caractère propre à exciter à contre-tems les fermens, et le rend même capable de produire plutôt les corpuscules propres à devenir des parties solides. Les malheureux accidens de ceux qui se gorgent sans cesse de vin et qui se procurent souvent par là des paralysies, des hydropisies, des apoplexies, confirment n-core mon système.

Il est aisé de conclure, sur ce que je viens de dire, que le moyen le plus sûr pour vivre long-tems, est d'entretenir tant que l'on peut la ductilité des fibres du cœur, du cerveau et des autres parties solides, ce qu'on ne peut obtenir que par l'abstinence de tout ce qui peut avancer l'exaltation des fermens ; ainsi il est évident que les alimens d'un bon suc et l'usage des adoucissans (a) conviennent merveilleusement, sur-tout si l'on y joint la pratique du précepte contenu dans les vers suivans :

> Si vis incolumen, si vis te reddere sanum
> Curas tolle graves, irasci crede profanum.

Cette dissertation parut en 1702, sous le nom d'un médecin d'un petite ville de l'Agenois, ma patrie.

____

(a) L'eau pyramidale est une liqueur douce, onctueuse, mucilagieuse, etc., dont l'usage, à l'intérieur, produit des effets remarquables, pour la santé en général, à tous les âges de la vie.

DES ANNÉES CLIMATÉRIQUES,

AVEC DES OBSERVATIONS,

Sur la santé, le caractère, les facultés intellectuelles des enfans, et les dispositions naturelles, qui in- flent sur la constitution physique du corps, d'où dé- pendent le bonheur et la durée de la vie.

L'économie animale présente, dans le cercle étroit de la vie, le tableau des révolutions périodiques, qui ar- rivent de sept en sept, ou de neuf en neuf ans de l'âge; tous les êtres de l'échelle de la création éprouvent également, à certaines époques fixes du cercle de la vie, une effervescence intestine, avec des changemens notables dans toutes les parties intérieures et dans tous les points possibles de la constitution physique du corps. Cela se remarque dans les différentes espèces de mues, dans tout le règne animal, ou par la chûte de la peau, des poils, des plumes, des productions cornées ou écail- leuses, etc. Tout se meut, tout est en action dans la nature animée. Le mouvement qui développe la cha- leur et qui constitue la vie, avance ou rétrograde : il n'y a point de repos absolu dans la nature vivante. *Hippocrate* observe que l'homme, parvenu à son der- nier degré de force athlètique, est sur le point d'être frappé de mort subite.... Ces révolutions périodiques de la santé, s'opèrent diversement, selon le tempérament, l'âge, les sexes, le climat, les saisons, le régime de vie, etc. *Hippocrate* les a observées dans le cours périodique de sept ans, qu'il appelle climatériques (*a*). Il est certain qu'à ces époques, il se fait des altérations considérables dans le tempérament, et que nos goûts même les plus favoris changent aussi. Quelques médecins de l'antiquité ont assigné une année à chaque planète, pour dominer, chacune à son tour, sur le corps de l'homme. Cette période est de sept ans. Les anciens croyaient rendre raison de toute la nature, en considérant sept choses : l'esprit, la matière, la quantité, la situation, la figure, le mouvement et le repos. Les Egyptiens avaient reconnu, entre les sons de la musique et les planètes, des rapports particuliers, ainsi qu'entre les douze signes du zodiaque, les vingt-quatre heures du jour, les sept jours de la semaine, et autres objets de cette nature. Le père Amiot assure que les Chinois (*b*) étaient en possession de ces découvertes, long-tems avant que les Egyptiens eussent une division du zodiaque en douze signes, et leur Saturne, etc. etc.

Les anciens étaient tellement frappés des nombres mystérieux, que la retraite des degrés ou de repos d'un escalier, était de sept en sept, ou de neuf en neuf marches; c'est ce que les Romains appelaient *retractio*. La déesse *Nundina* présidait aux lustrations, qui

____

(*a*) Les années climatériques sont les années combinées par échelles régulières de nombre, c'est-à-dire, les années dont le nombre est composé précisément de tant de fois tel nombre; *Climacter*, du grec, échelles par échelons ou par degrés.

(*b*) V. hist, de la Chine, p. 775.

se faisaient, chez les Romains, pour un enfant mâle, le neuvième jour de sa naissance, etc. Ils appelaient *novemdialia*, *novemdiale* les sacrifices que l'on faisait pendant neuf jours, pour appaiser les dieux, ou pour se les rendre propices. Ces sacrifices furent institués par *Tullus-Hostilius*. Suivant *Tite-Live*, le sacrifice qui se faisait le neuvième jour, s'appelait *novemdiale sacrum*. On gardait le corps pendant sept jours, on le brûlait le huitième, et le neuvième on enterrait les cendres. Les Romains faisaient aussi un sacrifice pendant neuf jours, lorsqu'un prodige semblait les menacer de quelques malheurs. Les Athéniens de l'un et l'autre sexe se faisaient initier aux mystères d'*Eleuzis* et de *Cérès*. La fête durait neuf jours, et se renouvellait tous les quatre ans. Les initiés qui avaient été lavés dans les eaux d'Ilissus, conduits ensuite en procession au sanctuaire de *Cérès*, devaient habiter, après cette vie, des bosquets fortunés, dans les Champs-Elysiens, y jouir des plaisirs ineffables et éternels.

Le septième jour de la semaine, qui est fêté par les Juifs, en mémoire de ce que Dieu se reposa le septième jour, après l'ouvrage de la création, s'appelle sabbat. L'année sabbatique est chaque septième année, pendant laquelle les Juifs étaient obligés de donner la liberté à leurs esclaves, et de laisser reposer la terre. Ils avaient trois sortes d'années : l'année ordinaire, l'anné sabbatique, ou la septième année, qui arrivait tous les sept ans, et l'année jubilaire ou de jubilation, qui arrivait après sept années sabbatiques, ou après quarante-neuf ans. Au vingt-cinquième chapitre du lévitique, il est ordonné aux Juifs de compter sept semaines d'années, c'est-à-dire, sept fois sept, qui font quarante-neuf ans.

La quarante-neuvième et la soixante-troisième année
de notre âge, qui sont les multiples de sept et de neuf,
sont regardées comme très-critiques. La quarante-neuvième année, qu'on peut appeler le retour d'âge, est
l'époque climatérique, qui influe de la manière la plus
remarquable sur la santé ; il se fait pour-lors les plus
grands changemens dans la constitution physique du
corps, tant chez l'homme, que chez la femme. Nous en
avons un exemple remarquable, qui s'est passé en 1768.
Jean-Baptiste Regnier, natif de Mondidier, curé de la
Berlière, diocèse de Beauvais, âgé de 49 ans, ressentit,
pendant plus d'un an, des maux de tête, des éblouissemens et des tressaillemens dans les entrailles, qui
lui causaient, par intervalle, quelques mouvemens convulsifs dans les membres ; il perdit, en dormant, la
barbe, les cils, les sourcils et tout le poil de son corps...
Tous ses poils, de noirs qu'ils étaient auparavant, repoussèrent, sur-le-champ, d'un beau blanc et sans mé-
lage (*a*). Les anciens prétendaient que les passages de
la quarante-neuvième et de la soixante-troisième année,
sont presque toujours suivis de maladies dangereuses.
Aulugelle rapporte qu'*Auguste*, écrivant à son petit-
fils *Caïus*, se félicite de ce qu'il avait passé sa soixante-
troisième année. Les Chinois remarquent également la
même époque, et chez ce peuple, il y a une institution
très-ancienne, qui consiste dans les fêtes et les réjouissances publiques, fondées sur cette observation des révolutions physiques de notre âge : ces réjouissances, dans
l'empire, ont lieu particulièrement, lorsque la mère de
l'empereur a passé sa soixante-troisième année.

(*a*) *V.* les papiers publics du tems.

A l'exemple de tous les animaux, l'enfant jette sa gourme (*a*) aux époques de la dentition ; sous ces croûtes suppurantes de la tête, du visage, etc., toutes les parties se développent, les organes acquièrent leurs proportions respectives. L'enfant grandit et se fortifie, pendant cette dépuration si importante, et toutes les puissances de l'organisation semblent se réunir à-la-fois pour tendre à ce but salutaire de la nature. Cette effervescence de nos humeurs, regardée par les anciens comme funeste dans un âge avancé, devient au contraire favorable dans les premiers âges, sans quoi l'enfant reste languissant, ou bien il est exposé, pendant tout le cours de sa vie, aux affections nerveuses, à la pulmonie, ou à d'autres maladies chroniques : l'affection dartreuse est le moindre des maux qui puissent l'attaquer ; en effet, si les humeurs sont imprégnées de parties hétérogènes, et que, dans les différentes périodes climatériques, il survienne quelqu'éruption critique miliaire ou dartreuse, on peut assurer que ces mouvemens périodiques sont très-favorables à la ténacité de la vie. Il en est de même de la petite vérole et de la fièvre putride (*b*), qui attaquent les jeunes personnes, dans les révolutions septenaires. Ces maladies ne présentent pas pour-lors le même caractère de malignité, qui les caractérisent en tems d'épidémie ; les malades ne courent non plus les mêmes dangers, auxquels ils sont exposés pendant la contagion. Ceux même qui en sont atteints dans cet inclémence de l'air, s'en retirent bien plus aisément, lorsqu'ils

---

(*a*) Dans la langue des galles, *gourme* signifie *pus*, *pustule.*

(*b*) Nous n'entendons point parler des épidémies.

parcourent l'âge climatérique dont nous parlons, comme la septième, neuvième, quatorzième, dix-huitième, vingt-unième, vingt-huitième, trente-sixième année, etc. Ces révolutions septenaires sont l'effet d'une fermentation dans les parties élémentaires des fluides doux, qui, s'épaississant peu à peu dans leurs canaux, disposent à l'obstruction : c'est une sorte de fièvre éphémère; elle est nécessaire à la santé, à la durée de la vie, et l'homme heureusement constitué en triomphe à tout âge.

Le changement de poil, de plume, de peau, de corne ou d'autres dispositions du corps qui arrivent aux animaux, tous les ans ou en certain tems de leur existence qu'on appelle la mue, tiennent au même principe. Pour nous renfermer dans ce qui regarde notre espece, nous rappellerons, d'après un célèbre médecin (a), l'ordre des opérations générales de la nature dans la structure primordiale de l'homme.

1°. Ne peut pas vivre au-delà de sept jours sans manger.

2°. Il faut qu'il se répare de sept en sept heures pour se bien porter;

3°. Qu'il vienne au monde à sept mois au moins pour exister;

4°. Qu'il arrive à sept ans pour subsister;

5°. A deux fois sept ans pour engendrer;

6°. A trois fois sept ans pour résister;

7°. A quatre fois sept ans pour consister;

8°. A cinq fois sept ans pour valider;

9°. A six fois sept ans sans chanceler;

(a) *Tableau des variétés de la vie humaine*, par M. G. *Daignan*, médecin, etc., seconde partie, à Paris, 1786.

10°. A sept fois sept ans sans décliner ;

11°, Et qu'il change, de sept en sept ans, quinze foi
pour désister.

Sans l'exercice, le renouvellement de l'air et le mouvement, tout languit dans l'enfance. *Vandermonde* dit,
à ce sujet, que les fibres, encore tendres, ne peuvent
broyer les sucs ; les vaisseaux, trop lâches, ne résistent
pas assez à l'effort du sang ; le cœur, trop faible, pousse
mollement les liqueurs, et les muscles naissans ne favorisent que médiocrement la circulation..... Tout au
contraire, l'enfant parvenu à l'époque critique de la
puberté, ressent une effervescence extraordinaire dans
toute sa constitution physique ; le plus faible, comme
le plus fort, de vos enfans se trouve dans un degré
d'énergie supérieur à tout ce qu'il a éprouvé jusqu'alors,
et à des passions difficiles à modérer ; c'est un torrent,
plus ou moins fort, auquel il serait dangereux d'opposer une digue. C'est ainsi que parle M. *Daignan*, qui
remarque que les accidens ordinaires dans le tems de
la puberté, bien loin d'être des maladies, lorsqu'ils ne
dépendent point des causes étrangères aux mouvemens
de la nature, sont au contraire des efforts puissans et
salutaires de la nature même pour le développement
des organes. Qu'arrive-t-il alors ? L'esprit universel,
répandu dans toute l'économie, réchauffe toutes les parties, accélère le mouvement des liqueurs, développe
les organes générateurs ; les seins prennent aussi bientôt
de l'accroissement, en conséquence de ce mouvement
sympatique qui lie toutes les parties et les associe ensemble, *mammæ sororiantur*..... Les changemens observés par les anciens (dit l'auteur) se font dans l'ordre
que leurs écrits nous indiquent, et suivent cette grande
révolution des âges. La chose est incontestable, et l'ex-

périence journalière le confirme : ces changemens sont presque toujours accompagnés d'une espèce de fièvre ; souvent ils viennnent à la suite de grandes maladies aiguës ; quelquefois ils les produisent ou les déterminent, car plusieurs de ces maladies doivent être regardées comme la crise de l'époque qu'elles achèvent, comme dépendantes des mêmes lois qui font passer le corps par tous les degrés de croissance et le poussent invinciblement vers le dernier période de la maturité. Chez les femmes, la première éruption des règles est ordinairement annoncée par de grands désordres ; leur retour périodique produit tous les mois quelques incommodités, et le tems de leur entière cessation, que l'on appelle critique, est en effet si périlleux, qu'il enlève, par des accidens aigus, ou qu'il dévoue à de grandes souffrances peut-être le tiers des femmes parvenues à cet âge (*a*) ; enfin si toutes celles qui font des enfans s'exposent à des maux douloureux et graves, celles qui n'en font pas sont punies par des maux encore plus terribles, d'avoir bravé le penchant auquel la nature paraît avoir mis le plus d'importance.

Le grand *Montesquieu* l'a dit, l'enfance est une longue maladie. Il est dans la nature de tous les êtres qui commencent la vie, de desirer l'approche de ceux qui leur ont donné l'existence : le toucher, la chaleur des mères est long-tems indispensable aux enfans (*b*). On

----

(*a*) Les Grecs disaient, dans leur langue pittoresque, qu'elles avaient été frappées des traits de *Diane*, dont l'astre ou la lune présidait aux évacuations menstruelles.

(*b*) *Voy.* Discours sur la maladie de la peur, dans les enfans, par J. F. *Sobry*.

l'a remarqué plus d'une fois, les maladies de l'enfance sont du genre des convulsives : c'était le sentiment de *Boerrhaave.* D'après cette disposition naturelle du tempérament dans ces premiers âges, les adoucissans sont indiqués, et non les irritans.... Si l'on jette un coup-d'œil sur les différens changemens qui s'opèrent dans la constitution physique du corps dans les différentes périodes climatériques, qui, chez les enfans, sont les époques des plus grands efforts pour l'accroissement ; on se fixera sur les trois grandes cavités, dont l'influence est très-marquée dans l'économie animale : ces cavités sont le cerveau, la poitrine et le bas - ventre. L'activité de l'enfance est à la tête, dit *Alphonse Leroy* ; elle passe, dans le tems de la puberté, aux parties génitales (*a*) ; c'est jusqu'au milieu de la vie, que cette même activité reste à la poitrine ; elle se tient, dans l'autre moitié de notre carrière, au bas ventre.

Le principe de la vie, concentré, dans l'enfance, à la tête, dispose l'organisation aux premiers développemens des belles formes de la nature ; il s'établit en même tems une sympathie très-étendue dans le rapport de ces mêmes formes, d'entre les organes les plus opposés, par les distances et leurs positions respectives. Les quatre âges bien connus sont : l'enfance, la jeu-

---

(*a*) Il existe une très - grande sympathie de la tête avec les parties génitales, et de celles-ci à la poitrine.... Chez la femme, la vie, concentrée, pendant la grossesse, à la matrice, pour l'accroissement du fœtus, reflue, après l'enfantement, aux mamelles ; elle semble aussi se répartir du centre à la circonférence. V. *histoire naturelle de la grossesse et de l'accouchement,* etc., par *Alphonse Leroy.*

nesse, l'âge viril et la vieillesse ; mais par une division mieux réfléchie, les anciens appelaient l'âge tendre, ou l'âge d'innocence, *infantia* : c'était le cours du premier septenaire ; et l'âge de sept ans, *puer*, *pueritia*. Ils nommaient *adolescens* l'âge de puberté, qui est le second septenaire accompli, ou la quatorzième année. Alors, le corps prend des proportions plus exactes, et le moral plus de perfection : les os s'affermissent, la poitrine se dilate ; les mamelles et la voix se développent avec les organes de la génération... Les premières dents paraissent à peu près au septième mois ; ce premier travail s'étend jusqu'au vingt-huitième mois, et quelquefois jusqu'au trente-sixième. Dans l'accroissement de toutes les parties, les dents seules causent de cruelles douleurs. Après cette crise, les enfans semblent bientôt acquérir une nouvelle vigueur. Qui sait, dit un auteur moderne (a), si ces tourmens n'ont pas pour but de donner plus de ton au mouvement général de la vie, par la réaction qu'ils nécessitent, d'assimiler les humeurs, de faire rejeter toutes celles qui, sans ce violent ébranlement, porteraient bientôt, par leur stagnation, des germes de corruption et de mort, dans toutes les parties qu'elles doivent abreuver et nourrir ? La plupart des incommodités qui arrivent aux enfans, sont originairement les effets des mouvemens intérieurs, qui doivent opérer leur développement et la dépuration cutanée ; dans un enfant heureusement constitué, le mouvement de l'un est une suite nécessaire de l'autre. Ces

---

(a) *Voy*. Etudes de l'homme physique et moral, considéré dans ses différens âges, par J. A *Perreau*, professeur du droit de la nature et des gens. Paris, 1797.

révolutions climatériques ont été connues d'*Hippocrate*, qui les considère dans trois différentes époques. C'est dans le passage de la sixième à la septième année, que l'enfant commence à se former ; c'est alors que les organes digestifs se développent et prennent plus de consistance ; c'est à cette époque septenaire que les forces vitales font les plus grands efforts pour provoquer l'expulsion d'humeurs muqueuses et lentes, par les voies générales de la peau. Si cette dépuration si utile à la durée de la vie est arrêtée, ou même suspendue par quelque cause que ce soit, l'engorgement des glandes peut donner lieu au rachitis, aux écrouelles, aux difformités, et autres affections chroniques. L'homme ayant acquis son degré de perfection, est adulte (*a*). Dans ce troisième âge, les premiers signes de la puberté paraissent et tous les organes ont à peu près leurs proportions respectives.

Il y a des personnes qui croissent jusqu'à vingt-cinq ou trente ans. La tête cesse la première de croître. On prétend que les maladies qui tiennent à un vice de conformation, peuvent se développer jusqu'à trente-cinq ans. Cela arrive toutes les fois que les humeurs hétérogènes n'ayant point eu un écoulement suffisant, aux époques septenaires, les glandes du poumon et du mézentère se trouvent engorgées d'un vice scrophuleux. On sait que cette humeur chronique est, par sa nature,

---

(*a*) *Adolescens*, jeune homme depuis 14 ans jusqu'à 25.... Quelques auteurs de l'antiquité ont employé cette expression pour des personnes de 35 jusqu'à 40 ans. Les anciens, qui avaient reçu de la nature une organisation plus forte et plus vigoureuse, restaient-ils plus long-tems à croître ?

froide et lente ; le tempérament de ceux qui en sont affectés prend ce caractère, et devient également phlegmatique. Cependant cette constitution morbifique est presque toujours le fruit d'une cause très-simple, mais très-ancienne et dégénérée (*a*). Il n'en est pas de même de la pulmonie, qui est endémique dans le midi de la France. Elle y fait périr un grand nombre de personnes, dans l'équinoxe d'automne, avant l'âge de vingt-cinq ans.... C'est une vérité que la santé et la perfection du corps dépendent des premiers soins qu'on donne aux enfans, ainsi que de la dépuration cutanée, dans les passages climatériques de leur âge. Une multitude d'accidens menace le principe de la vie, pendant les premiers développemens du corps, par la raison que la marche de la nature est souvent contrariée. A cet âge tendre, on est sujet à la toux, à la fièvre, aux éruptions miliaires. Tous ces mouvemens, toutes ces indispositions sont autant de crises qui tiennent à leur accroissement, au développement, plus ou moins hâté de leurs forces, et qui, de salutaires qu'elles sont, comme s'exprime *J. A. Perreau*, se changent souvent en vraies maladies, par le tourment des drogues et des faux régimes : le plus sûr serait de laisser agir la nature, sans la troubler par des systêmes dont l'application est rarement sans danger (*b*). Ce sont ces abus qui font tomber les enfans

---

(*a*) Un coup, une chûte négligée, donnent lieu, au bout de plusieurs années, aux engorgemens, et enfin, au vice scrophuleux l'épaississement des liqueurs douces y contribue fréquemment. Les enfans sont héritiers des vices qui dominent chez la mère ou chez la nourrice.

(*b*) *Voy.* Etude de l'homme, physique et moral, déjà cité.

dans un état de langueur, d'où ils ne peuvent sortir que par les efforts de la nature, à la septième ou à la quatorzième année ; et s'ils n'en triomphent bientôt, alors leurs maux deviennent incurables. *Barbeu - Dubourg*, célèbre médecin de la faculté de Paris (a), remarque que l'effervescence extraordinaire qui signale la puberté, peut opérer la coction de quantité d'humeurs lentes, et la solution de diverses maladies chroniques. Les médecins anciens ayant considéré attentivement, dit *Goulin* (b), la vie de l'homme, depuis sa naissance jusqu'à son dernier jour, ont observé que plusieurs individus périssaient dans leur septième année, dans leurs quatorzième, vingt-unième, vingt-huitième, trente-cinquième, quarante-deuxième, quarante-neuvième, cinquante-sixième et soixante-troisième, etc., et en ont conclu que ces époques étaient fatales. Cette conclusion n'était pas juste : la nature veut, au contraire, par un mouvement accéléré dans les plus petits vaisseaux, dans les parties les plus intimes des confins du corps, à ces époques périodiques, prévenir la stagnation des liqueurs et l'obstruction, atténuer de plus en plus, ce qui est de nature âcre, et provoquer l'éruption cutanée.

La rentrée d'une humeur ou la suppression d'une excrétion habituelle, d'un écoulement, chez les enfans sur-tout, annoncent la dégradation des forces de la nature : il est très-difficile d'administrer des secours effi-

***

(a) *Voy.* Elémens de médecine, en forme d'aphorismes.

(b) *V. Codronchus de annis climatericis, nec non de ratione vitandi earum pericula commantarius,* etc. *Bononiæ,* 1620, cité par *Goulin.*

caces dans ces cas, à moins que d'exciter une éruption à la peau, soit par la lotion ou l'onction muqueuse, soit par la chemise d'un galeux. N'a-t-on pas vu l'épilepsie être l'effet d'humeurs refoulées dans l'enfance ? Le vice scrophuleux procède des causes les plus légères, comme nous l'avons observé. Combien de maux de poitrine dépendent de galles rentrées, des sueurs des pieds, des aisselles ou autres excrétions extraordinaires qui disparaissent ? En 1716, dit M. *Deidier* (a), un servant de l'hôpital de Montpellier, nommé *Lagardelle*, âgé d'environ dix-huit à vingt ans, avait une grosse gale : on voulut le guérir par le soufre ; à peine la gale eût-elle disparu, que ce jeune homme fut attaqué d'une fièvre lente, d'une toux sèche, avec un crachement de pus. Le malade était à l'extrémité, lorsque je m'avisai de le faire coucher dans les draps d'un galeux : à mesure que la gale revenait, on voyait diminuer tous les symptômes de la phtysie ; et la gale étant ressortie, le malade fut entièrement délivré de cette fâcheuse maladie. Ce fait rappelle une guérison plus surprenante encore, rapportée par *Thomas d'Onglée* (b), *médecin de la faculté de Paris* : « une fille de dix-sept ans était attaquée, depuis l'âge de onze, de convulsions trésfortes, quoique bien réglée : on n'avoit rien négligé pour la soulager ; tous les anti-spasmodiques et autres remèdes indiqués en pareil cas n'avaient produit aucun effet. Je proposai de lui inoculer la gale ; je fis coucher la malade avec la chemise et dans les draps d'un galeux, et elle se trouva guérie au bout de vingt-quatre heures ».

(a) Traité des tumeurs contre nature, 5e. éd. 1732.
(b) Rapport au public, de quelques abus en médecine.

Toutes les parties, chez les enfans, les fibres, les nerfs, les membranes, les muscles, les vaisseaux, les ligamens, les cartilages, les os même, sont d'une grande mollesse; les premiers rudimens de la vie sont exposés à tout ce qui donne lieu au déplacement des membres, aux fractures, au relâchement des ligamens, en un mot, à toutes les difformités, qu'ils ont bien moins à craindre dans un âge plus avancé. Le tableau seul du rachitis doit frapper tout homme sensible sur le sort de l'enfance : dans cette maladie, l'épine du dos et la plupart des os longs se courbent; les jointures présentent des excroissances et des nœuds ; la poitrine se rétrécit, le ventre s'enfle, les hypocondres s'étendent ; la tête grossit prodigieusement à mesure que le corps amaigrit ; alors la faiblesse, le relâchement de toutes les parties et la toux font périr les malades. Dès les premières années de notre âge, la dentition, les vers et les convulsions qui les accompagnent, la petite vérole et la rougeole exposent l'existence à mille dangers ; il sembleroit que le souffle de la vie ne s'affermît qu'à travers les écueils.

Mais on peut disposer les enfans, par des moyens très-simples, à l'écoulement critique d'humeurs muqueuses et surabondantes et à tous les mouvemens fermentatifs de l'éruption cutanée. Plus ordinairement cela est la suite de leur accroissement et d'un plus grand développement dans les formes et les proportions du corps. Le salut de l'enfant dépend de cet effort de la nature, qui, à tous les âges et dans tous les cas d'affections chroniques, tend à provoquer une dépuration utile par la voie générale du tissu de la peau. Observez les enfans, par rapport à la marche progressive de la vitalité organique, tout est à l'avantage de leur conservation. Dans ce premier printems de la vie, la peau garde la fraîcheur, l'amollissement et la souplesse né-cessaires à l'écoulement d'humeurs; et si les forces vitales conservent toute leur énergie, l'enfant, même au ber-ceau, présente l'éruption croûteuse; il n'est pas de crise, sans doute, qui soit plus propre à la conservation de la santé et à la durée de la vie, puisqu'elle est l'effet du développement des formes intérieures et des propor-tions du corps. Les progrès successifs de l'accroissement des parties s'annoncent par une force capable d'atténuer les humeurs épaisses et d'en séparer toutes les impuretés; les proportions de la belle nature semblent, dans tout leur développement, agrandir l'existence : aussi voit-on les roses de la santé suivre les efforts de la puissance vitale dans les passages septénaires, le teint s'éclaicir, la peau reprendre sa fraîcheur, son éclat, sans le con-cours d'aucun remède; la gaieté de l'enfant est un sûr garant de l'heureux état où il se trouve. Cependant, quoique les maladies de l'enfance se terminent plus heureusement que dans un âge avancé, les complications diverses en rendent quelquefois la marche incertaine; semblable à un feu caché, prêt à faire explosion, la fièvre putride, la petite vérole, les convulsions, etc. surprennent tout-à-coup les enfans au milieu de leurs jeux et de leurs plaisirs; c'est ici le cas d'aller au-devant du danger par des moyens prophytactiques et des pro-cédés conservateurs. On le répète, il ne faut pas s'y méprendre, les grands maux qui les attaquent viennent de la faiblesse des organes et d'un vice dans les propor-tions des formes intérieures, qu'il est facile de re-connaître à l'extérieur, d'humeurs retenues dans les ca-vités profondes. L'abus des remèdes, les traitemens contre-indiqués, les cautères, les exutoires de tout espèce, les saignées produisent chez les enfans les effets les plus désastreux, parce qu'ils s'opposent à ces mouvemens de la nature pour l'écoulement d'humeurs, et qu'ils leur donnent une direction opposée. C'est pourquoi le sage *Locke*, qui avait passé une partie de sa vie à l'étude de la médecine, recommande fortement de ne jamais droguer les enfans ni par précaution ni pour de légères incommodités. Il est dangereux, à tout âge, de se trop droguer, et cet abus est encore plus nuisible chez les enfans; dont les fibres sont si irritables. Le génie du médecin habile ne se borne point sans doute aux seules préparations pharmaceutiques ; il s'agit des méthodes simples, qui impriment à-la fois sur toute la peau, de l'activité, en faveur de l'accroissement et du développement de toutes les parties; le bain, la lotion, l'onction remplissent le but desiré : ces procédés étaient connus et pratiqués par tous les anciens peuples (*a*). La religion avait fait un devoir moral de la lotion, des frictions humides à la naissance des enfans; d'où le poëte *Callimaque* a dit, en parlant de la naissance de *Jupiter : Aussitôt que tu fus né et que tu vis l lumière, ta mère chercha l'eau claire d'un ruisseau pour purifier le corps d'un fils qu'elle chérissait.*

(*a*) Dans les beaux climats de l'Asie, les procédés conservateurs de la santé et de la beauté ont été et sont encore ordonnés par les devoirs les plus sacrés de leur religion..... Les historiens rapportent que les enfans du peuple Germain avaient une telle hauteur de taille et une telle vigueur de corps, qu'ils faisaient l'admiration des peuples du midi. La race Mahométane présente encore les proportions de la belle nature, avec les formes les plus gracieuses.

L'exercice, qui est l'emploi de l'excédent de nos forces,
le mouvement, le renouvellement.de l'air maintiennent
aussi le corps en santé; les enfans élevés dans les villes
sont moins forts que ceux qui sont élevés dans les campagnes, et par conséquent plus sujets aux maladies
chroniques et aux difformités ; les personnes, même
déjà formées sont blêmes et décolorées. Un médecin
célébre en a fait le tableau suivant : le grand nombre
d'avortons, dit-il, d'estropiés, de boiteux, d'aveugles,
de borgnes, de sourds, de muets, de cagneux, de rachitiques, etc., qu'on voit de toutes parts, avec des figures hideuses, prouve que l'art ne brille pas dans le
traitement de ces écarts de la nature. (a). Presque tous
les enfans élevés à Paris sont attaqués de rachitis ; les
bancals ou bossus sont si communs dans cette ville, qu'on
a coutume de dire, dans les provinces, de ceux qui
ont une conformation viciée, qu'ils sont faits à la pa-
risienne. Ce n'est pas seulement l'air que nous respirons,
dit *Lebègue-Depresle*, mais des miasmes corrompus, dont
la nature, le mélange, les altérations qu'ils eprouvent,
rendent l'air un vrai poison qui détruit lentement les
yeux, cause des maladies putrides. Il y a des signes de
putridité dans presque toutes les maladies : cet air mal-
sain empêche le développement tardif et imparfait des
enfans; leur mauvaise santé, la paleur de leur physionomie, le grand nombre qui meurent avant huit ans,
et ceux qui sont rachitiques et contrefaits, les maladies
chroniques opiniâtres qu'accompagne si souvent un état
scorbutique du sang, les pâles couleurs des filles, le

____

(a) Tableau des variétés de la vie humaine, par M. *Daignan*,
médecin.

mauvais teint de tous les habitans de Paris, la difficulté avec laquelle les blessures et les plaies se guérissent, la fréquence de la gangrène chez les vieillards,
et le scorbut dans tous les états et tous les âges, sont
des preuves suffisantes de la nécessité du renouvellement de l'air pour le développement et l'accroissement
des forces et pour la durée de la vie.

Les maladies chroniques sont infiniment plus rares
dans les climats chauds que dans nos régions froides et
humides; les poisons lents qui altèrent et épaississent
la lymphe sont atténués par une chaleur bienfaisante,
qui favorise leur évaporation par les pores de la peau:
les écrouelles, les rachitis, l'âcre vénérien dégénéré, etc.,
maladies si funestes aux enfans (a) dans nos climats né-
buleux, perdent bientôt de leur activité sous un ciel doux
et bienfaisant; le règne animal, plus précoce, conserve
dans l'homme ses plus belles proportions, et la puissance vitale, à raison même de ce développement,
éloigne toutes les causes morbifiques et prévient toutes
les difformités qui dégradent par-tout ailleurs son organisation. L'enfant, en naissant, respire un air pur et
fortifiant; il n'est point enchaîné par les ligatures;
toujours à l'air, ses membres se développent sans gêne,
la puissance musculaire acquiert toute sa force, sa plénitude et sa vigueur; c'est par la circonstance de la

----

(a) M. *Levret* a traité des chèvres allaitant des enfans
vérolés, et ils ont été guéris, par ce moyen, comme si on eût
traité une nourrice ordinaire. A cette occasion, on a mis en
question si on ne pourrait pas faire passer le mercure dans les
fruits; sa division serait bien parfaite, puisqu'elle serait faite
par la végétation même.

chaleur du climat , que le rachitis n'a point fait de progrès en Espagne : cette maladie, très-commune dans les provinces boréales , l'est beaucoup moins dans les méridionales.

M. *Brookes* , médecin anglais , a décrit une maladie rare et peu connue, qui attaque ordinairement les enfans, sur les bords de la mer. Il appelle cette maladie *the crook* , ou *the chock* , ou *stuffing* , étranglement ou engorgement (*suffocatio stridula*).... En nous renfermant dans ce qui concerne la conservation des enfans et des jeunes personnes , dans nos régions tempérées, on prouvera que les accidens morbifiques qui leur arrivent , sont presque toujours la suite d'une effervescence intestine dans les liqueurs les plus tenues de la lymphe. La fièvre, la petite vérole, la rougeole, etc., se manifestent ordinairement dans les passages climatériques de leur âge et aux approches des équinoxes du printems et de l'automne. La nature indique les moyens de préservation et de conservation , en disposant la peau à l'éruption miliaire ou à d'autres mouvemens qui se passent dans son tissu. Ces moyens sont le bain, la lotion, l'onction muqueuse. Les procédés de cette espèce , qui concourent constamment à l'accroissement des parties et au développement des forces de la vie en promettent la durée. Que sert, dit *Sydenham* , d'accumuler une multitude de faits particuliers, s'ils ne conduisent pas à établir des méthodes générales ?

Les moyens simples que nous proposons dans cet ouvrage , sont, dans beaucoup de circonstances, de vrais préservatifs des maladies les plus meurtrières ; en général, ces procédés, toujours utiles, agissent avec assez d'énergie pour atténuer , jusqu'à un certain degré, les lerains contagieux (*a*). Le bain chargé du mucilage de l'eau d'écorce d'orme pyramidal, affaiblit l'action morbifique; il corrige ces dispositions innées de l'enfance, pour la fièvre putride, la petite vérole et autres accidens de cette nature. Ce bain provoque, dans tous les cas, l'éruption cutanée sur toutes les parties et sur les formes correspondantes : en effet, ce mouvement fermentatif, excité par les forces de la vie, se propage, par irradiation, sur tous les points qui se correspondent; par le fréquent usage du bain, par la lotion, l'onction, ces maladies, si effrayantes, se développent dans les circonstances les plus heureuses, et elles parcourent leurs périodes sans inconvénient, ni pour la santé, ni pour la beauté du corps. Sous ce double rapport, les méthodes utiles à la conservation des hommes, étant généralement pratiquées, sont favorables au développement des formes et des proportions de la belle nature; joignez à cela le renouvellement de l'air et le mouvement, vous aurez la pierre angulaire de cette partie de la médecine qu'on appelle hygiène, ou l'art de conserver la santé.

(*a*) Dans la peste de Moscow, M. *Samoïlouwitz* guérissait et préservait ses malades, par l'application d'un drap imbibé de vinaigre, sur toute l'habitude du corps.... *François Pearce*, chevalier *de Santa-Cruz*, employait l'air froid avec l'eau froide, pour guérir les fièvres malignes. Il fait sortir, écrit-il au docteur *Lettsom*, le malade du lit, et fait jeter sur son corps deux ou trois sceaux d'eau froide, à répéter toutes les trois heures. V. *Mon ouvrage, Obs. sur différens moyens propres à combattre les fièvres putrides et malignes, et à préserver de leur contagion,* etc.

« L'éducation, les exercices du corps et une vie réglée rendent l'homme plus beau de visage et de corps;
par-là, ses membres acquièrent une certaine grâce,
qui forme une différence si remarquable entre l'homme
bien éduqué et le rustre, qu'on a de la peine à croire
que la même espèce de créatures puisse offrir une pareille disparité, par le seul effet de la manière de
vivre (a). » Il y a des maladies qui sont propres à
certains pays ; elles y sont endémiques, comme l'étisie
en Languedoc. Nous pensons que les maladies chroniques de cette espèce proviennent de l'inégalité des
forces dans la puissance musculaire, d'un défaut d'é-
quilibre et de conformation dans les membres ou dans
quelque partie de notre économie ; de l'obstruction de
la peau ou de la faiblesse de son tissu ; d'où s'en suivent nécessairement la disproportion dans la circulation
des fluides et la disconvenance dans les mouvemens.
Il serait possible de rectifier ces écarts dans l'enfance,
ou de les prévenir par le fréquent usage du bain muqueux, qui adoucit et fortifie tout le tissu-cellulaire. La
nature réclame ces secours, et si la constitution physique n'a point été altérée par les saignées, si elle n'a
point été affaiblie par les cautères et l'abus des remèdes, ou bien épuisée de toute autre manière, le

____

(a) *Diss. sur les variétés naturelles qui caractérisent la
physionomie des hommes*, etc., par *P. Camper*. Dans les Indes,
les enfans s'élèvent nuds et à l'air libre, parmi les fleurs et les
eaux. M. *de la Flotte* assure qu'on n'a jamais vu dans l'île de
Bourbon, depuis son établissement, une seule personne contre-
faite. Les habitans sont grands, forts et robustes ; les femmes
y ont toutes la plus belle taille.

succès est certain. Ce procédé simple, est à la portée
de tout le monde; il guérit, préserve et conserve.....
Dans l'étisie, la pulmonie et la consomption, la peau
devient sèche, aride, terreuse et âpre au toucher,
à-peu-près comme elle le serait chez les habitans des
climats embrâsés, si on n'y pratiquait plusieurs fois
par jour, les onctions huileuses. (*a*) Dans l'un et l'autre
cas, il se fait une déperdition considérable d'esprits
vitaux par les pores de la peau; il faut par conséquent
la nourrir, l'humecter avec des adoucissans, des mucilages, des dissolutions gommeuses et des pommades
cosmétiques. En effet, dans la consomption, le régime
humectant, tant à l'intérieur qu'à l'extérieur, est le
seul qui convienne, le seul indiqué par la nature des
choses. Tout en démontre l'utilité. Relachez doucement
la fibre par des bains muqueux et des pommades cosmétiques; humectez le sang et les humeurs par un air
frais et humide; une boisson abondante, l'usage des
lavemens, un exercice modéré, des passions douces,
un sommeil paisible et rafraîchissant; en un mot par
un régime suivi d'alimens doux et mucilagineux; vous
parviendrez par-là au but qu'on doit se proposer, celui
de prévenir la colliquation des humeurs et par conséquent la mort. M. *Boyer*, médecin, à Carpentras, a
proposé également, pour guérir l'étisie, une espèce
d'onction générale sur tout le corps, en forme de bain.
Le lait et les adoucissans de cette espèce, dit-il, qu'on

(*a*) Les Esseniens, secte remarquable parmi les Juifs par la
pureté des mœurs et la purification, avaient coutume de s'oindre
souvent le corps d'huile, et de se laver dans l'eau courante,
plusieurs fois par jour.

donne communément dans cette maladie, dans la vue d'adoucir le sang, de lubrifier les voies, d'assouplir les solides, ces moyens, toujours infructueux, ne font que pallier le mal, lorsqu'ils ne devancent pas la mort. Il y a une méthode plus simple et plus sûre, dit ce médecin, qui n'a pas les mêmes inconvéniens ; c'est un bain émollient, suivi d'une onction par tout le corps, avec une pommade cosmétique. Par ce moyen, on fournit du véhicule au sang, sans énerver le suc gastrique ; on nourrit, on assouplit la peau sans affoiblir les forces centrales ; les fluides perdent leur âcreté et leur fougue ; la réaction des solides diminue ; ceux-ci se nourrissent, cédent aux efforts des liqueurs et prennent plus d'extension ; la circulation qui ne se faisait que dans les gros troncs, où il se formait une plethore, devient plus uniforme, plus tranquille, à mesure que les vaisseaux oblitérés se rouvrent et que le corps leur cède un plus grand espace. Ce seul remède aidé d'un régime doux et tempéré a toujours fait des merveilles. L'esprit et le corps en ont ressenti des effets comme miraculeux. *Baglivi* guérit un sculpteur, de la consomption, par des lotions et des onctions, des bains et des relachans. La cause du mal était une trop grande tension des fibres, occasionnée par le froid du marbre, sur lequel il avait travaillé pendant long-tems.

Tout mène à croire, que les onctions sur toute l'habitude du corps, faites avec des huiles aromatiques et fortifiantes, des mucilages, des dissolutions gommeuses et des pommades cosmétiques, seraient le meilleur expédient pour arrêter la dissolution rapide des humeurs dans la consomption anglaise, dans les affections scorbutiques de ce genre, dans la pulmonie et dans beaucoup d'autres cas, soit comme curatif, soit comme préservatif. Les preuves de l'utilité de ces pratiques sont consignées dans les annales de la médecine. *Galien* prescrivait les bains, les onctions, les linimens, les épithèmes, dans la fièvre hectique. Ces onctions tempérantes et modérément astrigentes, fortifient les parties et retardent leur colliquation. Les linimens sont composés d'huile rosat, de nénuphar, de coing, les mucilages des gommes adragant et arabique, dissoutes dans l'eau de morelle et les eaux distillées aromatiques et vulnéraires. On ajoute à ces différents mélanges, un peu de camphre incorporé avec la cire. Il est très-important de faire l'onction sur le dos et sur toute l'épine, celle propre à la poitrine est composée avec des mélanges doux et relachans, tels que l'huile violat, de semence de laitue, de saule, de pavot, de nénuphar, d'amande douce récemment tirée. On peut également se servir de beurré bien frais et lavé dans l'eau de violette et de mouron. Ces frictions humides rafraîchissent, humectent et confortent les parties; leur action sympatique sur les fibres de la peau, tend à provoquer l'éruption miliaire et à évoquer du dedans au dehors le principe morbifique. (*a*) Il est constant que dans cette opération salutaire de la nature, les humeurs vicieuses sont séparées et chassées vers la peau, où la transpiration les appelle.

Ce serait un problème bien difficile à résoudre, que la recherche des causes de la population énorme des

---

(*a*) *V.* plus bas, une observation très-importante de *Cardan.* On verra dans le travail que je prépare sur les onctions, les effets presque miraculeux du beurre frais en friction et en onction sur les parties affectées, dans des maladies qui passent pour incurables, notamment dans la paralysie,

anciens peuples, si on ne savait qu'ils étaient extrêmement attachés à de certains procédés ou usages propres à
fortifier et à conserver. Les observateurs parlent de cette
grande population, comme d'un fait consacré dans les
fastes de l'histoire. La friction sèche ou huileuse, les
bains sous toutes les formes possibles, formaient pour
lors le régime universel des peuples; et à des époques
moins reculées, les Romains s'oignaient d'huile, usaient
des frictions, se baignaient plusieurs fois par jour, et
buvaient du vin miellé. (a) Les Scythes, les Gaulois
nos ancêtres, adonnés à tous les exercices de la chasse
et de l'art militaire, employaient également les onctions
et les bains; de nos jours, le bain de vapeur généralement en usage en Russie, les différentes espèces de
bains, si familiers en Perse et en Turquie, doivent être
considérés comme des procédés infiniment utiles sous
le rapport de la santé et de la reproduction de l'espèce.
F. Pagès, dans son voyage autour du monde, compte
aujourd'hui à Ispahan, près de trois cents bains pour
le public; il y en a un plus grand nombre à Constan-
tinople; dans l'Asie, il n'est point ni village, ni bourg,
où l'on ne trouve des bains publics en faveur des
pauvres et des voyageurs, la plupart élevés par la
piété des grands et des personnes opulentes. Ils sont
constamment chauffés; chaque sexe à les siens. Le

(a) Un jour l'Empereur *Auguste*, dit *Pline*, logeant chez
Romilius-Pollion, vieillard qui avoit cent ans passés, lui demanda comment il avait pu se maintenir dans cette vigueur de
corps et d'esprit, jusqu'à un âge si avancé, *Romilius* lui répondit que c'était en se frottant d'huile et en buvant du vin
miellé.

fondateur de l'islamisme, fit une loi divine du fréquent usage des ablutions, des lotions et des purifications, afin d'y assujétir toute la nation. (*a*) Les bains étaient si communs à Rome, que le seul *Agrippa* en fit construire cent soixante-dix pour le public; et sous les premiers empereurs, on en comptait jusqu'à huit cens. Il y en avait de très-magnifiques; on distinguait sur-tout celui d'*Alexandre Sévère*, celui de *Tite* et de *Caracalla*. *Apollonides* imagina cent sortes de bains et entr'autres des bains suspendus; dans tout l'Orient, les personnes aisées ont leurs bains particuliers, leurs fontaines, leurs jardins. Il n'est pas de tableau qui puisse mieux faire sentir les avantages des procédés conservateurs de la santé et de la beauté, que le portrait des femmes de Grenade, en Espagne, fait en 1373, sous le règne de *Mahomet le vieux*. (*b*) « Elles sont toutes belles, mais cette beauté qui frappe d'abord, reçoit ensuite son principal charme de leur grace, de leur gentillesse; leur taille est au-dessous de la moyenne et nulle part on n'en voit de mieux prise, de plus svelte; leurs longs cheveux noirs descendent jusques aux talons; leurs dents, blanches comme l'albâtre, embélissent une bouche vermeille, qui sourit toujours d'un air caressant. Le grand usage qu'elles font des parfums les plus exquis, donne une fraîcheur, un éclat à leur peau, que n'ont point les autres Musulmanes. Leur démarche, leur danse, tous leurs mouvemens, ont une mollesse gracieuse, une

_____

(*a*) Du tems du calife *Abdérame*, on comptait 900 bains publics à Cordoue, de la plus grande magnificence. (*V*. J. P. *Florian*, dans son *Gonzalve*, de Cordoue.

(*b*) *V*. l'ouvrage ci-dessus.

nonchalance légère, qui l'emporte sur tous leurs attraits.
Leur conversation est vive, piquante; et leur esprit fin,
pénétrant, s'exprime sans cesse par des saillies ou par
des mots pleins de sens. » Tous ces faits nous paraissent
démontrer que l'hygiène ou la médecine prophylactique,
fut la plus cultivée par les anciens, comme elle l'est encore dans l'Orient; qu'elle entrait, comme partie fon-
damentale, dans le système de leur gouvernement, et que,
liée à la religion, elle s'occupait de la force, de la beauté
et du bonheur, dont jouirent plusieurs nations antiques.
C'est à elle, sans doute, qu'on a dû cette prodigieuse population, dont parlent les historiens. Si, des raisons qu'il
serait inutile de développer et qui ne sont pas de notre
sujet, l'ont rendue moins précieuse à la politique moderne; si, de nos jours, elle n'est pas généralement
pratiquée, elle peut par des succès particuliers et multipliés, fixer, avec le tems, l'attention des magistrats,
et resaisir, à force de bienfaits, les droits qu'elle eut
jadis à la reconnaissance des peuples.

Il entrait dans le plan que nous nous sommes proposés
sur l'histoire naturelle de la peau, de parler des différentes pratiques, qui ont un rapport immédiat avec les
propriétés de cet organe et qui sont propres à la conser-
servation de la santé. L'usage de la ceinture peut, à
tous les âges, prévenir plusieurs incommodités graves
et en guérir. Cette méthode, adoptée par tous les anciens peuples, s'est conservée dans tout l'Orient. Le
ventre des enfans, dit M. *Alphonse Leroi*, étant long
et volumineux, les muscles, naturellement foibles,
n'opposant point assez de résistance, le foie entraine le
diaphragme; le ventre grossit et s'enfle; la respiration
est gênée; les corps remédient à ces inconvéniens, mais
ce mal n'est réparé, que par un autre plus grand; il

faudrait, sans nuire à la respiration et au développement de la poitrine, soutenir le foie, fixer les intestins et ne pas empêcher les muscles du bas-ventre de se fortifier. Qui peut mieux remplir cette indication que la ceinture? Cette méthode loin de gêner la respiration et le développement de la poitrine, est favorable à l'une et à l'autre; les avantages que les voyageurs en retirent et l'agilité des coureurs en sont une preuve; elle donne même de la force; les crocheteurs se ceignent les reins, lorsqu'ils ont un pesant fardeau à soulever. Les orientaux, notamment les cavaliers turcs, font usage de bandes très-longues, qui sont immédiatement appliquées du haut en bas de la poitrine, au bas des reins. Ils se ceignent ainsi, pour faire de longs et pénibles voyages dans les pays chauds et sablonneux. Ce procédé est admirable. Le cavalier ainsi emmailloté, ni plus ni moins qu'une momie, est placé sur son cheval et continue sa route avec toute l'aisance possible. Des voyageurs français, m'ont assuré, que se trouvant arrêtés par foiblesse ou incommodité, ils ont été agréablement surpris de pouvoir, par l'emploi de cette méthode, non-seulement se tenir à cheval sans aucune peine, mais encore continuer leur route avec autant d'aisance que dans une voiture. La ceinture est utile aux femmes, en ce qu'elle conserve leur taille, prévient les hernies umbilicales, si ordinaires après les couches; elle peut même empêcher les avortemens, si fréquens chez certaines femmes; d'après l'observation de **M.** *Petit*, la manière de placer la ceinture n'est pas indifférente; si on la place trop haut, elle gênera la respiration, trop bas, elle comprimera les os du bassin, et la partie inférieure du ventre, sa véritable place est positivement sur les reins, de manière qu'elle passe sur l'umbilic (a).

Les bandes, les ligatures et les habits appliqués convenablement sur l'habitude du corps, s'opposent à la dilatation des membranes et diminuent par conséquent la cause de leur foiblesse ; les bandes, les habits, contiennent les vaisseaux et leur servent de point d'appui ; ils tiennent lieu de la force qui leur manque ; que peut-on ajouter de plus à tous ces avantages ? Plus de vigueur et de tenue dans la puissance musculaire, une circulation facile dans les fluides des plus petits vaisseaux capillaires, dont le mouvement se communique, comme la chaleur de proche en proche, des extrémités à toutes les parties nobles, et de la circonférence au centre ; par exemple, dans l'hydropisie anasarque, ne faut-il pas fortifier les parties, après l'écoulement des eaux, par des bandes roulées ? à la suite de l'opération de la ponction dans un ascitique, ne faut-il pas serrer exactement tout le bas-ventre par des compresses, par des bandes qui l'entourent et pressent également ? Et sans cette méthode qui est de rigueur en pareil cas, le malade est menacé à l'instant d'une syncope mortelle. Une jeune fille atteinte d'une irritation excessive dans les nerfs, fut guérie, en lui faisant envelopper et serrer les jambes, les cuisses et le bas-ventre jusqu'à la poitrine, avec de bandelettes arrangées circulairement à l'entour : cette maladie s'appaisa sur-le-champ. La malade resta emmaillotée, comme une momie d'Égypte, plusieurs mois.

(a) Sur les habillemens des femmes et des enfans, par M. *Alphonse Leroy.*

Son irritation était telle, qu'elle ne pouvait entendre le bruit le plus léger, appercevoir la lumière la plus foible, sans entrer sur-le-champ dans des mouvemens convulsifs extraordinaires, avec des déchiremens dans les entrailles. Certains peuples sauvages, pour supporter la faim, portent des ceintures très-serrées. *Canolle* (a), d'après le capitaine *Cook*, dit que les habitans de la Nouvelle - Hollande, portent cette précaution si loin, que par l'abus de ces ceintures, leur tronc parait étranglé par le milieu, comme celui d'une fourmi. Le même auteur rapporte l'observation de *Vaillant* (b), qui dit, que les Hottentots, pour diminuer leur faim, se serrent l'estomac avec une courroie ; par-là, ils la supportent plus long-tems et l'assouvissent avec bien peu de chose. Les Grecs, les Cophtes, les Arméniens, portent des grandes ceintures, pour supporter avec moins de peine, les abstinences de leurs longs et rigoureux carêmes. Nous avons mis en usage, dans beaucoup de circonstances d'affections chroniques, cette méthode, avec le plus heureux succès. Un ventre volumineux, n'étant point une beauté, peut être la cause de plusieurs incommodités graves. Les habits des femmes ne compriment pas assez les intestins, qui flottent à leur gré dans le bas-ventre. Il faut donc avoir recours à la ceinture, pour prévenir les hernies et autres infirmités. On se servait autrefois de corsets fortifiés de baleine ; ces corsets rétrécissent la capacité du ventre, obligent les femmes à se tenir droites ; ils soutiennent la gorge, effacent les

---

(a) Essai sur les sympathies de l'estomac, par André-Joseph *Canolle*.

(b) Voyage en Afrique.

épaules et donnent à la taille une grace particulière.
Mais, d'après l'observation des médecins les plus célèbres (*a*), la ceinture est préférable aux corsets fortifiés
de baleine, sans en avoir les inconvéniens. L'usage des
ceintures est fort ancien, comme nous en avons fait la
remarque. Celle que dieu commanda au grand prêtre
des Juifs de porter, était un tissu de fil d'or, de pourpre,
d'écarlate, de cramoisi et de fin lin retors. Lorsque les
Juifs célébraient la pâque, ils avaient des ceintures
autour des leurs reins. *J. Christ* envoyant les Apôtres
prêcher l'évangile, leur défend de porter aucun argent
à leurs ceintures. Les Romains avaient toujours une
ceinture. Leur usage a été aussi fort commun en France.
Les premiers magistrats, les gens d'église, les religieux
et les femmes de la première distinction, portaient la
ceinture. C'était une coutume chez les Grecs et les Romains, que, le premier soir des noces, le mari dénouait
la ceinture de la fille qu'il avait épousée, qui, suivant
Homere, était nouée du nœud d'*Hercule*; le mari dé-
faisait ce nœud par un bon présage, afin qu'il fut heureux en enfans, comme *Hercule* l'avait été, qui laissa,
lorsqu'il mourut, soixante-dix enfans. La ceinture est
le symbole de la chasteté.

Nous croyons devoir publier les observations suivantes,
d'un père de famille, sur le caractère moral des enfans;
c'est un hommage que nous devons à sa mémoire et à ses
vertus.

« Je m'acquitte de ma parole (*b*); c'est bien la moindre

(*a*) *Alphonse Leroy*, sur les habillemens des femmes et des
enfans.

(*b*) Extrait de différentes lettres et consultations.

chose que je doive à vos bontés , que de vous rendre hommage de la guérison de mes enfans et du rétablissement de ma santé par la décoction d'orme pyramidal. Mes observations n'ont eu pour but que ma reconnaissance, mon goût et mon zèle pour le bien de l'humanité ; j'ai éprouvé sur moi votre remède. Je m'en suis rapporté à vos assertions. . . . Il ne m'est pas possible de vous écrire avec une élégance suivie. Je ne vous écrirai que par propositions détachées, sans ordre et sans autre raison que la succession de mes idées, et comme par des aphorismes.... Mon âge est de soixante-trois ans. Je suis un être singulier au physique comme au moral. J'ai été précoce comme *Pascal* et *Jean Pic, prince de la Mirandole.* Avant quatorze ans , je soutins thèse de prolegomènes, logique, métaphysique, morale, physique générale et particulière , dogmatique et expérimentale, géométrie, un peu d'anatomie et d'astronomie ; j'étais conçu dans le moment d'un spasme habituel de ma mère, causé par le chagrin de la mort de six enfans dans six semaines , et dans ce tems le septième était en danger : mon père, attaqué du même chagrin avait la jaunisse : mon père, bon médecin, esseya inutilement tous les spiritueux pour retirer ma mère de son évanouissement ; il esseya l'acte conjugal et je fus le produit de la réussite de cette épreuve ; quelque tems après, le tonnerre tomba dans la chambre de ma mère, y mit le feu ; je naquis sept mois après ma conception ; j'avais été engendré *non ex voluntate carnis, nec ex voluntate viri, nec menstruatæ ;* je n'avais pas resté dans le sein de ma mère aussi long-tems que les autres ; j'avais donc dû être moins matérialisé et *corporisé* que les autres ; de-là, plus précoce quant à l'intellectuel ; de-là, mon penchant pour la théosophie, la philosophie eclectique, la philosophie théologique et occulte et pour l'observation des phénomènes naturels, l'explication des prodiges, des emblêmes, et mon goût pour le magnétisme; à cinq ans, je fus trouvé à genoux dans la bibliothèque de mon père, demandant à Dieu la sagesse et la science de *Salomon*; à quatorze ans, j'avais dit qu'il n'y avait qu'une seule loi univoque et analogique entre toutes les classes d'êtres et tous les ordres de l'univers, et que je croyais qu'il serait possible de démontrer par la géométrie de *Newton*, par le systême des monades de *Leibnitz*, et des émanations de *Van-Helmont*, ainsi que par les livres saints, que Dieu agit sur ses créatures par des lois et des moyens purement naturels et physiques (*a*) . . . . . J'ai toujours pensé que la santé, le caractère, les talens, la forme des êtres et leurs facultés intellectuelles étaient relatives et quasi prophétiques avec l'état où étaient les pères et mères dans l'instant de la conception; et j'ai lieu de le croire par les circonstances de la conception de mes cinq enfans, que j'ai étudiés; et je regarde cette étude comme le plus sacré des devoirs de la paternité, et comme le premier et le plus sûr guide de l'éducation, même comme le fondement de l'autorité paternelle et de la piété filiale, ainsi que des vices et des vertus. Mes réflexions à ce sujet et les résultats de mes idées ont été le souvenir de ce passage de l'abbé *Duhamel*, qui fut le premier nommé au secrétariat de l'académie des sciences, lors de son établissement en 1666. Voici ce qu'il dit dans son ouvrage (*b*): *Sicut ostrea concham suam instruit; sicut*

(*a*) *Emitte spiritum et creabuntur.*

(*b*) *De corpore animato*, ouvrage dans lequel tout est appuyé sur l'expérience et l'anatomie. *Fontenelle* a fait le plus grand éloge de *Duhamel*. Les catholiques anglais l'appeloient le

aranea telam orditur ; sicut bombix tumulum suum ædi-
ficat; ita mens humana in sinu matris informat.

Dans l'instant de la conception de mon premier né,
nous fûmes interrompus par des cris affreux et un tocsin
effrayant ; une lumière de toutes les couleurs d'un incen-
die totale des magasins et boutiques d'un épicier-droguiste
nous ayant frappés, je fus saisi d'un tremblement universel, et ma femme s'évanouït ; la lune entra pour
lors dans son premier quartier; depuis sa naissance, sur-
tout depuis son adolescence, mon malheureux fils, à
toutes les quadratures de la lune, était attaqué d'un accès
de coma-cataleptique et quasi épileptique, suivi d'une
espèce d'imbécilité avec des vertiges et des douleurs
de tête, pusillanimité et malgré cela quelques vertus,
un peu d'entêtement et trop de crédulité pour les opinions
du vulgaire : mon fils avait de la disposition à regarder
comme tyrannie de ma part, le soin que j'avais de l'empêcher d'approcher de l'eau et du feu toutes les fois que
la lune était dans ses quadratures, persuadé par l'opi-
niâtreté du médecin, qui ne voulut jamais se rendre
à l'évidence, ni être témoin d'aucun des paroxismes,
pour se convaincre de la régularité des retours de la crise,
le jour des quadratures. Tous les accès observés depuis
dix ans, étaient marqués sur un almanach, à l'époque
de tous les premiers et derniers quartiers de chaque
lunaison ; je citai cet aphorisme du père de la médecine,
qui dit : *non novit medicinam qui non novit astra.* Ma
citation et le passage que j'y ajoutai ne purent vaincre
son obstination ; ce fut aussi inutilement que je lui

Saint Prêtre, à cause de ses vertus et de sa modestie. Il étoit
né à Vire, en Normandie. Il mourut en 1706, à 82 ans.

alléguai les observations du médecin *Mingot* dans son ouvrage sur les maladies du cerveau dont les retours reviennent aux quadratures (*a*). Son obstination fut cause que mon fils fut brûlé le mercredi de Pâques 1785 et trouvé mort dans son lit, le 5 juillet suivant d'une attaque d'apoplexie.

Le second de mes enfans, maintenant médecin, tomba au feu par la mal-adresse de sa nourrice; nous allâmes le voir, ma femme et moi; sa nourrice demeurait au bord d'une forêt sur un petit côteau, d'où l'on découvrait la plaine et la rivière; après nous être rafraîchis, nous entrâmes dans la forêt; nous nous y assîmes; nous appercevions un atelier de bûcherons et de charpentiers, et un grand pont que je faisais construire en pierre; on en posait ces jours-là les ceintres; ce point de vue nous occupait, lors de la conception de mon troisième fils, dont le caractère est simple : *vir simplex sine plexu*, sans replis; il a toujours eu du goût pour les arts, le dessin, l'adresse des mains, la coupe des pierres et du bois, les ponts et chaussées, le cours des rivières, etc. Dès l'âge de cinq ans, il était machiniste.

Il est des rapports dans les familles, il en est dans la nature, dans les périodes et les anniversaires qui,

---

(*a*) *Hippocrate* observait le changement des saisons, le lever et le coucher des astres, leurs causes, leurs effets... L'expérience de tous les tems prouve cette influence sur nos corps. Le docteur *Mead* parle d'une espèce d'épilepsie dans une jeune fille, dont les accès s'accordaient d'une manière surprenante avec les diverses positions de la lune. *Murgrave* a reconnu cette influence sur les hemorrhagies; et M. *Balfour* l'a remarquée au Bengale, par rapport aux fièvres endémiques de ces climats.

quoique les orgueilleux ignorans les jugent condamna-
bles, parcequ'ils ne savent ni les expliquer, ni les observer, n'en sont pas moins vrais et utiles à prévoir. *Agrippa*
dit qu'il fallait quelquefois changer son nom, si l'on
était malheureux en le portant. Lorsque je vins au
monde, je remplaçai un de mes frères, qui venait
de mourir d'un coup de soleil ; mon père, qui l'aimait
beaucoup, voulut que j'en portasse le nom ; ma mère
qui avait la *présensation* (a) du magnétisme s'y opposa,
craignant que cette identité de nom ne me fût de mauvaise augure. Ma maladie actuelle a été causée par un coup
de soleil ; je pensai à cette *présensation* dès le commencement de mon mal, et pour en éviter les suites, j'ima-
ginai quelques procédés magnétiques et théosophiques,
qui m'ont été en quelque sorte utiles . . . . En 1779,
j'étais chez l'évêque de Nevers ; je fus attaqué d'un four-
millement dans le bras gauche ; je changai de couleur :
on m'en demanda la cause. Je crains, dis-je, d'être
menacé de paralysie ; cependant je craindrai plus cet
accident pour mon frère aîné, médecin à Tours, que
pour moi. Hélas ! ce bon frère, fut frappé à l'instant
d'une paralysie, en témoignant à la supérieure de l'Ho-
tel-Dieu, ma parenté, des inquiétudes sur ma santé ;
et parlant de moi, huit jours après, je fus à trois heures
sonnantes, réveillé en sursaut et surpris d'un frisson et
d'un accès de fièvre violent. Mon frere à cette heure ex-

(a) **On doit admirer**, dit *Mallebranche*, la profondeur de la
prescience et de la sagesse de Dieu, qui, en imprimant le premier mouvement à la matière, a prévu toutes les combinaisons
possibles, que pouvoit avoir cette première impression pour des
siècles infinis.

pirait. Peu de tems après, je reçus une lettre qui m'annonça sa maladie, avec les détails et les circonstances de sa mort. Mon exactitude à observer les faits, les révolutions des saisons et des années, me donnent la facilité de prévoir et de pressentir, plusieurs semaines en avance, les événemens futurs. . . . . .

C'est assez parler de moi, venons aux effets de l'eau d'écorce d'orme pyramidal, pour mes enfans malades. Mon aîné avait, autour du col, un chapellet de glandes, dûres, grosses, les unes comme des noix, d'autres comme des amandes ou des avélines; il était sujet tous les ans, aux fièvres tierces, automnales et hyemales. Son estomac, par une surcharge habituelle et abusive, ne faisait point ses fonctions; peut-être le picotement de l'estomac, par l'humeur dartreuse, est-il la cause de son excès d'appétit? J'administrai l'eau d'écorce d'orme pyramidal; dès le troisième jour, trois glandes étaient diminuées; elles étaient plus molles, plus applaties, comme contuses et divisées. Le sixième jour, deux étaient disparues; ensuite, chaque jour, il en disparaissait une; le dixième jour, la fièvre quarte ne parut plus, et au bout de trois semaines d'usage, le malade était radicalement guéri. . . . . . Il ressent encore quelques douleurs d'estomac après les repas, lors de la perfection de la digestion.

Mon second fils, chargé de glandes, sans autres symptômes, jouit aussi d'un bonne santé. Ses glandes sont disparues, ainsi qu'une pustule dartreuse à la joue; mais un séjour aux Hâvre, semble avoir rendu sa poitrine délicate; il est arrivé chez moi, il y a six semaines, avec la gale, que j'ai fait passer avec les purgations et le traitement ordinaire. Je vous ai déjà dit que cette disposition dartreuse, dans mes enfans, venait d'une suite de couche de mon épouse et d'un lait aigri, coagulé et mal passé, de menstrues diminuées, arrêtées et supprimées, des effors inutiles pour nourrir son premier né, d'une mauvaise conformation du bout des mamelles, d'une dartre au sein, de quelques aphtes dans la gorge, d'un épassissement *mucreux* de la lymphe du vagin, qui était si âcre, que l'on aurait (mais certainement à tort) pu soupçonner un virus dégénéré, etc.

OBSERVATION PREMIÈRE.

On lit dans le recueil périodique de la Société de Santé une observation d'un Coma (a) convulsif, d'après une gourme répercutée, par Sédillot l'aîné.

Un enfant fut attaqué, à l'âge de six ans, d'une gale ou gourme qui couvrait les paupières : elle disparut par l'usage d'une pommade ophthalmique et des vésicatoires appliqués successivement au col et derrière les oreilles. A huit ans (*b*) et demi, cette humeur reparut plus abondante, et s'empara de tout le cuir chevelu. Depuis six semaines, de violens maux de tête et des lassitudes se faisaient ressentir; la mère de cet enfant, sans avoir égard au froid de la saison, lui coupa les cheveux, dans la vue de rendre la tête propre. Bientôt la gourme se desséchna, les lassitudes augmen-

---

(*a*) Le *coma* est un état soporeux, une grande envie de dormir, soit que le sommeil s'en suive, ou non.

(*b*) On voit ici un dernier effort de la nature en approchant l'époque critique de la neuvième année, effort qui eût sauvé l'enfant, si sa mère n'eût coupé imprudemment ses cheveux.

tèrent ; les douleurs furent plus aigües ; il survint de l'accablement et une tristesse profonde. Cependant le malade était sans fièvre. On eut recours aux vomitifs, aux délayans, aux lavemens simples, aux bains des pieds ; les symptômes s'aggravent : l'idée de la gourme répercutée au cerveau détermina l'application d'un vésicatoire à la nuque. Le malade tomba dans un sommeil comateux avec ronflement ; les mouvemens convulsifs suivirent de près ; le malade était sans connaissance, quoiqu'il eût par fois les yeux ouverts.

On saigna du pied, on mit des sangsues aux tempes et au col, des vésicatoires aux jambes et de l'ail aux pieds. On fit usage, mais en vain, de tous les stimulans recommandés dans les affections comateuses, comme l'émétique, les purgatifs, les cordiaux, même l'urtication ; après huit jours de ce fâcheux état, l'enfant mourut . . . .

Observation IIe.

Il est question d'une jeune fille âgée de onze ou douze ans. Cette enfant était sujette à la toux et à un saignement de nez très-fréquent, sans fièvre, par suite de la rentrée d'humeurs critiques de la peau.

La malade avait un bon appétit et dormait bien. Son teint était vif et animé.

Les malaises et les embarras de la poitrine, qui n'étaient que sympathiques de l'état général des viscères, étaient plus sensibles, le matin à jeun et vers le soir. Tous ces symptômes semblaient disparaître immédiatement après les repas. Qui ne voit dans ce tableau l'engorgement du bas-ventre et cette atonie dans le mouvement général du tissu-cellulaire ? L'estomac étant oc-

cupé par le travail de la digestion, la circulation des
fluides devenait plus facile dans les plus petits vaisseaux capillaires.

On avait mis en usage les fréquentes saignées, sans
aucune apparence de succès. On lui administra l'eau
d'écorce d'orme pyramidal ; en moins de dix jours ,
la grosseur du ventre diminua ; les révolutions périodiques ne tardèrent point à paraître , et tout rentra
dans l'ordre. Il est important d'observer que la toux
était purement nerveuse , en conséquence d'une sympathie réciproque entre les organes du bas-ventre et
la poitrine.

OBSERVATION III.

Un enfant , âgé de neuf ans , d'un caractère violent ,
était attaqué , depuis environ trois ans , d'une maladie de
peau , qui le faisait cruellement souffrir. Sa tête était
couverte d'une croûte hideuse. Il en suintait une humeur
abondante et très-fétide. On lui administra , pour toute
boisson , l'eau pyramidale ; on fit des onctions et des
lotions avec la même eau , chargée de son mucilage, sur
toutes les parties affectées. Ces accidens disparaissaient
à mesure que toute la surface du corps se couvrait de
l'éruption miliaire. Les sources impures s'épuisèrent ,
enfin , par ce degré d'atténuation et ce mouvement
général imprimé, par l'action vitale , dans le tissu-cellulaire. Le teint s'éclaircit ; la peau reprit peu-à-peu sa
flexibilité naturelle et sa fraîcheur ; les cheveux devinrent touffus, etc. , etc. On pourrait ajouter ici une multitude d'observations de ce genre chez les enfans , qui,
sans cette dépuration indispensable, que l'art doit pro-
téger , sont exposés aux maladies les plus rebelles et

aux difformités de toute espèce ; l'enfant fortement constitué, et qui a les proportions requises, est plus susceptible d'un travail critique vers la peau ; observez-le prendre des forces et une vigueur nouvelle, se développer, grandir sous ces croûtes suppurantes et ces espèces de végétations laiteuses, qui couvrent sa peau tendre et moëlleuse. Toutes les espèces de teigne, les croûtes suppurantes de la tête, du visage ; l'écoulement des oreilles, les gratelles, les *dégradations* de la peau, la rougeole, le rachitis, la petite-vérole, etc., sont constamment le produit du mucus surabondant déposé dans les interstices de la peau ou d'un sang menstruel, dont les enfans sont nourris par *intus-susception* dans le sein de leur mère. La petite-vérole, par exemple, est une effervescence, une sorte de fermentation humorale, qui agit à-la-fois sur toute la constitution physique du corps, et tend à une dépuration particulière du tissu-cellulaire dans toutes les parties, et dans les cavités intérieures. Il est évident que, dès avant la naissance, ce levain, plus ou moins disposé à fermenter et à s'exalter, se trouve inhérent et même concentré dans les anfractuosités du tissu-cellulaire ; c'est pourquoi les Chinois donnent le nom de *tai-tou* à cette maladie, mot qui veut dire dans leur langue, *venin du sein maternel* : ils en reconnaissent de plusieurs espèces ;... le fœtus nage pendant neuf mois, et s'imprègne sans cesse dans les eaux onctueuses de l'amnios : voilà sans doute la source impure de cette fermentation extraordinaire. Les anciens l'avaient entrevu dans les premiers tems, puisqu'ils étaient dans l'usage de laver et d'onctionner les enfans, dès qu'ils venaient au monde. La religion chez tous les peuples avait consacré cette pratique salutaire.

OBSERVATION IV.

Cette observation est le tableau des désordres occasionnés par la suppression des révolutions périodiques : la personne en souffrait depuis cinq ou six mois ; elle avait des étourdissemens et des maux de tête très-violens. Le sang coulait goutte à goutte par le nez ; il transsudait quelquefois dans la bouche.

L'eau pyramidale rouvrit au sang ses canaux naturels et rétablit bientôt la santé. Cette eau, douce et onctueuse, s'infiltre dans les derniers *meatus* du corps, à raison de sa nature mucilagineuse et elle se mêle parfaitement avec les humeurs douces les plus tenues, en passant dans les dernières digestions. Le suc nourricier est également une liqueur un peu visqueuse, douce et balsamique ; par divers rameaux, dit M. *de Fénélon*, coule le sang, liqueur douce, onctueuse, et propre, par cette onction, à retenir les esprits les plus déliés ; comme on conserve dans des corps gommeux, les essences les plus subtiles et les plus spiritueuses.

OBSERVATION V.

Sur divers accidens auxquels les enfans sont exposés (a).

J'avais environ dix ans, lorsqu'on renversa sur une table un flambeau ; la chandelle tomba sur ma paupière ; le suif fondu me couvrit l'œil et l'action de la flamme ajouta à la douleur ; je ne me plaignis point ; non que

---

(a) Extrait d'une lettre de St.-Malo, du 24 novembre 1786.

je ne regarde la douleur comme un mal ; mais j'ai toujours cru que le courage à la supporter lui ôtait la moitié de sa force. Le lendemain mon œil était enflé, au point que je ne pouvais l'ouvrir. La douleur et l'inflammation furent considérables ; on fit des onctions et des lotions sur la partie affectée avec l'eau d'écorce d'orme pyramidal. J'eus soin d'y tenir constamment des compresses imbibées de cette préparation, et ce seul remède produisit les plus heureux effets.

J'ai appliqué de cette eau sur des brûlures faites avec de la poudre à canon et autres matières inflammables, avec un égal succès.

Il y a quelques années qu'une femme de la campagne avait nourri et sevré une petite fille, qui était venue au monde avec une hernie. On tenta tous les moyens pour la guérir : ils furent tous infructueux. Vers l'âge de deux ans, on s'avisa d'étuver la partie malade avec une forte décoction d'écorce d'orme pyramidal ; on y établit un bandage simple, qu'on humecta soigneusement, et l'enfant guérit radicalement en peu de tems.

OBSERVATION VI.

Sur une maladie chronique provenant d'une extravasation de sang dans les enveloppes du foie avec diverses complications provenant d'un mauvais lait.

M. *Ch*.... de Lausanne, âgé de vingt-quatre ans, fut confié dans son enfance à une nourrice attaquée d'une démangeaison considérable sur tout le corps, et dont les mamelles étaient flétries, etc.... Le malade, étant à l'âge de huit ou neuf ans, reçut un coup violent sur le creux de l'estomac qui le renversa ; la

fièvre et les vomissemens fréquens en furent les suites ;
il survint aussi une tumeur très-dure dans ses parties.

Vers la fin de la douzième année, il se manifesta
près du nez une petite verrue qui saignait souvent
et occasionnait de grandes démangeaisons ; bientôt
après il parut au bas de la joue gauche un corps dur
qui augmentait à vue d'œil. Quelques topiques analogues à la nature de l'accident déterminèrent la suppuration.

Le nez devint enflé presque tout-à-coup et se remplit
intérieurement d'éruptions croûteuses. Ces croûtes paraissaient et disparaissaient, suivant l'ordre des saisons,
et la rougeur des yeux précédait la nouvelle éruption,
qui semblait être périodique. Elle était plus forte aux
approches de l'équinoxe et au retour des froids.

Le malade jusques-là n'avait été sujet à aucun vice
dartreux ni vénérien ; point de rhumatisme, ni de gale.
Il eut une petite vérole très-confluente, qui n'apporta
aucun changement à cet état chronique.

Cependant on avait administré au malade tous les
spécifiques connus, le sublimé corrosif, et toutes les
autres préparations mercurielles, les bains, les vésicatoires, les cautères, les pilules altérantes, les purgatifs, le petit-lait, les eaux minérales, les pilules de
Beloste, un séton derrière le col : tout fut épuisé sans
le moindre amendement. La verrue, située près du
nez, prenant de plus en plus un caractère rebelle,
et le malade étant aussi fatigué des remèdes qu'on lui
avait prodigués que de sa maladie, je ne lui en proposai pas ; je lui donnai pour avis de faire un voyage
en Amérique ou dans les Indes..... On voit, dans ce
tableau, l'influence d'une mauvaise nourriture dans l'en-

fance et combien il est intéressant, pour le bonheur de la vie, de choisir une bonne nourrice.

Observation VII.

Sur le rapport des parties dans les maladies chroniques dégénérées.

M..... avait été sujet à un simple engorgement dans l'urèthre, qui n'occupait qu'un point isolé : les remèdes multipliés ne parurent point le guérir radicalement. Plusieurs années après, cette incommodité disparut, et dans le même tems, il se manifesta une éruption croûteuse et dartreuse sur le nez. Dans presque tous les cas de gonorrhées rentrées, ou refoulées, ou répercutées, avant leur guérison radicale, la matière acrimonieuse, quoique dégénérée, se porte au nez, à l'intérieur ou à l'extérieur, au voile du palais. L'humeur y produit des ravages proportionnés au degré de sa malignité. Il arrive très-souvent que les cartilages du nez et les os du palais sont attaqués et qu'ils menacent promptement de carie. J'ai eu très-souvent ces exemples sous mes yeux.

Observation VIII.

M...... me fit l'honneur de me consulter pour un bouton situé au milieu du voile du palais, qu'il supposait d'abord n'être qu'un simple engorgement fluxionnaire ; en très-peu de jours, l'os fut carié et laissait une ouverture d'environ quelques lignes de diamètre : le point de correspondance devient dans ce cas très-remarquable. Je le mis à l'usage de l'eau d'écorce d'orme pyramidal pour toute boisson ; les bains de vapeur russes furent administrés ; au sortir de l'étuve il entrait dans un bain composé du mucilage de l'écorce pyramidale : j'ai cru devoir prévenir le malade que l'humeur qui avait occasionné cet accident se reporterait par un mouvement critique dans les organes générateurs ; c'était-là l'ancien foyer du mal. Au troisième ou au quatrième bain, on observa, en effet, des éruptions considérables, des boutons remplis d'une matière purulente sur le prépuce et aux aînes. Ce dégorgement sauva le malade des progrès rapides que le levain âcre aurait fait sur des parties aussi délicates et aussi sensibles que le voile du palais où il paraissait vouloir se fixer. Le malade fut bientôt guéri, ainsi que celui de l'observation précédente.

OBSERVATION IX.

D'une gonorrhée anciennement refoulée ou supprimée, qui occasionna de grands accidens dens le passage de la quarante-neuvième année.

Rien de plus extraordinaire que ces attaques subites et imprévues, qui ressemblaient aux foudres de l'apoplexie. Vers les sept heures du matin, le malade fut trouvé étendu sur le carreau, presque nu et en chemise. Il était sans connaissance et baigné dans son sang. Les coups qu'il s'était donnés par la force des convulsions et les profondes blessures , qu'il s'était fait en tombant sur les parties saillantes des meubles et de la cheminée , ne l'avaient pas tiré de cet état de mort apparente. Comme nous l'avons annoncé, le malade , fortement constitué, était dans la quarante-neuvième année de son âge.

Cette position chronique commença par une rétention

d'urine vers les dix heures du soir. Le malade se promena dans sa chambre toute la nuit avec des douleurs inouïes : vers les quatre heures du matin, les convulsions survinrent et portèrent tout-à-coup à la tête. Depuis ce moment, il ne se rappella de rien, ni des saignées abondantes qu'on pratiqua, ni de l'opération de la sonde ; mais aussi-tôt que les urines coulèrent, sa connaissance revint, et il se trouva bientôt dans son état ordinaire.

Le malade avait eu plusieurs attaques de cette espèce, à différentes époques critiques de son âge ; elles avaient également commencé par une rétention d'urine. On crut que cela dépendait de la gravelle ; on y était autorisé par les succès de la sonde et des saignées. Les urines paraissant, tout rentrait bientôt dans l'ordre. On indiqua au malade des recettes pour la gravelle. Dans la seconde attaque, on fit quatre saignées, on sonda, comme la première : fois le calme revint aussi-tôt comme dans le cas présent. Le malade pissa quelques onces de sang.

La cause de ces cruels accidens était très-ancienne, et profondément cachée dans les parties intérieures. Le malade n'en avait pas lui-même le plus léger soupçon. J'avoue qu'ayant été appelé dans cette circonstance, je crus, au premier abord, entrevoir tous les signes d'une apoplexie ou d'une forte indigestion. Je ne connaissais pas assez le malade pour porter un diagnostique certain sur son état. Je savais seulement qu'il était dans l'habitude de tenir ses jambes nues toutes les fois qu'il gardait la chambre, et qu'il quittait ses bas pour se raffraîchir, lorsqu'il rentrait chez lui, habitude qu'il avait contractée depuis long-tems. Une ancienne gonorrhée, dont on avait suspendu l'écoulement, provoquait ces attaques périodiques. Le malade fut mis à l'usage de l'eau d'écorce d'orme piramidal pour toute boisson : dès le second jour, il rendit par les urines une quantité prodigieuse de glaires, de matières purulentes, verdâtres et mêlées de différentes couleurs. Quinze jours après, il se manifesta des boutons chancreux, des éruptions très-vives et très-abondantes.

Il est vrai que le malade avait eu plusieurs gonorrhées dans son enfance, qui sans doute avaient été négligées; et ce ne fut qu'aux approches de la trente-sixième, quarante-cinquième et quarante-neuvième années, qu'il ressentit ces crises orageuses et critiques; il se rappellait fort bien que la première gonorrhée, qu'il avait contractée dura dix-huit mois, et qu'elle fut traitée par les bols purgatifs, les pilules, etc. Les symptômes avaient disparu, à l'exception d'un relâchement, qui persista pendant quelque tems.

Observation remarquable sur divers accidens survenus dans les passages climatériques de la vingt-unième, trente-sixième, quarante-neuvième années, qui semblaient avoir du rapport à la lèpre, ou au mal rouge de Cayenne, avec des taches scorbutiques.

Le malade avait été taillé à l'âge de cinq ans. Il jouit depuis d'une bonne santé jusqu'à la vingt-unième année, sans aucun autre accident ultérieur. Il fut alors attaqué d'hémorrhoïdes très-compliquées et très-douloureuses avec un flux critique ; on fit disparaître cette évacuation par la voie du caustique du chirurgien *Brassant.* Le malade fut cautérisé, perdit une très-grande quantité de sang, et souffrit des douleurs inouïes pendant l'opération.

Vers la trente-sixième année, le malade est couvert de

pustules : l'épiderme devient terreux et gras : tout le corps muqueux était engorgé comme dans l'éléphantiasis, et toute l'habitude du corps couverte de taches avec des démangeaisons insupportables. Vers la quarante-neuvième année, les symptômes de la maladie s'aggravent ; il se forme une éruption générale, sous la forme de petits ulcères sanguinolens, qui se manifestaient principalement aux parties nobles, sur les bras, les jambes, les pieds, la tête, les mains, etc.; le sang suintait par une multitude de pustules, qui se desséchaient, tombaient et se renouvellaient ; les crachats étaient épais et abondans, etc. Le malade s'est d'abord trouvé très-soulagé par la simple boisson de l'eau d'écorce d'orme pyramidal, et il a été guéri au bout de dix-huit mois de son usage. Il l'eût été sans doute plus promptement, s'il avait pu suivre un régime convenable avec les bains chargés du principe muqueux du même remède.

Observations du docteur PIETTE, *Médecin de la faculté de Montpellier, à Lanay, Bas-Maine, etc.* (a).

Je vous envoie une lettre de mon médecin, qui vous rend compte de mon état. Je n'ai point quitté mon cautère quand vous me l'avez conseillé et j'ai mal fait. Il sèche malgré qu'on en ait. Vous voudrez bien m'indiquer les moyens de supprimer cet égout, sans courir des risques. Je pense de bonne-foi, que l'écorce pyra-

---

(a) Extrait d'une lettre, en date du 28 mai 1785, écrite par un homme fortement attaqué de dartres, de goutte et de colique néphretique.

midale n'a fait autant de bien à personne qu'à moi. J'en ai discontinué l'usage depuis neuf mois, pour m'assurer si l'humeur dartreuse reparaîtrait ou si elle était radicalement guérie. J'ai seulement continué les lotions ; rien n'a reparu, etc.

Je me fais un devoir de vous instruire de l'état actuel du malade ; l'humeur dartreuse a cédé à l'usage de l'eau pyramidale (a). . . . Le cautère, très-inutile en pareil cas, a séché. J'ai cru devoir rassurer le malade et je ferai, sans scrupule, finir cet égout incommode.

Quelques douleurs de goute chaude et inflammatoire, fixée au pied droit, que j'ai dissipées par l'application des sang-sues sur la tumeur même, me faisaient différer quelques jours la suppression du cautère.

J'ai vu souvent le malade, tourmenté par des coliques très-douloureuses, accompagnées quelquefois d'une fièvre violente ; il rendait, à la suite, des graviers. . . . On doit à l'équité, que depuis l'usage de l'eau pyramidale, il n'a ressenti aucune douleur ni rendu de ces graviers.

On avait d'abord établi un vésicatoire, lors de l'intensité de l'humeur dartreuse. On l'avait placé sur la cuisse et on entretenait l'écoulement avec l'onguent de *Thierry* ; et en novembre 1783, on y avait substitué le cautère au bras. . . . . Le malade se trouvant beaucoup mieux à tous égards, et sa guérison paraissant certaine, il avait interrompu, depuis neuf mois, l'usage de l'eau pyramidale ; mais il l'a reprise. L'humeur dartreuse ne reparaît pas. . . . . Du 28 mai 1785.

______

(a) Extrait de la lettre de son médecin.

Suite des observations de M. PIETTE.

J'ai mis toute ma confiance dans votre remède, d'après les effets que M.^r de. . . . . en a éprouvé.

Une demoiselle, âgée d'environ 5o ans, très-grasse, d'un tempérament très - bilieux, a éprouvé dans tous le tems de sa vie, de vifs chagrins, par la perte entière de sa fortune, qu'on attribue à l'inconduite de ses parens.

Elle éprouva vers la 2o^e. année, une fièvre putride très - dangereuse, à la suite de veilles forcées auprès de son père. . . . . La peau se couvrit bientôt après, sur différentes parties, d'éruptions dartreuses; elle ne fit aucun remède et l'âcre dartreux fit des progrès, au point que tout le ventre, les deux seins et presque tout le corps, ne présentaient qu'une croûte écailleuse, très-vive, d'où il suinte sans cesse une humeur roussâtre, très-âcre et mordicante.

J'ai vu avec satisfaction, dans plusieurs de vos lettres, votre éloignement pour les cautères. Je suis comme vous, dans la plus ferme persuasion, qu'ils sont au moins inu-tiles dans les maladies en général et sur-tout celles de la peau; je les crois même très - dangereux en pareil cas. J'en ai, actuellement, un triste exemple sous mes yeux.

Une veuve, d'environ 42 ans, d'une grande fortune, jouissait, dans sa terre, de la santé; elle avait une grande fraîcheur et un embonpoint agréable; elle n'avait ja-mais eu de maladie depuis dix ou douze ans que je la voyais, en qualité de son médecin. . . . . Elle part pour Paris, il y a trente mois. Elle appella dans cette capi-tale, un médecin de la première réputation, pour quel-

que légère incommodité qu'elle ressentait ; après un
traitement long , ennuyeux et très-recherché , toute la
surface du corps s'est couverte d'éruptions considérables ,
très-rouges , très-vives et très-nombreuses. . . . . On
lui administra remèdes sur remèdes, lait d'anesse, bains
etc., et le tout sans succès. On pratiqua plusieurs cautères au bras et à la cuisse.

Je ne puis vous exprimer ma sensibilité de l'état affreux où j'ai trouvé cette dame ; d'une maigreur extrême ,
languissante, pouvant à peine marcher ; on dirait qu'elle
a vieilli au moins de quinze ans. . . . . Un large cautère à la cuisse et un second au bras, laissaient épancher
une quantité prodigieuse d'humeurs ; les extrémités en
général, dans un état de phlogose et parsemées de pustules rouges , d'où s'écoulent une humeur roussâtre, etc.
Telles sont les suites d'un traitement fait à contresens.

O B S E R V A T I O N.

Dartre hépatique par metastase.

M. *Potier*, syndic de l'académie d'écriture, demeu-
rant cour du Dragon, vint me trouver vers le milieu du
mois de décembre, année 1786. Il avoit une dartre vive,
qui, à l'exception du front, lui occnpait tout le visage.
L'exposé du désir qu'il avoit d'être guéri, fut fait par
l'affliction même. Il ne demandait pas seulement que
je le délivrasse de cette incommodité difforme, mais
encore que je l'en délivrasse promptement, attendu
qu'elle influait sur son état, en ne lui permettant point
de se présenter.

Comme la dartre n'était pas fort ancienne, je crus
pouvoir le flatter de l'espoir que le traitement n'en serait

pas long, et je lui ordonnai la décoction pyramidale.
Etant resté plusieurs jours sans le voir, j'étais passé chez
lui, pour m'informer des progrès du remède, et ne
l'ayant pas trouvé, je me proposai d'y retourner. Je le
rencontrai sur le boulevard, dans les premiers jours de
janvier, et quoique je connusse la douce activé du remède que je lui avais ordonné, je ne pus me défendre
d'un étonnement agréable, en voyant que la dartre était
entièrement disparue, et qu'il avait la peau du visage
parfaitement nette et lice. . . . . . Le malade avait été
sujet à un flux habituel hémorrhoïdal, qui menaçait de
divers accidens. Il avait, pour-lors, environ 6o ans,
et il jouit encore de la santé, quoique dans une position
très-pénible à son grand âge.

O B S E R V A T I O N S.

*Affection cancéreuse au sein, à la suite d'un dépôt de
lait, guérie par l'usage de l'eau d'écorce d'orme pyramidal.*

Le plus grand usage que nous ayons fait de l'écorce
d'orme pyramidal est pour une femme qui avait un dépôt de lait au sein, qui par la longueur du tems et beaucoup de remèdes contraires qu'elle avait faits, était devenu cancéreux ; elle était dans un état désespéré et presque mourante; l'usage qu'elle a fait intérieurement et
extérieurement de cette écorce, l'a parfaitement
guérie ; d'autres personnes en ont pris avec un avantage marqué pour les humeurs dartreuses, des irrita-
tations de nerfs occasionnées par des suites de couches
et des laits répandus ; en général, tous les individus qui
ont un sang âcre, et qui en font usage, s'en trouvent

bien ; voilà, Monsieur, l'usage que nous en faisons dans notre maison de Charité, etc. A Quimper, le 16 juin 1790. Signé, *sœur* EULALIE, *fille du Saint-Esprit de la maison de Charité* (a).

Les détails de cette observation m'ont été adressés en mars 1784, par le mari de la malade, et par l'évêque de Quimper, qui prenait le plus vif intérêt au rétablissement de sa santé.

Il y avait dix ans que la malade était accouchée de son dernier enfant ; peu de jours après ses couches, elle s'aperçut d'un engorgement au sein avec pesanteur : le mal augmenta ; il survint un devoiement considérable et d'autres accidens qui annoncèrent un lait répandu ; l'enfant était tombé malade chez sa nourrice, le vingt-cinquième jour de ses couches, la mère y accourut et aussi-tôt son arrivée, elle le voit rendre le dernier soupir. Pendant le voyage, la malade fut exposée à la pluie ; ces contre-tems contribuèrent à aigrir le mal.

La malade fit peu de remèdes, ou n'en fit presque point du tout pendant les quatre premières années ; les douleurs augmentaient et se faisaient ressentir vivement par accès. Enfin, il parut plusieurs glandes schirreuses au sein pour lesquelles, on prescrivit le petit-lait, les bouillons de carottes, les purgatifs, les fondans de toute espèce, les pilules de ciguë, avec de l'eau de grenouille, etc. ; ensuite, on lui administra, pendant seize mois, le fondant et l'elixir de Rotrou, la décoction de Squine ; on appliquait sur la partié affectée des cataplasmes émolliens et résolutifs . . .

Ces remèdes et beaucoup d'autres, dont le détail est

(a) *Journal de Paris*, septembre 1790.

inutile, ne produisirent aucun changement ; quelques glandes abcédèrent ; il survint des champignons qui ne firent que s'accroître et dont les racines se prolongeaient en tous sens ; mais depuis trois ans, ces champignons ont fait tant de progrès qu'on ne peut distinguer le milieu du sein. Dans l'intervalle des douleurs, la malade est cruellement tourmentée par les démangeaisons les plus vives. Il sort de différentes issues une matière aqueuse si abondante, qu'il faut renouveller plusieurs fois par jour les compresses épaisses qu'on y tient. Toutes ces parties sont écorchées. La malade fait usage de l'alkali volatil depuis six mois et sans aucun soulagement.

Les hémorrhagies sont fréquentes depuis deux ans, elles commencèrent à la suite de l'usage du lait de tithymale et d'autres caustiques ; la première hémorrhagie dura plus de vingt-quatre heures, la malade était baignée dans son sang. La seconde a continué dix-neuf jours consécutifs ; elle avait 45 ans, lorsqu'elle fut mise, pour tout et unique remède, à l'usage de l'eau d'écorce d'orme pyramidal (a) ; elle était mère de huit enfans, d'un tempérament échauffé et n'allant à la garde robe que tous les trois ou quatre jours ; elle n'avait jamais été sujette aux fleurs blanches ; les révolutions périodiques se suppriment, et ce tems critique est lui-même une maladie souvent très-grave etc. etc.

Cancer au sein, de l'aspect le plus hideux ; par suite de la même observaiton (b).

Un citoyen vertueux de cette ville, très-attaché à sa

(a) Cependant, on ajoutait les écrevisses et les grenouilles préparées à l'esprit de sel, comme remède accessoire.

(b) Lettres adressées à l'auteur, par l'évêque de Quimper, au sujet de cette maladie du 26 mars 1784.

très-vertueuse femme, m'est venu prier de vous écrire pour vous demander le remède de l'orme pyramidal, en vous envoyant l'exposé de sa maladie, pour la guérison de laquelle il donnerait le sang de ses veines; il n'est pas du rang des pauvres, mais il est dans la classe de la très-petite médiocrité : je vous prie en conséquence de vouloir bien vous charger vous même de m'envoyer cette écorce préparée, avec les moyens de l'employer efficacement : comme le mal est sérieux et pressant et qu'il tarde à mon cœur de procurer du soulagement à quelqu'un qui souffre, je vous prie de faire remettre au courier de Bretagne, la boîte à laquelle vous voudrez-bien présider etc. etc.

J'ai remis le remède (a) et la consultation; dès le samedi l'on a commencé à en faire usage, et la nuit du samedi au dimanche, le sommeil a commencé à revenir. On a pris de la nourriture avec plaisir; les douleurs sont moins violentes, les plaies sont plus belles, la sanie moins infecte et moins abondante; l'application des compresses a procuré une diminution de douleurs et un adoucissement considérable; tous ces bons effets continuent; je vous rendrai compte des progrès du bien-être etc.

Je reçois (b) votre lettre du 20; j'allais vous écrire pour vous rendre compte de nos succès, de nos espérances et de nos craintes; il est certain que le remède a opéré dans les quatre ou cinq premiers jours, d'une manière étonnante; la malade était mourante et n'annonçait pas plus de huit jours de vie; le sommeil, l'ap-

---

(a) Quimper, le 14 avril 1784, du même.
(b) 28 avril 1784, du même.

pétit étaient bannis depuis longtemps; les douleurs
étaient cruelles et continuelles; la plaie affreuse etc.
Le sommeil et l'appétit étant revenus, les forces s'étaient
rétablies, au point que cette pauvre femme, qui n'avait
pu sortir ni même se lever depuis cinq à six mois,
s'est rendue à l'église, les fêtes de Pâques, y a assisté
à la messe et a communié etc.

J'ai conseillé depuis peu à un de mes grands vicaires,
de faire usage d'écorce d'orme pyramidal, au sujet d'une
plaie à la jambe, qu'il s'est fait il y a plus de six mois.
Il a mal conduit cette plaie; elle s'est envenimée, fermée, rouverte, fermée encore, mais sa jambe est très-
enflée; le malade n'a pas le sang trop bon; je crains
qu'il n'y ait un principe scorbutique; c'est un très-ver-
tueux prêtre, qui a travaillé pendant plus de trente ans
sans se ménager; il a actuellement plus de soixante ans;
il a commencé ce matin à boire l'eau pyramidale et il en
espère du soulagement.

Nous (a) ne pouvons pas encore annoncer de guérison,
mais le mal est infiniment moindre; les douleurs moins
continuelles et plus supportables; la malade, d'ailleurs,
conserve toujours la plus ferme confiance dans les succès
du remède qu'elle emploie; Dieu veuille que ses espérances se réalisent!

Celui de mes grands vicaires qui a commencé l'usage
de ce remède, s'en trouve beaucoup mieux. Sa jambe
est désenflée, dérougie; il marche aisément et sa santé
est beaucoup meilleure......

Nos deux (b) malades continuent d'aller de mieux en

(a) 20 mai 1784. Lettre du même.
(b) 25 juin 1784.

mieux, et les succès inspirent de la confiance, et une multitude de personnes respectables desirent d'avoir recours à ce remède; en conséquence, je vous prie de nous envoyer vingt livres d'écorce, que je vous prie d'adresser etc.

La malade (a) a fait usage, ces deux derniers mois, d'écrevisses et de grenouilles cuites dans l'esprit de sel dulcifié, comme vous l'aviez ordonné. Les parties malades rendent beaucoup plus d'eau. On observe, de tems en tems, des champignons qui se détachent...... La partie affectée rend un lait cuit.

Le flux périodique n'a pas paru depuis le 16 août dernier, ou que d'une manière imperceptible, cependant l'appétit et le sommeil se soutiennent.

Quelques jours après, le mari de la malade m'écrivit la lettre suivante.

Depuis la cessation du flux périodique, je vois journellement qu'elle (la malade) avance dans la marche la plus marquée de la guérison; la partie affectée a beaucoup diminué et ne rend plus de lait. Il ne sort actuellement que de l'eau, dont on ne peut pas arrêter le cours; elle ne met plus de compresses sur les parties malades, qu'une fois le jour; la douleur a totalement cessé; les champignons ont presque disparu; on regarde la convalescence de mon épouse, comme miraculeuse.

OBSERVATION.

Madame Olivier, âgée de 52 ans, me consulta en 1784, pour un ulcère cancereux à la commissure des

---

(a) 14 octobre 1784.

lèvres du côté gauche. Elle fut mise à l'usage de l'eau pyramidale ; les effets de ce remède furent si prompts, quelle se trouva guérie en peu de jours ; il est vrai, qu'il lui survint un écoulement laiteux, très-abondant, par la matrice.

OBSERVATION.

Louise Leblond femme Jeantôt, âgée d'environ 40 ans, était attaquée d'une dartre , qui lui couvrait la moitié du visage. Le seul usage de l'eau d'écorce d'orme pyramidal la guérit en quelques mois, par une évacuation critique, vers la matrice.

OBSEVATION.

Guérison d'une Hydropisie ascite.

Jai (*a*) reçu, avec la plus vive gratitude, les nouveaux témoignages de la bienveillance, dont vous daignez m'honorer, par l'envoi que vous m'avez fait du mémoire imprimé, sur les vertus de l'orme pyramidal; d'après les éloges que j'avais lu de ce remède dans les éphémérides d'Allemagne, j'en avais obtenu, il y a environ vingt ans , la cure d'une hydropisie ascite, sur une femme-de-chambre de madame la comtesse de *Gontaud*, à *S. Blancard*. Je la vis avec plaisir à Tarbes, où elle s'est mariée, depuis, avec le concierge de l'é-

---

(*a*) Extrait d'une lettre adressée à M· le D... de L...... par M. *Compardon* , ancien chirurgien des eaux minérales de Bagnères de Luçon , membre des académies des sciences de Toulouse , etc. etc.

véché, lorsque j'eus l'honneur de vous aller joindre dans cette ville, en 1778, pour faire, avec vous, le voyage de Paris. Je fis précéder cette cure, par l'opération de la paracentèse, que je fis sous les yeux de mesdames les marquises de *S. Blancard* et *de Sarlabous*; et j'obtins, par l'usage de la décoction de l'écorce d'orme pyramidal, une guérison aussi parfaite qu'inespérée; je m'en suis, depuis ce tems-là, servi plusieurs fois, avec beaucoup de succès et de satisfaction, dans des maladies semblables, et je ferai de nouveaux essais, à mesure que j'en aurai les occasions.

OBSERVATIONS

Sur une affection vénérienne dégénérée, qui a passé par divers modes d'éruptions dartreuses critiques, et de goute vague dans différentes périodes climatériques de l'âge.

Ces phénomènes, dans les maladies, sont de véritables métamorphoses, et on les observe dans les époques septenaires ou neuvenaires de notre âge. . . . . . Le malade, dont il s'agit, a 52 ans, (année 1785). Il a eu deux attaques de goutte; la première, il y a environ trois ans, dans le passage de la 49e. année; la seconde fut plus violente, et elle se manifesta vers l'équinoxe du printems dernier. La rougeur, l'enflure, la tension, la douleur, les élancemens, la sensibilité extrême de la peau, forment le caractère de cette maladie périodique. . . . . Cette humeur mobile, chez notre malade, se transportait alternativement d'un pied à l'autre.

Les remèdes de toute espèce furent administrés; c'étaient les potions émétisées, le petit lait, les émulsions à forte dose, la diéte. On purgea beaucoup et ce n'était

pas le cas de le faire (*a*). Les forces digestives s'affoi-
blirent...... Cette maladie est-elle susceptible d'une
guérison radicale ? ou faut-il s'arrêter à cet adage si
connu, *qu'il faut vivre avec son ennemi ;* espece de
sentence qui semblerait repousser l'homme de l'art, qui
oserait en concevoir la guérison. C'est de cette manière
et par quelques mots vulgaires, qu'on est parvenu à
familiariser les hommes les plus sensibles avec la douleur, et à leur faire préférer l'état de souffrance, à la
douce espérance de recouvrer la santé......

Le malade a été sujet, depuis sa trente-sixième année,
à des éruptions dartreuses ; les unes placées derrière les
oreilles et avec suintement ; les autres au col et dans
d'autres parties du corps ; il en avait paru aussi de légères sur les parties naturelles et sur le menton ; elles
paraissaient et disparaissaient suivant les phases de la
lune, et les différens changemens du ciel et des saisons.
Quelque tems auparavant cette sorte de fermentation
dans les humeurs, qui était vraiment critique, le malade
éprouvait des mal-aises, de la tristesse et des faiblesses
d'estomac. Il était sombre et mélancolique sans aucun
sujet. Ses digestions étaient lentes et difficiles. L'éruption dartreuse fit disparaître ces symptômes..... Mais
dès les premières atteintes des accès de la goutte
dans la révolution de la quarante-neuvième année,
les éruptions disparurent à leur tour et ne se montrèrent
plus. Cet âcre-dartreux et les différens accès de goutte
étant une suite d'une même cause toujours présente
et sous différens modes, laissaient peu d'espoir d'une
guérison prochaine.

(*a*) *Chronici morbi lentè purgandi.....Sensim enim ac*

Il faut remonter un peu plus haut pour voir la marche de l'action vitale sur les levains des maladies, et le principe hétérogène en général, qu'elle atténue sans cesse, et qu'elle métamorphose en éruptions miliaires, en affections cutanées de toute espèce. La personne qui fait le sujet de la présente observation avait contracté, dans sa jeunesse, plusieurs gonorrhées, dont la guérison paraissait un problème : c'était-là sans doute le principe de la maladie de peau et de la goutte. Nous l'avons déjà dit plus d'une fois dans cet ouvrage : toute éruption cutanée est le produit des forces vitales, d'un mouvement intestin dans les cavités les plus intérieures ; le virus vénérien ; par exemple, dégénère insensiblement dans le cours d'une période septenaire. Il est de plus en plus modifié, atténué par les forces centrales; et se métamorphose en maladie de peau. Ces divers modes d'agir du virus vénérien dégénéré se montrent constamment dans les parties qui se correspondent ou qui gardent un consentement secret avec les organes générateurs. Si, par l'abus des remèdes ou par toute autre cause, ces mouvemens salutaires de la vie sont arrêtés, suspendus ou affaiblis, il en survient des crispations nerveuses et mille autres accidens...... Notre malade était resté long-tems dans un état de langueur et de mélancolie, comme nous l'avons vu plus haut, avant les premières éruptions dartreuses. Elles disparurent elles-mêmes aux premières atteintes de la goutte vague. Nous avons eu plusieurs fois la satisfaction de soulager les goutteux les plus violemment attaqués, en provoquant l'éruption

---

lentè et cum tempore in chronicis morbis purgationes institui debent. V. PARACELSE.

miliaire par des bains d'eau d'écorce d'orme pyramidal.

Le malade fut mis à l'usage de l'eau d'écorce d'orme pyramidal pour sa boisson ordinaire. On fit quelques lotions et onctions avec le mucilage (a), épais et gluant de cette écorce. L'éruption miliaire se répandit presque sur toute l'habitude du corps, et il y eut une sorte de renouvellement dans la surpeau. Le malade guérit de sa goutte.

DIVERSES OBSERVATIONS.

« Quatre minutes (b) avant de lire votre avis sur les propriétés de l'eau d'écorce d'orme pyramidal, je me plaignais de ce qu'on ne connaissait point de vrai spécifique contre l'humeur dartreuse. Cette humeur qui porte la coagulation dans presque tous nos fluides n'est, à proprement parler, ni acide, ni alkalin ; les bains et les lavages ne font que l'étendre sans l'expulser ; les atténuans et les fondans que nous connaissons, le mercure même attaquent les solides : les purgatifs ne portent point leur action jusques au tissu-cellulaire dans lequel elle se loge, et les remèdes qui exciteraient

---

(a) Pour obtenir ce mucilage abondant, soit pour les onctions, soit pour les bains entiers ; la simple infusion à froid peut suffire : pour le bain, par exemple, on éparpille l'écorce dans la baignoire ; on laisse infuser pendant 24 heures, et on exprime, pour en extraire le suc, qui fortifie la masse du bain. Cette infusion suffit pour plusieurs bains de suite, en faisant réchauffer l'eau convenablement, chaque fois.

(b) Extrait de différentes lettres et consultations de Nevers, dans les années 1783, 1784 et suivantes.

une transpiration forcée appauvriraient le sang ; les palliatifs et les remèdes extérieurs la répercutent sur les parties les plus essentielles à l'économie animale ; et les moins foudroyans de ses effets sont des affections de nerfs, combinées d'une manière singulière ; quelquefois opposées et toujours effrayantes : de-là ces vapeurs, ces mélancolies, ces spasmes convulsifs qui sont la croix des médecins et encore plus des malades.

« Je suis bien payé pour déclamer contre cette maladie, d'autant plus funeste qu'on n'y fait aucune attention dans le principe, et qu'elle dérive de plusienrs causes qui mettent des variétés dans l'espèce et le traitement ; le cautère est la dernière ressource de nos médecins, mais c'est une autre maladie, ou plutôt la même que l'on fixe, et à laquelle on s'assujétit à perpétuité. La moindre négligence dans le pansement, une fièvre violente, le froid et l'humidité, la faiblesse du tempérament, des secousses des nerfs peuvent en arrêter l'écoulement et occasionner des maladies dangereuses. Un de mes frères, médecin, est mort des suites d'une dartre, et mon épouse, que je regrette depuis neuf ans, m'a été enlevée après trois ans des plus cruelles souffrances, par la répercussion d'une dartre à l'aréole du sein, survenue subitement dans un voyage fait par un tems froid ; cette dartre s'était manifestée à la suite de sa première couche ; elle avait voulu allaiter son fils, et n'avait pu en soutenir la fatigue et la douleur ; elle avait d'ailleurs eu dans son enfance une espèce de goître.

« Les cinq enfans que j'ai eus d'elle se ressentent tous de cette disposition dartreuse : moi-même je n'en suis point absolument exempt ; deux voyages avec la pluie sur le corps m'occasionnèrent, en 1758, un amas

d'humeurs aux jarrets, et des vésicules d'eau transparentes qui faisaient escare le long de ma jambe, lorsque
ces ampoules venaient à crever; dix ans après j'ai eu
un rhumatisme double tierce dans la tête, qui a fini
par un bourdonnement, aussi périodique, qui m'éveille
subitement chaque nuit à trois heures du matin; lorsqu'il
me donne du relâche, il me survient quelques petits
boutons sur la paupière droite, ou aux jarrets, ou au-
dessous des testicules, ou au prépuce, ou enfin sur le
dessus du pied; si les boutons et les démangeaisons
qui les accompagnent cessent de me tourmenter, je
ressens de très-légères douleurs de rhumatisme au haut
de la cuisse droite et à l'épaule gauche; lorsque tous
ces petits accidens ont cessé, j'ai de l'ardeur dans le
canal de l'urèthre, et je trouve des graviers dans mes
urines.

Mon fils aîné n'a point été engendré dans le tems où
sa mère et moi ressentions l'âcreté dartreuse; mais à
l'âge de trois ans, il eut une galle humide des plus douloureuses; il ne voulut jamais se laisser baigner; il fallut
le frotter avec du beurre incorporé à des feuilles de lau-
rier-rose pilées; vers sa neuvième année, dans l'éruption
de la petite vérole, il fut cinq jours sans connaissance,
dans des spasmes convulsifs effrayans; mais aux approches de sa quatorzième année, dans le cours d'une
fièvre tierce (*a*), ces spasmes ont recommencé, et ac-

(*a*) On voit dans cette observation les dangers effrayans et
les tristes suites d'une répercussion d'humeurs critiques dans
l'enfance : lorsque la marche de la nature a été violentée, bien
loin d'être aidée dans ses opérations salutaires, tous les efforts
réunis de la constitution physique, aux époques septenaires, ne
suffisent pas toujours pour la rendre victosieuse.

tuellement, à chaque quadrature de la lune, ces vertiges sont très-violens et très-longs, avec craquement de dents et des convulsions pendant la nuit; le jour, ce n'est qu'une simple stupeur sans chute, mais avec siflement et écoulement de salive.

Mon ami a commencé (*a*) le 5 de ce mois, la boisson d'eau d'écorce d'orme pyramidal; je viens de le voir; il m'a dit qu'il sentait la respiration moins gênée; toutes les dartres, savoir : cinq au visage et deux aux bras, ont disparu, ainsi que deux autres à la commissure des lèvres; mais la gorge et le palais sont un peu douloureux, et il est survenu des éruptions très-piquantes au fondement; les démangeaisons dans le nez sont passées ou bien diminuées, ainsi que le vomissement de pituite.

Mon fils, (celui qui fait usage de votre remède) et qui se destine à la médecine, suit les pansemens de notre hôpital : il y a une femme, dont la jambe avait une plaie dartreuse, pleine de rhagades, de croûtes, d'écailles, de pus et de crevasses; il s'est avisé de faire bouillir une troisième fois le marc de son eau pyramidale, d'en étuver cette plaie et d'en faire boire trois verres par jour à la malade, il n'y a que huit jours et déjà la plaie a pris une bien meilleure apparence, de sorte que cette femme a la plus grande confiance dans ce simple traitement.

Je suis (*b*) aussi en grand train de guérir le protégé de M. le R......, avec l'écorce radicale d'orme pyramidal : son mal était le vrai *éléphantiasis* ou la lèpre

---

(*a*) Extrait d'une lettre, en date du 27 décembre 1783.
(*b*) Extrait d'une consultation, en date du 27 février 1791.

des Arabes; les bras et les jambes étaient gercés trans-
versalement, à loger le doigt et à laisser voir le profil
et la coupe de la membrane graisseuse du tissu cellulaire, de sorte que je frémis quand je vis son mal; il
me sembla voir un jambon mayencé, dans lequel on
aurait donné des taillades ou des coups de couteau en
travers; déjà, depuis huit jours, la peau n'est plus
violette ni luisante; elle est blanche, sèche, *musclée*,
farineuse, avec très-peu de prurit et presque plus douloureuse. La semaine dernière, le malade sentait un
peu de douleur et de roideur dans la peau; je soup-
çonnai que le gluant de l'eau d'orme, en se desséchant,
avait contracté la roideur du vernis, je lui ordonnai de
se laver, de tems en tems, avec de l'eau tiéde, mêlée
avec une très-petite quantité d'eau d'orme, de fleurs de
tilleul et de sureau; le malade s'en est bien trouvé et
sa surpeau est bien plus flexible. J'espère que la cure
pourra être complette vers Pâques. . . . .
. . . . J'ai cru remarquer dans ces trois lépres
que j'aï vues, que les dartres vives, inflammatoires et
croûteuses, finissaient par obstruer le tissu graisseux et
cellulaire; qu'alors l'éruption devenait humide; que
la peau et la graisse se divisaient et se fondaient en
quelque sorte, et que les solides dégénéraient en sphacèle;
il semble que le pus sorte tout formé des pores de la
peau, comme par une espèce de sueur. . . . .
. . . . . La première fois que je lus le supplément
au journal de Paris; où il est question des propriétés de
l'eau d'écorce d'orme pyramidal, je montai à cheval
pour me rendre chez moi; une petite pluie me força
de me mettre à l'abri sous un orme planté au bord de la
grande route; j'en cueillis quelques feuilles; j'en fis
bouillir et je m'abreuvai de cette décoction; j'en fis des

lotions sur des plaques dartreuses, qui s'étaient manifestées au-dessus de la cheville du pied droit : c'étaient deux croûtes assez larges, l'une à coté de l'autre et j'en fus soulagé. Ne pourrait-on pas employer les feuilles (*a*) à la place de l'écorce, très-difficile à séparer du bois. Si cela est, je projette d'employer une pièce de terre à planter et à semer un bois taillis d'orme pyramidal. Mon terrein y sera, je crois, très-propre. Je nommerai cette pièce, le champ B...... Je donnerai des feuilles, tant qu'on en voudra, aux pauvres malheureux, attaqués d'éruptions cutanées ; j'essayerai si les feuilles d'orme pyramidal seraient, pour la médecine vétérinaire, un remède curatif ou prophylactique, lorsque les bétes à laine seront menacées de la petite vérole ou clavelée et que le gros bétail sera attaqué de bubons, anthrax, charbons pestilentiels. Je prie M. B......, d'accepter cette dédicace, comme un symbole de ma reconnaissance ; et de vouloir bien me donner quelques instructions sur la manière de semer et de cultiver l'orme pyramidal...... Cette espèce d'orme doit être préférée à toutes les autres. Je pense qu'un arbre, qui ne dégénère point, doit avoir ses principes plus homogènes, et tendant tous à une même direction ; il est certain, que si ces principes produisent des branches droites, leurs émanations doivent être similaires, et par conséqnent plus propres à diviser et à se faire jour au travers des pores. Les vertus que l'éternel a mises dans

---

(*a*) Il y a long-tems, qu'ayant fait cueillir les feuilles tendres de l'orme de la première pousse du printems, elles furent préparées, et on trouva cet aliment aussi délicat et aussi bon que nos légumes fondans.

les solides et les fluides, me paraissent devoir être relatives à la forme de leurs parties constitutives. Je ne
pousserai pas plus loin les conséquences et l'explication
de ce systême, qui m'occupe depuis nombre d'années;
je dirai seulement, que la nature me parait être dans
une progression géométrique ascendante, composée
d'autres progressions descendantes et correspondantes.
Pour connaître la nature, il ne s'agit donc que de
pouvoir démêler ces progressions. C'est-là l'échelle de
Jacob, où une foule d'anges, montent de la terre au
ciel, et descendent du ciel à la terre. L'homme *corporeo-*
intellectuel et la divinité, sont les deux termes de la
double échelle, ou plutôt les poulies sur lesquelles elles
se dérivent. Ainsi il y a une progression continue du
créateur à l'homme, et de l'homme à la matière; et
l'homme est le terme central. »

DU RAJEUNISSEMENT

OU DU RENOUVELLEMENT

DE LA

CONSTITUTION PHYSIQUE DU CORPS,

PAR UNE SUITE NÉCESSAIRE

DE LA CHUTE ET DU RENOUVELLEMENT

DE LA PEAU,

*Avec des observations qui indiquent les moyens de
prolonger la durée de la vie.*

C E n'est pas précisément le desséchement de l'enveloppe commune dans le règne animal qui entraîne sa
dessication, sa chûte et son renouvellement. On a fait remarquer dans les notes et les observations, pour servir
à l'histoire de l'épiderme (a), que la grenouille, la salamandre, l'écrevisse, le homard, le cancre et les autres animaux de la même espèce qui vivent dans l'eau,
changent un grand nombre de fois de sur-peau, pendant
l'année, quoique ces amphibies soient constamment

—————————————

(a) V. pag. 35 de cet ouvrage.

24

enduits d'une humeur gluante. Ce n'est donc pas non plus le desséchement qui produit la chûte de cette enveloppe dans les mues des chenilles, des chrysalides, etc. Il y a sans doute une autre cause, et cette cause tient aux plus grandes vérités, aux plus grands mystères de la nature. Cette crise est un mouvement périodique, auquel toutes les puissances de la vie doivent concourir pour la conservation de l'animal.

Dans l'homme, l'épiderme se renouvelle sans cesse d'une manière plus ou moins sensible. Nous changeons de peau dans l'état même de pleine santé. Nous l'avions démontré dans un mémoire (*a*) sur la nature de l'épiderme dès 1775. Ces exfoliations cutanées sont beaucoup plus considérables , si la puissance vitale est occupée d'un travail critique dans la dépuration de la lymphe, dont l'âcreté et l'épaississement sont les causes les plus ordinaires de nos infirmités. Dans certains cas, ces changemens de la membrane épidermique, deviennent de vraies maladies plus ou moins hideuses , plus ou moins rebelles. Cela arrive particulièrement aux époques septenaires de notre âge , et dans le passage des équinoxes; l'action vitale imprime alors un mouvement extraordinaire à tous les fluides , dont les effets se portent sur toute la peau. Ces effervescences affectent à-la-fois les parties les plus intimes, et les plus immédiates de notre intérieur : le sang se dépouille de plus en plus d'humeurs hétérogènes, et ces révolutions périodiques de toute la constitution physique du corps sont utiles à la tenacité de la vie , comme étant une suite nécessaire de la chûte et du renouvellement de la peau. Les affections

----

(*a*) V. page 67 de cet ouvrage.

cutanées caractérisées par des éruptions d'un aspect de
lèpre chez les vieillards (*a*), les végétations croûteuses et
purulentes qui couvrent la tête, le visage, etc., chez
les enfans confirment cette vérité. L'épiderme se dessèche à la fin, il tombe en poussière et en parcelles écailleuses, et passe promptement par tous les degrés de
son renouvellement. Cette sorte de métamorphose de
la sur-peau est la même dans les accidens imprévus
qui menacent le principe de la vie, marque certaine
du recouvrement des forces vitales, ou du retour à la
santé. Dans les empoisonnemens, de même qu'à la
suite des maladies aigües ou chroniques; on voit l'é-
ruption miliaire précéder ou accompagner la convalescence. Lorsque la nature triomphe, dans tous les
cas d'empoisonnemens, il se fait une éruption générale, espèce de mouvement dépuratoire ou d'effort critique, à la faveur duquel toutes les particules du poison
s'exhalent au profit de la masse commune des humeurs,
qui s'en trouvent alors complètement dépouillées (*b*).
L'application extérieure de l'arsenic a produit cet effet,
ainsi que les acides minéraux reçus dans l'intérieur du
corps. J. B. *Desgranges* en rapporte plusieurs observations importantes, notamment celle d'après *Tulpius*,
médecin et sénateur d'Amsterdam, où il est question
d'une jeune fille empoisonnée par l'huile de vitriol, dont
la guérison se termina par une éruption boutonneuse, de

(*a*) V. dans l'Introduction, l'observation de M. l'abbé *Burgurieu.*

(*b*) V. dans le recueil périodique de la société de médecine
de Paris, une observation d'empoisonnement par les acides minéraux et par l'application extérieure de l'arsenic, par *J. B. Desgranges.* On rapporte les propres expressions de l'auteur.

croûtes, cendrées sur toute l'habitude du corps. L'acide nitrique a occasionné une *poussée* vive de la peau avec des exanthèmes considérables; une jeune femme-de-chambre, au rapport du même auteur, se frotta la tête avec de la pommade chargée d'arsenic; quelques jours après, elle y ressentit des douleurs intolérables suivies de gonflement et de l'enflûre sur toutes les parties environnantes; les oreilles couvertes de croûtes épaisses; toutes les glandes gorgées; les yeux gros et étincellans, le pouls tendu, la langue aride, la peau sèche, un feu dévorant dans les entrailles, etc. A ces symptômes, succédèrent les vertiges, les syncopes, les foiblesses, le vomissement, les tremblemens dans les membres, les ardeurs d'urine, la constipation, le délire, etc. Après l'usage de quelques remèdes indiqués par l'auteur, tout le corps se couvrit d'une éruption considérable de petits boutons à pointes blanches comme du millet, sur-tout aux mains et aux pieds (*a*); en moins de quanrante-huit heures, cette éruption se sécha et tomba par desquamation.

Il est très-important de se fixer un moment sur l'effet très-prompt des miasmes ou vapeurs vénéneuses de certains poisons, qui paroissent agir sur toute la peau.

(*a*) Les poisons agissent sur les parties nobles, et si la nature triomphe, le mouvement de la dépuration doit particulièrement se faire aux mains, à raison des concordances et des rapports secrets qu'elles entretiennent avec les organes intérieurs. V. p. 85 et suivantes. Une dame de ma connaissance fut empoisonnée par les voies de la respiration, en couchant dans un lit qui était nouvellement peint : elle eut, à la suite, les coliques les plus aiguës; quelque tems après et dans sa convalescence, la peau s'est couverte d'éruptions dartreuses.

Ce phénomène appartient à l'action générale du tissu cutanée sur les facultés vitales, un des ressorts puissans et mystérieux de l'économie animale en faveur de la durée de la vie (*a*). Les ouvriers qui recueillent le vernis de la Chine prennent une infinité de précautions pour se garantir des impressions malignes de ce poison. Ils se frottent le visage et les mains avec une huile douce, dans laquelle on fait bouillir les filamens charnus de la graisse de cochon, lorsqu'ils vont placer leurs coquilles aux arbres pour en recevoir le vernis. Ils se lavent tout le corps avec une décoction d'écorce de châtaignier, de sapin, de sel de nitre, etc. Le bassin dans lequel on se lave doit être d'étain. Pendant le travail auprès des arbres qui fournissent ce suc, ils s'enveloppent la tête d'un sac de toile ; ils se couvrent le devant du corps d'une peau de daim passée ; ils ont des bottines de même espèce, et aux bras des gands de peau fort longs ; pour peu qu'on néglige de prendre toutes les précautions convenables, on se trouve exposé aux plus grands accidens. Ce mal commence par des espèces de dartres qui se manifestent sur toute la peau ; le visage s'enfle extraodinairement et paroît tout couvert de lèpre, ainsi que tout le corps. On fait boire au malade quelques tasses d'une décoction de plantes émollientes ; on lui fait des onctions sur les parties affectées et on l'enveloppe de compresses qui sont imbibées de la liqueur, après quoi on lui en

---

(*a*) Le renouvellement de la peau, dans les empoisonnemens, confirme ce que *Van-Helmont*, *Paracelse* et autres pensent en parlant des venins, que ces poisons horribles sont réservés par l'immensité de la clémence du créateur pour les plus grands et les plus héroïques usages de la médecine, lorsqu'ils seront convertis par l'art et l'étude....

fait recevoir une forte fumigation. L'enflure et la bouffisure disparoissent peu-à-peu. La peau n'est pas aussi-tôt guérie de cette éruption inflammatoire, qu'elle se dessèche, se *fendille*, tombe et se renouvelle ; les malades sont alors hors de tout danger. *Sauvages* rapporte l'histoire de deux personnes empoisonnées, qui, peu de tems après, furent atteintes d'un érésypèle universel (a), accompagné d'une démangeaison considérable, qui se termina par la chûte totale de l'épiderme, renouvellement qui eut lieu en six jours chez l'un des malades, et en un mois chez l'autre. La vapeur des fourmis produit les mêmes effets sur la peau : un homme qui s'approcha de trop près, en soulevant une cloche qui couvrait une fourmillière, sentit une vapeur forte, qui lui occasionna sur-le-champ un violent mal de tête, avec des agitations considérables et des anxiétés ; dès le lendemain, il parut une éruption très-forte sur toute la peau, qui dura trois jours, au bout desquels l'épiderme tomba par écailles.

Le dépouillement de l'épiderme et sa desquamation indiquent que la dépuration des parties intérieures est achevée. Nous avons sous les yeux une multitude d'exemples des personnes, dont la peau s'est renouvellée dans différentes circonstances, dans les maladies aigües ou chroniques, et même dans les affections morales (b).

(a) Le poëte *Schakespeare* a dit avec raison, qu'avant la guérison d'une maladie grave, c'est au période même où la santé renaît, que se fait la crise la plus forte.

(b) La révolution des humeurs dans un chagrin ou dans une crainte vive, est capable de produire les plus grands effets sur la peau. On a vu des Nègres devenir plus blancs que des Européens, en moins de trois jours, par des affections morales

Telle est la marche du principe vital, la santé est la suite de ce travail critique, qui est le renouvellement intérieur. C'est de ce fonds inépuisable du tissu écailleux, que la nature sait se ménager des ressources infinies dans les maladies les plus graves, même celles qui passent pour incurables, dans les affections locales et les accidens extraordinaires, qu'on ne peut atteindre par aucun moyen chirurgical. Oui, sans doute, la puissance vitale surmonte les plus grands obstacles par l'éruption miliaire, par les diverses gales (*a*), les croûtes lépreuses, les dépôts critiques qui mènent au renouvellement intérieur. Le médecin frappé de ces phénomènes peut donc espérer, dans les cas mêmes les plus difficiles. La *rénovation* de l'homme dans ses parties intérieures, est le terme d'un travail critique de cette espèce (*b*); le renouvellement de la membrane épidermique est enfin l'image de la dépuration de nos humeurs. C'est une sorte de rajeunissement, une heureuse convalescence,

---

C'est une couleur accidentelle aux Nègres, qui les a fait nommer *Albinos*, et par conséquent une maladie de la peau, que quelques-uns croient être une espèce de lèpre.

(*a*) *Talis fuit constitutio patavii* 1608 *œstivo, et verno tempore, verè enim omnes biliosæ febres per cutanea tubercula judicabuntur, adveniente autem automno pruritu ac scabie superveniente statim solvebantur.....* De signis criticis in SIMIOTICE Jo. PRÆVOTIO, med. venetiis 1654.

(*b*) PARACELSE, parlant du renouvellement, designe le tems où il faut cesser le remède..... *De hoc vino singulis diebus manè bibatur circà auroram donec decidant* 1°. *digitorum in manibus portmodùm in pedibus ungues, indè pili, dentesque : postremò cutis exsiccetur et nova renascatur....* His peractis omnibus cessandum est.

dont les progrès conduisent au renouvellement des forces vitales, et promettent une longue vie. L'éruption cutanée qui paraît aux époques climatériques et aux équinoxes, sur les surfaces correspondates des parties doubles ou similaires, prouve bien cette effervescence intestine de la puissance vitale pour le renouvellement intérieur (a). Sans ce mouvement périodique, plus ou moins sensible dans l'économie animale, les membranes cellulaires et toutes les parties, en se pressant, s'engorgeraient, elles s'affaisseraient, et le principe hétérogène, retenu dans les cavités profondes, s'y fixerait, les sécrétions seraient suspendues ; la circulation ralentie, tous les canaux obstrués, et une vieillesse prématurée viendrait arrêter la marche de la vie au milieu de son cours. On voit ce triste tableau dans l'hydropisie de poitrine, où toutes les sécrétions de l'organe cellulaire paraissent cesser et les mouvemens de la vie se concentrer à l'intérieur. Au déclin du jour, dit *Barbeu-Dubourg* (b), nos esprits se trouvant épuisés, le sommeil

---

(a) Les mouvemens critiques qui se passent à l'extérieur du corps, dans l'exfoliation de la membrane épidermique, sont les mêmes à l'intérieur. V. page 35.

(b) Elémens de médecine... On rapporte du célèbre M. *Locke*, qu'étant assis quelques jours avant sa mort dans son jardin, pour prendre l'air, son médecin observa qu'il approchait de tems en tems sa chaise vers le soleil, à mesure qu'elle se couvrait d'ombre, et qu'à cette occasion il s'appliqua ce vers d'Horace :

. . . . *Solibus aptum*
Irasci celerem tamen ut placabilis essem.

Il mourut dans l'automne 1704, dans son année climatérique soixante-troisième.

nous gagne doucement; mais au déclin de la vie, les esprits épuisés, ne se réparent plus. . .

Les anciens, plus occupés des phénomènes et des changemens périodiques qui s'opèrent dans les différentes familles d'animaux, après les avoir étudiés, comparés, analysés, en faisaient l'application à la conservation de la santé : c'était-là le résultat d'une haute sagesse et d'une grande science, dont ils avaient pris tant de soin de cacher les principes, sous le voile de l'allégorie. *Aristote* observe, à cette occasion, que les sages (*a*) ont composé des fables, afin de ne faire entendre le sujet qu'ils y ont traité, qu'à ceux qui en ont l'intelligence. Les mages de la Perse, de la Chaldée et de l'Egypte avaient fait de grandes découvertes, qu'ils tenaient cachées. Ils connaissaient toutes les productions de la nature, et sur-tout le règne animal , dont la variété des espèces présente dans ces climats le tableau le plus magnifique et le plus imposant. Ces hommes, voués par état à la contemplation, avaient associé l'art de conserver la santé avec la morale, de manière que l'hygiène, fondée sur des principes très-étendus, était portée à son degré de perfection (*b*). Leurs

---

(*a*) Les sages ou les mages étaient les prêtres du soleil chez les Perses. Les Sophis de Perse se glorifiaient avec raison de leur origine. Il n'en est pas de plus illustre. Sophos, *sage.*

(*b*) Les grands médecins du royaume, en Egypte, étaient du collège des prêtres. *Esculape* et *Mercure* son frère, laissèrent quarante-deux volumes sur la médecine et les autres sciences. Les connaissances naturelles étaient la vraie source des mœurs de cette nation, et étaient fort anciennes. L'intelligence des Egyptiens dans l'anatomie, était une suite de leur curiosité à l'égard des animaux vivans. V. Sethos.

travaux tendaient au bonheur général , et les expériences qu'ils avaient faites dans les secrets de la nature,
les placèrent , dans ces tems reculés , au plus haut degré
de la sagesse. Les poëtes initiés dans les connoissances
sacrées , se sont aussi servis d'expressions mystérieuses
pour envelopper les traditions d'énigmes, afin que les
secrets de l'antiquité ne fussent profanés par le vulgaire. Ce fut la maxime constante des sages et des
politiques chez les anciens, ils ne révélaient que ce
que chacun pouvait trouver par le secours du bon sens,
et généralement ce qui était à la portée du discernement
de tous les hommes ; mais à l'égard des productions de
la nature ou de l'art, plus abstraites, elles étaient sous
le voile, comme si c'eût été des secrets d'état. Il est certain que la haute antiquité était en possession d'une
science mystérieuse, écrite en langue hiéroglyphique (a).
Hippocrate dit que les choses sacrées ne doivent être
connues que des personnes sacrées : c'est pourquoi les
Egyptiens ne communiquaient les secrets de la nature
qu'aux prêtres du soleil, ou à ceux qui devaient succéder à la couronne. *Pythagore*, *Platon* et autres grands
hommes ont fait le voyage d'Egypte, pour être instruits
dans cette science mystérieuse. Il ne reste de ce précieux
monument que des fables obscures, le fil qui menait
au sanctuaire des initiations du dépôt sacré des connaissances est absolument rompu. Ce que l'on doit le plus
regretter , dit *Volney* , est la partie de l'hygiène et de
la diététique , dans laquelle il paraît que les anciens

(a) Hiéroglyphe, symbole ou figure mystérieuse , qui servait
chez les anciens à couvrir les secrets de leurs connaissances. On
dit qu'*Hermès* ou Mercure-Trismégiste en fut l'inventeur.

égyptiens avaient réellement fait de grands progrès et d'utiles observations. L'école égyptienne, d'après *Plutarque*, comparaît sans cesse l'Univers à un homme, et de-là le *microcosme* si célèbre des alchymistes. Observons, ajoute-t-il, que les alchymistes, les cabalistes, les franc-maçons, les magnétiseurs, les martinistes, et tous les visionnaires de ce genre, ne sont que des disciples égarés de cette école antique des Egyptiens (*a*) ; nous disons égarés, parce que, malgré leurs prétentions, le fil de la science occulte est rompu.

Cependant, malgré l'obscurité des hiéroglyphes et des emblêmes, on entrevoit dans quelques fables de l'antiquité des rapprochemens utiles, même une sorte de concordance avec la marche du principe vital dans les fonctions les plus importantes de l'économie animale. Nous voulons parler de ceux qui se sont conservés au-delà du terme ordinaire, et de ces révolutions critiques qui les ont rajeunis (*b*), par le renouvellement de la peau. On dit que les anciens Egyptiens avaient eu pour objet principal dans leurs travaux, la santé, qu'ils regardaient comme une condition nécessaire au service des dieux. Ce principe conservateur

---

(*a*) V. *des Ruines*, note 71, 1792.

(*b*) Hercule-Trismégiste avait gravé sur une émeraude le remède universel contre toutes les maladies ; on prétend qu'il l'a fit enfermer dans son tombeau... Les observateurs instruits des secrètes opérations de la nature, ont écrit l'histoire des dieux et des héros, pour le petit nombre de sages qui en ont fait une étude particulière... Ils ne se sont expliqués que par des métaphores et des allégories, comme *Homère*, *Héziode*, *Orphée*. V. l'Encycl. des dieux et des héros, etc.

était nécessaire dans un climat qui exige une grande sévérité dans le régime de vie : de-là cet amour pour les secrets de la nature. Leurs observations répétées pendant des siècles (*a*), tant sur la médecine que sur les autres sciences qui y ont du rapport ; les faits rapprochés et sans cesse comparés, une connoissance très-profonde du règne animal, durent conduire les anciens à des vérités utiles (*b*) ; mais, comme nous en faisions, la remarque tout-à-l'heure, on ne retrouve plus dans ce dépôt sacré que des fables, des figures mystérieuses, des paraboles, dont il est impossible de découvrir le véritable sens. Que signifient, par exemple, le serpent *Python* avec sa peau et ses écailles ? ce palmier (*c*), qui, selon *Pline*, pousse même après avoir été coupé et brûlé? le phénix, qui renait de ses cendres ? le serpent

---

(*a*) *Esculape* avait un temple fameux à Epidaure, qui était toujours plein de malades et de tablettes où étaient décrites les guérisons qu'on y avait obtenues. *Hippocrate* avait eu communication de ce recueil précieux.

(*b*) *Sérapis* était considéré comme un des dieux de la santé. *Chryserme* ayant bu du sang de taureau et étant près de mourir, fut guéri par lui. *Batylis de Crète*, phthisique et aux portes du tombeau, reçut ordre de Sérapis, de manger de la chair d'un âne : il le fit, et se trouva bientôt hors de danger... Chez les Chinois, la colle de peau d'âne est très-recommandée dans les maux de poitrine : un prince *Caraffa*, de Naples, attaqué de la lèpre, fit usage, dans son régime, de la chair d'ânon. V. *Turner* : *Traité des Maladies de la peau*, d'après *Bartholin*. Hippocrate recommande aussi la chair d'ânon.

(*c*) Les Phéniciens donnaient le nom de phénix au palmier, à cause que quand on le brûle jusqu'à la racine, il revient plus beau que jamais et ressuscite comme le phénix.

qui mord sa queue, le symbole de l'éternité? Médée
arrivée en Thessalie, qui rajeunit *Eson*, père de *Jason*?
Mars, qui préside sur la vésicule du fiel, le principe
de la colère, sur le fer et la couleur de rouille ; et
c'est sous cette couleur de rouille (*a*) qu'il couche avec
Venus? *Hercule*, immortalisé par ses travaux, est reçu
dans le ciel, où il épouse *Hébé*, déesse de la jeunesse (*b*); *Hercule* obtint de sa nouvelle épouse,
qu'*Iolas*, devenu vieux et fort caduc, reviendrait dans
sa jeunesse, plein de vigueur : *Iolas*, neveu d'*Hercule*,
fut le compagnon de ses travaux. *Saturne*, représenté
tenant dans sa main un serpent qui mord sa queue, ce
qui marque aussi le changement de peau de cet animal (*c*). Le serpent mordant sa queue, signifie le dé-
croissement d'une chose et l'accroissement de l'autre. Les

(*a*) Toutes les préparations martiales deviennent toniques,
et fortifient la nature, en désobstruant.

(*b*) Le sens de cette union est que la jeunesse se trouve
ordinairement avec la force. V. *le Dictionnaire de la Fable*,
par Fr. Noël.

(*c*) *Serpem plus habet mysteriorum quam omnia animalia.
Indè colligi potest, non sinè causâ tam alta mysteria naturæ serpentes in præsentem usquè diem possidere.... Cum
deus omnipotens ei plus mysteriorum et altiorum quam aliis
quibusvis animalibus, viventibusque suis creaturis tribue-
rit et appropriarit in eorum creatione....* Le serpent est toujours le symbole de la santé et de la médecine en général....
Pline dit que le serpent sert à plusieurs remèdes salutaires...
Le serpent se renouvelle en changeant de peau, et l'homme est
renouvelé par la médecine. Le serpent consacré à *Esculape* était
l'espèce dont la couleur tire sur le jaune, qui ne fait point de
mal aux hommes.

Egyptiens n'avaient-ils pas remarqué que l'épervier (a), dans les tems des mues, tenant ses aîles étendues, facilite la chûte de ses vieilles plumes, et que par cette opération de la natnre, il reprend les grâces de la jeunesse ? . . . Cet oiseau se plait dans le nord, mais au retour du printems, il s'avance dans le midi. Dans le discours que *Dieu* adresse à *Job*, il est dit : *est-ce par un effort de votre industrie, que l'épervier secoue ses vielles plumes pour s'en délivrer, et qu'il étend ses aîles, en regardant le côté du midi* (b) ? Les insectes ne sont que des vermisseaux en naissant : ils grossissent en peu de tems. Plusieurs quittent leur enveloppe, et se rajeunissent en paraissant cinq ou six fois sous une peau nouvelle (c). La chenille se dépouille au moins trois fois, dit *Charles Bonnet*, avant que de se renfermer. Tous, ou presque tous les insectes (d) qui ont des métamorphoses à subir, changent une ou plusieurs fois de peau, pendant qu'ils demeurent sous leur première forme. La chenille ne rejette pas seulement sa peau; elle se défait en même tems de toutes les parties extérieures, grandes et petites, qui y tenaient ; ainsi, toutes les parties de la tête, le crâne, les mâchoires, la

---

(a) L'épervier était dédié au soleil. Il y avait en Egypte la ville des éperviers, où cet oiseau d'*Appollon* était révéré dans un temple, qui lui était dédié.

(b) *Numquid per sapientiam tuam plumescit accipiter, expandans alas suas ad austrum ?* Bib. sacr. *Plumescit,* qui se couvre de plumes, par la chûte des vieilles.

(c) Spectacle de la nature, T. 1.

(d) V. *Charles Bonnet,* et le grand ouvrage d'*Albertus Seba.*

filière, les yeux, etc., sont rejetés avec la peau. Les jambes écailleuses, les membraneuses et tous les petits crochets qui les terminent, sont rejetés également. Toutes les parties qui les remplacent étaient emboîtées dans les anciennes, c'est-à-dire, dans les parties correspondantes, comme dans autant de fourreaux. Immédiatement après la mue, les chenilles sont très-faibles, et elles demeurent au moins quelques heures, quelquefois un jour entier, dans cet état de faiblesse; tous les nouveaux organes sont mols encore, et ce n'est que par degrés qu'ils prennent la consistance qni est propre à chacun d'eux. Ce renouvellement de l'enveloppe épidermique, dans les insectes, les serpens, les amphibies, et dans tout le règne animal, a lieu dans les grands végétaux et dans l'homme même, comme nous venons de l'observer. Ce sont-là les grands mystères de la nature, et ses plus secrètes opérations. Les grands arbres (*a*) qui vivent des siècles, subissent la loi du renouvellement, par la chûte de leur écorce raboteuse et écailleuse; le bouleau, le sycomore ou l'érable (*b*),

---

(*a*) On n'a peut-être pas calculé la durée des grands végétaux qui se trouvent dans le nord et dans le midi : il y en a qui restent long-tems à croître. On a vu des cèdres du Liban, d'une hauteur et d'une grosseur prodigieuses. *Salomon* fit bâtir le temple de Jérusalem avec les cèdres que lui envoya le roi *Hiram*. *Fernand Cortez* fit bâtir un palais à Mexico, où il y avait sept mille poutres de cèdre d'une longueur extraordinaire. D'après *Lemery*, on trouve en Canada des pieds d'arbre si gros, qu'on fait avec leurs écorces, des canots longs de plus de 15 pieds... Dans certaines colonies, on a trouvé des arbres dont un seul aurait fourni de l'ombre à cent hommes à-la-fois.

(*b*) L'écorce du Liége se fend et se sépare naturellement de

et d'autres espèces, se dépouillent vers l'équinoxe du printems ou de l'automne. L'écorce épidermique du grand érable tombe par grandes plaques, et cet arbre vivace, rempli d'un suc sucré, dépérirait bientôt, si ce renouvellement ou ce *dépouillement* n'avait pas lieu. Tous les arbres perdent plus ou moins sensiblement leur écorce extérieure, en lamelles ou petites écailles, tels que l'orme, le chêne, les pins, les sapins de montagne, et les arbres verds en général, qui sont le symbole de l'immortalité (*a*), se renouvellent. Nous avons sous les yeux l'érable d'Egypte, qui, s'il ne se dépouille dans les équinoxes, ou s'il ne suit pas la loi du renouvellement périodique, souffre, languit et meurt. Les poissons ont aussi leur longue vie, par le renouvellement de l'enveloppe écailleuse. Les carpes qu'on nourrissait autrefois dans les bassins du château de Fontainebleau, étaient d'une extrême vieillesse : vers l'équinoxe d'automne, elles quittaient régulièrement leurs écailles, mais dans l'équinoxe du printems, il leur en paraissait d'autres plus déliées et plus fines : leur robe se parait peu à peu de la plus belle couleur d'or, qui indiquait leur rajeunissement. Quoique ces changemens périodiques ne soient pas si sensibles

---

l'arbre.... L'érable du Canada fournit jusqu'à 80 livres de suc sucré. Le bouleau donne par incision, au printems, une eau douce et agréable, propre à la goutte, à la gravelle, à l'étisie et aux vices de la peau.

(*a*) Les différentes écorces d'arbres sont douées des plus grandes vertus. Nous en avons déjà fait la remarque. Elles peuvent fournir les remèdes les plus héroïques pour la conservation de la santé et la durée de la vie. Voy. les pag. 121 et suiv. 339, 340.

dans l'homme, sa surpeau se renouvelle à tous les instans de la vie, par la chûte des lamelles épidermiques
ou des petites écailles farineuses. Ce dépérissement successif de l'enveloppe commune, tend nécessairement à
une dépuration ou au renouvellement intérieur. Considérons que le principe des maladies, atténué par les
propres forces vitales, est expulsé par les pores de la
peau, ou sous la forme miliaire ou dartreuse. Cette dépuration de la peau est une des fonctions les plus importantes de l'économie animale. La marche de la nature
est telle, qu'à la faveur d'un mouvement d'ondulation
propre au tissu-cellulaire, également réparti sur toutes
les surfaces, dans les cavités, dans les plus petits vaisseaux, le principe hétérogène de nos infirmités se trouve
divisé, modifié, et en quelque sorte métamorphosé ;
on conçoit que cette action générale, dirigée du centre
à la circonférence, est favorable à la durée de la vie.
L'épiderme se renouvelle à mesure qu'il se détruit.
Cette membrane, ou bien le tissu-cellulaire, est le fonds
inépuisable sur lequel la puissance vitale s'exerce sans
cesse pour le renouvellement du corps. Ici, comme dans
les diverses métamorphoses ou mues des insectes, la
rénovation ou le rajeunissement est la suite du dépérissement de la peau. Les Américains, et ceux qui habitent
les climats chauds, perdent, d'une manière plus sensible, leur épiderme : on voit, sur le visage des hommes
fortement constitués, de très-petites écailles qui, en
s'exfoliant, tombent en farine (*a*). Ces sortes de lames du
tissu-cellulaire, se renouvellent à mesure qu'elles se dé-

(*a*) V. de la nature de l'épiderme et de la peau, page 61 et
suivantes.

truisent. Certes, ceux qui éprouvent dans les passages climatériques de leur âge, une éruption générale de la peau, et le renouvellement intérieur qui en est la suite, ne sont point exposés (a) à la goutte, à la paralysie, à l'apoplexie, aux affections comateuses, cancereuses, nerveuses, rhumatismales, etc. Il n'est pas non plus de maladie, même du genre de celles qui passent pour incurables, dont on ne puisse rapporter des exemples de guérison, par une révolution cutanée. Ces ressources secrettes de la nature se montrent quelquefois chez les hommes les plus délicats, qui, à raison de cela, vivent long-tems sans infirmité, et poussent leur carrière au-delà du terme ordinaire. Sans doute ces mouvemens de la puissance vitale conservent et préservent, puisqu'ils s'exercent sur toute la peau, tantôt par des moiteurs salutaires, des sueurs, des transpirations abondantes, des dépôts critiques ; tantôt par des éruptions miliaires, des affections dartreuses, des croûtes lépreuses, des gales, des écoulemens périodiques, etc. Qu'on observe un homme en pleine convalescence (b), sa peau est sèche, rude au toucher, farineuse ; et on apperçoit bientôt les petites écailles s'en détacher. Cette marche progressive du renouvellement a lieu à fur et mesure que les sucs plus nutritifs vont se distribuer dans les dernières digestions, et porter une vigueur nouvelle à toutes les parties; c'est l'image du serpent qui quitte sa vieille peau au printems, aussitôt que cet animal a pris une nourriture

---

(a) V. dans l'introduction de cet ouvrage, l'observation de M. l'abbé *Burgurieu*, et ici plus bas, celle du maréchal de *Richelieu*.

(b) La convalescence, dans PLINE, *recreatio ab œgritudine.*

succulente, et brouté la pointe des herbes qui ont la vertu de renouveller (a). Par cette espèce de métamorphose dans notre nature, le teint s'éclaircit, la peau devient fraîche et moëlleuse; elle acquiert, peu de tems après, cet humide gracieux qui sied si bien aux jeunes personnes. Ce signe du renouvellement (b) n'est point équivoque; il précède le recouvrement total des forces vitales; il annonce la cicatrisation des plaies, des ulcères; mais ceux au contraire qui, dans tout le cours de leurs maux, n'ont éprouvé aucune crise vers la peau, et ont conservé leur embonpoint, languissent pendant longtems, et tombent dans une rechûte beaucoup plus à craindre que la maladie, dont ils paroissoient être réchapés. En conséquence, les faits, l'observation et la marche constante de la nature, démontrent que l'exfoliation de la membrane épidermique, sa chûte et son renouvellement sont la représentation sensible de la dépuration des fluides et de la *rénovation* de l'homme intérieur. Dans ces merveilles de notre économie, on apperçoit que l'espèce humaine possède tous les avantages qui peuvent favoriser la longue vie (c), comme les diffé-

---

(a) V. plus bas, la métamorphose du serpent.

(b) V. dans *les mémoires de Trévoux*, *année* 1708, *novembre*, une dissertation physique sur les changemens et mouvemens critiques survenus à quelques personnes âgées, qui ont semblé rajeunir, par le docteur *Begons*.

(c) *Vita longa nobis hominibus inest, veluti ignis ligno insitus, quâ redintegrescit homo.... Nam vis naturæ hominis in suo gradu virilis est, in uno magis quàm in alio potentior ad patiendum... Aliquoties hominis propria natura tam imbecillis est, ut conservari nequeat, velut in illis qui bonum à nativitate fundamentum non habent, neque radicem.* PARACELSE.

rentes familles du règne animal, malgré la variété infinie des espèces, des figures, des formes, des proportions. Les métamorphoses de la membrane épidermique,
ou ses changemens succesifs, confirment le renouvellement de la constitution physique du corps. On l'a remarqué, la grenouille, la salamandre, l'écrevisse, le
homard et les autres animaux de cette dernière espèce,
quoique recouverts d'une croûte osseuse, changent un
grand nombre de fois de surpeau pendant l'année. Enfin,
il serait important de se fixer sur quelques passages de la
mythologie ancienne, et de l'histoire allégorique des
premiers âges du monde, qui paraissent avoir du rapport avec la matière que nous traitons. Ces rapprochemens sont d'autant plus intéressans, qu'ils se trouvent
d'accord avec la marche de la nature, et l'observation
des phénomènes dans l'économie animale. Les annales
de la médecine viennent encore à notre secours par des
preuves de longues vies, dans tous les tems et dans tous
les climats.

Jason, après son retour de Colchos, engàgea *Médée*,
son épouse, à remettre *Eson*, son père, qui étoit dans
un âge avancé et décrépit, en sa jeunesse......, la lune
étant dans son plein, elle monta dans son char, tiré par
deux dragons ailés, au milieu de la nuit, et passa par les
monts *Ossa*, *Pélion*, *Orthrys*, *Pinde* et *Olympe*, où elle
cueillit tout ce qui lui était nécessaire; elle employa
neuf jours et neuf nuits (*a*) à faire la collection des fleurs,
herbes, graines et racines, qui avaient une telle force,

(*a*) La marche progressive de la vie, dans tous ses mouvemens
critiques et périodiques, se fait remarquer de sept en sept ou de
neuf en neuf ans de l'âge.

et une odeur si pénétrante, que les dragons de son char *en quittèrent leur vieille peau, et se trouvèrent revêtus d'une nouvelle.*

Enfin, *Eson*, après avoir été préparé par un régime convenable, prit les compositions de *Médée*, et peu de tems après, il reparut comme il était à l'âge de vingt ans, sans avoir perdu la mémoire ni le souvenir de ce qu'il savait quarante ans auparavant..... Par une autre version, *Eson* étant vieux, lorsque son fils *Jason* revint de *Calchos*, *Médée* le fit endormir d'un profond sommeil, et lui redonna la vie avec une vigueur toute nouvelle, après avoir baigné son corps *dans un chaudron doré* (*a*). La fable nous rapporte aussi que *Tithon* fut un prince d'une grande beauté, que l'*Aurore* enleva, et porta en Ethiopie. Il était fils de *Laomédon*, frère de *Priam*. *Tithon* étant devenu vieux, l'*Aurore* demanda à *Jupiter* l'immortalité pour son mari, ce qui lui fut accordé; mais ayant oublié qu'il restât toujours jeune, il devint si caduc, qu'il fallut l'emmáilloter comme un enfant; à la fin, ennuyé des infirmités d'un si grand âge, il souhaita d'être changé en cigale, ce qu'il obtint; c'est-à-dire que *Tithon* mourut dans une extrême vieillesse. La cigale est le symbole d'une longue vie, parce qu'on croyait vulgairement que cet insecte, semblable au serpent, rajeunit tous les ans en changeant de peau (*b*), ou ne meurt point....... La fable

______

(*a*) V. encyclopédie des dieux et des héros. M. l'abbé *Rousseau*, dans son ouvrage des secrets et remèdes éprouvés, parle d'un des plus grands remèdes de toute la nature, comme étant désigné par une fable ancienne; mais il s'en est réservé la communication, ne croyant pas devoir le publier....

(*b*) Dictionnaire de la Fable, par *Fr. Noël.*

rapporte qu'Apollon (*a*) accorda à *Nestor*, douzième fils de *Nélée* et de *Chloris*, trois âges d'homme. Il y a différens sentimens sur les âges de *Nestor*; les uns comptent chaque âge de trente-trois ans, et les autres de cent ans.

Passons maintenant à des faits plus sensibles de l'histoire naturelle. *Pline* remarque que le serpent, pour se dépouiller de sa vieille peau, a recours au suc que contient le fenouil; par ce moyen, il rajeunit au printems, et reprend un nouveau lustre; il commence d'abord par dégager sa tête, ensuite il parvient peu-à-peu à retourner et à quitter le reste du fourreau, opération qui ne dure jamais moins d'un jour et d'une nuit révolues; le même serpent, sortant de sa retraite à l'issue de l'hiver, a les yeux foibles et obscursis, c'est pourquoi il les oint et les reconforte avec le suc d'une herbe; quand ses écailles se sont roidies, et cessent de glisser l'une sur l'autre, il les fait sauter en se frottant contre les épines du génévrier. *Théophraste* écrit que les (*b*) stellions déposent leur vieille peau à la manière des serpens, qu'ils la dévorent à l'instant, enviant par ce moyen, dit *Pline*, aux hommes un remède contre le mal caduc. La grenouille se dépouille également tous les ans. La grenouille ou *raine*, en anglais *frog*, en allemand *frasch*, en anglo-saxon *frocca*, *frogga*, sur quoi j'observerai, dit le commentateur de *Pline*,

---

(*a*) Apollon, la science de la médecine, la sagesse....

(*b*) Le stellion est une espèce de lezard marqueté sur le dos de petites taches semblables à des étoiles; sa morsure épaissit les humeurs, engourdit les sens; sa chair excite la sueur et résiste au venin. *Lémery* assure que la thériaque de Venise et les sels volatils sont propres à guérir des effets de sa morsure.

que c'est du mot anglo-saxon *frocca*, une grenouille, que nous est resté le mot *défroque*, synonime de dépouille, et qui, dans le sens propre et primitif, signifie la dépouille d'une grenouille, la vieille peau qu'elle quitte, et dont elle se débarrasse, en se frottant contre les orties et les buissons ; delà aussi l'expression proverbiale : *Jetter le froc aux orties* (*a*). Le pagure, sorte de cancre, se dépouille de sa croûte, comme le serpent de sa peau. D'après *Valmont de Bomare*, les anciens attribuaient ce changement involontaire à la sagesse de l'animal ; c'est pourquoi on le pendait au col de la statue de *Diane*, au temple d'Ephèze.

Nous avons, dans l'isle de Cos, un ver précieux, dit *l'auteur des voyages d'Antenor*, qui tire de son corps une matière précieuse et très-fine (*b*), qu'il file, et dont on fait de riches étoffes. Ce ver, comme le phénix, renaît de lui-même...... Après avoir filé la soie, il fait une coque, dans laquelle il s'ensevelit ; on la rompt, et il en sort un ver qui se métamorphose en papillon, et meurt après avoir pondu des œufs. Ce sont autant de nouveaux vers que la chaleur fait éclore, qui, après s'être nourris quelques se-

---

(*a*) V. La traduction française de *Pline*.

(*b*) Le ver à soie mue plusieurs fois ; il sort d'un petit œuf, en forme de chenille ; il grossit peu à peu, jusqu'à ce qu'il soit d'un blanc luisant ; il file la soie, il s'en fait un tombeau, dans lequel il se transforme en fève, de-là, en papillon ; il s'accouple enfin avec sa femelle durant trois jours, puis il meurt, pour ne plus revivre... La femelle pond une infinité d'œufs, après quoi elle cesse de vivre... Il y a des vers à soie, à la Chine, qui font de la cire, et d'autres qui ressemblent à des espèces d'araignées.

maines des feuilles de mûrier, filent la soie jusques
à ce qu'ils aient consommé la matière; ensuite, ils
s'enferment dans leurs enveloppes. Le phénix n'a
rien de plus merveilleux. Voici ce qu'en dit l'auteur:
Le phénix naît dans l'Arabie, et vit cinq ou six
cents ans; il est de la grandeur d'un aigle; il a la
tête ornée d'un plumage brillant; les plumes du cou
dorées, les autres pourprées; la queue blanche, mêlée
d'incarnat; les yeux étincelans comme des étoiles.
Lorsque chargé d'années, il voit approcher sa fin,
il fait son nid de canelle et de gomme aromatique,
s'y renferme, après quoi il meurt; de ses os et de sa
moëlle, il naît un ver qui devient un autre phénix,
et ainsi il se renouvelle. Les anciens historiens ont
compté quatre apparitions de phénix (a). La première
sous le règne de *Sésostris*; la deuxième sous celui
d'*Amazis*; la troisième sous le troisième des *Ptole-
mées*; *Dion Cassius*, *Tacite* et *Pline* parlent de la
quatrième. Ce dernier rapporte que du tems que
l'empereur *Claude* fut censeur, l'on en apporta un à
Rome, qui fut montré publiquement, de quoi l'on
fit un acte authentique, que l'on enregistra aux re-
gistres publics, c'était apparemment un oiseau très-
rare, autre que le phénix. *Pline*, *Solin* et *Saint-
Ambroise* ont cru qu'il naissait, et faisait sa demeure
ordinaire dans les déserts de l'Arabie; sur les anciens monumens, le phénix est un symbole de l'éternité, et chez les modernes de la résurrection. L'opinion
de l'existence du phénix s'est retrouvée chez les Chinois,

______

(a) Dict. de la Fable, par *Fr. Noël*. *Phœnix in igne repue-
rascit... Ex igne etiam sui conservationem querit. et phœnix
provectiore ætate ex igne juvenescit*, PARACELSE.

qui attribuent à un certain oiseau la propriété d'être
unique, et de renaître de ses cendres; ils le représentent comme un oiseau remarquable par la diversité
de ses couleurs; ils disent qu'il paraît toujours seul,
et rarement; et que quand on le voit, c'est un heureux présage pour l'empire.

L'histoire du phénix est une fable; l'histoire du
ver à soie, du fourmilion, et de tant d'autres insectes qui vivent parmi nous, et dont on ne cesse
d'admirer les productions merveilleuses, leurs éton-
nantes métamorphoses, leur résurrection, n'en est pas
une; mais qu'est-ce qu'une fable?.... Les fables servent d'enveloppes à d'importantes vérités; l'utile s'y
trouve déguisé sous l'attrait du plaisir, et l'instruction
sous l'allégorie d'un fait ou d'une action. La fable
est une image vivante des vérités physiques et morales puisées dans les secrets de la nature : c'était la
théologie des anciens; et leurs législateurs, comme
nous en avons fait la remarque, ont rapporté toutes
leurs découvertes à la conservation de la santé, et
à la guérison des maladies. Quoi! n'avons-nous pas
sous les yeux les insectes les plus vils en apparence,
dont l'existence est plus étonnante, à certains égards,
que celle du phénix? La métamorphose du fourmilion, par exemple, est fort singulière. Cet insecte,
qui ressemble du premier coup-d'œil à un cloporte,
vit des six mois entiers sans aucune nourriture.......
La femelle ayant été fécondée, dépose ses œufs sur
des sables mouvans, chauds et secs, à l'abri de la
pluie. Ces œufs éclosent d'un insecte de la grosseur
d'un grain de bled. Il ne marche qu'à reculons, il
trace peu-à-peu, avec son derrière, un sillon circulaire; sur le bord de ce premier sillon, il en creuse

un second, puis un troisième, et d'autres toujours plus petits que les précédens. Il s'enfonce de plus en plus dans le sable, en décrivant un cercle parfait. Sa fosse est un cône renversé, ou semblable à un entonnoir.... Quand il veut se renouveller, et prendre une nouvelle forme, il se fait une petite boule dans laquelle il se renferme ; il en tapisse et drape tout l'intérieur (a) d'une étoffe de satin couleur de perles, d'une délicatesse et d'une beauté incomparable. Il demeure enfermé environ six mois; d'après quoi il se défait de ses yeux, de ses cornes, de ses pattes et de sa peau. Toute la dépouille se retire au fond de la boule comme un chiffon. Il reste de lu i une nymphe qui a d'autres yeux , d'autres pattes , d'autres entrailles, et des aîles. Les membres du nouvel animal ayant acquis la consistance et la vigueur nécessaire, il fait, avec ses dents, un trou si petit, qu'il n'y a que la moitié de son corps qui puisse y passer. En cet état, le vermisseau n'est plus vivant , ce n'est qu'un fourreau transparent qui a des cornes , des yeux, des dents, des aîles, des pieds, et qui sont les étuis de semblables parties d'une belle mouche qu'on appelle *demoiselle*, qui est sortie de ce fourreau. La demoiselle, en sortant, demeure quelque tems immobile pour sécher ses aîles, et en un moment acquiert jusques à quinze lignes de longueur, quoiqu'elle n'en eût que trois dans le vermisseau, où elle était fort serrée. Enfin , « le chétif fourmilion devient une grande et belle demoiselle, qui, après avoir été quelque tems immobile et comme

____

(a) Spectacle de la nature.

étonnée du spectacle de la nature, secoue ses aîles, et va jouir d'une liberté qu'elle n'avait pas connue dans l'obscurité de sa vie précédente : avec les lambeaux de sa première nature, elle a mis bas en même-tems sa pesanteur, sa barbarie et ses inclinations sanguinaires, tout est nouveau en elle; on n'y apperçoit plus que gaieté, qu'agilité, que noblesse et que dignité (*a*). »

La chûte de la croûte épidermique dans tout le règne animal, et dans les grands végétaux qui vivent des siècles (*b*), les différentes mues, le changement de peau, des poils, des plumes, des cornes; le renouvellement du bois du cerf; la dépouille des serpens; les différentes métamorphoses des insectes, etc., paraissent être une loi générale de la nature. Dans l'homme, le renouvellement de la peau est plus remarquable chez quelques individus où la ténacité de la vie est la plus forte, dans les convalescences des maladies et à la suite des empoisonnemens, ainsi que chez les enfans et les vieillards. La *rénovation* (*c*)

(*a*) V. Spect. de la nature, T. 1.

(*b*) L'écorce du bouleau change de couleur, suivant son âge; roussâtre dans les jeunes troncs, elle devient peu à peu blanche, elle se gerse et se remplit de fentes, comme la peau d'un lépreux.... Nous rapporterons ici une merveille arrivée à un vieil aloës, qui était resté, dit le docteur *Begons*, dans un jardin à Montpellier, de tems immémorial; cette plante semblait dessécher et mourir, elle poussa tout-à-coup un jet si prodigieux, qu'en moins de 24 heures, il s'éleva à la hauteur de 20 pieds, avec un bruit de tonnerre occasionné par le développement de ses feuilles.

(*c*) Les livres sacrés parlent de la *renovation* ou de la resou la restauration intérieure arrive par les propres forces de la vie ; cette marche de la puissance vitale chez quelques êtres d'une complexion rare , et d'une heureuse disposition dans le tempérament, indique à quoi la médecine peut parvenir à l'aide des remèdes bienfaisans. Certaines maladies critiques sont périodiques, comme les fièvres éphémères , et arrivent à des époques fixes dans le cercle de la vie ; on peut les considérer sous le rapport de quelques mouvemens utiles, qui tendent à provoquer une dépuration en faveur de la santé , et de la durée de la vie.

Les médecins se sont avisés , de tout tems, pour refaire et restaurer les personnes exténuées et usées par l'âge, d'un moyen qui consiste à insinuer, par leurs pores extérieurs , les vapeurs animales, pénétrantes et volatiles, qui émanent de l'insensible transpiration d'un corps sain, jeune et vigoureux , couché avec elles dans le même lit ; c'est ainsi que *David*, épuisé des forces et cassé de vieillesse, ranimait et réchauffait son corps froid, languissant et débile , en admettant dans son lit une jeune sunamite (a) d'une complexion robuste, et d'une santé excellente. On dit que *Boerrhaave* racontait souvent à ses disciples, qu'un vieux prince d'Allemagne, extrêmement affaibli par les années et les infirmités, fut en quelque sorte rajeuni en couchant entre deux jeunes filles sages et aimables. Ces mêmes procédés, qui conservent la fraîcheur et le coloris de la peau , servent à maintenir, dans toute l'habitude du corps, une évapo-

---

tauration du vieil homme ; cela pourrait s'entendre tant au physique qu'au moral....

(a) De Sunam , ville de la terre sainte.

ration douce et rafraîchissante. Ce nuage de vapeurs, ce flatus imperceptible baigne tous les organes, purifie, tempère le caractère des humeurs, et entretient, dans toutes nos parties, l'équilibre nécessaire. Il n'est pas de fonction plus étendue, ni plus utile à notre conservation...... Quoi! la science de la médecine ne serait-elle pas en possession des procédés qui servent à prolonger la durée de la vie? La médecine, dit M. *Alphonse Leroy*, conserve ce que la sociabilité détruit; elle améliore et embellit l'existence; elle soutient l'homme en activité, arrête sa détérioration, sa décrépitude, et seule écarte les fléaux qui l'accableraient, s'il était abandonné uniquement à lui-même ou à la nature...... La médecine est la nature perfectionnant la nature (*a*). La médecine n'est pas seulement l'art de guérir les maux existans; elle s'attache de plus à les prévenir.

L'observation (*b*) rapportée dans l'introduction, est le cas d'une affection chronique de toute la peau, qui menait au renouvellement intérieur par les propres forces vitales. Cette membrane se desséchait, tombait en entier par de très-grandes écailles, et se renouvellait dans l'espace de vint-quatre heures, sur toute l'habitude du corps. Cette exfoliation extraordinaire de l'épiderme, et son renouvellement successif, continuèrent ainsi pendant plusieurs années, sans aucun dérangement dans les fonctions des facultés digestives. Le malade étoit parvenu à un très-grand âge, et n'avait jamais eu aucune infirmité; ayant reçu de la nature une constitution, et les proportions du corps heureuses, on peut dire qu'il était sain

____

(*a*) *Naturam complectitur omnem.*

(*b*) De M. l'abbé *Burguricux*, supérieur des Missions étrangères.

de corps et d'esprit; mais l'affection chronique et cutanée fut sans doute la suite d'un mouvement critique et vraiment climatérique, à ce grand âge où le principe de la vie tend au renouvellement. Il est probable que M. l'abbé *Burgurieu* n'avait jamais abusé de ses forces, et que son régime de vie était favorable à une longue vie. Peut-on considérer cette position chronique, caractérisée par les symptômes les plus hideux et les plus horribles, simplement comme maladie, ou comme des effets nécessaires d'une révolution propre au renouvellement du corps? Assurément il semblerait qu'un vieillard, parvenu au-delà de sa quatre-vingt-cinquième année, eût dû succomber à un mal si violent, qui était répandu sur toute la surface de son corps. Cependant, il a vécu long-tems dans cet état affreux, sans que les bains fréquens, ni les autres secours de la médecine, y aient apporté aucun changement sensible; le malade mangeait, dormait comme à son ordinaire, et faisait en général toutes ses fonctions (*a*). L'eau décorce d'orme pyramidal, accéléra la marche de la nature; non-seulement il guérit, mais la surdité ordinaire à ce grand âge se dissipa; les cheveux repoussèrent, et devinrent touffus; il recouvra la vue, au point que le malade lisait sans lunettes, à l'âge de quatre-vingt-sept ans. Quelques mois d'usage de l'eau d'écorce d'orme pyramidal, rendirent ce respectable vieillard à ses nombreux amis, et à l'exercice de tous les devoirs de son état, et il a toujours joui depuis de la plus parfaite santé; je ne prescrivis au malade aucun régime particu-

---

(*a*) V. les détails de cette observation, dans le supplément au journal de Paris, du 12 septembre 1783.

lier ; il mangeait et buvait à son ordinaire, excepté qu'au lieu d'eau commune, il mêlait de l'eau d'orme avec son vin. Je ne lui fis pas donner une seule purgation. Les purgatifs irritent, et il ne fallait ici que des adoucissans. L'eau d'orme possède cette propriété au suprême degré ; on ne s'apperçoit de son usage que par les progrès rapides de la guérison. On peut, à cause de sa manière d'agir, la mettre au rang des véritables altérans, qui produisent, dans le corps humain, les effets les plus heureux, sans évacuation sensible.

Cette observation prouve que les remèdes spécifiques deviennent propres à produire les changemens les plus efficaces et les plus salutaires dans l'économie animale, en faveur de la santé et de la durée de la vie, toutes les fois qu'ils sont administrés à propos, et dans les cas où leurs vertus sont indiquées. Le docteur *Michaël* a guéri un vérolé avec son essence de vipère, et il s'en est suivi un renouvellement dans toute la constitution physique du corps ; la surpeau, dit l'auteur, tomba toute entière comme les dépouilles de vipère. *Pline (a) Aldrovande, Lefevre* assurent que la chair de vipère est propre à guérir les maladies les plus graves, et qu'elle a

---

(a) *Nostrâ œtate in italiâ caro viperina , non in epulorum lautitiis adhibetur sed vitœ longitudinem...* Les vipères renouvellent la masse du sang et rajeunissent le baume vital... *Lotichius*, dans ses observations , rapporte l'exemple d'une belle et vigoureuse vieillesse , entretenue par l'usage de la chair de serpent.... Un duc de Bavière devint fécond en se nourrissant de poulets qu'il faisait engraisser avec des serpens... *Galien* a guéri un éléphantiasis désespéré avec du vin, dans lequel on avait étouffé des vipères. V. la Pharmacopée de *Schradel* et *d'Estmuller.*

des propriétés reconnues pour prolonger la durée de la vie ; *Pline* parle d'une nation indienne, et des habitans du mont *Athos*, qui se nourrissent de la chair de vipère, où les hommes vivent jusqu'à cent quarante ans. Ce reptile, dit *Lefevre*, (a), possède un sel volatil, très-subtil et très-efficace pour la guérison de plusieurs maladies très-opiniâtres. *Galien* même rapporte plusieurs histoires de la guérison des ladres, pour avoir bu du vin où des vipères avaient été suffoquées. *Cardan* prouve aussi cette vérité dans une consultation qu'il envoya à *Jean, archevêque de Saint-André*, en Ecosse : « Je vous dirai un très-grand secret, dit-il, qui guérit radicalement les tabides, les ladres et les vérolés, qui les engraisse et qui les rétablit contre toute espérance. Il faut prendre une vipère bien choisie, lui couper la tête et la queue, l'écorcher, jetter les entrailles, et garder la graisse à part ; coupez la par tronçons, comme une anguille ; faites-la cuire dans une suffisante quantité d'eau, avec du bĕnjoin et du sel, et y ajouter sur la fin des feuilles de persil ; lorsqu'elle sera bien cuite, il faut couler le bouillon, et faire cuire un poulet dans ce bouillon : donnez du pain trempé dans ce jus au malade, et lui faites manger le poulet ; continuez sept jours consécutifs ; mais il faut que le malade soit dans une étuve ou dans une chambre bien chaude, et qu'on l'oigne avec la graisse de la vipère le long de l'épine, et les autres jointures, comme aussi les artères des pieds et des mains, et la poitrine ; par ce moyen, on guérit les ulcères des poumons, car ils sont poussés jusqu'à *l'extérieur du cuir, en tubercules, et autres irruptions qui*

(a) Cours de chimie, T. 1.

surviennent ; Quercetan parle aussi très - avantageusement des vipères , dans sa pharmacopée dogmatique (*a*).
Les dames anglaises ne font point difficulté, dit *Lefevre*, de boire du vin, dans lequel on a suffoqué
des vipères vives et entières , pour se conserver l'embonpoint et l'enjouement , empêcher les rides , et
se conserver en santé ; les plus fameuses courtisanes
italiennes se préservent de la maladie vénérienne et de
ses accidens, en prenant, au printems et en automne,
des bouillons de volaille avec de la chair de vipère et de
la squine ; un médecin expérimenté sent la valeur du
remède, dans tous les cas où il se fait quelque éruption
à la peau, mieux que dans toute autre occasion ; et même
sans être médecin, le bon sens et la raison font juger que
pour évacuer les humeurs, il faut nécessairement les
mettre en mouvement. L'eau d'écorce d'orme pyramidal
agit de la même manière, et évoque à la surface de la
peau, toute humeur qui est le principe intérieur de nos
maladies. Telle est la marche de la nature, si elle déploie toutes les forces vitales ; nous le répétons, la peau
est la voie générale de la dépuration du sang ; c'est par
son tissu que se fait le renouvellement intérieur.

Les orientaux ont différentes préparations cordiales,
qui sont également propres à conserver la santé et à
prolonger la durée de la vie. La momie de Perse est
une espèce d'élixir naturel qui coule d'un rocher dans la

(*a*) L'épian ou pian, maladie fort commune dans l'Amérique,
qui est, pour ces climats, la vérole , est très-contagieux ; on
s'en guérit en mangeant la chair de tortue, qui chasse tout le
venin du corps en dehors, par de gros clous ou pustules. Cet
effet salutaire a lieu généralement pour toutes sortes de maladies.

province de *Lar*, voisine du sein Persique; il y a un château bâti exprès pour la garder, et des officiers du roi de Perse sont chargés de la recueillir et la faire porter au trésor royal. Ce monarque en envoie pour présent aux princes étrangers; et son ambassadeur *Mahammed-Resabeg* en apporta deux petits flacons d'or à Louis XIV. La manière de s'en servir est d'en prendre la grosseur d'une petite noisette, que l'on mêle, dans une cuiller d'argent, avec un peu d'huile d'olive; on la laisse sur le feu jusqu'à ce qu'elle soit entièrement liquéfiée, et on la donne ensuite chaude au malade; cette momie est un remède (a) universel, soit comme curatif, soit comme préservatif. Les Persans sont tellement prévenus de son efficacité, sur-tout contre la peste, qu'ils ne voyagent point sans en apporter avec eux. Ils s'en servent aussi pour toutes sortes de plaies et de fractures; le bezoard des Indes a encore, en Orient, beaucoup de réputation; c'est le seul cordial dont se servent les personnes de distinction dans la Turquie et l'Arabie. Il y en a de deux sortes; l'artificiel et le naturel; le premier est une pierre mixte, dans la composition de laquelle il entre avec le bézoard naturel de l'or et de l'ambre, et quelques autres cordiaux. Cette pierre conserve encore, dans les Indes, le nom de son inventeur *Gaspard Antonio* (b), médecin portugais. Le

---

(a) V. la relation des différentes espèces de peste, etc., par M. l'abbé *Gaudereau*, interprète du Roi, pour les langues orientales, et consul de France en Perse, 1721.

(b) Ce médecin, touché des crimes que la multitude des poisons des Indes donnait à sa nation la facilité de commettre, crut que le seul moyen d'en arrêter le cours, était de leur familiariser

bézoard, ainsi préparé, est odoriférant, et on le prend
autant par délice que par remède; c'est un contre-
poison de tout venin et de toute contagion; le bézoard
naturel est regardé, en Orient, comme le plus excellent
de tous les cordiaux, et comme le remède le plus assuré
contre la contagion. La manière de le prendre consiste
d'abord à exprimer le jus d'un citron dans une tasse de
porcelaine, et l'on trempe dans ce jus un bout du bézoard, que l'on frotte aussitôt sur une pierre dure. Il se
forme, de cette friction, une huile noirâtre, dont on
recueille cinq à six gouttes; on les mêle avec le jus du
citron, et on l'avale sur-le-champ; on peut se servir, au
défaut de citron, d'eau-de-rose ou d'eau-de-vie.

L'opium, chez les Turcs, produit des effets admirables;
il excite un sentiment de plaisir inexprimable; on en
fait un très-grand usage dans tout l'Orient; on en forme
aussi des bols, dans lesquels on fait entrer de la poudre
des pierres précieuses; ces productions de la nature récréent les esprits en augmentant l'humide radical, qui
est l'aliment de la vie, et par conséquent elles en pro-
longent la durée; les pierres précieuses sont les vrais
enfans du soleil; elles sont chargées du principe de la
lumière, aussi ne les trouve-t-on que dans les plus
beaux climats de l'Inde. C'est de cette manière qu'on se
procure à volonté, le sommeil le plus doux, accompagné
des songes et des visions les plus agréables. C'est une

---

l'usage du bezoard ; sa dureté en rendait l'apprêt difficile , et son
amertume est désagréable. *G. Antonion* a trouvé dans sa pierre
le secret de remédier à ces deux défauts ; il y rend le bezoard
odoriférant et digne d'être pris par délice aussi bien que par
remède. V. *ib.*

sorte d'extase où l'on voit des lieux enchantés, des prai-
ries émaillées des plus belles fleurs ; des eaux qui serpen-
tent pour rafraîchir l'air ; des bosquets délicieux, des
jardins, où toute la magnificence de la nature se pare
des richesses de la végétation dans les climats les plus
heureux ; les voyageurs, qui ont fait l'essai de ces préparations, assurent qu'on ne pourrait exprimer, dans aucune langue, le sentiment de volupté et les jouissances
qu'elles procurent immédiatement après en avoir avalé ;
l'opium seul, bien choisi, provoque le sommeil le plus
voluptueux ; mais les pierres précieuses qu'on y mêle
en poudre impalpable, offrent ces tableaux enchanteurs,
qui se forment dans les songes. Le diamant, le rubis,
l'éméraude, l'opale, l'agathe, la sardoine, l'onix, et
sur-tout les pierres orientales de la vieille roche, qui
sont les plus estimées, doivent agir sur les fibres de
l'estomac, par leurs formes plastiques ; abreuvées du
principe de la lumière, ces substances produisent, en
passant dans les dernières digestions, une sorte de pa-
lingénésie, qui représente à l'imagination les formes et
les tableaux des lieux (a) où elles ont pris leur accroissement successif.

(a) Les formes essentielles des corps organisés ne se perdent
jamais, on peut les rendre sensibles par des procédés particuliers,
même après leur dissolution. N'a-t-on pas imaginé des procédés
chimiques, qui donnent le secret de faire renaître et ressusciter,
pour ainsi dire, les fleurs de leurs cendres ? Le père *Schot* assure
qu'il a souvent vu une rose qu'on faisait sortir de ses cendres,
quand on voulait, moyennant un peu de chaleur. Le chevalier
d'Igby atteste également qu'il a tiré d'animaux morts, pilés et
broyés, la représentation d'autres animaux de même espèce. On
brûle une fleur, on en tire les sels par calcination ; on met tous

Le meilleur cordial que nous ayons en Europe, est la confection *alkermés*. On en prépare une très-grande quantité à Montpellier, qu'on envoie dans toute l'Europe. C'est le suc exprimé de grains de kermés, le suc des pommes, l'aloës, les perles, le santal citrin, la canelle, l'ambre gris, le musc, l'agur, les feuilles d'or, la soie crue, etc. On fait entrer également, dans la confection hyacinthe, les perles préparées, l'os de cœur de cerf, le safran, les santaux, etc.

Tous les remèdes qui portent à la peau le principe hétérogène de nos digestions, sont propres à la dépuration, et conséquemment à la conservation de la santé. La nature l'indique dans cette marche secrette du renouvellement intérieur, par le renouvellement de la peau, sans le concours d'aucun remède propre à cela.

Il s'agit maintenant de savoir si la médecine a des moyens connus et propres à provoquer ce mouvement intérieur dans toute la constitution physique du corps. Il y a ici un rapprochement bien singulier par ce qui arrive à quelques animaux, dans divers climats, après avoir brouté la première pointe des herbes aux approches de l'équinoxe du printems, et par ce qui est rapporté des vertus et des effets des préparations désignées sous le nom de *liqueur* ou *premier être des plantes*, d'après *Paracelse* et *Nicolas Lefevre*. Nous

---

ces sels dans une phiole de verre, où l'on mêle certaines compositions capables de les mettre en mouvement, lorsqu'on les échauffe; toute cette matière forme une poussière qui tire sur le bleu; de cette poussière, excitée par une chaleur douce, on voit s'élever un tronc, des feuilles et une fleur, une plante, en un mot, qui sort de ces cendres, etc.

allons rassembler quelques faits tirés de l'ordre naturel des choses, dans différentes circonstances; premièrement, plusieurs espèces d'animaux fournissent
les preuves du renouvellement; en second lieu, les
expériences remarquables que les grands artistes ont
fait de ces beaux remèdes, en suivant cette marche
de la nature, ne laissent aucun doute sur l'affirma-
tive. Peut-on mettre en question la vertu radicale
des mixtes, lorsqu'ils sont préparés convenablement,
puisqu'on a vu un renouvellement total dans l'économie animale, par le seul effet du changement de
régime de vie, ce qui arrive plus fréquemment qu'on
ne le pense? mais les opérations secrettes de la nature
échappent à l'attention des hommes. Dans l'histoire
d'une jeune fille sauvage, trouvée dans les bois à
l'âge de dix ans, on rapporte que le seul changement dans les alimens, produisit chez elle tous les
effets d'un renouvellement total du corps. Ce ne fut,
dit l'auteur, qu'avec d'extrêmes difficultés, qu'on la
désaccoutuma des viandes crues, et que, petit à petit,
on la restreignit aux nôtres. Les premiers essais qu'elle
fit pour s'accoutumer à celles où il y avait du sel,
comme aussi à boire du vin, lui firent tomber toutes
les dents, de même que les ongles, qui furent gardés
par curiosité. Ses dents sont revenues, et elles sont
à-présent comme les nôtres (a). Nous joindrons à
cette observation, très-importante sous quelques rapports, le fait connu de tout le monde, arrivé au

---

(a) V. l'histoire d'une jeune filles auvage, trouvée dans les
bois, à l'âge de dix ans, publiée par Madame *H*....
Paris, 1755.

maréchal de Richelieu, qui, quoique de la plus foible complexion, a subi, vers son année climatérique (la soixante-troisième année), le renouvellement intérieur dans toute sa constitution physique. Nous rapporterons les propres expressions de l'historien.

La réputation du maréchal *de Richelieu* s'était accrue prodigieusement ; ce qu'il faisait semblait toujours nouveau ; sa vie même paraissant un phénomène, on ne pouvait croire qu'il pût survivre à l'année, et la suivante était remarquable par quelques événemens singuliers. Bien des gens ont spéculé sur sa mort, plus de quarante ans avant qu'elle arrivât. Ce qu'il y a de certain, c'est qu'il fut plus de vingt ans menacé d'une mort prochaine, et sa vie ne parut si longue au public, que parce qu'on le croyait toujours près de mourir ; ce fut à l'âge de soixante ans environ qu'il recouvra une santé à toute épreuve. On aurait dit qu'il buvait de l'eau de cette fontaine merveilleuse, qui rajeunissait ; toutes ses actions tenaient du jeune homme, on savait qu'il s'occupait de chimie ; et parmi la nombreuse collection de remèdes qu'il avait, on prétendait qu'une liqueur qu'il appellait son or potable, avait le pouvoir de prolonger les jours. Les gens crédules attribuèrent à cette liqueur la longue existence du maréchal. Peu de tems après, M. *de Richelieu* fut attaqué d'une maladie affreuse. Une dartre vive lui couvrit le visage, s'étendit ensuite sur tout le corps. Jamais homme ne fut plus vivement affecté de son état ; s'il eût été sur un fumier, le maréchal aurait parfaitement représenté JOB. On lui appliquait continuellement du veau sur les endroits dartreux, et le pansement exhalait une odeur infecte. Il ne sortit point pendant plus de six mois.

Pour cacher sa maladie, il donna une autre cause à sa retraite. On lui avoit défendu les bains; mais il voulut se gouverner lui-même, et il en fit un usage continuel, ce qui le guérit, avec une tisanne de *vinache*. Il paraît que cette dégoûtante maladie avait exprimé toute l'humeur de son corps; c'était, pour ainsi dire, un cautère universel que la nature s'était procuré, et qui avait rendu au vieillard une force et une santé parfaites; il n'eut depuis que des indispositions. Il observa seulement un régime particulier tous les printems. Il croyait prudent de se régénérer toujours au renouvellement de la belle saison, et de ne conserver aucune des souillures de la précédente année.

Paracelse prescrit de cesser le remède propre au renouvellement du corps, lorsque le dernier signe de son efficacité paraît, qui est la sécheresse de la peau, ses rides et sa chûte, c'est le signe universel que la dépuration des fluides et des parties les plus intimes de notre intérieur est finie; le serpent est déjà fortifié, corroboré dans toutes ses parties, et même renouvellé avant de quitter sa vieille peau; les phénomènes observés chez ceux qui ont parcouru une longue vie par les propres forces vitales, sont absolument les mêmes. L'observation du *maréchal de Richelieu* en est une preuve; avant d'atteindre sa grande année climatérique, il jouissait déjà d'une vigueur nouvelle; son tempérament était changé et fortifié à un point qu'il n'avait jamais connu. Son affection dartreuse, si hideuse en apparence, fut une suite nécessaire du renouvellement intérieur.

Quoi de plus imposant pour l'observateur! tout le monde sait que les vieux cerfs quittent leur bois vers la fin de février ; les cerfs de dix cors, vers le milieu, ou la fin de mars ; ceux de dix cors *jeunement* dans le mois d'avril ; les jeunes cerfs et les daguets vers le milieu et la fin de mai. Tous les animaux sont sujets à ces changemens périodiques ; et quelques-uns d'entr'eux, dans ces passages critiques, nous enrichissent des plus rares productions de la nature. Dans la province de *Kerman*, en Perse, l'on y fabrique les plus belles étoffes du monde ; comme cette grande province est sur-tout renommée par la beauté des ceintures, les laines qui en font la matière première, viennent des moutons des montagnes voisines. Les voyageurs assurent que lorsque ces animaux ont brouté l'herbe nouvelle, la toison entière s'enlève d'elle-même, et laisse la peau à nud, comme si on l'eût rasée. Ces laines passent pour les plus belles et les plus fines que l'on connaisse. Il est donc nécessaire de se replier sans cesse sur ce même plan général de la nature, dans le règne animal ; et c'est une vérité constante, que dans l'exfoliation et le renouvellement de la croûte épidermique, qui ressemble aux métamorphoses et aux différentes mues des poils, des plumes, etc., l'homme change en mieux sa constitution actuelle, comme les différentes espèces ou familles d'animaux. On prétend que les nègres sont sujets à de certaines indispositions qui leur font perdre en partie leur noirceur naturelle ; cette métamorphose est accompagnée de symptômes hideux, avec des taches livides sur la peau, le gonflement du corps et un noir jauni à la naissance des ongles ; on croit que c'est un dérangement dans les sucs nerveux. Ils guérissent de cette maladie en mangeant des serpens et des couleuvres. Alors leur corps se repeint en noir. Cette effervescence du sang doit être bien profonde, puisqu'elle produit des changemens notables jusques dans la propre substance des ongles *(a)*. *Vossius* remarque que tous les nègres seraient sujets à cette espèce de lèpre, s'ils n'avaient soin de la prévenir, en se frottant tous les jours le corps d'huile, de graisse ou de suif; ces onctions conservent la santé dans ces climats brûlans, en humectant la peau, qui, sans cela, deviendrait sèche et aride.

Passons maintenant aux préparations et aux remèdes capables de provoquer cette marche mystérieuse de la nature dans le renouvellement du corps. *Nicolas Lefevre* dit que la liqueur ou le *premier être* des plantes *(b)*, ne se prend pas ici simplement pour le suc de la plante; mais c'est une espèce de remède par excellence, qui contient en soi toutes les propriétés du végétal, d'où il est tiré; on peut le préparer avec toutes les plantes, l'administrer dans toutes les maladies internes, et le mêler avec les emplâtres, les onguents et les digestifs qui serviront pour les appareils des plaies ou des ulcères *(c)*. La dose de ces teintures vraiment balsamiques et amies de notre nature, est depuis un demi-scrupule jusqu'à une ou deux drachmes, selon l'âge et la force des

---

(a) Nous avons vu plusieurs personnes attaquées d'un principe dartreux, dont les effets se portaient principalement sur les ongles, qui devenaient noirs et se cariaient promptement.

(b) Cours de chimie.

(c) L'auteur fait une observation judicieuse d'après PARACELSE; il veut que ces topiques ne soient composés que de miel, de jaune d'œuf, de térébenthine, de myrrhe ou de quelqu'autre substance balsamique, qui prévienne plutôt les accidens des parties blessées, que d'en faire une suppuration inutile, ce qui est contre la nature et les préceptes de la bonne chirurgie. V. *ib.*

malades; on peut se servir du premier être (*a*) des plantes dans tous les cas. La dose est depuis trois gouttes jusqu'à vingt, en augmentant par degrés. On prend ce grand remède dans du vin blanc, dans un bouillon ou dans quelqu'autre véhicule propre à le faire agir, et le faire pénétrer par la subtilité de ses parties, jusques dans nos dernières digestions, pour en chasser ce qui est impur, y rétablir les forces, et remettre la nature dans son véritable état ; *Paracelse* parle de la préparation des premiers êtres, dans son traité de *renovatione* et *restauratione* ; il dit qu'il faut simplement mettre autant de cette précieuse liqueur dans du vin blanc, qu'il en faudra pour le colorer de la couleur approchant de celle du remède, et qu'il en faut donner un verre tous les matins à jeun, à celui qui aura quelque maladie ou quelque défaut d'âge. Il donne en même-tems les signes du commencement, du progrès de ce renouvellement, et le tems auquel il faut cesser l'usage de ce médicament admirable. *Paracelse* (*b*) entre dans les plus petits détails, par rapport aux signes du renouvellement. Il a voulu, dit *Nicolas Lefevre*, prévenir l'incrédulité de ceux qui ne connaissent pas la puissance ni la sphère d'activité de la vertu que *Dieu* a mise dans les êtres naturels, lorsqu'ils sont réduits par le moyen de

---

(*a*) *Ens primum*, suivant l'expression de *Paracelse*, dans son traité de *renovatione* et *restauratione*, in-folio, éd. de Genève.

(*b*) Ce grand homme conclut ce traité par la façon de faire *les premiers êtres* de quatre manières différentes ; savoir : *le premier être* des animaux, celui des pierres précieuses, celui des plantes et des liqueurs, qui est celui des souffres et des bitumes.

l'art, à leur principe universel, sans perte de leur bonté séminale, ou bien encore rassurer les personnes sur les effets de ces beaux remèdes. On voit d'abord, dit-il, tomber les ongles des pieds et des mains ; ensuite, tout le poil du corps et les dents ; la peau se ride, se dessèche peu-à-peu, et tombe en écailles (a). Ce sont là les signes et les observations du renouvellement intérieur, par ce qui arrive à l'extérieur. Il faut, dit *Nicolas Lefevre*, dont j'emprunte les expressions, que le médicament ait pénétré par tout le corps, qu'il l'ait rempli d'une nouvelle vigueur, puisque les parties extérieures qui sont insensibles, et comme les excrémens de nos digestions, tombent d'elles-mêmes sans aucune douleur ; on cesse l'usage du remède, lorsque le dernier signe apparaît, qui est la sécheresse de la peau, ses rides et sa chûte, parce que c'est un signe universel que l'action du renouvellement s'est étendu suffisamment par toute l'habitude du corps, que la peau couvre généralement, et qu'ainsi il a fallu que cette vieille écorce tombât, et qu'il en revînt une autre, parce que la première n'était plus assez poreuse ni assez perméable, pour faire que la chaleur naturelle, qui est renouvellée, pût chasser au-dehors toutes les superfluités des digestions, qui sont les causes occasionnelles, internes et externes, de la plupart des maladies du corps humain ; ce remède et les vertus rénovatives et restauratives, qu'on lui attribue, passeront pour ridicules parmi le vulgaire des savans, même parmi ceux qui se prétendent physiciens, tant à cause que la

____

(a) *Postremò cutis exsiccetur et nova renascatur.... Nec non cutis nova, receduntque morbi corporis et mentis.*
                                        PARACELSE.

philosophie du cabinet n'est pas capable de comprendre ce mystère de nature, que parce qu'ils ne sont pas aussi convaincus ni les uns ni les autres, par aucune preuve ni par aucune expérience.

Tout le monde connaît le renouvellement de la tête du bois du cerf, la dépouille de la peau des serpens, des vipères et des alcions ; mais comment, par quel moyen et pour quelles raisons cela se fait-il ? Les serpens demeurent cachés sous terre ou dans le creux des arbres et des rochers, ou logés parmi des pierrailles, depuis la fin de l'automne jusques au printems : ils restent dans cet état comme assoupis et comme morts ; leur peau devient épaisse et dure, elle perd sa porosité pour la conservation de l'animal ; car s'il se faisait une expiration continuelle, il se ferait aussi une déperdition de sa substance, après que les serpens sont sortis de leurs trous au printems, qu'ils ont commencé à paître et à prendre, pour leur nourriture, la pointe des herbes qui ont la vertu de renouveller ; aussitôt, cet animal étant excité par une démangeaison qu'il sent vers le contour de sa tête, à cause de la chaleur des esprits, qui sont échauffés par ce remède naturel (a), il se frotte et se glisse jusqu'à ce qu'il se soit dépouillé la tête de sa vieille peau, ce qu'il continue le reste du même jour, pour la dépouille entière qui lui était inutile, et l'eut fait suffoquer faute d'être poreuse et transpirable ; il paraît alors tout *glorieux de son renouvellement*,

Le renouvellement du cerf se fait d'une autre ma-

(a) Tels sont les effets de la chair de vipère, de l'eau d'écorce d'orme pyramidal dans l'économie animale, principalement au retour d'âge, chez l'un et l'autre sexe.

nière : cet animal ne se couche point en terre ; il ne renouvelle pas toutes ses parties extérieures, puisqu'il n'y a que ses cornes, sa tête ou son bois qu'il met bas au printems ; cet animal est privé, durant l'hiver, d'une nourriture suffisante pour entretenir cette production merveilleuse, qu'il a sur sa tête, puisque même il n'en a pas assez pour sa propre subsistance ; alors les veneurs disent que les bêtes sont tombées en pauvreté ; ce qui se reconnaît par leur maigreur, leur faiblesse, et principalement par leur bois, qui devient aride, spongieux et sec ; alors le cerf n'a pas une vigueur assez abondante pour pousser un aliment spiritueux et salin jusques dans son bois : c'est delà d'où vient la force, la vigueur et la subsistance au bois du cerf. Ce qui fait qu'il est contraint de mettre bas, lorsqu'un aliment bon et succulent lui revient au printems, qui l'anime, l'échauffe, et fait végéter de nouveau sa tête.

Venons à présent à la preuve du renouvellement par l'usage du premier être. « Après qu'un de mes meilleurs amis (a) eut préparé le premier être de la mélisse ; que tous les changemens, toutes les altérations que *Paracelse* requiert, eurent succédé, selon ses espérances, il crut ne pouvoir être pleinement satisfait, s'il ne faisait l'épreuve de ce grand arcane. Il la fit sur lui-même, sur une vieille servante qui avait près de soixante-dix ans, et sur une poule ; il prit près de quinze jours, tous les matins à jeun, un verre de vin blanc coloré de ce remède ; dès les premiers jours, les ongles des pieds et des mains commencèrent à se séparer de la peau sans aucune douleur ; cela continua ainsi jusqu'à ce qu'ils tom-

---

(a) V. Cours de chimie, de *Nicolas Lefèvre.*

bèrent d'eux-mêmes. Il fit boire ensuite de ce même vin tous les matins à cette vieille servante, qui n'en prit que dix ou douze jours, et avant que ce tems fût expiré, ses révolutions lunaires revinrent avec une couleur louable, et en assez grande quantité pour lui donner de la terreur, et lui faire croire que cela la ferait mourir, ne sachant pas qu'elle eût pris quelque remède capable de la rajeunir. Mon ami trempa des grains dans le vin, qui était empreint de la vertu de ce premier être, et les fit manger à une vieille poule, à part; vers le sixième jour, la poule fut déplumée; elle parut peu-à-peu toute nue; dès le quinzième jour de l'usage de ce remède, les plumes lui poussèrent; elle en fut bientôt couverte; elles parurent plus belles et mieux colorées qu'auparavant; sa crète se redressa; elle produisit des œufs plus qu'à l'ordinaire ».

L'exemple rare, dit le docteur *Bablot*, de ces heureux vieillards, qui semblent, comme le phénix, renaître de leurs cendres, n'a-t-il pas de quoi déconcerter les principes subtils du plus hardi raisonneur ? On voit, en effet, de loin en loin, quelques-uns de ces êtres vivaces qui, parvenus au terme ordinaire de la vie, que *l'écriture* fixe à quatre-vingt ans dans les plus robustes, poussent non-seulement leur carrière beaucoup au-delà, mais qui se sentent encore délivrer de certaines infirmités de la vieillesse, et reprennent une vigueur qui peut être regardée comme une espèce de rajeunissement. Le docteur *Begons*, parmi plusieurs exemples de cette espèce, nous cite celui de la marquise de S.... V...., qui avait repris ses règles dans sa centième année, après cinquante ans de suppression. Elles reviennent aujourd'hui, continue ce médecin, qu'elle court sa cent quatrième année, de même que dans la fleur de sa jeunesse, et depuis ce tems elle se porte très-bien de corps et d'esprit. Sa maison, qui est une des principales du Velay, ne se conduit que par ses ordres. Elle mange indifféremment de tout ce qui paraît le plus difficile à digérer, salade, lait, fruits cruds, salé, pâtisserie, et cela, sans aucune incommodité de son estomac. »

Les Indiens se servent pour exciter leur appétit, et pour se rendre plus propres aux plaisirs des femmes, du *Benghe* ou *Bangue*; c'est une plante presque semblable au chanvre; M. *Herman*, professeur de Leyde, veut qu'elle soit une espèce de guimauve des Indes. Les grands seigneurs, et les chefs d'armée, en font usage pour oublier leurs travaux, et se procurer un sommeil doux et agréable. Ils mêlent, avec des feuilles et de la graine de cette plante, après les avoir mises en poudre, de l'areca, de l'opium et du sucre. Ils y ajoutent aussi du camphre, des clous de girofle et du macis. S'ils veulent être gais et enjoués, et sur-tout plus dispos, ils y mêlent du musc et de l'ambre, et en font un électuaire. Les Espagnols des isles font une potion propre à rappeller les esprits dans ces climats chauds, avec du maïs qui n'est pas encore en maturité, et qui est une espèce de suc laiteux. Ils le broient avec de l'eau, et en font un lait d'amandes. Ils l'assaisonnent de sucre, d'ambre et autres aromates, dont ils font un breuvage excellent, qui nourrit et fortifie la poitrine, etc.

Dans une des montagnes de la Moldavie, qui sont habitées par les Cyngares, vers la Transylvanie, on découvre de très-loin la cîme blanche couverte de neige. On assure que la partie qui touche à la Pologne, présente un phénomène à-peu-près semblable à celui des montagnes de la basse Egypte. C'est une rosée qui peut servir de nourriture (*a*). Si on la recueille dans des vases, la surface est bientôt couverte d'une espèce de crême, dont on peut faire de très-bon beurre. Elle ne tombe qu'au printems, et sur les sommets peu élevés. Les moutons, qui paissent dans ces cantons, deviennent si gras, qu'ils peuvent à peine marcher. Les paysans du Mont-Liban et du Mexique mangent ordinairement la manne, comme ailleurs on fait le miel et le fromage. La manne des Israëlites n'était autre chose qu'une rosée épaisse, une sorte de graisse, qui se condensait comme le miel sauvage, dont Saint-Jean se nourrissait dans le désert. L'abbé *Rousseau*, médecin de sa majesté, dans son livre des secrets et remèdes éprouvés, assure qu'il tombe tous les ans de la manne dans l'Arabie déserte, pendant les plus grandes chaleurs de l'été, où il fait très - sec , et où il ne pleut jamais. Cette substance a cette propriété particulière, qu'elle s'évapore si promptement, que si on en garde trente livres dans un vaisseau ouvert, il n'y en aura pas quinze jours après ; et enfin tout se dissipe sans qu'il en reste rien. Les autres mannes ne font pas le même effet, puisqu'on les conserve des années entières. On ne la prend point sur les arbres, puisqu'il n'y en a point dans les déserts où elle tombe. Elle se trouve sur les rochers et sur quelques herbes arides, qui croissent dans les vallées, et qui sont d'une odeur très-forte et pénétrante. C'est un fait (*b*),

---

(*a*) Il en est question dans l'histoire de la guerre de 1769, entre les Russes et les Turcs.

(*b*) La manne, dit l'écriture, qui était une espèce de rosée, ressemblait à une gomme odoriférante, ou au *Bdellion*, qui est une perle ou une pierre précieuse.

dit l'auteur, que je puis assurer, puisque j'en ai eu plus de vingt livres que je fis ramasser par des Arabes. L'abbé *Rousseau* obtint la véritable essence de manne, par différentes rectifications ; c'est un esprit de vie concentré, d'une odeur et d'une vertu admirables.

Notre climat produit le nostoch, qui est une espèce de plante ou de lichen, suivant *Lemery.* Elle ressemble à une gelée gluante, membraneuse, qu'on voit paraître comme miraculeusement dans les allées des jardins, sur les pelouses et autres endroits. Le nostoch est vulnéraire, adoucissant, résolutif ; appliqué extérieurement, il calme les douleurs. *Tournefort* a mis le nostoch au rang des plantes. M. de *Réaumur* en découvrit les semences, et M. *Geoffroy* les racines ; les paysans, en Allemagne, s'en servent pour faire croître les cheveux ; il est recommandé pour les cancers et les fistules : on trouve cette production végétale depuis l'équinoxe du printems, jusqu'à celui d'automne. Il faut la ramasser avant le lever du soleil. *Paracelse* la considère comme une vapeur subtile de l'air, qui s'épaississait par la chaleur (*a*). On attribue au nostoch de grandes propriétés.

Le flos-cœli passe pour une médecine universelle. C'est une vapeur qui sort du centre de la terre au tems des équinoxes. Elle est de couleur verte, plus transparente que l'éméraude. C'est proprement une espèce d'herbe sans racines, baveuse et de couleur verte, qui

----

(*a*) *De vitâ longâ* caput II.... *Hic etiam quidquid aër gignit, et ex aëre est, vivitque, vel oritur ut nostoch, manna et melissa ,. etc. id etiam in sese virtutes cœlicas et aërias continet....* V. PARACELSE.

ne se montre qu'après la pluie. Il faut la cueillir avant le soleil levant. Il y a différentes préparations décrites dans les additions du cours de chimie de *Nicolas Le-fevre*, qui sont efficaces dans différentes maladies, et principalement dans les fièvres. On en fait aussi un emplâtre pour la guérison des loupes et des écrouelles. Il est probable que le *nostoch* et le *flos-cœli* sont de la même nature.

L'abbé *Rousseau* ajoute que la nature, aidée par l'art, avance et perfectionne une infinité de productions qui, sans son secours, seraient extrêmement tardives et imparfaites. C'est sur ce principe que la médecine opère la guérison de la plus grande partie des maladies. Elle sépare ce qui est nuisible, exalte la vertu des médica-mens, fortifie la nature et lui procure, par ces moyens, la facilité de se rétablir promptement dans ses fonctions, et de reprendre la santé, c'est à-dire son état de perfec-tion; au lieu que si elle était abandonnée à elle-même, elle succomberait souvent sous le poids du mal, ou traînerait en langueur; sans pouvoir qu'avec peine, et une longue suite de tems, dissiper les causes de la maladie, reparer ses forces et reprendre sa première vigueur (*a*).

Nous pouvons assurer, dit M. de *Grymaldy* (*b*), que la médecine peut tirer des avantages infinis du vrai nitre pur, qui est une production naturelle. Nous prou-

____

(*a*) Secrets et remèdes éprouvés, etc., par M. l'abbé *Rousseau*, médecin, etc. Paris, 1728....

(*b*) Œvres posthumes de M. *de Grymaldy*, premier médecin du roi de Sardaigne, et chef de l'Université de Chambery. Paris, 1745.

verons que ce mixte seul contient les plus grands remèdes de la nature et des remèdes en quelque sorte uni-
versels; car, par la quintessence de nitre, tout notre
sang est renouvellé, et si parfaitement purifié, qu'en
peu de jours la personne, qui en aura pris, sera, pour
ainsi dire, entièrement renouvellée en toutes ses parties.
Tous ses sens, tant internes qu'externes, seront fortifiés, les incommodités de la vieillesse dissipées, les
forces et la vigueur de la jeunesse rendues, ce qui pa-
roîtra visiblement par la couleur vive et animée du
visage, par la tension de la peau, qui en effacera les
rides, par le changement des cheveux, et par la légéreté
de la démarche, et la souplesse de tous les membres;
en un mot, ses effets seront presque aussi puissans que
ceux d'une véritable quintessence d'or. Elle guérit, en
particulier, à coup sûr, et en peu de tems, toutes les
maladies de la peau, en chassant au-dehors, par son sel
doux et puissant, tout le sel interne et corrompu. Elle
guérit et résout, par la seule application extérieure,
toutes les tumeurs et *tophus* squirreux, durs, froids et
mélancoliques, qui sont irrésolubles par tous les remèdes vulgaires. Son esprit est si agissant, qu'il dissout
toutes sortes de pierres; ainsi, par un usage continué, il
dissout la pierre dans la vessie, et le sable des reins,
qu'il chasse et fait sortir du corps sans douleur et sans
accident; c'est encore un des plus sûrs et des plus souve-
rains remèdes contre la goutte, qu'il guérit radicalement, et dont il appaise les douleurs presque dans le
moment.

L'auteur, en parlant du nitre pur, observe qu'étant
mis en mouvement par les naissantes chaleurs du printems, il se mêle dans le suc des plantes, dans le sang des
animaux, et dans le sein de la terre, sollicite les uns

et les autres à la reproduction et à la multiplication de
leur genre et de leur espèce : de-là viennent cette joie et
ce rajeunissement charmant, que le printems fait briller
sur toute la nature, et ce même nitre bien préparé,
comme dit ce savant anglais, pour l'usage de l'homme,
réparerait de tems en tems le dépérissement que causent
les années, et nous procurerait ce précieux rajeunissement, que l'écriture sainte reconnaît dans l'aigle (a).

Ce que nous venons de dire de notre nitre pur, paraîtra peut-être hasardé à ceux qui, ne connaissant pas
la nature, ou ne connaissant que ce qu'il y a d'extérieur
et de sensible dans ses opérations, font profession de
douter de tout ce qu'ils ne voient pas de leurs yeux, ou
qu'ils ne touchent pas de leurs mains, et n'établissent
la réputation des savans qu'ils usurpent, que sur le pir-
rhonisme qu'ils introduisent dans toutes les matières.
Mais pour les convaincre qu'il y a du vrai et du sûr, du
bon et de l'excellent dans ce qu'ils ne voyent pas, et qui
ne leur a pas été encore rendu palpable, nous ajoutons
et nous assurons, par preuves expérimentales, que de
ce mixte seul l'on peut tirer les plus grands remèdes de
la nature, et des remèdes en quelque sorte univer-
sels ». (b)

L'or parfaitement préparé (c), suivant le même auteur, est le plus souverain confortatif de la nature,
pour toutes les parties essentielles du corps humain,
parce qu'ayant son humide radical semblable au nôtre,

(a) *Renovabitur ut aquila juventus tua* Ps. 102 v. 5.

(b) Page 61 des œuvres posthumes de M. *de Grymaldy*.

(c) V. dans les œuvres posthmes de M. *de Grymaldy*, les détails et les divers procédés de ces grands remèdes.

ces deux humides s'unissent et se convertissent sur-le-champ en une seule substance, et que ses parties étant plus fortement fixées, s'attachent par des liens plus forts : par-là, il résiste plus fortement à toutes les altérations auxquelles notre nature est exposée, et par conséquent, il retarde beaucoup la vieillesse, ses incommodités et sa caducité ; ainsi il prolonge nos jours au-delà de ce que nous pouvons espérer, en augmentant notre humide radical, le fixant ou le coagulant et le serrant par des liens plus forts que ne sont ceux de notre propre nature.

On peut le donner dans toutes sortes de maladies ; il convient à toutes et n'est contraire à aucune, parce que, fortifiant merveilleusement notre nature, elle devient, par son moyen, assez puissante pour se délivrer elle-même de tous ses maux (a). Il y a en nous une faculté médicatrice, qui conserve et préserve ; il ne s'agit donc que de l'aider dans son activité salutaire. Nous avons les preuves les plus évidentes des vertns de l'or, quand il est préparé par des procédés convenables ; nous en avons fait des applications heureuses dans beaucoup de cas d'affections chroniques. Tout le monde connaît les pilules solaires et antimoniales (b) de *feu le docteur Lalouette*, dans les maladies scrophuleuses, qui passaient autre fois pour être l'écueil de la médecine. Nous n'avons pas la même expérience du remède connu sous le nom des *gouttes du général Lamothe*, dont l'or est la bâse ; mais nous pouvons assurer que le possesseur de ce secret

---

(a) V. *ib.*

(b) Traité des écroueiles, par M. P. *Lalouette*, docteur-régent de la faculté de médecine de Paris.

en fait un usage utile à la santé. C'est un vieillard d'un
âge très-avancé, qui se conserve dans la vigueur de la
jeunesse, sans rides sur la peau; il jouit de la vivacité de
tous ses sens, et a encore les plus belles dents qu'on
puisse montrer à trente ans.

Zapata, médecin et chirurgien italien, attribue à
l'esprit de romarin des vertus presqu'incroyables, si
l'expérience ne les avait pas constatées. Cette plante (*a*),
dit-il, est remplie de sels et de souffre volatils, qui sont
les deux principaux agens de la nature; animée de
l'esprit de miel, elle pénètre, en un moment, du centre
de l'estomac à la circonférence du corps, et donne une
nouvelle vigueur à toutes les fonctions de la vie. La
reine de Hongrie, qui a donné son nom à cette heureuse combinaison (*b*), si l'on en croit ce célèbre médecin, était depuis long-tems goutteuse, paralytique et
tellement infirme, qu'elle n'avait aucun mouvement
libre : elle avait alors soixante-douze ans. Néanmoins,
cet esprit produisit sur elle un effet si prodigieux, que
non seulement ses infirmités cessèrent, mais encore elle
parut si sensiblement rajeunie, que le *roi de Pologne*
la fit demander en mariage.

Les médecins chinois vantent aussi les vertus et les
propriétés de plusieurs plantes de leur climat ; le *gin-
seng* est regardé chez eux comme une plante du premier ordre, la plante par excellence : on ne l'a encore

---

(*a*) Nous empruntons les propres expressions de *Nicolas Lefevre*, célèbre chimiste, professeur de chimie, de la société royale
de Londres.

(*b*) L'esprit de miel et de romarin est la véritable eau d'*Eli-
sabeth* où d'*Isabelle*, reine de Hongrie.

trouvée que dans la Tartarie et en Canada. Dans les présens que les ambassadeurs de Siam apportèrent au roi, il y avait beaucoup de *gin-seng*. Le père *Jartoux*, jésuite missionnaire à la Chine, travaillant, par ordre de l'Empereur, à la carte de Tartarie, eut occasion de voir cette plante, en 1709, vers la fin de juillet, près le royaume de Corée. Les plus habiles médecins ont fait des volumes entiers sur ses propriétés ; ils la font entrer dans toutes les préparations qu'ils donnent aux grands seigneurs. Ils prétendent que c'est un remède souverain pour les épuisemens causés par des travaux excessifs de corps ou d'esprit; qu'elle dissout les phlegmes; qu'elle guérit la faiblesse des poumons et la pleurésie; qu'elle arrête les vomissemens ; qu'elle fortifie les esprits vitaux, et produit de la lymphe dans le sang ; qu'elle est bonne pour les vertiges et les éblouissemens, et qu'elle prolonge la vie aux vieillards. . . . . . Me trouvant si fatigué et si épouisé de travail, dit le père *Jartoux*, qu'à peine pouvais-je me tenir à cheval ; un mandarin me donna une de ces racines ; j'en pris sur-le-champ la moitié, et une heure après, je ne ressentis plus de faiblesse ; j'en ai usé ainsi plusieurs fois, depuis ce tems-là, et toujours avec le même succès. On lui attribue, parmi cette foule de propriétés, celle d'entretenir l'embonpoint, de fixer les esprits animaux, d'arrêter les palpitations, de chasser les vapeurs malignes, d'éclaircir la vue, de dilater le cœur, de fortifier le jugement, de réchauffer l'estomac et d'en rétablir l'orifice supérieur ; de prévenir les obstructions et de les guérir, de fortifier les parties nobles, et enfin de prolonger la vie. On prépare, dit-on, le *gin-seng*, à la Chine, de soixante-dix-sept manières.

En général, il faut faire bouillir la racine un peu plus

que le thé, afin de donner le tems aux esprits dé se développer ; c'est la pratique ordinaire pour les malades,
et alors on ne passe guères la cinquième partie d'une
once de racine sèche : à l'égard de ceux qui font usage
de ce remède par précaution, on fait dix prises de la
quantité d'une once. On coupe la racine par petites
tranches qu'on met dans un pot de terre bien vernissé,
où l'on verse un demi-septier d'eau ; il faut avoir soin
que le pot soit bien fermé : on fait cuire le tout à petit
feu, pendant une demi-heure environ ; on y met un peu
de sucre, et on boit l'eau sur-le-champ : on remet la
même quantité d'eau sur marc ; on boit une prise le
matin, et l'autre le soir.

Il y a une autre plante rare, qui croît dans le Thibet,
et qui ressemble, par ses propriétés, au *gin-seng*. Elle
fortifie l'estomac et répare les forces perdues, par
de longues maladies : elle est connue sous le nom de
hia-tsao-long-kong. Le père *Parennin* assure en avoir
fait lui-même une heureuse expérience. Un vice-roi,
dit ce célèbre missionnaire, étant venu en Tartarie pour
rendre ses devoirs à l'Empereur, apporta, selon la
coutume, ce qu'il avait trouvé de plus singulier dans
son département ou dans les pays circonvoisins, et entre
autres choses, des racines de cette plante. J'étois alors
dans un abattement extrême, j'avois perdu l'appétit et
le sommeil ; je languissais, nonobstant les divers remèdes qu'on m'avait donné : touché de mon état, il
me proposa d'user de sa racine, qui m'était tout-à-fait
inconnue, et il m'enseigna la manière de la préparer. Il
faut, me dit-il, prendre cinq drachmes de cette racine
toute entière avec sa queue, et en farcir le ventre d'un
canard domestique, que vous ferez cuire à petit feu ;
quand il sera cuit, retirez-en la racine, dont la vertu

aura passé dans la chair du canard, et mangez-en soir et matin pendant huit à dix jours. J'en fis l'épreuve, et, en effet, l'appétit me revint, et mes forces se rétablirent.

Les Chinois assurent aussi que l'usage du thé choisi, met dans cette heureuse disposition qui entretient la santé et prolonge la vie. *Kien-Long*, Empereur de la Chine, dans un petit poëme qu'il a consacré à l'usage du thé choisi, donna la manière de le préparer. Mettez, dit-il, sur un feu modéré, un vase à trois pieds, dont la couleur et la forme indiquent de longs services, le remplir d'une eau limpide de neige fondue, faire chauffer cette eau jusqu'au degré qui suffit pour blanchir le poisson ou rougir le crabe, le verser aussitôt dans une tasse faite de terre de *Yné*, sur de tendres feuilles d'un thé choisi, l'y laisser en repos jusqu'à ce que les vapeurs, qui s'élèvent d'abord en abondance, forment des nuages épais, puis viennent à s'affaiblir peu à peu, et ne sont plus enfin que quelques légers brouillards sur la superficie ; alors, humer sans précipitation cette liqueur délicieuse, c'est travailler efficacement à écarter les cinq sujets d'inquiétude qui viennent ordinairement nous assaillir. On peut goûter, on peut sentir, mais on ne saurait exprimer cette douce tranquilité dont on est redevable à une boisson ainsi préparée.

Voici une préparation infiniment simple, tirée également du règne végétal, que tout le monde peut se procurer sans frais, et qui a de grandes vertus pour fortifier la nature, pour augmenter l'humide radical et prolonger la durée de la vie. Nous avions fait insérer ce procédé, il y a quelques années, en faveur des malades, dans le *Journal général de France*, de *M. de Fontenai*.

Prenez gland de chêne au mois de juillet ou tout avant leur parfaite maturité, ôtez-en les amandes qui sont dedans, lesquelles ne sont pas encore parfaitement dures, et ôtez aussi les pellicules qui les enveloppent. On pile les amandes dans un mortier de marbre, jusqu'à ce qu'elles soient en pâte ; alors vous prenez de l'excellent miel vierge de Narbonne ou du pays , tel qu'il sort de la ruche, sans le presser du tout. Vous pèserez autant de miel que de pâte , et pilez le tout, un moment, jusqu'à ce qu'il soit incorporé, ce qui compose un opiat que l'on met dans des petits pots de faïance , étroits , les couvrant d'un morceau de papier blanc , qui touche l'opiat ; le bien couvrir encore, pour empêcher que , dans les chaleurs, le miel ne fermente ; quand la chaleur est passée, on les retire de la cave, et on les garde dans un armoire ; on en prend tous les matins, en se levant , une cuillerée de médiocre grandeur , et l'on ne mange que deux heures après , parce que cet opiat est nourrissant. Ce remède sert aussi aux fièvres internes, résiste à la pourriture, fortifie la poitrine et engraisse par continuation.

Enfin , qui le croiroit, que les passions douces fortifient et servent à prolonger la durée de la vie ? L'espérance , dit *Lachambre* (*a*), fortifie toutes les parties , parce que les esprits y sont plus vigoureux ; et comme elle les arrête et les retient, en sorte qu'ils ne se peuvent dissiper, ni faire aucun mouvement violent, on ne sauroit contester que ce ne soit de toutes les passions, celle qui est la plus avantageuse pour la santé , pour la longueur de la vie, et pour la vertu même , qui

______

(*a*) V. les caractères des passions , par le médecin *Lachambre*, 1648.

recherche avec tant de soin la modération , qui se trouve naturellement avec l'espérance ; je dis encore qu'elle est avantageuse pour la santé et pour la longueur de la vie , car ce qui sert pour une grande santé , n'est pas toujours bon pour rendre une vie bien longue. La chaleur active et véhémente produit des actions fortes ; mais elle abrége les jours, parce que les esprits se dissipent facilement et consument promptement l'humidité naturelle, de sorte que pour vivre long-tems, il faut que la chaleur soit modérée ; que les esprits ne soient pas aussi languissans. Or, si la nature ne leur donne cette justesse il semble qu'il n'y a que l'espérance qui la leur puisse faire acquérir ; c'est la seule qui les retient et qui les affermit sans souffrir de chaleur excessive, ni de mouvemens déréglés ; et il ne faut pas s'étonner, si ceux qui se nourrissent de bonnes espérances vivnet plus long-tems que les autres, et si la mort suit souvent les grands succès, parce qu'ils font perdre l'espérance , qui est l'ancre véritable, qui arrête l'ame, la vie et les années.

Il est suffisamment prouvé que la guérison des maladies et le retour à la parfaite santé sont constamment la suite de l'exfoliation, de la chûte et du renouvellement de la peau ; ce renouvellement critique a lieu par les propres forces vitales, ou par l'efficacité des remèdes et l'emploi des moyens dirigés par le génie du médecin.

Nous confirmerons par de nouvelles observations des rajeunissemens naturels, ce qui vient d'être dit des propriétés des remèdes propres au renouvellement du corps. La marche de la nature dans tout le règne animal est à cet égard d'accord avec le sentiment des auteurs et le sens allégorique des mystères de l'antiquité. *Plempius* (a)

(a) *Fundamentum medicinæ*. Louvain , 1665.

prétend que les personnes parvenues à une extrême vieillesse peuvent naturellement rajeunir. Il cite l'histoire
d'un gentilhomme indien qui avait rajeuni trois fois, et
qui vécut trois cens quarante ans. Le même parle d'un
ministre d'Angleterre , qui mourut à Neufchâtel : cet
homme avait toutes les incommodités qu'apporte la vieillesse ; étant âgé de plus de cent ans , il commença à se
mieux porter ; il lui poussa des dents nouvelles (*a*), les
cheveux lui revinrent ; sa vue se fortifia , et il se fit en
lui un renouvellement si sensible dans tous ses sens, qu'on
croyait qu'il devait vivre plus de deux cens ans : il mourut cependant peu de tems après , à cent quatorze ans.
Moïse , législateur, vécut cent vingt ans, ayant conservé
à ce grand âge , sa vue ; ses dents n'en furent point
ébranlées. En 1461 , sous *Edouard IV*, en Angleterre ,
naquit *Thomas Parr*, de la comté de Shrops , qui vécut
sous dix règnes différens, jusqu'à celui de *Charles Ier.* Il
avait cent cinquante-deux ans (*b*) lorsqu'il mourut. On
raconte de lui qu'il fut mis en pénitence pour le péché
de fornication , à l'âge de cent ans (*c*).

Voici un nouvel exemple d'une espèce de rajeûnisse-
ment ; ce fait est attesté par M. *Chrétien-Mentzellius* ,

(*b*) *Gassendi* passant par un village du comtat venaissin , vit
une femme de 80 ans, à qui, depuis peu, il avait poussé de
nouvelles dents , après les avoir toutes perdues depuis 15 ans.

(*c*) Chronique des rois d'Angleterre , par le Juif *Nathan-
Ben-Saddi*.

(*d*) *Lamech* , fils de *Matusalem* et père de *Noé*, qu'il eut
à l'âge de 182 ans, vécut encore 575 ans après la naissance de
son fils. Toute sa vie fut de 777 ans ; d'autres disent 969 : il
mourut cinq ans avant le déluge.

médecin de l'Electeur de Brandebourg. Il accompagna ce prince dans un voyage qu'il fit à Clèves, en 1666: il arriva dans cette ville un vieillard âgé de cent vingt ans, qui s'y faisait voir pour de l'argent, et qu'il vit à la cour de l'Electeur. La force de sa voix marquait celle de sa poitrine, et ayant parcouru les tons de la musique, il fut entendu à plus de cent pas; ayant ensuite ouvert la bouche, il nous fit voir deux rangs de dents très-blanches, et il nous dit qu'étant allé à La Haye, deux ans auparavant, par le même motif qui l'avait amené à Clèves, il avait appris qu'il s'y trouvait un vieillard anglais âgé de cent vingt ans, et qu'ayant été le visiter, il le félicita sur son droit d'aînesse, mais qu'il lui dit en même tems qu'une douleur de tête, qu'il ressentait accompagnée de grandes douleurs aux machoires, lui faisait croire qu'il n'aurait pas l'honneur d'atteindre à son âge; que le vieillard anglais le détrompa et l'assura au contraire qu'il allait rajeunir, puisque les douleurs qu'il ressentait étaient l'annonce de nouvelles dents qui allaient lui venir, et qu'il en avait la preuve par-devers lui. Le succès, ajouta-t-il, avait répondu à son attente; il n'avait pas tardé à ressentir les plus vives douleurs aux machoires, et toutes ses dents avaient percé successivement.

Le fait qui nous paraît le plus remarquable, à raison de la faiblesse de l'individu, est rapporté dans le Dictionnaire des Merveilles de la Nature, par M. *Sigaud de Lafond*, ainsi que l'observation précédente.

Marguerite Verdut, née a la Bastide des Feuillans, entra à l'âge d'environ vingt-cinq ans, dans le couvent de *Fabos*, diocèse de Cominge, en qualité de sœur laïque. Comme elle avait un tempérament si délicat et une santé si chancélante, que tous les ans même, elle était sujette à des rhumes très-opiniâtres, on ne l'occupa qu'à des exercices de piété. Un train de vie si peu pénible et si doux ne put la garantir d'une vieillesse anticipée ; dès la trente-cinquième année ou avant même, elle avait perdu toutes ses dents : elle était maigre et décharnée ; son visage était couvert de rides, et sa vue si affaiblie qu'elle ne pouvait plus lire sans lunettes. Cet état de décrépitude lui dura jusqu'à soixante-quatre ans ; à cet âge, elle tomba malade. Elle avait des maux de tête fréquens et si douloureux, que le poids le plus léger lui était insupportable : elle devint ensuite asthmatique ; mais dix à douze ans avant sa mort, la plupart de ses infirmités disparurent ; elle reprit tout-à-coup de l'embonpoint, qu'elle n'avait jamais eu ; presque toutes ses rides s'effacèrent ; sa vue se rétablit si bien qu'elle n'eut plus besoin de lunettes, et qu'elle ne s'en servit point depuis ; sa bouche se garnit d'un double rang de dents pointues et noires ; sa gorge se remplit et se reforma ; et, ce qu'il y a de plus étonnant encore, ses règles revinrent. Elle vécut dans cet état jusqu'à sa mort, arrivée le 20 avril 1743, âgée de soixante-seize ans. Elle mourut dans l'espace de vingt-quatre heures, d'une fièvre violente, qui lui ôta l'usage de tous ses sens.

Cette observation présente, chez un être faible et délicat, les plus grands efforts pour son renouvellement. Si on avait aidé la nature par le régime convenable, par quelque grand remède approprié aux circonstances, par des bains préparés pour l'assouplissement de la peau, il est évident, qu'en s'opposant ainsi aux progrès du principe scorbutique, cette fille eût parcouru la plus longue carrière, ayant reçu de la nature les plus heureuses dispositions pour le renouvellement du corps : les dents qui repoussèrent, au lieu d'être pointues et noires, auraient conservé leur forme et leur couleur naturelles. On l'a déjà dit dans le cours de cet ouvrage , les filles qui ont gardé le célibat, tendent au scorbut, parce qu'elles ont des dispositions prochaines à la dissolution du sang , et à d'autres accidens de cette espèce.

François Maillé, natif de Pontevez, en Provence, mourut en 1709, à cent dix-neuf ans. Il se maria à Châteauneuf, et y vécut jusqu'à la fin de sa longue vie ; à cent ans, il eut une galanterie avec une fille de village , et en eut un enfant à 110 ans. Etant à la chasse, il tomba d'une muraille, se cassa une jambe, guérit, et vécut encore neuf ans après cet accident, frais et vigoureux, et jouissant de son bon sens et de sa mémoire, sans jamais avoir été malade.

Les hommes qui sont parvenus à la vieillesse la plus reculée, ne sont pas toujours, suivant le sentiment de M. *de Buffon*, ceux qui s'étaient le plus ménagés ; la plupart, au contraire , étaient des paysans accoutumés aux fatigues (a), des gens de travail , des chasseurs, et ces êtres privilégiés conservent toutes les proportions convenables aux diverses fonctions du corps , et ont reçu de la nature cette constitution physique qui tient

---

(a) Il semblerait que , dans l'état le plus paisible , on peut également parvenir à une grande vieillesse , témoin *Agnès de Rochier*, recluse à la paroisse Saint-Opportune , dès l'âge de 18 ans ; elle mourut à 98 ans, et fut renfermée 80 ans. Mlle. *Scuderi* mourut à Paris, en 1701, âgée de 95 ans. Le poëte *Saadi*, Persan, est mort à l'âge de 116 ans, l'an 1291 de J.-C. Il y a des contrées en Asie, où l'on vit jusqu'à 120 ans , témoin l'île de *Siphanto*, dans l'Archipel. *Platon* est mort à 81 ans, la plume à la main ; *Isocrate*, à 98 ans, et son maître, *Gorgias*, à 107 ans.

de la modération dans les principes et dans les mouvemens. On lit encore dans le même ouvrage , d'après
Rudbech , que les femmes sont fort fécondes en Suède ;
qu'elles y font ordinairement huit, dix ou douze enfans, et qu'il n'est pas rare qu'elles en fassent dix-huit,
vingt, vingt-quatre, vingt-huit, jusqu'à trente. Il dit
de plus , qu'il s'y trouve souvent des hommes qui passent
cent ans , que quelques - uns vivent jusqu'à cent quarante ans, et qu'il y en a même eu deux, dont l'un
a vécu cent cinquante - six et l'autre cent soixante-
un (*a*). Les Macrobiens , peuples de l'Ethiopie , vi-
vaïent très - long - tems ; c'est par cette raison même
qu'on les a nommés *Macrobiens*. Voyez ce qu'*Hérodote*
dit des Ethiopiens et de leur force , dont ils donnèrent
une preuve dans l'arc qu'ils envoyèrent à *Cambyses* ,
qui venait de leur déclarer la guerre, disant que lorsqu'il pourrait tendre cet arc, il aurait droit de la leur
déclarer. Il n'y eut que *Smerdis* , frère de *Cambyses* ,
qui le put tendre. Les Sabéans étaient les descendans
des fils de *Chush* ou *Chuss*. Ils étaient grands et bien
faits, grands commerçans, et plus polis que les autres
Arabes. *Bochart* cite un passage d'*Agatharcides*, sur la
beauté des *Sabéans*. Les corps des habitans (des Sabéans)
sont plus majestueux que ceux des autres hommes.

L'organisation du corps de l'homme , dit *M. Andrieu* et le méchanisme de ses fonctions, considerés
sous l'aspect physique et moral, démontrent sensiblement que les causes même de notre existence doivent
la maintenir jusqu'à son terme, et que la série de nos
jours dans l'ordre naturel des loix de notre formation,

(*a*) Œuvres complettes de M. le comte *de Buffon*.

doit être prolongée à un dégré de vieillesse plus ou moins marqué, lorsqu'une influence contre nature, l'abus volontaire ou involontaire des choses nécessaires à l'entretien de la vie, n'en interrompent pas prématurément le cours.

L'on sait de tous les temps et plus particulièrement dans ce siècle, combien les maladies violentes et la mort inopinée sont des accidens fréquents et redoutables, en ce que c'est un passage rapide, souvent sans cause apparente, de l'exercice le plus florissant des différentes fonctions, à leur perversion, à leur inaction totale : par elles, on cesse de vivre à tout âge, dans le tems où la santé paraît la mieux affermie et le danger le plus éloigné, au milieu des jeux, des festins, des divertissemens, ou dans les bras du sommeil. Il suffit de parcourir les fastes de l'histoire, ceux de la médecine, et les rélations périodiques des papiers publics, pour se convaincre que ce genre de mort détruit à lui seul la plus grande partie des individus, plus encore chez les personnes de haut rang comme étant plus susceptibles des grandes et fortes passions.

Il suffit sans-doute, continue-t-il, de comparer le tableau nécrologe de ces tristes catastrophes avec l'histoire de ces hommes, dont la vie a été prolongée beaucoup au-delà de la durée ordinaire, pour se convaincre par les faits, de l'avantage de la vie simple et paisible, pour la conservation de la santé et la prolongation de nos jours.

Ces hommes qui ont vécu 110, 120, 140, 150, 159, 169 ans même, comme *Parrk*, et *Jenkins de Yorkshire*, la Comtesse de *Demonde*, M. *Teklestone*, tous deux Irlandais.

Douze vassaux d'un même seigneur, dont il est parlé dans l'histoire naturelle du docteur *Plott* faisaient à eux tous au - delà de mille ans.

Nombre d'autres hommes centénaires ont vécu ou vivent encore, dans divers lieux et dans divers climats.

Tous ces hommes sont parvenus à cet âge, sains, forts, gais, aimables, sans connaître les infirmités de la vieillesse et sans être à charge aux autres, ayant vécu loin des mœurs des villes, avec du lait, des légumes, du pain, un peu de viande très-simple de tems en tems, de l'eau ou de la biere faible.

Un évêque arménien, annoncé mort en dernier lieu à Pétrikau en Pologne, âgé de cent trente-un ans n'avait jamais bu de vin, ni mangé d'alimens chauds, ayant vu sans lunettes, jusqu'à l'âge de cent vingt ans; il a laissé une fille âgée de cent trois ans, qui lit et écrit encore sans lunettes, observant un régime sobre et moderé comme son père.

Tous ces exemples verifient parfaitement la sagesse et la vérité de cette belle maxime du prince de la médecine : *moderata durant atque vitam et sanitatem durabilem præstant.*

Il faut, pour se conserver, se procurer la tranquillité de l'esprit, et se porter à la gaieté autant qu'il est possible, parce que c'est un des moyens les plus súrs pour se maintenir en santé et pour contribuer à la durée de la vie.... La plupart des hommes abrègent leur vie plus par l'effet des violentes passions de l'ame et des maladies de l'esprit, que par les maladies du corps.

Il faudrait, s'il était possible, munir les mortels contre les malignes influences de leur tempérament, les engager à écarter les réflexions sinistres qui les rongent, et peser sur celles qui peuvent leur donner du contentement : il y en a plusieurs, prises de la morale et de la raison, très-propres à produire dans notre ame cette gaieté douce, cette bonne humeur, qui nous rend agréables à nous-mêmes, aux autres et à l'auteur de la nature. Jamais la providence n'a eu dessein que le cœur de l'homme s'enveloppât dans la tristesse, les craintes, les agitations et les soucis pleins d'amertume. L'univers est un théâtre, dont nous devons tirer des ressources de plaisir et d'amusement, tandis que l'observateur y trouve encore mille objets dignes de son admiration.

C'est ainsi que l'activité et l'exercice modérés sont nécessaires à l'homme ; ils sont plus salutaires lorsqu'ils ont lieu dans un air pur, sain, de libre et ample circulation, tel que celui de la campagne, celui des faubourgs, celui du bord des rivières etc. etc. Cette hilarité physique caractérise le bonheur et la plénitude de notre existence, comme lorsqu'il est altéré dans sa qualité et dans ses effets, il détermine l'état malade, et transmet à l'ame l'ennui, le désagrément, le dégoût de la vie.»

Envain on réclame, on murmure de la fatalité du sort de ces victimes immolées ainsi à la fureur meurtrière de ces fléaux destructeurs, furtivement contagieux. L'événement a frappé, la nature se taît, on incline, on détourne la tête en silence, et bientôt on oublie, on méconnaît ces formidables catastrophes dans leurs causes et dans leurs effets.

D'après ces affligeantes observations, que le tems et l'événement vérifient sans cesse dans tous les lieux, on conçoit combien il serait important aux hommes de s'occuper du soin de leur existence et de leur santé, en réfléchissant sérieusement sur leur état physique actuel, par des considerations ultérieures sur le précédent et le subséquent de leur vie, rélativement à leurs parens, à leurs enfans et à eux-mêmes, sur tout ce qui a rapport à la naissance, à l'allaitement, à la conduite privée, au mariage, etc. (a) etc.

M. de *Parcieux* nous prouve, par ses observations sur les probabilités de la vie humaine, que les femmes vivent plus long-tems que les hommes, à raison même de plus de souplesse dans les organes et dans le tissu de la peau beaucoup plus délicat et la fibre moins susceptible de raccornissement. Cet auteur, après avoir examiné l'état des baptêmes et des morts de la paroisse Saint - Sulpice, de trente années, conclut qu'on vit plus long - tems dans l'état du mariage que dans le célibat. Le nombre des garçons qui sont morts depuis l'âge de vingt ans, est un peu plus de la moitié de la somme des hommes mariés et veufs morts depuis l'âge même de vingt ans; il n'y a cependant que six garçons qui ayent passé l'âge de quatre-vingt dix ans, et il y a quarante-trois hommes mariés ou veufs qui ont passé le même âge. Le nombre des filles qui sont mortes depuis l'âge de vingt ans, est presque le quart de la somme des femmes mariées ou veuves mortes depuis le même âge; il n'y a cependant que quatorze filles qui ayent passé l'âge de quatre-vingt-dix ans, et il y a cent douze femmes

____

(a) V. avis conservateur, etc., par M. *Andrieu*, médecin, 1786.

mariées ou veuves qui ont été au-dela du même âge.

On voit dans un état des baptêmes et des morts de la paroisse de Saint-Sulpice, que dans l'espace de trente ans il est mort dans cette paroisse dix-sept filles, femmes mariées ou veuves à l'âge de cent ans, et qu'il n'y est mort que cinq hommes du même âge; qu'il y est mort neuf femmes à l'âge de quatre-vingt-dix-neuf ans et seulement trois hommes; dix femmes à l'âge de quatre-vingt-dix-huit ans, et point d'hommes; enfin il est mort cent vingt-six femmes, et seulement quarante neuf hommes, au-delà de quatre-vingt-dix ans; les femmes vivent donc plus long-tems que les hommes.

L'homme docile à la nature et placé dans des circonstances favorables, peut vivre exempt de maladies, jusqu'à l'âge le plus avancé, sa vieillesse ne sera marquée que par une dégradation insensible, sans aucune secousse violente (a).

***

(a) V. élémens de médecine, en forme d'aphorismes, par M. *Barbeu-Dubourg*.

RECHERCHES
SUR LA POSSIBILITÉ
DU RAJEUNISSEMENT DE L'HOMME.

Juvenescit rosá et adusta... Juvenescere vites cogimus. PLINE. l. 12.

Il n'est peut-être point de végétaux qui ne soient susceptibles de rajeunissement ; la taille rajeunit tous les arbres et toutes les plantes à très-peu d'exception près. Un rozier que j'élevais en caisse commençant à sécher tout-à-coup sur pied, après s'être épuisé par une floraison exuberante (car il avait plus de fleurs que de feuilles), je lui coupai toute la tête, ne laissant abolument subsister que le tronc, au bout de quelques jours, il poussa deux nouvelles feuilles.

Dans le règne animal, rien de plus connu que le rajeunissement des reptiles, et que celui de la tête des cerfs. *Pline* fait mention du rajeunissement des loirs pendant l'été ; je sais un exemple d'une femme septuagenaire à qui le flux menstruel a recommencé ; et d'un vieillard du même âge, à qui il a repoussé des dents. Ces exemples de vieillards de l'un et l'autre sexe à qui la vue revient dans toute sa force, et qui sont obligés de quitter l'usage des lunettes, après s'en être servis plusieurs années, sont assez fréquents. Les ongles et les cheveux se reproduisent après avoir été coupés, ce qui est un véritable rajeunissement. Ces parties sont tellement vivaces chez l'homme, que

(*a*) V. cet extrait dans la trad. française de *Pline*, 12 vol. in-4°.

la barbe croît aux morts dans les tombeaux : que dis-je? la nature nous offre le phénomène de membres qui repoussent après avoir été coupés ; témoins les pattes des écrévisses, les gouetres du corps humain, enfin, dans tous les siecles connus, il a passé pour constant qu'un vieillard difficile à échauffer dans le lit, temoin le roi *David* (a), recouvrait en partie sa chaleur naturelle en faisant coucher dans le même lit que lui une personne jeune.

On a cherché, même avant l'âge du siège de Troye, à rappeller à la vigueur et à la jeunesse l'homme affaibli par le nombre des ans. *Médée* passe pour avoir possedé ce talent, par la vertu des simples et autres préparations, et avoir ainsi rajeuni *Eson*; *Paracelse*, parmi les modernes, a cherché ce secret dans un élixir, avec lequel il prétendit avoir rajeuni une vieille poule; d'autres spéculateurs ont cru que, par la transfusion du sang, on pouvait épuiser un vieillard de tout son mauvais sang et lui infuser dans les veines un sang jeune; l'expérience fut faite sur des chiens, qui ne la soutinrent pas, et en moururent ; plusieurs chimistes se sont persuadés que l'or potable était la veritable liqueur rajeunissante. Cette même vertu a passé pour résider dans diverses fontaines.

Quoi qu'il en soit, les savans de ce siecle paraissent être d'accord entr'eux pour soutenir que nul moyen physique ne peut procurer à l'homme vieilli son raeunissement, parce que disent-ils, le raccornissement de plusieurs fibres, l'oblitération de plusieurs vaisseaux, l'obstruction de plusieurs autres, et l'endurcissement

----

(a) V. le troisième livre des Rois, chap. premier.

progressif des parties osseuses , refuseraient aux reme-
des les voies nécessaires à son insinuation, et *qu'il
n'y a point d'effet sans cause.* En effet, ajoutent-ils,
pour que ce remede pût s'insinuer dans certains pores , ou dans certaines cellules , il faudrait que ces
pores ou cellules fussent encore existans, c'est ce qu'on
nie : donc ; concluent-ils , le procédé du rajeunisement
est impossible.

Voilà comme on raisonne ; mais je crois qu'on va
trop vite. Voici mes reponses à l'objection : 1°. tout
le genre végétal est susceptible de rajeunissement, et
même en grande partie, le genre animal , comme on
a vu plus haut ; mais, pour nous en tenir aux végétaux , il est à observer que les os de l'homme et des
animaux ont été démontrés et reconnus être de ce
genre, par tous les naturalistes de notre âge. Les os
doivent donc etre susceptibles du procedé du rajeunissement : et puisque c'est par l'organe et l'entremise
du périoste, selon M. *Duhamel*, que l'os vegète , se
nourrit et s'accroît, qui doute que le périoste, ce tissu si sensible, ne soit susceptible de recevoir l'influence et de transmettre à l'os l'efficacité d'une recette
appropriée au rajeunissement ? Ce qui prouve invinciblement cette proposition , et ce qui fait voir que
les os sont, par cette voie, très-perméables au remède, c'est l'observation faite de nos jours, que les
os de porcs qu'on avoit nourris d'aliments soupou-
drés et mêlangés de poudres de racines de garance,
se sont trouvés teints en rouge jusques dans leur substance intérieure.

2°. Plusieurs vaisseaux que l'on croit détruits ne
sont que vuides, comprimés, applatis, et retirés ; on
peut rétablir peu-à-peu leur organisation première

comme on rend la souplesse à une vessie désséchée
et retirée ; un régime au cresson un peu soutenu suf-
firait presque seul à produire cet effet. Le régime de
lait maintient aussi les os tendres ; il paraît, par le
grand développement et le peu de dureté des os dans
les Flamands , que leur bierre participe aussi de cette
vertu.

3°. On peut redonner le juste ton aux fibres qui paraissent racornies , en les traitant avec des émolliens,
au-dedans et au-dehors.

4°. On peut désobstruer les vaisseaux engorgés, par
des purgatifs appropriés et par des fondans.

5°. Il est de fait qu'on peut ramollir la substance
même des os (a), comme le sujet extraordinaire disséqué
par M. *Morand* en fait foi ; il ne s'agit plus que de modérer les effets du moyen efficace que l'on employerait
pour cela.

D'après ces considérations, je maintiens qu'il doit
exister dans l'art médical, des moyens d'administrer
à une vieille personne, un remède régénérateur.

(a) Une fille de 18 ans eut tous les os du corps deboités et
hors de leur place ; toutes les côtes, les os des bras, des
cuisses, des jambes, des épaules, du col, de la tête, étaient
plus mols que des cartilages, et les cartilages comme de la
chair. V. la relation de la maladie de *Bernard d'Armagnac*,
morte à l'hôpital Saint-Jacques de Toulouse, etc. , par M. *Fr.
Lombard* , médecin.

CONCLUSION.

« Que sert d'accumuler une multitude de faits
» particuliers, s'ils ne conduisent pas à éta-
» blir des méthodes générales. » Page 290 de
cet ouvrage.

Nous avons prouvé d'une manière sensible, que la guérison des maladies chroniques et le recouvrement des forces vitales dans les accidens imprévus (*a*), ainsi que la longue vie (*b*), dérivaient nécessairement de l'exfoliation, de la chûte et du renouvellement de l'épiderme, tant à l'intérieur, qu'à l'extérieur ; car le changement de peau, dans les reptiles, s'étend jusqu'au globe de l'œil, et lorsque les insectes subissent leurs métamorphoses, la dépouille générale qui se fait alors de leur peau extérieure, entraîne avec elle celle de la tunique interne du conduit des alimens et du systéme vasculeux

(*a*) Les empoisonnemens, les chûtes, les commotions violentes, les maladies aiguës, etc. V. pages 226, 314 et suivantes.

(*b*) V. dans l'introduction, et les observations de M. l'abbé *Burgurieu* et le maréchal *de Richelieu*, page 379. Les anciens croyaient à la longue vie, puisqu'ils sacrifiaient à la déesse *Anna Perenna*, pour l'obtenir. Les sages qui en possédaient le secret, ont écrit en termes obscurs et inintelligibles, parce qu'ils croyaient que le but de leur science était la perfection, dont, dit l'auteur du Dictionnaire hermétique, la plupart des hommes ne sont pas capables.

qui forme ce qu'on appelle les *trachées* ou poumons (*a*), cet effort critique de la constitution physique de notre corps, étant le signe caractéristique de la dépuration des parties les plus intimes et les plus immédiates de notre intérieur. Nous avons fait connaître aussi ces changemens périodiques, qui surviennent aux personnes parvenues à un grand âge, pour leur renouvellement : dans l'enfance, avons-nous dit, c'est une crise septénaire qui raffermit la santé et les ressorts de la vie, par l'expulsion d'humeurs froides, épaisses et lentes. En effet, les croûtes lactées surviennent à la dentition et se renouvellent à toutes les périodes de cet effort critique ; à la première dentition il se fait une éruption à la peau et si elle n'a pas lieu, les glandes s'engorgent, et à mesure que l'engorgement se dissipe, la peau s'affecte ; à mesure enfin que ces croûtes végétent et se développent, l'enfant se porte bien et se fortifie pour l'avenir. *Hippocrate* a classé les maladies des enfans sous trois époques, qui sont celles où l'on voit se préparer ces mouvemens intérieurs qui favorisent le développement de l'homme (*b*). Ce phènomène de notre nature est plus ou moins apparent suivant les différens âges, les tempéramens, les divers climats (*c*) et les saisons, le régime de chaque indi-

____

(*a*) V. p. 28 de cet ouvrage.

(*b*) M. *de Lalouette*, dans son *Traité des Ecrouelles*, observe également trois périodes ou phases : la première comprend l'espace contenu entre la naissance et le terme de la première dentition, et au-delà ; la seconde s'étendra depuis la première dentition, jusqu'à l'âge de sept ou huit ans ; la troisième, de la seconde dentition jusqu'à l'âge nubile et au-delà....

(*c*) L'exposition du levant est la plus tempérée, dit *Hippo-*

vidu, ses affections morales et le besoin de son *renou-vellement* (a). Le mouvement intérieur, qui par des sympathies réciproques entretient et conserve l'existence dans les deux extrémités de la vie, dépend, comme nous l'avons observé (b) de la convenance dans les formes et les proportions du corps. Cette harmonie, ce rapport intérieur avec les formes extérieures est prouvé par la circonstance du sentiment douloureux qui se propage même dans les membres qui ont été amputés (c).

Les bains chargés du principe mucilagineux de l'écorce d'orme pyramidal, les onctions avec les pom-

---

crate, et la plus salubre de toutes ; elle donne aux hommes un caractère doux et un esprit fin et délié. V· HIPP. *des airs, des eaux et des lieux*, trad. par CORAY, médecin.

(a) *Quid enim in totâ medicinâ majus esse potest quàm ejusmodi corporis mundatio, per quam ab eo superfluitas omnis à radice prorsùm tollitur ac transmutatur ? Sanato namque semine, perfecta sunt omnia....* PARACELSE, dans le chap. de la *renovation* de l'homme, et parlant de la *teinture physique*, ajoute: *Per eam à me curata, sanataque sunt lepra, lues venerea, hydropisis, caducus, colica, gutta, similes que morbi : lupus item, cancer noli me tangere fistulæ, nec non genus morborum internorum.*

(b) V. le discours préliminaire.

(c) Le colonel *Lewis*, fils du général de ce nom, fut mordu, dans une forêt, par un serpent à sonnettes : une vieille femme indienne le pensa et le guérit ; mais tous les ans, à l'époque de la morsure, la jambe qui avait été blessée, s'enflait et lui faisait éprouver une douleur vive... Ce symptôme périodique durait 24 heures, et disparaissait ensuite. V. *la Gazette de France*, article *New-Yorck*, 30 septembre 1785... Quels rapports de notre économie, dont nous ne connaissons pas encore la marche mystérieuse ?...

mades cosmétiques et détersives démontrent aussi cette concordance réciproque des parties correspondantes. Nous l'avons remarqué plus d'une fois, les mucilages des grands végétaux ont une action tonique sur les fibres de la peau. Le bain muqueux est une sorte d'onction universelle, qui adoucit et fortifie par ses qualités émollientes et vulnéraires. L'écorce des arbres contient la sève et les autres principes végétaux, les gommes, les résines, et les baumes les plus précieux. Les arbres qui vivent des siecles (a) ont une vitalité plus grande qu'aucune autre production de la nature. L'écorce, dans ces arbres, recèle un principe amer qui est agréable à la nature humaine, parce qu'il fortifie. Le mouvement d'ondulation imprimé à leurs sucs par l'influence astrale, et la tendance qu'ils ont de se porter du centre dans les branches qui en sont les plus éloignées, établissent en particulier les propriétés de l'eau d'écorce d'orme pyramidal sur des principes tirés de la nature des choses. Son usage intérieur et ses diverses applications, tant en bain qu'en lotions, onctions, fo-

---

(a) On lit dans *les Etudes de la Nature*, que sur les bords des lacs du Nord, croissent ces vastes bouleaux, dont l'écorce d'un seul sert à faire un grand canot. Cette écorce est semblable à un cuir, par sa souplesse ; elle est incorruptible à l'humidité. *Pline*, au rapport de l'auteur, cite des yeuses, des planes et des cyprès plus anciens que *Rome*, et qui avaient plus de 700 ans. De son tems, on voyait encore auprès de *Troye*, autour du tombeau d'*Ilus*, des chênes qui y étaient du tems que *Troye* prit le nom d'*Ilium*. Le chêne sert de monument aux nations. On prétend que les coffres de momie, faits de bois de syco-more, se sont conservés depuis trois mille ans. V. page 159 de cet ouvrage.

mentations etc. provoquent constamment les éruptions critiques dartreuses. C'est une verité confirmée
par l'expérience que l'eau d'écorce d'orme pyramidal,
étant extrêmement douce, pénétrante et de nature
onctuo-mucilagineuse (a), assouplit le rézeau cutanée et
évoque du dedans au dehors l'âcre-chronique dans
les surfaces qui se correspondent en suivant un *parallélisme régulier*. Dans ce mouvement dépuratoire de
notre intérieur, il est évident que deux qualités (le
principe muqueux et le principe amer) qui semblent
opposées, y concourent pourtant d'une maniere correspondante à la marche du tissu muqueux ou cellulaire. Les mucilages et les sucs visqueux (b) en bains,
lotions, fomentations etc. procurent d'abord à toute
la peau, aux fibres, aux nerfs, aux tendons, aux
articulations un assouplissement salutaire, comme nous
venons de l'observer de l'eau d'écorce d'orme pyramidal, et le principe amer qui se trouve inhérent aux
écorces des grands arbres réveille l'action vitale. Nous
avions déjà remarqué que le bain chargé du mucilage de l'écorce d'orme pyramidal excite dans tous les

---

(a) Si on perce un gros orme, dit *Mustel*, il en sort un
jet, comme celui d'une fontaine, qui donne, en peu de tems,
beaucoup de liqueur et en toute saison, en quoi il diffère des
autres. V. le *Traité de la Végétation*. Son mucilage attire au-
dehors le principe d'âcreté, et de cette manière, son action provoque le renouvellement de la peau; il pénètre tellement les
parties calleuses des pieds, que leurs feuillets épidermiques semblent être réduits en bouillie.

(b) Une embrocation d'huile d'amandes douces aidera la ré-
duction d'un membre, en rendant les fibres plus mollasses et
plus extensibles. V. Dionis.

cas l'éruption cutanée, et que dans l'invasion de la petite vérole, cette méthode pourrait être utile (*a*). c'est pourquoi les malades se sentent beaucoup plus gais, mieux portans au sortir du bain qu'ils n'étaient auparavant; les membres irrités ou disposés à la convulsion, à la paralysie et à d'autres accidens reprennent bientôt leur état naturel de souplesse (*b*) et de

----

(*a*) V. page 291. Une maladie très-cruelle après la petite vérole, et qui attaque principalement les enfans, est la coqueluche; elle laisse presque toujours à sa suite des accidens fâcheux, s'il ne se fait une éruption à la peau, en forme de petits boutons rouges et pointus; c'est une indication que la nature donne pour recourir aux moyens de la provoquer. Ces humeurs sont très-âcres; il faut d'abord en adoucir l'extrême âcreté par la mixture de *Fernel*, composée de parties égales de manne, de pulpe de casse et d'huile d'amandes douces, avec une suffisante quantité d'eau de fleur d'orange....

(*b*) Dans certain tems de l'année, en Egypte, il arrive que la peau, quoique constamment baignée de sueur, se sèche tout-à-coup; qu'elle parait rude, âpre et aride: dans cet état fâcheux, une onction de graisse d'oie, qui est douce et pénétrante, pratiquée sur tout le corps, auprès d'un bon feu flambant, rétablit bientôt l'harmonie et les ressorts de la vie... Le chirurgien *Pouteau*, de Lyon, rapporte des observations importantes sur les propriétés de l'huile d'olive en onction, pour prévenir les effets funestes de la morsure de la vipère. L'onction d'huile d'olive a guéri des hydropiques désespérés. Le docteur *Turner* remarque, d'après *Philippe Sulmulh*, que, pour prévenir la paralysie dont une personne était menacée à un de ses bras, il lui fit frotter l'épine du dos avec des huiles chaudes; et *Tissot*, médecin et chirurgien, dans sa gymnastique médicinale, emploie également les frictions sèches et humides, dans les cas les plus désespérés. *Sédillot* jeune, vante l'usage de l'éther acétique, employé en frictions pour dissiper promptement les douleurs rhu-

flexibilité . l'âcreté des humeurs, les levains dégéné-
rés des maladies contagieuses (*a*), qui épaississent les
fluides et obstruent tout le système glanduleux ; les
épanchemens biliaires qui ternissent l'éclat de la peau
et occasionnent l'engorgement des sucs les plus doux
de la lymphe, disparaissent par les progrès successifs
de l'éruption miliaire. L'eau d'écorce d'orme pyramidal étant donc une substance savoneuse, modifie et
atténue l'âcre dartreux, à mesure qu'étant attiré comme
par un espèce d'aimant, cette humeur se montre infailliblement au-dehors, puisque ce mucilage conserve
des rapports nécessaires avec l'organe de la peau , et
que, par la lotion ou fomentation muqueuse, le principe chronique est évoqué, attiré ou rappellé au-dehors des cavités les plus profondes. Ce moyen conservateur mérite sans doute de fixer d'autant plus
l'attention, qu'il concourt merveilleusement avec la
marche du principe vital, dans toute l'activité des forces
intérieures, et d'après les rapports et les convenances
dans les formes et les proportions du corps (*b*). La
nature a placé dans l'économie animale des milliers
de corps glanduleux aux articulations, aux environs

---

matismales, parce qu'il favorise l'évoporation des humeurs. L'onguent résomptif, composé de graisses pénétrantes, est propre à
restaurer les personnes sèches et languissantes, et dispose le
corps aride à recevoir des alimens. On en frotte les parties affectées ; il ramolit, il résout, il assouplit les membranes. V. la
Pharmacopée de *Lemery*.

(*a*) La gale, la maladie vénérienne, etc.

(*b*) *In perfecto enim corpore locum habet vita longa : in
imperfecto, in continuum defectum ad mortem usqué dissol-
vitur.* PARACELSE, *de vitâ longâ.*

des tendons et dans toutes les parties celluleuses de
la peau, qui filtrent en abondance des sucs visqueux.
Cette lymphe douce et muqueuse (*a*) sert à lubrifier tous les organes et empêche les extrémités des os
articulés de se frotter rudement ; il faut donc recourir
aux embrocations, aux lotions, aux onctions mucilagineuses, toutes les fois qu'il y a de l'irritation dans
quelque partie du corps. Combien d'autres rapports,
d'autres convenances (*b*) se trouveraient entre l'organe (*c*)
de la peau et l'écorce des grands végétaux ? La nature

(*a*) La dissolution du principe muqueux solidifiant, est le
moyen très-simple et admirable que la nature emploie pour la
formation du fœtus. V. de la Grossesse et de l'Accouchement,
par *Alph. Leroy*.

(*b*) La nature ne nous présente, de toutes parts, que des
harmonies et des convenances avec nos besoins. V. *les Etudes
de la Nature*.

(*c*) Ce que *Grew* appelle parenchyme, dans les arbres ; *Malpighy*, le tissu-cellulaire, ou utriculaire, M. *Duhamel* le
nomme tissu-vesiculaire ; ce tissu est formé de petites vessies,
bourses ou utricules, qui se touchent immédiatement. M. *Duhamel* pense même que la chair des fruits est une masse de tissu-
cellulaire très-dilatée et remplie de sucs. Les globules du poumon sont des paquets vesiculaires ou cellulaires. La substance
de l'os, suivant *Winslow*, est en partie cellulaire, spongieuse,
et en partie réticulaire. C'est de cet organe universel dont
nous entendons parler, qui est commun aux animaux et aux
végétaux. Pris dans le sens propre, la peau n'est qu'un tégument, *te-cou-ment* ; d'après le célèbre *Lebrigant-de-Treguyer*,
une couverture, ce qui nous couvre et non un organe, dont
l'étymologie est *or-can-kan* ; on, hébreu ; *organ*, du grec,
toute ouverture qui rend du son, un instrument.

marche par des gradations insensibles du végétal à l'animal. L'écorce raboteuse d'un vieux orme, représente la forme et est l'image de l'épiderme de l'homme parvenu à un grand âge, et qui se *renouvelle* (a). Sa peau paraît rude, se ride et s'écaille par grandes plaques, ou tombe en poussière. C'est ainsi que le levain vénérien et les maladies chroniques en général, dégénèrent par les forces vitales, et se changent en éruptions dartreuses, dans les périodes septenaires ; et cela prouve évidemment la tendance de notre nature pour son renouvellement. Nous disions (page 119) que le tissu-cellulaire s'approprie le principe hétérogène ; et c'est-là qu'il reçoit le degré d'atténuation nécessaire à son développement : il résulte de cette assertion, que le renouvellement de la peau mène, dans tous les cas, à la longue vie, par le renouvellement intérieur. Le baume de la Mecque, que fournit l'écorce d'un arbrisseau qui croît naturellement dans les déserts de l'Arabie, a aussi une action particulière sur l'organe de la peau ; car ce suc épais et visqueux contient en abondance le principe amer tonique, que la nature a réparti dans les arbres qui sont le symbole de l'immortalité. Les femmes de l'Orient s'en servent comme d'un cosmétique puissant pour conserver la beauté, la fraîcheur et l'humide gracieux de l'épiderme (b), qui en fait

---

(a) page 158 de cet ouvrage.

(b) Les dames anglaises et italiennes employent, pour s'éclaircir le teint, l'usage externe des vipères. *Nicolas Lefevre* vante beaucoup la teinture de benjoin, qui déterge la peau, en efface les taches, dessèche les boutons, parce qu'il résout puissamment les sérosités âcres et malignes. Voy. *son cours de chimie.*

l'éclat ; elles s'en font une legère onction le soir, avant de se mettre au lit, sur les mains, au visage ; et dès le lendemain, des écailles presque imperceptibles, se détachent de la peau dans tous les points où ce baume précieux a porté son action. Ce renouvellement de la peau la rend d'une blancheur éblouissante.

Nous en avons conclu, que l'art de guérir aidait la nature, en excitant l'action vitale ; que les mêmes procédés qui servent à l'entretien de la santé et de la beauté, étaient également propres à prolonger la durée de la vie, tant il est vrai que l'organe de la peau a une influence très-étendue sur toutes les fonctions de l'économie animale. Nous sommes convenus que la médecine a le pouvoir de retarder (a) de quelques années le terme de la vie par un certain régime ; et sur-tout un soin particulier de la peau ; mais nous avons admis pour principe, que dans toute affection chronique, dont la cause est obscure, il faut exciter la puissance vitale dans le tissu-cellulaire, et provoquer l'éruption miliaire, ou toute autre fermentation critique de cette espèce. La nature, forte dans toutes ses proportions, indique cette marche dans tous les cas ; car les maladies sont des efforts du tempérament pour chasser quelque humeur nuisible (b). Si l'on voit des enfans, de jeunes personnes languir pendant des années entières, sans que les remèdes puissent apporter aucun changement à leurs maux, c'est que leurs facultés vitales restent en quelque sorte engourdies ; mais à la plus légère éruption, à l'approche de quelques boutons, pustules, gales, ou

____

(a) *Alphonse Leroy.*
(b) *Etud. de la Nature.*

croûtes qui se manifestent dans les périodes septénaires de leur âge, les roses de la santé reparaissent. L'écoulement séreux des oreilles, produit des changemens également utiles à la santé. Ces révolutions critiques de la puissance vitale , arrivent à toutes les périodes du cercle de la vie. Il n'est personne qui ne puisse citer des exemples de malades qui ont été rappellés , comme par miracle, de la mort à la vie, par une simple éruption dartreuse, ce qui, cependant, n'a lieu que dans les passages septénaires de l'âge. Nous en avons un exemple bien remarquable à rapporter. Un homme d'une très-forte complexion , d'un tempérament sanguin, était sujet à des violens accès de folie. Nous l'avons vu dans cet état effrayant ; mais aux approches de l'équinoxe du printems, le malade , dans sa 42e. année, se trouva guéri tout-à-coup, au grand étonnement de ceux qui l'approchaient ; peu de jours après, il se fit une éruption considérable de croûtes sanieuses aux mains ; les saignées, les purgatifs , les cautères s'opposent à ces mouvemens salutaires de notre économie , et le malade n'en fit point usage.

Nous avons donc eu raison d'avancer que, puisque les enfans sont exposés à tant de maux, dès le moment qu'ils voyent le jour , la médecine doit venir à leur secours avec un tendre intérêt ; mais par des procedés conservateurs. Ce n'est que par des moyens simples, qu'elle parvient à fortifier les parties faibles , qu'elle rectifie les écarts de la nature et prévient les accidens. Le tissu de leur peau se trouve imprégné d'humeurs crasses, épaisses et visqueuses ; la lotion, la friction, muqueuse déterge les membranes de toute espèce de ferment hétérogène, qui, dans les progrès successifs du développement et de l'accroissement, devient une source d'infirmités. Aussi voyons-nous qu'*Alphonse Leroy* observe que , pour déterger la peau , à la naissance des enfans , il faut se servir d'un mélange détersif analogue à la salive , ou , pour mieux dire, d'après les propres expressions de ce grand homme, faire des frictions humides avec des linges trempés dans une eau muqueuse, détersive , analogue à la salive ou avec la salive même, si les humeurs de la nourrice sont douces et balsamiques. La liqueur contenue dans l'amnios, laisse (*a*) sur l'enfant une humeur visqueuse , blanchâtre, assez tenace pour qu'on soit obligé de la détremper avec quelque liqueur douce, afin de la pouvoir enlever ; et le *docteur Boyer*, dont nous avons rapporté les observations (*b*) , a démontré l'efficacité des bains préparés avec des pommades cosmétiques, dans la consomption , chez les jeunes personnes. Les procedés les plus propres à conserver la santé pour tous les âges de la vie, consistent, sans contredit, dans les bains, les lotions et les onctions muqueuses (*c*) et amères , qui adoucissent le tissu de la

---

(*a*) Hist. natur. de *Buffon*.

(*b*) Page 298 de cet ouvrage.

(*c*) Le règne végétal fournit abondamment des sucs amers , des essences, des parfums, des huiles, des mucilages, et ces derniers, consacrés à la beauté , sont également indiqués dans les accidens graves. L'onction muqueuse tempère , adoucit, calme les irritations des nerfs à la suite des blessures , de la morsure des serpens , de la suppression de la transpiration. Dans la tension , la roideur et le spasme, MM. *Chamber*, *Pouppë-Déportes* et *Bayon* , ont employé avec succès les fomentations huileuses et mucilagieuses. *Bontius* les recommande, et MM. *Hillary* et *Billard* en ont vu de très-bons effets, dans le *tetanos*,

peau et en rehaussent l'action tonique ; et l'on voit des gales, des éruptions dartreuses, des exanthèmes, se développer dans les équinoxes du printems et de l'automne, à la 14ᵉ, 18ᵉ, 21ᵉ, 28ᵉ, 36ᵉ. années, etc. Ce mouvement dépuratoire des sucs les plus doux de la lymphe, est très-important à la durée de la vie. Mais il arrive souvent qu'on prend pour gale proprement dite, ces efforts salutaires de la puissance vitale. La gale, dit J. *Burdin*, est cette éruption qui se communique par contagion. C'est probablement faute d'avoir reconnu ce principe, qu'on a confondu la gale avec d'autres maladies de la peau, et qu'on frictionne inutilement, dans les hopitaux, un grand nombre de militaires, qui ne sont affectés que d'exanthèmes simples et nullement contagieux. Cette erreur expose la vie d'un grand nombre d'hommes, surtout dans les hôpitaux. Les maladies qui passent pour incurables, viennent de la repercussion d'humeurs, que les forces de la vie avaient chassées vers la peau. L'auteur de ce mémoire observe qu'il serait très-avantageux de pouvoir guérir la gale contagieuse sans remèdes onguentacès (*a*) ; J. *Becu*, médecin des hôpitaux militaires, frappé des dangers et des inconvéniens des préparations

---

à la suite des plaies. *Lefoulon* emploie parties égales de tabac verd et de plantes émollientes en cataplasme, qu'on imbibe d'huile chaude. Dans les lieux qui avoisinent le bord de la mer, les étangs marécageux, etc. la suppression de la transpiration, les coups de serein et autres causes d'un refroidissement subit exposent au *tetanos* et aux convulsions. C'est pourquoi le régime général des nations, chez les anciens, consistait dans les onctions huileuses. V. *Projet d'instruction sur le tetanos*, 1786 ; et les *Observations de Lefoulon*, médecin à Nantes.

(*a*) V. Récueil périodique de Médecine.

mercurielles et sulphureuses, a proposé la décoction de tabac pour le traitement des galès simples. Tout l'art de traiter la gale , suivant l'auteur, consiste à déterminer l'éruption à la peau, par une irritation modérée ; à faire suppurer les boutons et à les dessécher. Il pense que beaucoup d'autres végétaux de nature âcre , ont, comme le tabac, la propriété de guérir la gale (a). Nous nous sommes servis avec succès,en pareil cas,de la racine de grande dentelaire, réduite en forme de pâte , qu'on fait bouillir dans l'huile d'olive pendant une demiheure ; on renferme le marc dans un linge , et on en forme un nouet ; quand on veut s'en servir, on fait tiédir l'huile dans laquelle on trempe le nouet, dont on fait des onctions sur toutes les parties affectées, auprès du feu , si c'est en hiver ; et on continue de la même manière cette friction huileuse, tous les jours, jusqu'à parfaite guérison (b). M. *Deidier* avait regardé la gale qui survient aux équinoxes, comme un mouvement critique de la nature , et celle qui survient à la fin des grandes maladies, comme salutaire, parce que le renouvellement de la peau est l'image du renouvellement intérieur (c).

Nous avons fait connaître que le principe des maladies chroniques, en se modifiant insensiblement par l'activité de la vie dans le tissu-cellulaire (d), se mé-

---

(a) V. Mémoires sur la décoction du tabac , etc.

(b) V. Mémoires de la ci-devant société royale de médéciue.

(c) V. page X du discours préliminaire.

(d) V. une Thèze de M. *Thierry*, médecin , année 1754: *An in textu cellulosâ frequentiùs morbi et morborum mutationes ?... In morbis illis qui dicuntur depuratorii et qui diversas ætates*

tamorphosait en affections cutanées ; c'est-là la marche du renouvellement intérieur, par le renouvellement de la peau. Dans les maladies aiguës, dit *Sanchès* (a), l'action vitale et la libre circulation, par le système des artères, sont les agens les plus puissans pour préserver le corps vivant de la putréfaction ; et M. Théodore *Vanveen* observe, dans sa *dissertation sur les maladies salutaires*, que la nature chasse, par la peau, toutes les humeurs nuisibles, même celles dont la coction n'est pas faite ; témoin, les dépôts inflammatoires et gangreneux. Plusieurs médecins ont observé que les maladies aiguës laissent toujours après leur terminaison, une affection chronique dartreuse, qui leur correspond. On a vu des goutteux, accablés d'infirmités, renaître en quelque sorte et reprendre de nouvelles forces, par l'effet d'éruptions écailleuses (b) sur différens points correspondans du corps. Ces divers rapports d'harmonie et de concordance, que nous avons demontré exister dans les formes et les proportions, sont par conséquent favorables à la durée de la vie. Ces rapports sont une

---

diversâ quidem formâ, sed eâdem tamen naturâ et indole, infestant, à dentitione ad decrepitam usque senectutem, mutari quidem continuo humores...... nisi obstet conquisita debilitas..... ab ea (depuratione) alacres et sani evasere tandem. — De morborum conversionibus. LORRY, *édit. post authoris fata curante,* J. N. HALLÉ, D. M. P.

(a) V. sur la communication des maladies contagieuses, par mer, etc.

(b) *At non semel vidi in senio jam fatiscente ipsam etiam arthritidem et quidem periodicam abire in eresipelas, et mox in squammosas herpetes.* V. *de morb. convers.*

des propriétés du tissu-cellulaire (*a*) ; les eaux thermales excitent des mouvemens dépuratoires de cette espèce, et provoquent également des éruptions, qui suivent la même marche. Cette *poussée* de la peau (expression des sources où on va prendre les eaux), prouve leur efficacité d'une maniere sensible, dans les affections chroniques. Il en est de même de tous les remèdes doués de quelque vertu spécifique, et consacrés aux différentes maladies auxquelles nous sommes exposés : tous portent leur action vers la peau, quelle que soit leur manière d'agir dans l'économie animale. Que ne doit-on pas espérer des préparations vipérines, de l'usage des serpens et d'autres productions de cette nature, qui raffermissent la santé, qui ont la vertu de renouveller le corps et de prolonger la durée de la vie (*b*) ? *Cardan* remarque que les phtysiques et les verolés doivent regarder comme un beau secret l'usage des serpens, et sur-tout des vipères. Le docteur *Michaël* parle d'un homme verolé, à qui le péricrâne était presque tombé, que les vipères rétablirent parfaitement. *Hélidée*, *de Padoue*, rapporte l'histoire d'une femme stérile et

---

(*a*) *Quid hic addamus de lineâ illâ non satis observatâ atque cognitâ, quæ hominem in duas partes æquales partitur atque dividit ; quâ fit ut ad dextri lateris partes, analogiâ quâdam ab Hippocrate et antiquis observatâ, propagetur malum, læva intacta......* V. *ibid.*

(*b*) *Philippe Verrot* est mort près de Montpellier, à l'âge de 129 ans ; son fils avait 97 ans, et son petit-fils 70 ans. Les trois vieillards dînerent ensemble le 22 août dernier. V. *Gazette de France*, du 9 novembre 1789. On mange des couleuvres, en Languedoc.

lèpreuse (*a*), qui fut délivrée de sa lèpre par l'usage des vipères, et eut ensuite plusieurs enfans bien sains. Les grands seigneurs, au rapport de *Schroder* et d'*Ett-muller*, se nourrissent de poulets engraissés avec des serpens, pour avoir une lignée nombreuse (*b*). On prépare avec les serpens un bezoard animal qu'on appelle l'astre du *microcosme* (*c*). L'usage interne des vipères renouvelle la masse du sang et rajeunit, pour ainsi dire, le baume vital ; il conserve le teint des dames, et la graisse de ces reptiles, en onction, efface les rides des personnes âgées. On peut se servir, au défaut des vipères, de toutes sortes de serpens. On les prend au printems, quand ils ont dépouillé leur vieille peau et qu'ils commencent à brouter la pointe des herbes.

Nous avons observé que le principe vital tendait constamment à sa propre conservation par les changemens même qui s'opèrent à tous les âges dans nos dispositions morbifiques et par leur métamorphose en éruptions dartreuses. Nous avons dit que le plan écailleux épidermique semblait former le dessin général de l'en-

---

(*a*) *Singulæ species lepræ cura est per regenerationem…* *Lepra, caducus, mania pustula, podagra, chiragra, arthetica, queant restaurari, necnon renovari.* PARACELSE.

(*b*) V. page 571 de cet ouvrage.

(*c*) Pilez fraîchement des serpens et des vipères, tirez-en le phelgme au B. M. ; rejetez-le dessus la matière, avec moitié esprit-de-vin ; laissez digérer au B, ou dans le fumier, durant quatre semaines ; distillez ensuite, il montera un *astre crystallin*, qui se coagule au chaud, et se résout en huile, au froid. *Schroder* et *Ettmuller* assurent que ce remède est célèbre contre la peste, les poisons et la vérole….

veloppe commune dans l'homme ; dans toutes les familles d'animaux et dans l'écorce des végétaux. l'écorce est aux plantes ce que la peau est aux animaux (*a*). L'action qui protège le renouvellement intérieur dans les muës, dans la chute des écailles etc. est d'une force inconnue et presque incroyable. Car si on rejette à la mer des tortues de la plus grande espèce, après les avoir dépouillées de leurs écailles, il leur en revient des nouvelles (*b*). Nous conclurons donc que l'homme est doué, par la nature de son organisation, de toutes les qualités propres au renouvellement du (*c*) corps et par conséquent à une longue vie. Dans l'etat de pleine santé et lorsque toutes nos parties conservent leurs proportions (*d*) res-

---

(*a*) V. page 147 de cet ouvrage. Hist. natur. du Froment, par M. l'abbé *Poncelet*, 1779.

(*b*) V. p. 35 de cet ouvrage.

(*c*) On connaît si peu le principe vital dans les différens êtres de la création, qu'on reste étonné par ce qu'on voit se passer dans les plus vils insectes en apparence : Si l'on coupe un polype en sa longueur, en autant de lanières que l'adresse pourra le permettre, on verra autant de polypes.... Si l'on partage la tête en deux, ces deux demi-têtes deviendront deux têtes parfaites ; la même opération, répétée, présentera quatre, huit têtes sur un seul corps ; de même, on aurait huit corps nourris et conduits par une seule tête. Si on retourne un polype comme un bas de soie, il digère et vit comme auparavant. V. p. 101 de cet ouvrage.

(*d*) Rien n'est plus utile, sans doute, pour l'art de guérir, que la connaissance de ces rapports mystérieux ou des sympathies qui existent dans les formes et les proportions du corps.

pectives , les humeurs sont douces, onctueuses, balsamiques. Elles renferment dans leurs parties constituantes
une mumie naturelle , le principe de la lumière, c'est
le baume radical plus précieux que les parfums les plus
exquis et les arômates les plus suaves de l'Arabie et
de l'Inde. L'humide radical (*humidum primogenium*)
du microcosme est un suc doux , lymphatique qui abreu-
ve toutes les fibres et leur conserve la souplesse et la
flexibilité nécessaires pour l'ordre des fonctions. La
mumie (*a*) préparée avec la chair du microcosme est
un très-excellent remède intérieur contre la peste et les
venins. Il est très-bon dans la plurésie , la paralysie et
dans tous les autres cas où la sueur est necessaire. En
onction c'est un baume préférable au baume naturel
pour appaiser les douleurs, guérir les foulures et les

Un homme bien constitué , ayant un dévoiement , par suite de
chagrins , depuis plusieurs années , nous en fournit une nouvelle
preuve. Dans cette affection chronique nerveuse , ses entrailles
sont d'une telle sensibilité , qu'à peine touche-t-il de ses doigts
un corps froid , comme du marbre , de la pierre , etc. , que cette
impression si légère pour l'organe du tact, se réfléchit sur toutes
les parties intérieures , avec un sentiment douloureux et une
rapidité étonnante. On lit aussi dans les mémoires sur les maladies qui ont régné à l'armée d'Italie , que , dans les soldats attaqués de dyssenterie , la peau du visage était recouverte d'un
vernis bilieux , les pieds et les mains enduits d'une croûte de
crasse très-tenace et semblable à la platine qui recouvre les bronzes
antiques. *Mémoires de M. Degenettes.* V. recueil périod. de
la Soc. de Méd.

(*a*) Cours de chimie , de *N. Lefevre. Amomo* , mumie, espèce
de parfum. La mumie contient beaucoup d'huile et de sel
volatil.

meurtrissures. Il faut en oindre les membres paraly-
tiques, les parties contractes et atrophiées. *Beker* dit qu'il
a plu à dieu de mettre dans le corps humain des remèdes d'une excellence qui surpasse tous les autres :
belle et divine harmonie, ajoute-t-il, qui se trouve entre les parties, par laquelle un membre est propre à
soulager le même membre (*a*) et la même partie. Cet
auteur décrit entre plusieurs autres procedés, une quintessence humaine, qu'il prétend être le caractère de
toute la nature, à laquelle il a donné le nom de *Microcosme* ou abrégé du monde. Nous avons connu des
personnes, dont la transpiration était suave. Au rapport de *Plutarque*, *Alexandre le Grand* exhaloit de toute
sa personne une bonne odeur, tellement que les habillemens qui touchaient à sa chair en étaient comme
tout parfumés. Il avoit aussi l'haleine très-douce. Par
cette analogie avec notre nature les parfums récréent
les esprits, fortifient et réconfortent; l'auteur *des étu-*

(*a*) Des propriétés spec. des animaux, tirées de l'analogie de
leurs formes essentielles avec quelques parties du corps humain.

(*b*) *N. Lefevre* parle d'un militaire qui avait été blessé à la
cuisse, près du genou, d'un coup de mousquet. Après la guérison des plaies, dit-il, le malade avait ce membre dans un si
mauvais état, que le talon approchait de la fesse. Un chirurgien
allemand le guérit avec la poudre des os de la jambe et de la
cuisse d'un homme qui avait été disséqué plusieurs années auparavant; ce qui, ajoute l'auteur, lui donna le mouvement pliant
du genou, et le mit, de plus, en état, avant six semaines, de
faire des armes, de jouer à la paume et de monter à cheval.
Cours de chimie, T. 1, p. 250.

des de la nature observe que l'homme seul d'entre tous
les animaux est sensible aux bonnes odeurs. Mais les
affections morales affaiblissent les ressorts de la vie,
changent le caractère de nos humeurs, détruisent l'harmonie des oscillations (*a*) du mouvement vital; le vice
seul et le chagrin dit *Bernardin de St Pierre* abrègent
la vie, et les affections morales s'étendent si loin pour
les hommes que je ne crois pas qu'il y ait une seule
maladie qui ne leur doive son origine. » Il est probable que l'ordre étant nécessaire pour la conservation de
l'univers, et notre vie n'étant autre chose qu'une harmonie et une parfaite intelligence entre les qualités éle-
mentaires dont nous sommes composés, nous ne pouvons long-tems exister en menant une vie déréglée...
Nous sommes sujets aux influences des astres qui pré-
sident à notre naissance; leurs aspects bons ou mauvais
affaiblissent ou fortifient les ressorts de notre vie. Mais
l'homme étant doué de jugement et de raison doit réparer par une sage conduite le tort que lui fait son étoi-
le; il peut prolonger ses jours par le moyen de la sobriété, aussi long-tems que s'il etoit né fort robuste
et fort vigoureux. La prudence prévient et corrige la
malignité des planettes; elles nous donnent de certaines inclinations; elles nous portent à certaines choses;
mais elles ne nous y forcent pas; nous pouvons leur
résister, et c'est en ce sens-là que le sage est au-dessus
des astres (*a*)».... Jettez un regard dit l'auteur d'*Abde-*

(*a*) Le mouvement de la sève, dans les arbres, est un ba-
lancement oscilatoire, ascendant et descendant....

(*b*) De la sobriété et de ses avantages, ou le vrai moyen de
se conserver dans une santé parfaite jusqu'à l'âge le plus avancé,
de *Carnaro*.

ker (*a*) sur une personne tempérante. Quel beau sang coule dans ses veines ! quel vif incarnat sur ses joues ! quel jeu, quelle souplesse, quelle agilité dans tous ses organes ! quelles grâces dans tous ses mouvemens !

Les savans qui ont nié la possibilité du rajeunissement de l'homme ont objecté le raccornissement des fibres, l'oblitération des vaisseaux, l'endurcissement progressif des parties cartilagineuses et osseuses. Mais ils n'ont pas fait attention que les emolliens seuls, les mucilagineux au-dedans et au-dehors, et long-tems continués, les bains cosmétiques et détersifs, les frictions humides, les onctions huileuses s'opposent à toute tendance à l'obstruction par quelque analogie secrette avec la nature de nos humeurs. Cette méthode procure à tous les fluides une circulation douce et facile dans les vaisseaux du dernier ordre et dans les cavités les plus profondes, parce que toutes les parties du corps humain sont organisées d'une substance onctuo-mucilagineuse. La fibre simple élémentaire, dont la première trame de nos organes est formée, n'est composée que des particules terrestres très-fixes et fortement liées par un suc gluant. (*b*). C'est pourquoi on enlève par de simples topiques les tophes et les duretés squirreuses qui paroissent les plus irrésolubles (*c*). Les nodus et les protubérances qui se forment aux jointures des goutteux sont occasionnés par une matière épaisse et visqueuse ; ce n'est que par dégrés qu'ils se changent en concrétions pierreuses. Il

---

(*a*) *Abdeker*, ou l'art de conserver la beauté, etc. T. 4.

(*b*) V. principes de chirurgie, par M. *G. de la Faye*.

(*c*) V. œuvres posthumes de M. *de Grymaldy*, et l'ouvrage de M. *l'abbé Rousseau, des secrets et remèdes éprouvés*.

y a bien d'autres espèces de tumeurs dures et indolentes qui affectent les parties extérieures du corps, et qu'on vient à bout de guérir. D'ailleurs, nous avons remarqué (*a*) que la matière glutineuse est la source de différens prolongemens cornés, qui croissent naturellement à la surface du corps des animaux. C'est elle qui produit aussi les callosités et les autres végétations cornées qui paraissent contre nature sur les différentes parties extérieures. Au reste, toutes ces protubérances, les callosités, les cors, les durillons, les excroissances les plus dures sont de nature épidermique (*b*) et conséquemment susceptibles du renouvellement par l'effet très-naturel de l'exfoliation écailleuse de cette membrane (*c*). L'observation rapportée, dans l'introduction, de M. *l'abbé Burgurieu*, prouve cette assertion; on y voit que le bout de ses doigts s'était allongé par la force et la longue durée de la maladie, et qu'il avait acquis la consistance et la dureté de la corne. Cependant dès les premiers jours de l'usage intérieur de l'eau d'écorce d'orme pyramidal, qui est un suc muqueux et analogue à la nature des humeurs lymphatiques, le malade commença à se servir de ses mains et de ses doigts. Tous les animaux présentent sous différentes formes des excroissances (*d*), des endurcissemens, des prolongemens cornés,

-----

(*a*) V. page 17 de cet ouvrage.

(*b*) V. *ibid*. page 38.

(*c*) V. *ibid*. page 347.

(*d*) La base de toutes les substances calcaires est un suc muqueux et gluant. Le plus puissant moyen que la nature ait employé pour la formation des matières pierreuses est le filtre de ces animaux à coquilles, dont les facultés digestives ont la propriété de convertir l'eau en pierre... Toutes les coquilles fordes protuberances osseuses; les oiseaux, les rossignols notamment sont sujets à une incommodité de cette espèce. L'extrémité superieure de leur bec croît à un point qu'elle les empêche de manger. Mais ces oiseaux, à force de se frotter ou de s'essuyer le bec contre leurs bâtons, cassent cette excroissance (a). Il est donc constant que le renouvellement de la peau provoque le renouvellement intérieur et enlève toutes les causes des maladies, dans l'âge le plus avancé. Les anciens romains s'oignaient d'huile tout le corps, usaient de frictions et se baignaient plusieurs fois par jour pour vivre long-temps (b). « Je me leve à dix heures, dit *Horace*, et sitôt que je suis habillé, je fais un tour de promenade. Quelquefois même, après avoir lu ou écrit quelque chose par manière d'amusement, je me rends au champ de Mars et je me fais frotter d'huile..... » Quand je suis las de jouer, et que la violence de la chaleur m'invite à prendre le bain, je quitte la paulme et le champ de Mars. Après le bain (c) etc.... Dans le climat que nous habitons, on peut remplacer d'une manière intéressante pour la santé, les onctions huileuses qui étaient le régime général des anciens peuples, par le fréquent usage du bain muqueux ou des

---

mées par la secrétion ou l'exsudation de ces animaux, sont de véritables pierres, qui, soumises à l'analyse chimique, donnent les mêmes résultats que celles qu'on tire des carrières. V. les notes *des Georgiques françaises*, par J. DELILLE.

(a) V. Œdonologie, ou traité du rossignol franc ou chanteur, Paris, 1773.

(b) V. page 296 de cet ouvrage.

(c) V. la satire sixième à *Mecenas*, de la vraie modestie.

onctions cosmétiques et détersives. Cette méthode contribue infiniment à la santé, à la vigueur et à la beauté des formes des orientaux. Dans les pays chauds, les femmes ne font aucune espèce d'exercice ; cependant elles n'y sont point sujettes à cette multitude d'infirmités habituelles si communes par-tout ailleurs.

Chez l'enfant même qui vient de naître, il se passe un phénomène bien étrange ; c'est l'endurcissement du tissu-cellulaire qui les fait périr dès le 3e ou le 7e jour de leur naissance, si on ne combat promptement cet accident par des lotions aromatiques et toniques. Le docteur *Andry* attribue cet endurcissement au froid que l'enfant éprouve dans le moment qu'il vient au monde. Le tissu-cellulaire s'engorge, il devient dur aux extrémités, aux joues, au bas-ventre... toutes ces parties semblent arquées. La plante des pieds est d'un rouge pourpre ; elle est convexe, au lieu d'être concave. La dureté de toutes ces parties est si considerable que l'impression du doigt ne marque pas. Tout le corps de l'enfant est froid et n'acquiert auprès du feu presque aucun degré de chaleur. Le froid qui produit ainsi cet endurcissement chez ces nouveaux êtres, devient un moyen salutaire dans les anévrismes. L'application des réfrigerans, dit *Guerin*, seroit de nul effet dans un anévrisme commençant ; mais au contraire dans une tumeur anévrismale très-considerable, dans laquelle le sang tend à se décomposer, les réfrigerans peuvent très-bien provoquer la formation d'une substance concrête, résultat de l'aggrégation des parties fibreuses du sang contenu dans la tumeur. Il est un état particulier, ajoute l'auteur, qui semble indiquer l'application des répercussifs froids ; la peau marbrée, érésipélateuse et presque décomposée, qui dans les cas ordinaires de la chirurgie indique en général l'usage de ce moyen, le prescrit plus particulièrement dans celui-ci, parce qu'en donnant du ton à la peau, en facilitant les moyens de résistance à l'extension qu'opère sur elle l'agrandissement de la tumeur, la peau peut réagir d'une manière inverse et former ainsi un moyen de compression préférable aux moyens mécaniques que contre-indique l'*exacerbation* des douleurs (*a*).

Si la nature a mis dans les humeurs une telle disposition à la coagulation, à l'épaississement, à l'endurcissement, à la concrétion; elle nous indique aussi mille moyens qui s'opposent à cette tendance. Nous conclurons donc, avec *Descartes*, que les générations futures seront exemptes d'une infinité de maladies du corps et de l'esprit, et peut-être aussi de l'affaiblissement et de la vieillesse, si elles connaissent assez les causes de leurs maux et tous les remèdes que la nature a mis en notre pouvoir (*b*).

(*a*) Anevrismes très-considérables opérées par l'application des réfrigerans, dans le recueil périodique de la Société de médecine de Paris.

(*b*) V. principes naturels, ou précis du siècle de *Paracelse*, par *Claude-François Lejoyand*, t. 3.

FIN.

TABLE DES MATIÈRES.

Fin de la Table des Matières.

www.ingramcontent.com/pod-product-compliance
Lightning Source LLC
Chambersburg PA
CBHW061256030726
47595CB00001B/74